Javaエンジニアのための Eclipse パーフェクトガイド

増補改訂版

横田 一輝［著］

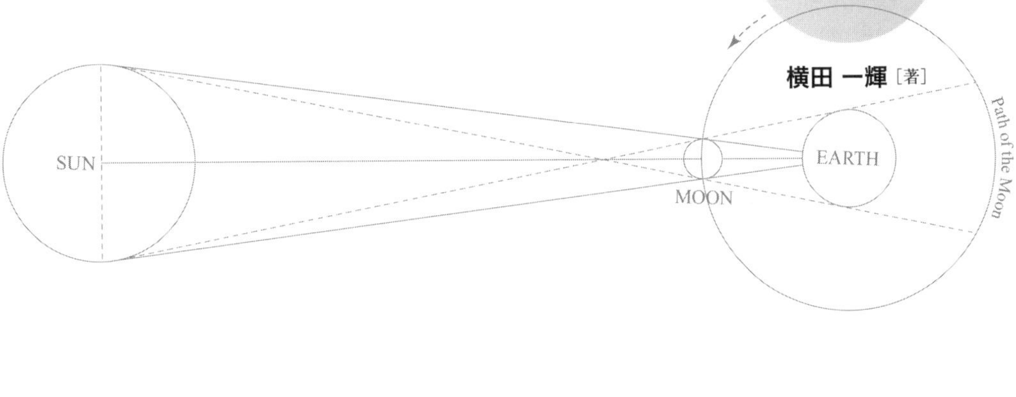

技術評論社

本書をお読みになる前に

- 本書に記載された内容は、情報の提供のみを目的としています。したがって、本書を用いた運用は、必ずお客様自身の責任と判断によって行ってください。これらの情報の運用の結果について、技術評論社および著者はいかなる責任も負いません。

- 本書記載の情報は、2022年11月現在のものを記載していますので、ご利用時には、変更されている場合もあります。ソフトウェアに関する記述は、特に断りのないかぎり、2022年11月現在での最新バージョンをもとにしています。ソフトウェアはバージョンアップされる場合があり、本書での説明とは機能内容や画面図などが異なってしまうこともあり得ます。本書ご購入の前に、必ずバージョン番号をご確認ください。

- 本書の内容は、次の環境にて動作確認を行っています。

OS	Windows10／Windows11
Eclipse	Pleiades All in One Eclipse 2022 (Java Full Edition)
	Eclipse IDE 2022-06 2022-09 (Enterprise Java and Web Developers)
JDK (Java Development kit)	JDK 17.0.4.1

上記以外の環境をお使いの場合、操作方法、画面図、プログラムの動作等が本書内の表記と異なる場合があります。あらかじめご了承ください。
以上の注意事項をご承諾いただいた上で、本書をご利用ください。

- 本書のサポート情報は下記のサイトで公開しています。
https://gihyo.jp/book/2023/978-4-297-13204-0/support

はじめに

Eclipseは、「IDE（統合開発環境）」と呼ばれるソフトウェアの一つであり、もっと簡単に説明するなら「ソフトウェアを作るためのソフトウェア」と言えます。

IDEの利用は、法人向けの業務システムの開発に限らず、一般消費者向けのアプリケーション開発をはじめ、実に様々なソフトウェア開発において、必要不可欠となっており、数あるIDEの中でもEclipseは、世界中のJava開発者が慣れ親しんできたIDEとしてあまりにも有名です。

本書は、これからプログラム開発を始めてみようという個人の皆様はもちろんのこと、「IT業界に就職したけれども、実はこれから初めてプログラムを勉強する」あるいは、「このプログラムをテストして」「アプリケーションをビルドして」と言われても、実は手順をきちんと把握していない、そもそも「ビルドの目的やテストの意味がよくわかっていない」などといった新人エンジニアの皆様を対象としており、プログラミングを始める前に、Eclipseでできることをさらっと知っておく書籍を目指しています。

●謝辞

本書の出版にあたり、アドバイスをはじめ、多大なご協力をいただきました、株式会社ジェイテック 代表取締役社長 中川優介様 技術部部長 酒井章次 様、技術部係長 尾野宏 様そして、執筆の機会をいただいた、第1編集部 原田崇靖氏に深く感謝いたします。

2022年12月　著者

第1章

Eclipseとは

まずはEclipseの概要について紹介していきましょう。Eclipseが、いつ、どのようなニーズで生まれ、どのように進化してきたのかなどについて知ることで、改めて、Eclipseが歴史に裏付けられた、高品質かつ高機能である開発環境であることが理解できると思います。
また、後半では、Eclipseでどのようなことができるのかなど、Eclipseの特徴について取り上げていきます。

本章の内容

1-1 Eclipseの概要

Eclipseはどのようなアプリケーションで、どのような歴史を持ち現在に至るのかなど、Eclipseの概要について紹介していきましょう。

Eclipseは統合開発環境

インターネット上でEclipseを調べると、

- オープンソースの統合開発環境（IDE）の一つ（e-Words[注1]）
- IBM社が開発し、その後オープンソース化したJavaのオープンソース統合開発環境（コトバンク[注2]）

などといった解説が出てきます。このようにEclipseは、「統合開発環境」などと呼ばれるアプリケーションであり、特に「Javaの統合開発環境」として広く認識されています。

> ONEPOINT
>
> 「統合開発環境」を英語表記すると、IDE（Integrated：統合 Development：開発 Environment：環境）になります。

ところでEclipseのような開発環境では、「エディター」「コンパイラー」「デバッガー」と呼ばれる様々なツールが必要となります（**表1.1**）。

表1.1　主としてアプリケーションの開発に必要なツール

開発ツール	説明
エディター	プログラム言語は、あらかじめ決められた文法に則って、ソースコードなどと呼ばれる文書を記述する必要があり、それらソースコードを記述するためのプログラムやソフトウェアを指す
コンパイラー	エディターで作成したソースコードを、コンピュータが理解できる形式に変換するプログラム
デバッガー	コンパイラーなどでエラーとなったプログラムの原因を究明するために利用される

注1　e-Wordsは、株式会社インセプトが制作・運営するIT用語のオンライン辞典（https://e-words.jp/）。
注2　コトバンクは、朝日新聞、講談社、小学館などの辞書から、用語を横断検索できるサービス（https://kotobank.jp/）。

前述の開発環境で用いられるツールは、それぞれを利用するための設定やコマンド（命令）が必要となります。そして、操作のほとんどはCUIであるため、作業効率が高くはありません。しかし、Eclipseのような「統合開発環境」は、これらの開発に必要なツールをひとつのアプリケーションとして統合しているため、導入も容易で、操作もGUIであるため、作業効率が高くなります（**図1.1**）。

ONEPOINT

CUI(Character User Interface)とは、キーボードでコマンドなどの文字を入力し、コンピュータを操作すること。

GUI(Graphical User Interface)とは、マウスなどで、コンピュータの画面に表示されているアイコンやボタンを操作すること。操作が直観的に理解できる点が特徴。

● **図1.1　これまでの開発環境と統合開発環境の違い**

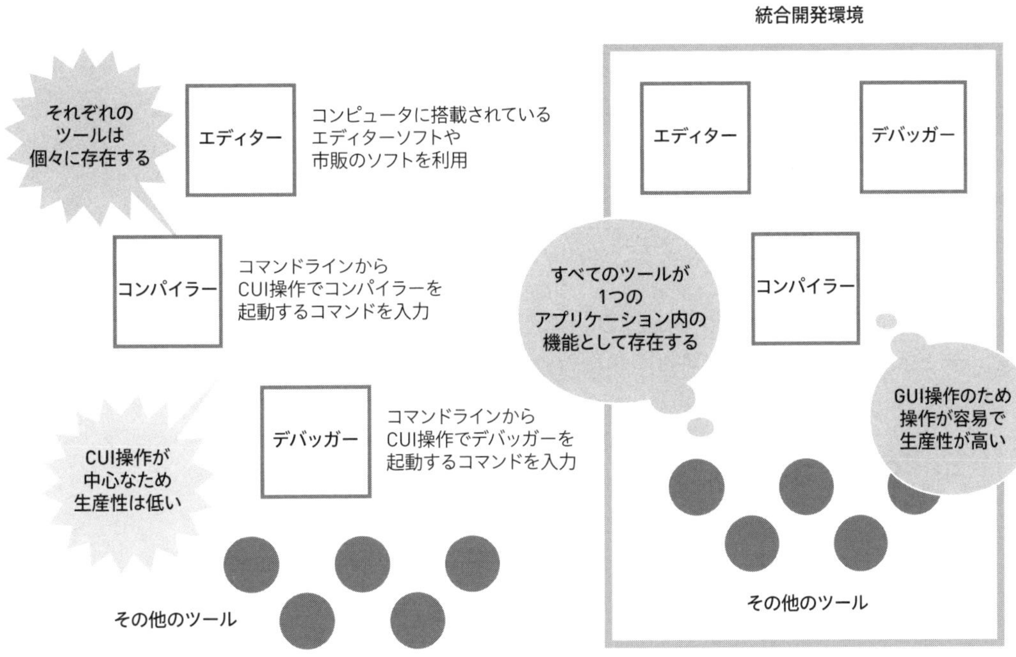

ひとまず、Eclipseは、アプリケーション開発の生産性を高めるための、統合開発環境の一つであるということを知っておきましょう。

統合開発環境（IDE）の歴史

Eclipseは統合開発環境（以降IDE）として世界初ではありません。IDEは、CUIによるプログラミング時代から存在しましたが、そもそもCUI自体が生産性の高い環境とは言い難いため、本格的なIDEの登場は、コンピュータのGUI操作が主流となった1990年以降と言えます。

1990年代、Windows上では、マイクロソフト社の「Visual Basic」や「Visual C++」、ボーランド社の「Delphi」といったIDEが登場しました。ここでは、2018年7月現在でWindows以外のプラットフォーム用も含めた主なIDEを紹介しておきましょう（**表1.2**）。

> **ONEPOINT**
>
> プログラム言語「BASIC」の元祖として、1960年代に登場したCUI環境の「Dartmouth BASIC」は、世界初のIDEとも言われています。

表1.2　主なIDE

IDEの名称	プラットフォーム	提供元
Eclipse	Windows,Linux,MacOS	Eclipse Foundation
Visual Studio	Windows	Microsoft
Xcode	MacOS	Apple
IntelliJ IDEA	Windows,Linux,MacOS	JetBrains
Android Studio	Windows,Linux,MacOS	Google

表にあるIDEは、プラットフォームの相違だけではなく、利用できるプログラム言語や開発できるアプリケーションにも共通点や相違点があります。

Eclipseの歴史

次に、Eclipseが登場するまでと、今日に至るまでの変遷についてみてみましょう。

Eclipseの歴史には、プログラム言語Javaの存在が欠かせません。Javaは、サン・マイクロシステムズ社が1996年に発表したプログラム言語です。同社はJavaのスローガンを「Write once, run anywhere（一度プログラムを書けば、どこでも実行できる）」としたように、Javaの大きな特徴は、OSなどのプラットフォームに依存しない「マルチプラットフォーム」です。2005年にはJavaの開発者が450万人を超え、Javaは、現在でも世界で注目されるプログラム言語として、絶大な人気を誇っています。

Javaのマルチプラットフォームに注目したIBM社は1998年より、後にEclipseとなるIDEの開発を始めます。そして、2001年11月にIBM社は、オープンソース化[注3]したWindowsとLinux版のEclipse1.0をリリースし、同時に、オープンソースコミュニティである「Eclipse Board of Stewards」を設立します。

しかし、同コミュニティは資金提供者としてのIBM社の存在感がありすぎるなどの理由から、思うようにIBM社以外の参加が進まなかったため、2004年2月、コミュニティが再編され、非営利組織「Eclipse Foundation」が結成されました。それ以降、EclipseはEclipse Foundationに移管され、IBM社以外の企業や開発者も参加しやすいコミュニティとなり、現在に至ります（**表1.3**）。

表1.3　Eclipseの誕生から現在

できごと	内容
1998年11月	IBMが後にEclipseとなるIDEの開発を始める
2001年11月	Eclipse1.0がオープンソース（OSS）としてリリースされる
2001年11月	オープンソースコミュニティ「Eclipse Board of Stewards」が設立される
2004年2月	Eclipse Board of Stewardsが再編され、非営利組織「Eclipse Foundation」が結成される
2004年6月	Eclipse FoundationからEclipse 3.0がリリースされる
2005年6月	Eclipse 3.1がリリースされる
2006年6月	Eclipse 3.2（Callisto）がリリースされる
2007年6月	Eclipse 3.3（Europa）がリリースされる
2008年6月	Eclipse 3.4（Ganymede）がリリースされる
2009年6月	Eclipse 3.5（Galileo）がリリースされる
2010年6月	Eclipse 3.6（Helios）がリリースされる
2011年6月	Eclipse 3.7（Indigo）がリリースされる
2012年6月	Eclipse 4.2（Juno）がリリースされる
2013年6月	Eclipse 4.3（Kepler）がリリースされる
2014年6月	Eclipse 4.4（Luna）がリリースされる
2015年6月	Eclipse 4.5（Mars）がリリースされる
2016年6月	Eclipse 4.6（Neon）がリリースされる
2017年6月	Eclipse 4.7（Oxygen）がリリースされる
2018年6月	Eclipse 4.8（Photon）がリリースされる
（以降コードネームが廃止され、3か月ごとに新バージョンがリリースされる）	
2018年9月	Eclipse 2018-09がリリースされる
2018年12月	Eclipse 2018-12がリリースされる
2019年3月	Eclipse 2019-03がリリースされる
2019年6月	Eclipse 2019-06がリリースされる
2019年9月	Eclipse 2019-09がリリースされる
2019年12月	Eclipse 2019-12がリリースされる

注3　オープンソースは、ソフトウェアの著作権を保持したまま、ソースコードを無償で公開し、ライセンスに基づいて再配布や改変を認めたものです。

：	
2022年9月	Eclipse 2022-09がリリースされる

P.14で、EclipseがJavaのIDEとして広く知られていると述べましたが、その理由がおわかりいただけましたでしょうか。また、**表1.3**で示したように、Eclipse3.0がリリースされてから毎年、2019年以降は、3か月ごとに新バージョンのEclipseがリリースされています。

COLUMN

Eclipseのリリース時期とコードネーム

Eclipseは「Eclipse Foundation」へ移管されてから、2018年までは、毎年6月に新バージョンがリリースされており、3.2以降にコードネーム（一般的には、開発中の製品に付けられる仮称だが、リリースされた際に正式名称となることもある）が付けられています（**表1.A**）。3.2、3.3、3.4は、イタリアの天文学者「ガリレオ・ガリレイ」によって発見された木星の衛星の名前が付いていましたが、3.5はガリレオの名前が、そして3.6以降は、頭文字が3.5のGalileoの「G」から続く、アルファベット順（G→H→I→J....）となるような名称が投票で選ばれていたそうです。

● **表1.A　Eclipseのコードネーム**

コードネーム	よみ	意味
Callisto	カリスト	木星の第4衛星
Europa	エウロパ	木星の第2衛星
Ganymede	ガニメデ	木星の第3衛星
Galileo	ガリレオ	ガリレオ衛星の発見者ガリレオ・ガリレイの名前
Helios	ヘリオス	ギリシア神話の太陽神
Indigo	インディゴ	光を7色に分解したときの一つ。藍（あい）色
Juno	ユノ	女性の結婚生活を守護する古代ローマの女神
Kepler	ケプラー	ドイツの天文学者ヨハネス・ケプラーの名前
Luna	ルナ	月や月の女神を意味する
Mars	マース	火星
Neon	ネオン	原子番号10の元素であるネオン
Oxygen	オキシゲン	原子番号8の元素である酸素
Photon	フォトン	光子（光の素粒子）

Eclipseのプロジェクト

Eclipseは、Eclipse Foundation（eclipse.org）のオープンソースプロジェクトであり、Eclipseプロジェクトは、プロジェクト管理委員会（Project Management Committee）とプロジェクトリーダーの監督のもとに遂行されています。

Eclipseプロジェクトでは、常に、新しいバージョンのEclipseを開発していますが、それ以外にも、関連技術の開発プロジェクトや、開発に役立つツールの開発プロジェクトなど、100以上のプロジェクトが存在します。

ちなみに、以下のサイトにアクセスすると、プロジェクトを検索したり、リスト表示することが可能です（**図1.2**）。

- Eclipseのプロジェクトを確認できるページ
  https://eclipse.org/projects/

● **図1.2　Eclipseのプロジェクトが確認できるページを開いた**

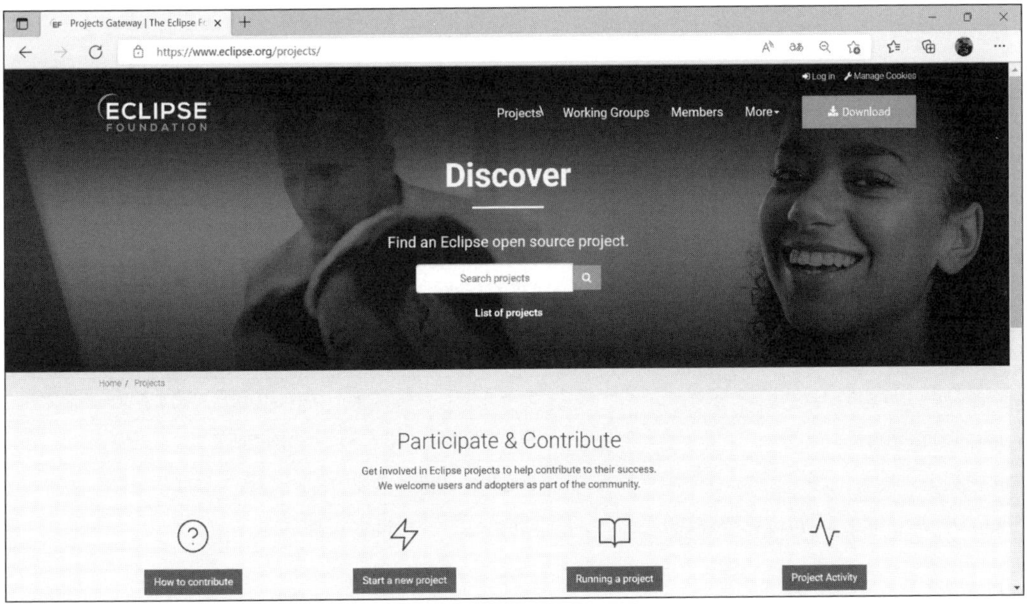

このページにある「Discover」の検索欄で、プロジェクトの検索ができます。また、その下の「LIST OF PROJECTS」ボタンをクリックすれば、プロジェクトがリスト表示されるページに遷移します（**図1.3**）。

表1.4に、代表的なプロジェクトを挙げます。

● 図1.3 プロジェクトがリスト表示されるページ

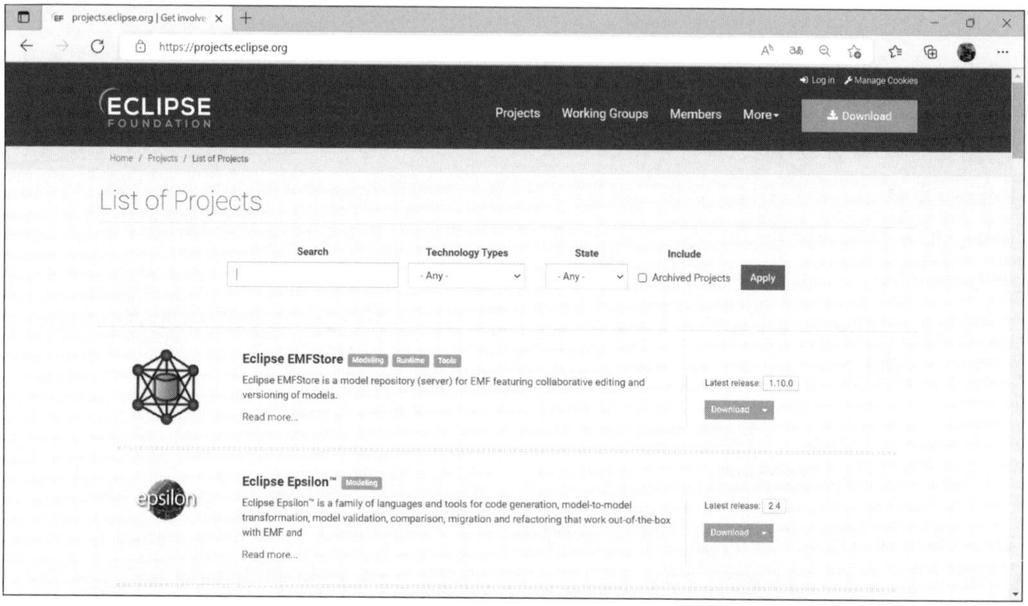

● 表1.4 代表的なプロジェクト

プロジェクト	内容
Eclipse Project	Eclipseの「Top-Level Project」であるメインプロジェクト
Eclipse Tools Project	Eclipse用の拡張可能なツールを開発
Eclipse Web Tools Platform Project (WTP)	WebやJava EEアプリケーション用のツールを開発
Eclipse BIRT (Eclipse Business Intelligence and Reporting Tools)	Javaアプリケーションからレポート（帳票）を出力するツールを開発
Eclipse Data Tools Platform (DTP)	データベース接続やデータ中心の設計に関するツールを開発
Eclipse Technology	様々な分野に対応するための調査研究プロジェクト
Eclipse RT	ランタイム技術への取り組みを促進するプロジェクト
Plugin Development Environment (PDE)	Eclipseのプラグイン※1を開発

※1 プラグインとは、アプリケーションを拡張するための追加プログラムです。詳細はP.25を参照してください。

各プロジェクトはいくつかのサブプロジェクトで構成されています。例えば、Eclipseのメインプロジェクトである「Eclipse Project」には、**表1.5**に示すサブプロジェクトが存在します。

表1.5 「Eclipse Project」のサブプロジェクト

サブプロジェクト	内容
Eclipse Equinox	Javaモジュールの動的な追加や実行を管理する基盤システムの仕様であるOSGiフレームワークの実装を提供する
Java Development Tools (JDT)	Javaアプリケーションの開発をサポートする環境を提供する
Plugin Development Environment (PDE)	Eclipse用プラグインの作成を容易にする環境を提供する
e4	次世代のEclipseプラットフォームを開発するインキュベータ※1
Eclipse Platform	Eclipseの使用をサポートするフレームワークや共通サービスを提供する

※1 インキュベータとは、本来は鳥の孵化をサポートする孵卵器などを指しますが、現在では、新しい技術を生み出す組織やプロジェクトを意味することも多くなりました。

COLUMN

プロジェクトを支援する企業

先のプロジェクトやサブプロジェクトを説明するサイトでは、それぞれのプロジェクトを支援する企業が確認できます。**図1.A**の例は、「Eclipse Project」のサブプロジェクト「Eclipse Platform」のサイトです。

- 「Eclipse Platform」
  https://projects.eclipse.org/projects/eclipse.platform

図1.A 「Eclipse Platform」の案内ページ

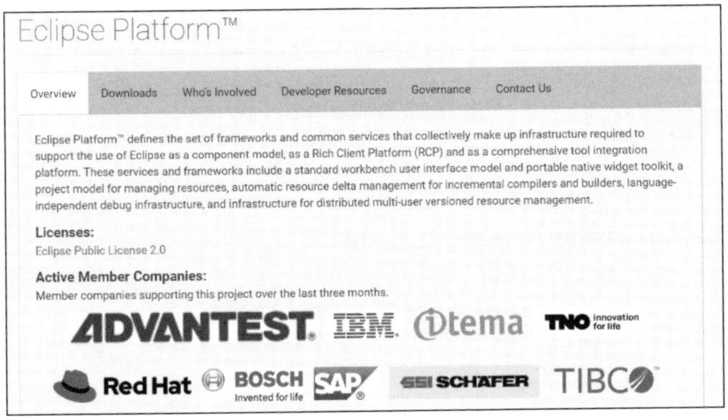
Eclipse Platform™
Overview
Downloads
Who's Involved
Developer Resources
Governance
Contact Us
Eclipse Platform™ defines the set of frameworks and common services that collectively make up infrastructure required to support the use of Eclipse as a component model, as a Rich Client Platform (RCP) and as a comprehensive tool integration platform. These services and frameworks include a standard workbench user interface model and portable native widget toolkit, a project model for managing resources, automatic resource delta management for incremental compilers and builders, language-independent debug infrastructure, and infrastructure for distributed multi-user versioned resource management.
Licenses:
Eclipse Public License 2.0
Active Member Companies:
Member companies supporting this project over the last three months.
ADVANTEST
IBM
itema
TNO innovation for life
Red Hat
BOSCH Invented for life
SAP
SSI SCHÄFER
TIBCO

このように、「Eclipse Platform」は、IBM社をはじめ、LinuxディストリビューションのRedHat社や自動車部品で有名なBOSCH社などの企業に支援されていることがわかります。

Eclipseのパッケージ

Eclipseは、用途に合わせたいくつかのパッケージと呼ばれるものが提供されています。Eclipse.orgには、リリースされたEclipseのバージョンごとにパッケージが掲載されていますが、**表1.6**は、Eclipse IDE 2022-09のパッケージの例です（**図1.4**）。

▼表1.6　Eclipse IDE 2022-09のパッケージ例

パッケージ	内容
Eclipse IDE for Java Developers	Java IDE、Gitクライアント、XMLエディターなどを含む、Java開発者にとって不可欠なパッケージ
Eclipse IDE for Enterprise Java and Web Developers	Java IDE、Java EE、Java Persistence API（JPA）、JavaServer Faces（JSF）などのツールを含む、Java EEおよびWebアプリケーションを作成するJava開発者向けのパッケージ
Eclipse IDE for C/C++ Developers	C/C ++開発ツールを含む、C/C ++開発者のためのIDE
Eclipse IDE for Eclipse Committers	Eclipse.orgでのEclipse自体を開発するためのパッケージ。Eclipse Platformに基づいて、PDE、Git、ソースコード、開発者のドキュメントなどを追加する
Eclipse IDE for JavaScript and Web Developers	JavaScript、HTML、CSS、XML言語サポート、Gitクライアント、Mylynなど、JavaScript開発者にとって不可欠なパッケージ
Eclipse IDE for Java and DSL Developers	JavaおよびXtend IDE、DSLフレームワーク（Xtext）、Gitクライアント、XMLエディターなど、JavaおよびDSL開発者にとって不可欠なパッケージ
Eclipse for PHP Developers	PHP開発者がPHP開発ツール（PDT）などを含むWebアプリケーションを作成するためのパッケージ
Eclipse for RCP and RAP Developers	Eclipseプラグイン、リッチクライアントアプリケーションまたはリモートアプリケーションプラットフォーム（RCP＋RAP）、MavenとGradleツール、およびXMLエディターを作成する開発者用のパッケージ

- パッケージの掲載サイト
  https://www.eclipse.org/downloads/packages/release/2022-09/r

また、それぞれのパッケージがどのような構成になっているのかを比較できるページがあります（**図1.5**）。

- 比較ページのURL
  https://www.eclipse.org/downloads/packages/compare

● 図1.4　パッケージの掲載サイト（Eclipse IDE 2022-09 R Packagesの例）

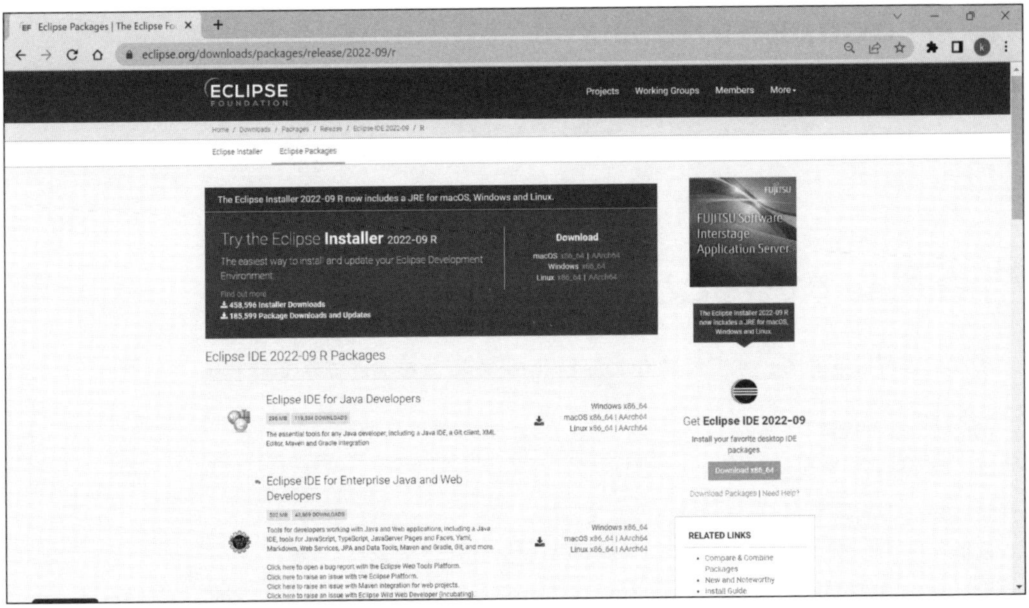

● 図1.5　パッケージの構成比較ができるページ

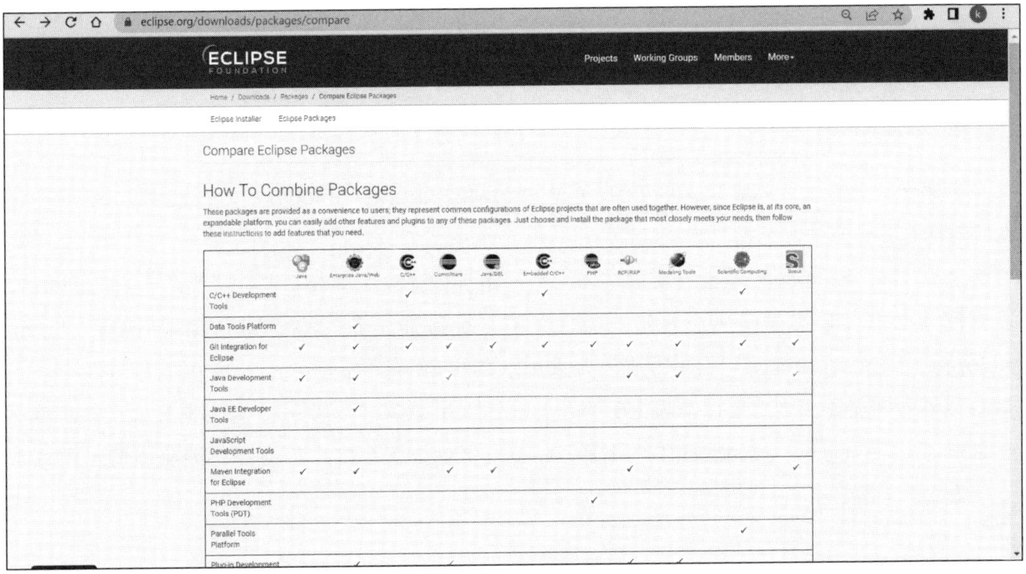

1-2 Eclipseの特徴

Eclipseの概要と歴史が確認できたところで、次は、Eclipseの特徴についてみていくことにしましょう。

Eclipseでできること

まずは、復習も兼ねて、すでに紹介したEclipseの特徴をあげてみましょう。

- IDE(統合開発環境)である
- オープンソースである
- 特にJavaの開発環境として広く普及してきた
- Eclipseそのものや関連技術に関する開発プロジェクトが多数存在する
- Eclipseの運営団体「Eclipse Foundation (eclipse.org)」は、多くの企業に支援されている

上記に加え、Eclipseは、次のような特徴も持っています。

- マルチプラットフォームである
- プラグインで拡張できる
- Java以外の開発ができる

マルチプラットフォームとは、EclipseがWindows、Linux、MacOSといった異なるOSそれぞれに対応していることを指します。

プラグインは、Eclipseの機能を拡張するための追加のプログラムです。プラグインの詳細は、P.25で取り上げています。ちなみに、プラグインを自作するための開発環境「PDE (Plugin Development Environment)」というツールも用意されています。

Java以外の開発ができるとは、**表1.6**で紹介したEclipseのパッケージにもあるように、パッケージには、CやC++、JavaScript、PHPといったプログラム言語を使った開発環境が用意されていることを指します。

> ONEPOINT
>
> Eclipseのダウンロードやインストールの詳細は**第2章**で取り上げています。

プラグインとは

プラグイン（Plugin Plug-in）は、「差し込み式」などといった意味があり、アプリケーションの機能を拡張するプログラムです。Eclipse以外の他の様々なアプリケーションソフトでも、それぞれ専用のプラグインがありますが、Eclipseには、多くのプラグインが提供されており、それらプラグインを使った拡張性の高さが、Eclipseの大きな特徴でもあります。

Eclipseに既に組み込まれているプラグインは、次の場所で確認することができます。

1. Eclipseのメインメニューから「ヘルプ(H)」→「Eclipseについて(A)」をクリックする（**図1.6**）。
2. 「Eclipseについて」ダイアログボックスが表示されたら、説明の下欄にあるプロバイダー(提供元)のアイコンをクリックするか、左下の「インストール詳細(I)」をクリックする（**図1.7**）。
3. 「フィーチャー」タブからフィーチャー名を選択して、「プラグインの詳細(P)」をクリックする。

● **図1.6　「Eclipse IDEについて」ダイアログボックス**

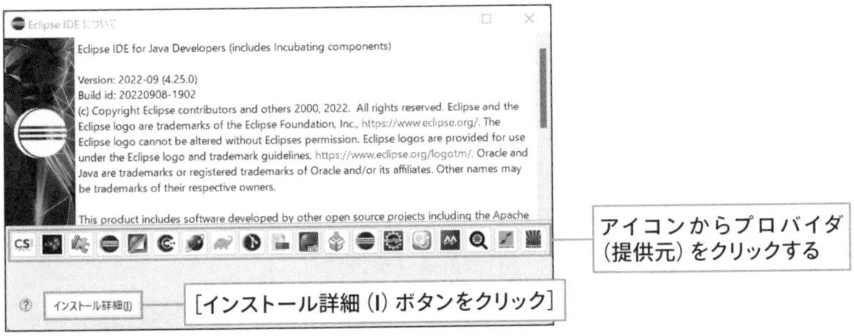

● **図1.7　「インストール詳細(I)」ボタンから表示されたダイアログボックス**

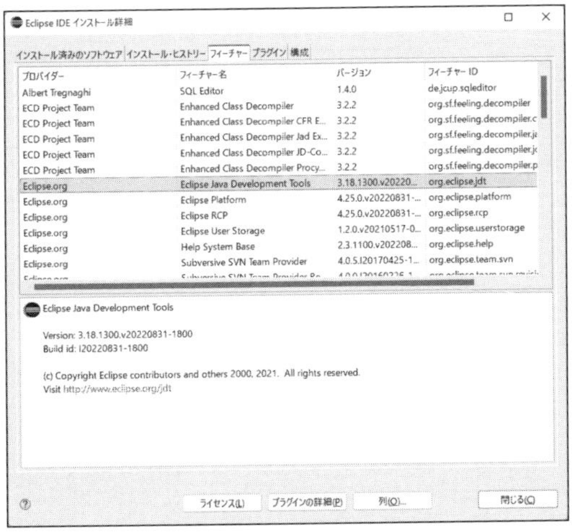

> **ONEPOINT**
>
> フィーチャー(features)とは、プラグインの管理を簡単にするため、複数のプラグインをまとめたものを指します。

「フィーチャー・プラグイン」ダイアログボックスが表示され、プラグイン名が確認できます(**図1.8**)。

● 図1.8　「フィーチャー・プラグイン」ダイアログボックス

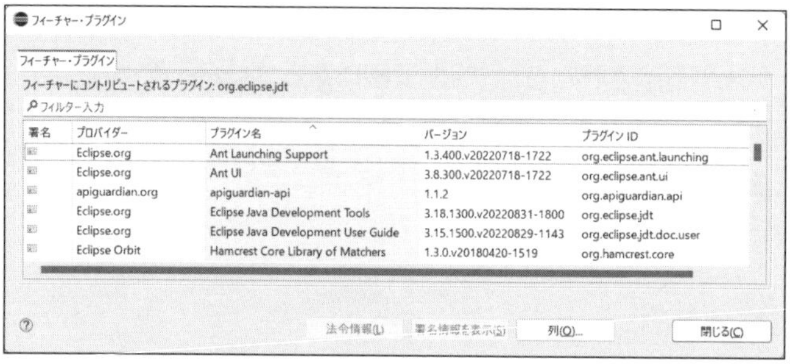

表1.7に本書で主として利用する「Pleiades All in One Java Full Edition」にデフォルトで搭載されている代表的なプラグインをあげておきます。

● 表1.7　Pleiades All in One Java Full Editionに搭載されている代表的なプラグイン

代表的なプラグイン	内容
WTP (Web Tools Platform)	Webアプリケーション開発に必要なものが用意されているプラグイン
Pleiades	Eclipseを日本語化するためのプラグイン
STS (Spring Tool Suite)	Spring Bootでの開発に必要なプラグイン
Lombok	ボイラープレートコードを排除するためのLombokを使用するためのプラグイン
Thymeleaf	Javaテンプレートエンジンの一つであるプラグイン

Eclipseマーケットプレース

Eclipseマーケットプレースには、有償、無償を含むたくさんのプラグインが登録されており、同サイトでは、プラグインのカテゴリーやマーケットの種類を選択したり、任意の文字列でプラグインを検索することが可能です(**図1.9**)。

なお、Eclipseのメニューから、Eclipseマーケットプレースにアクセスすることも可能です。

- Eclipseマーケットプレースの URL
  https://marketplace.eclipse.org/

● 図1.9　Eclipseマーケットプレース

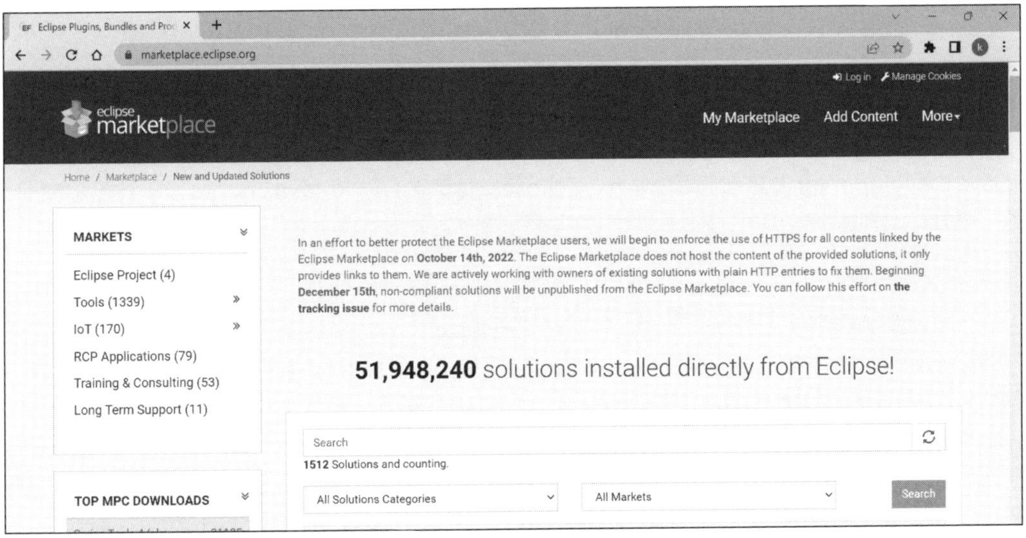
Eclipse Plugins, Bundles and Pro
marketplace.eclipse.org
Log in
Manage Cookies
eclipse marketplace
My Marketplace
Add Content
More
Home / Marketplace / New and Updated Solutions
MARKETS
Eclipse Project (4)
Tools (1339)
IoT (170)
RCP Applications (79)
Training & Consulting (53)
Long Term Support (11)
In an effort to better protect the Eclipse Marketplace users, we will begin to enforce the use of HTTPS for all contents linked by the Eclipse Marketplace on October 14th, 2022. The Eclipse Marketplace does not host the content of the provided solutions, it only provides links to them. We are actively working with owners of existing solutions with plain HTTP entries to fix them. Beginning December 15th, non-compliant solutions will be unpublished from the Eclipse Marketplace. You can follow this effort on the tracking issue for more details.
51,948,240 solutions installed directly from Eclipse!
Search
1512 Solutions and counting.
All Solutions Categories
All Markets
Search
TOP MPC DOWNLOADS

Eclipseのメニューから Eclipseマーケットプレースを利用するには、「ヘルプ(H)」→「Eclipse マーケットプレース(M)」をクリックして、次のダイアログボックスを表示させてください(**図1.10**)。

● 図1.10　EclipseのメニューからEclipseマーケットプレースを利用できる

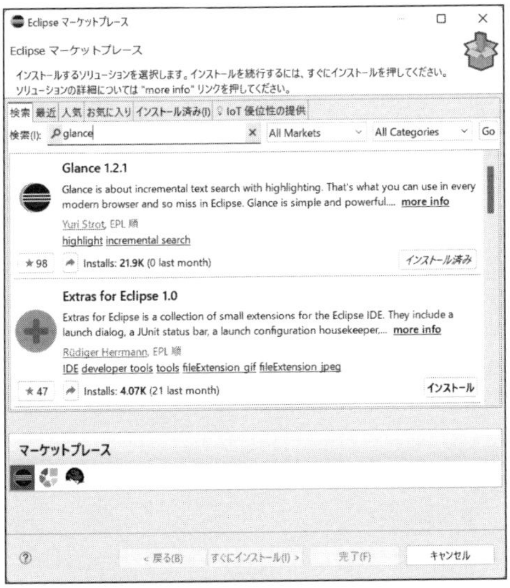
Eclipse マーケットプレース
Eclipse マーケットプレース
インストールするソリューションを選択します。インストールを続行するには、すぐにインストールを押してください。
ソリューションの詳細については "more info" リンクを押してください。
検索
最近
人気
お気に入り
インストール済み(I)
IoT 優位性の提供
検索(I):
glance
All Markets
All Categories
Go
Glance 1.2.1
Glance is about incremental text search with highlighting. That's what you can use in every modern browser and so miss in Eclipse. Glance is simple and powerful.... more info
Yuri Strot, EPL 順
highlight incremental search
★98
Installs: 21.9K (0 last month)
インストール済み
Extras for Eclipse 1.0
Extras for Eclipse is a collection of small extensions for the Eclipse IDE. They include a launch dialog, a JUnit status bar, a launch configuration housekeeper,... more info
Rüdiger Herrmann, EPL 順
IDE developer tools tools fileExtension_gif fileExtension_jpeg
★47
Installs: 4.07K (21 last month)
インストール
マーケットプレース
< 戻る(B)
すぐにインストール(I) >
完了(F)
キャンセル

Webサイトと同様に、ダイアログボックスからも、カテゴリーやマーケットプレースを絞ったり、任意の文字列検索が可能な他、「最近」タブで新しいプラグインを、「人気」タブから人気のあるプラグインを探すこともできます。また「インストール済み」タブでは、既にインストールしているプラグインを確認することも可能です。

COLUMN

EclipseとJDK

通常、Javaでプログラム開発を行うには、プログラムのコンパイルや実行を行うために、JDK（Java Development Kit）が必要ですが、EclipseにはデフォルトでJavaコンパイラーが搭載されているため、別途JDKのインストールや設定は不要です。

また、Pleiades All in Oneには、最初からいくつかのバージョンのJDKが搭載されているため、必要に応じてバージョンを変更することが可能です。

デフォルトのJDKを確認する場合は、メインメニューにある「ウィンドウ（W）」→「設定（P）」から「設定」ダイアログボックスを表示させ、「Java」メニューの「インストール済みのJRE」を選択してください。**図1.B**は、Pleiades All in Oneの例です。

● **図1.B　Pleiades All in Oneでは、いくつかのバージョンのJDKが搭載されている**

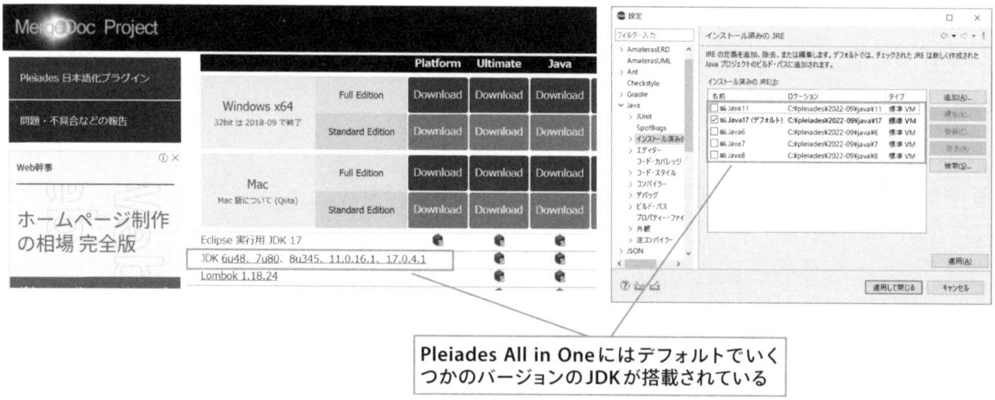

第2章

Eclipseをはじめよう

本章では、Eclipseのインストールから起動までの手順と、基本的な構成画面について紹介します。また、ワークベンチやパースペクティブなどといった普段聞きなれない用語も解説していきます。

本章の内容

2-1：Eclipseのインストール
2-2：Eclipseの起動と構成
2-3：Eclipseを知るうえでの基礎知識

2-1 Eclipseのインストール

まずはEclipseのインストール手順について見ていきましょう。ここでは、2022年10月時点で最新バージョンとなる、公式サイトのEclipseや、後述するPleiades All in Oneのインストールを紹介します。

Eclipseのインストール前に知っておくこと

第1章でも取り上げたように、Eclipseは毎年1度、6月に最新版が登場していたのですが、2018年9月以降は、3か月ごとにリリースされるようになりました。

Eclipseの最新版は、次のサイトで確認できます（**図2.1**）。

https://www.eclipse.org/downloads/

● 図2.1　Eclipseの最新版が確認できる公式サイトのページ

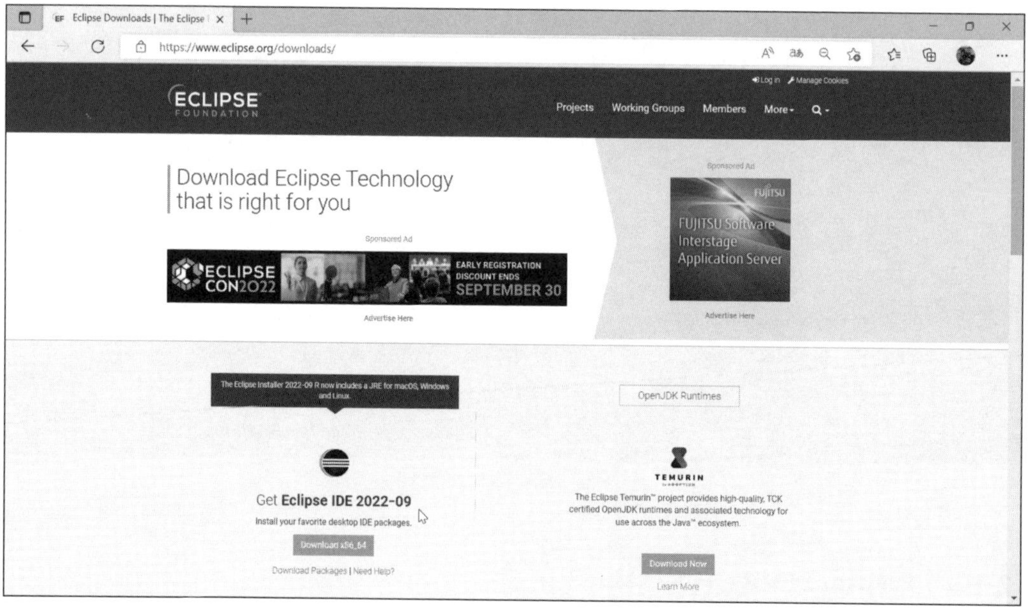

ONEPOINT

2022年10月時点の最新版は、Eclipse 2022-09です。

また、**第1章**で触れているように、Eclipseは、Windows以外のMacOSやLinuxでも利用可能なバージョンがあります。次に示す「Packages」ページでは、Eclipseの種類（パッケージ）とともに、各OS用のバージョンが入手できるようになっています（**図2.2**）。

https://www.eclipse.org/downloads/packages/

● **図2.2　Eclipse Packagesのページ**

図2.2の「Packages」欄では、目的に合わせたEclipseのパッケージを入手することが可能です（**図2.3**）。一般的なJavaアプリケーションの構築なら、一番先頭にある「Eclipse IDE for Java Developers」を使用しますが、本書では、Webアプリケーションの構築が可能な「Eclipse IDE for Enterprise Java and Web Developers（以降 Eclipse Jee）」を取り上げています。

Pleiades All in Oneとは

これまで紹介してきた公式ページからのEclipseの導入以外に、「Pleiades All in One（プレアデス）」と呼ばれるEclipseが利用できます。公式ページから導入したEclipseは、メニューなどが全て英語のため、インストール後に日本語化の作業が必要になりますが、「Pleiades All in One」は、Eclipse本体と日本語化プラグイン「Pleiades」がセットになっているため、導入後すぐに日本語化されたEclipseを利用することができます（**図2.4**）。

● 図 2.3　パッケージ欄

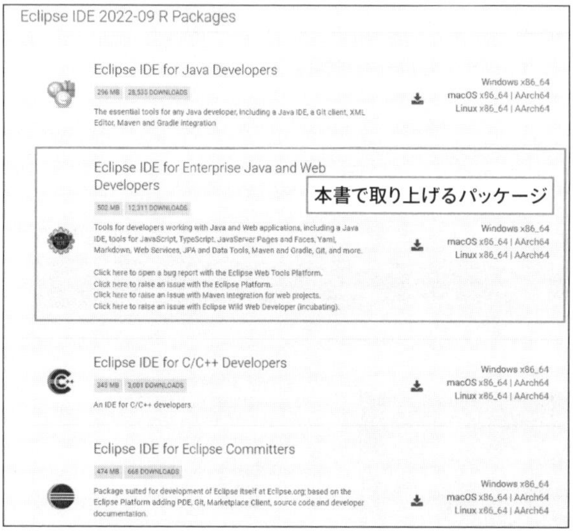

- 「Pleiades All in One」が入手できるサイト
  https://mergedoc.osdn.jp/

● 図2.4　「Pleiades All in One」のサイト

図2.4で示した「最新版（ここではEclipse2022）」のボタンをクリックすると、最新版のダウンロードページへ遷移します（**図2.5**）。ちなみに、「Pleiades All in One」はかつてはWindows版しかありませんでしたが、現在は、MacOS版も登場しています。

図2.5 最新版のダウンロード

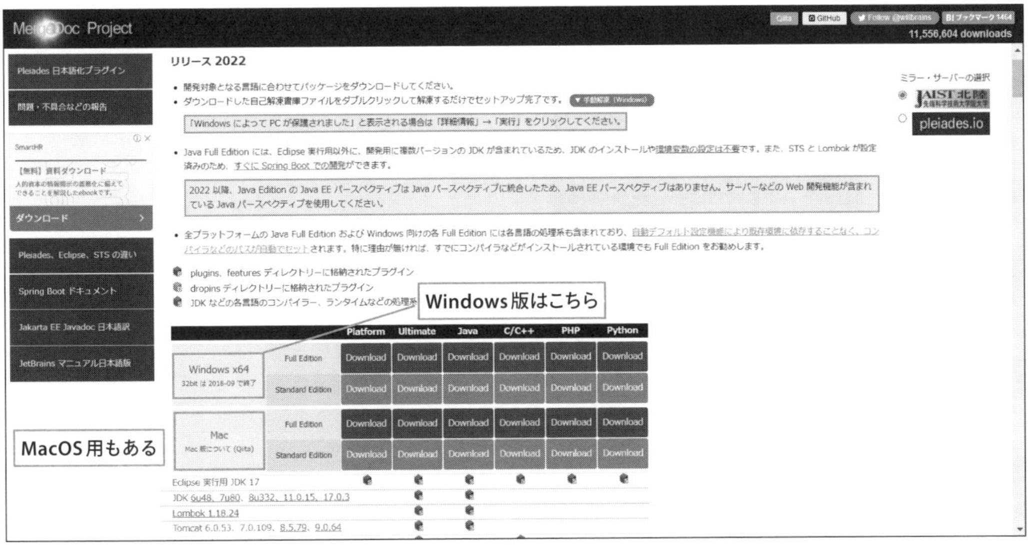
Me Doc Project
GitHub
11,556,604 downloads
Pleiades 日本語化プラグイン
問題・不具合などの報告
ダウンロード
Pleiades、Eclipse、STS の違い
Spring Boot ドキュメント
Jakarta EE Javadoc 日本語訳
JetBrains マニュアル日本語版
リリース 2022
開発対象となる言語に合わせてパッケージをダウンロードしてください。
ダウンロードした自己解凍書庫ファイルをダブルクリックして解凍するだけでセットアップ完了です。
「Windows によって PC が保護されました」と表示される場合は「詳細情報」→「実行」をクリックしてください。
Java Full Edition には、Eclipse 実行用以外に、開発用に複数バージョンの JDK が含まれているため、JDK のインストールや環境変数の設定は不要です。また、STS と Lombok が設定済みのため、すぐに Spring Boot での開発ができます。
2022 以降、Java Edition の Java EE パースペクティブは Java パースペクティブに統合したため、Java EE パースペクティブはありません。サーバーなどの Web 開発機能が含まれている Java パースペクティブを使用してください。
全プラットフォームの Java Full Edition および Windows 向けの各 Full Edition には各言語の処理系も含まれており、自動デフォルト設定機能により既存環境に依存することなく、コンパイラなどのパスが自動でセットされます。特に理由が無ければ、すでにコンパイラなどがインストールされている環境でも Full Edition をお勧めします。
plugins、features ディレクトリーに格納されたプラグイン
dropins ディレクトリーに格納されたプラグイン
JDK などの各言語のコンパイラー、ランタイムなどの処理系
ミラー・サーバーの選択
pleiades.io
Windows版はこちら
Platform
Ultimate
Java
C/C++
PHP
Python
Windows x64
32bit は 2018-09 で終了
Full Edition
Standard Edition
Download
Mac
Mac 版について (Qiita)
MacOS用もある
Eclipse 実行用 JDK 17
JDK 6u48、7u80、8u332、11.0.15、17.0.3
Lombok 1.18.24
Tomcat 6.0.53、7.0.109、8.5.79、9.0.64

なお、本書ではPleiades All in Oneをベースにして Eclipseを紹介するため、公式サイトのEclipseよりも先にPleiades All in Oneの導入とインストールについて紹介します。

Pleiades All in Oneのインストール

それでは、Pleiades All in Oneのダウンロードからインストールについて紹介していきましょう。**図2.5**を見るとわかるようにPleiades All in OneもEclipseの公式サイトと同様に、いくつかのパッケージがあります。

なお、本書では、LombokやTomcat、Spring Boot、Thymeleafについても取り上げるため、JavaのFull Editionを入手します（**図2.6**）。

> **ONEPOINT**
>
> Spring Bootについては、**第10章**で詳しく紹介しています。Lombok、Tomcat、Thymeleafについては、巻末の索引から該当ページを参照してください。

それでは、**図2.6**で示した「Download」ボタンをクリックして、JavaのFull Editionを入手しましょう。

1. **図2.6**で示したJavaのFull Editionにある「Download」ボタンをクリックする。
2. ダウンロードのリンクがあるページへ遷移するので、リンクをクリックして、ダウンロードを

開始する(**図2.7**)。

● **図2.6 JavaのFull Editionのダウンロード**

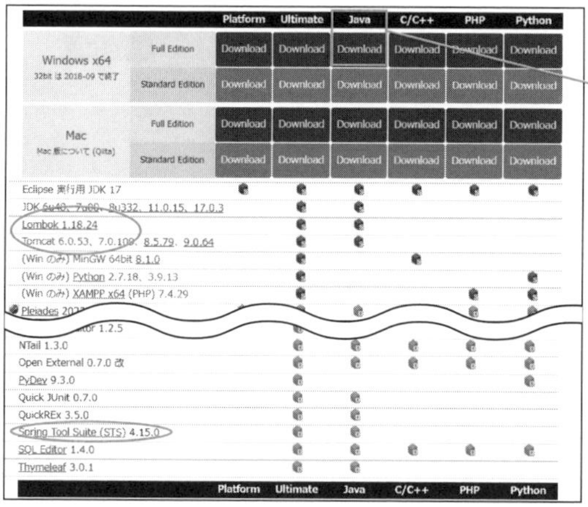

● **図2.7 リンクをクリックしてダウンロード**

3 実行形式のファイル(EXEファイル)としてダウンロードできるため、ファイルをダブルクリックしてインストールを開始する(**図2.8**)。

● 図2.8　ダウンロードしたファイルのインストール

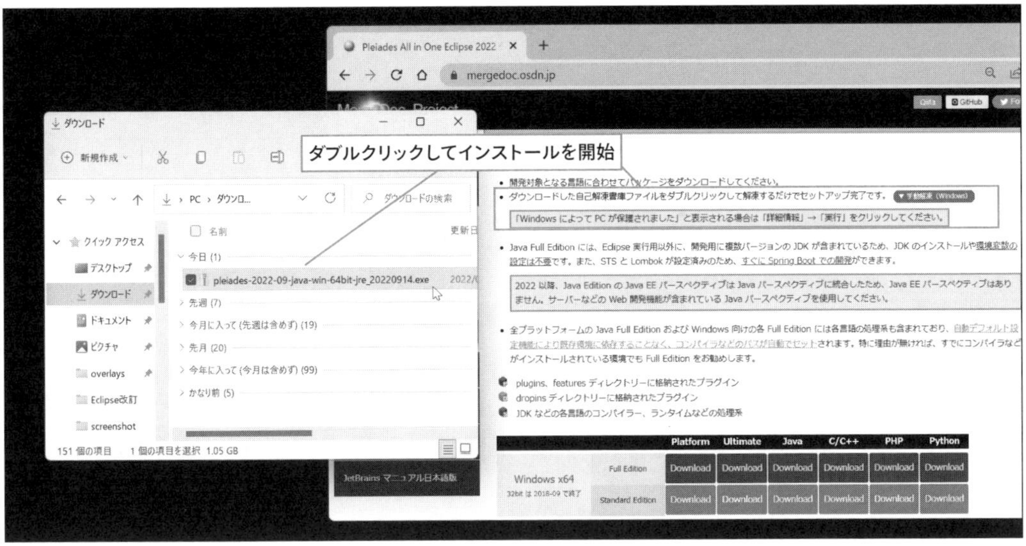

> **ONEPOINT**
>
> 　Pleiadesのページにも表記されているように、ダウンロードしたファイルはダブルクリックしてインストールを開始できますが、実行形式ファイルのため、**図2.8**のPleiadesのページで案内されているように、後述の警告メッセージが表示されます。

4　「WindowsによってPCが保護されました」ウィンドウが表示されたら、「詳細情報」をクリックする（**図2.9**）。

5　次に表示されたウィンドウでは、下部にある「実行」ボタンをクリックする（**図2.10**）。

● 図2.9　詳細情報をクリック

● 図2.10　「実行」ボタンをクリック

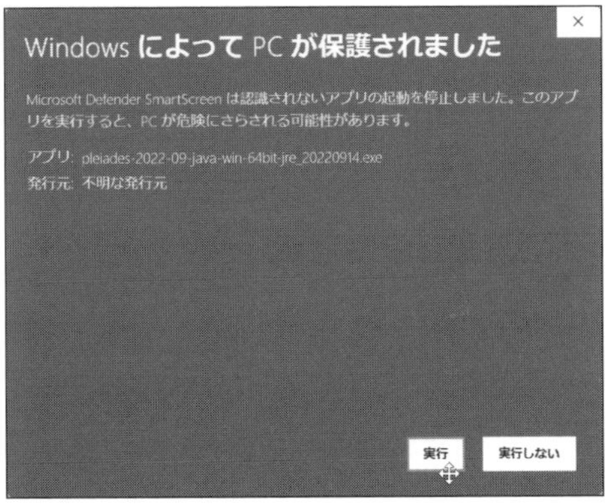

⑥　「自己解凍書庫」ダイアログボックスが表示されたら、「作成先フォルダ(D)」を確認して、問題なければ「解凍」ボタンでインストールを開始する(**図2.11**、**図2.12**)。

● **図 2.11　「自己解凍書庫」ダイアログボックス**

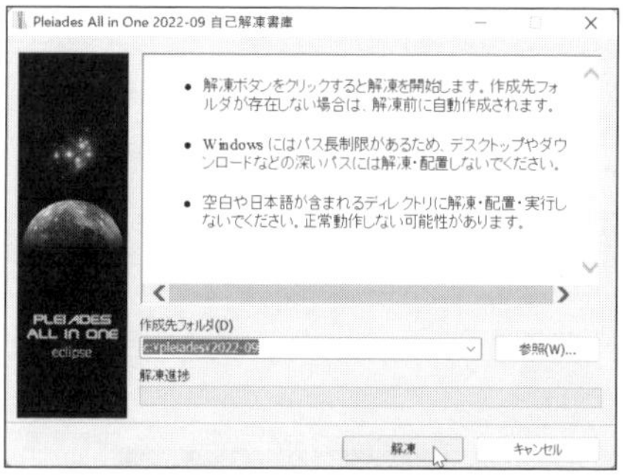

● **図 2.12　自己解凍（インストール）が開始された**

ONEPOINT

デフォルトでは、Cドライブの直下に、Pleiades→Eclipseのバージョン(ここでは2022-09)フォルダが作成され、その中にEclipseが用意されます。空き容量に問題がなければ、デフォルトのまま進んでください。

これで**図2.11**で示した作成先フォルダにEclipseが作成されます(**図2.13**)。

● **図2.13　作成先フォルダにEclipseが作成された**

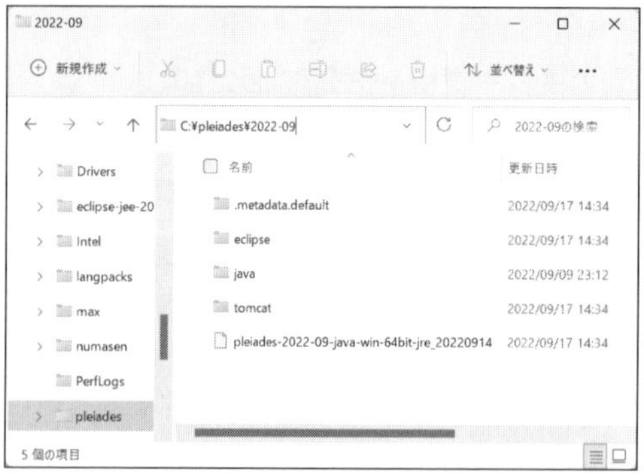

公式サイトからEclipseをインストールする

次に公式サイトからEclipseをインストールする手順を紹介します。なお、本書では、Spring

Bootを利用したWebアプリケーションの構築にも触れるため、「Eclipse IDE for Enterprise Java and Web Developers（以降Eclipse Jee）」をインストールします。

1. 下記公式サイトの右上にある「Download」ボタンをクリックする。
   https://www.eclipse.org/projects/
2. P.23でも紹介した、ダウンロードページの最新版Eclipseの下にある「Download Packages」のリンクをクリックする。

ONEPOINT

P.23で紹介した下記URLのpackagesページが表示されます

https://www.eclipse.org/downloads/packages/

3. 「Eclipse IDE for Enterprise Java and Web Developers」の右側にある「Windows x86_64」をクリックする（**図2.14**）。

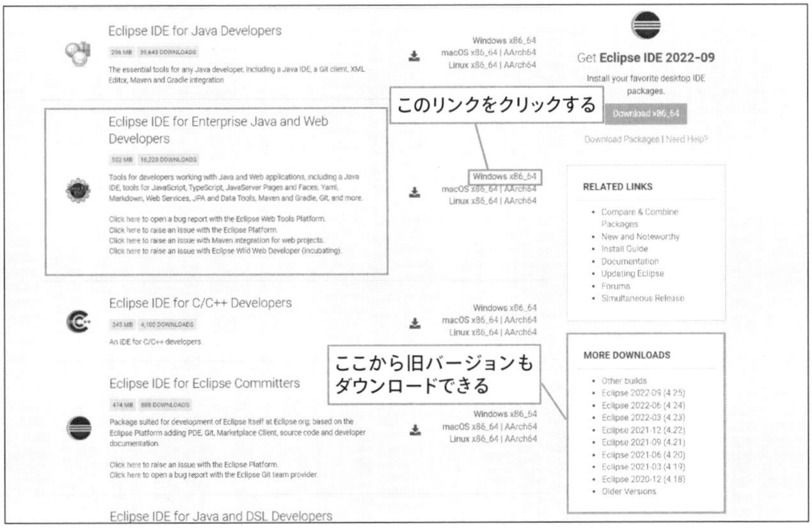
Eclipse IDE for Java Developers
The essential tools for any Java developer, including a Java IDE, a Git client, XML Editor, Maven and Gradle integration
Windows x86_64
macOS x86_64 | AArch64
Linux x86_64 | AArch64
Get Eclipse IDE 2022-09
Install your favorite desktop IDE packages.
Download x86_64
Download Packages | Need Help?
このリンクをクリックする
Eclipse IDE for Enterprise Java and Web Developers
Tools for developers working with Java and Web applications, including a Java IDE, tools for JavaScript, TypeScript, JavaServer Pages and Faces, Yaml, Markdown, Web Services, JPA and Data Tools, Maven and Gradle, Git, and more.
Click here to open a bug report with the Eclipse Web Tools Platform.
Click here to raise an issue with the Eclipse Platform.
Click here to raise an issue with Maven integration for web projects.
Click here to raise an issue with Eclipse Wild Web Developer (incubating).
Windows x86_64
macOS x86_64 | AArch64
Linux x86_64 | AArch64
RELATED LINKS
Compare & Combine Packages
New and Noteworthy
Install Guide
Documentation
Updating Eclipse
Forums
Simultaneous Release
Eclipse IDE for C/C++ Developers
An IDE for C/C++ developers
Windows x86_64
macOS x86_64 | AArch64
Linux x86_64 | AArch64
ここから旧バージョンも
ダウンロードできる
Eclipse IDE for Eclipse Committers
Package suited for development of Eclipse itself at Eclipse.org; based on the Eclipse Platform adding PDE, Git, Marketplace Client, source code and developer documentation.
Click here to raise an issue with the Eclipse Platform.
Click here to open a bug report with the Eclipse Git team provider.
Windows x86_64
macOS x86_64 | AArch64
Linux x86_64 | AArch64
MORE DOWNLOADS
Other builds
Eclipse 2022-09 (4.25)
Eclipse 2022-06 (4.24)
Eclipse 2022-03 (4.23)
Eclipse 2021-12 (4.22)
Eclipse 2021-09 (4.21)
Eclipse 2021-06 (4.20)
Eclipse 2021-03 (4.19)
Eclipse 2020-12 (4.18)
Older Versions
Eclipse IDE for Java and DSL Developers

● 図2.14　「Windows x86_64」をクリック

ONEPOINT

このページの右下からは、Eclipseの旧バージョンがダウンロードできるようになっています。

4. Windows版のEclipseがダウンロードできるボタンをクリックする（**図2.15**）。ダウンロードページの右側にはミラーサイトへのリンクがあるため、ミラーサイトからダウンロードすることも可能です。

● 図2.15　Eclipseがダウンロードできるページとボタン

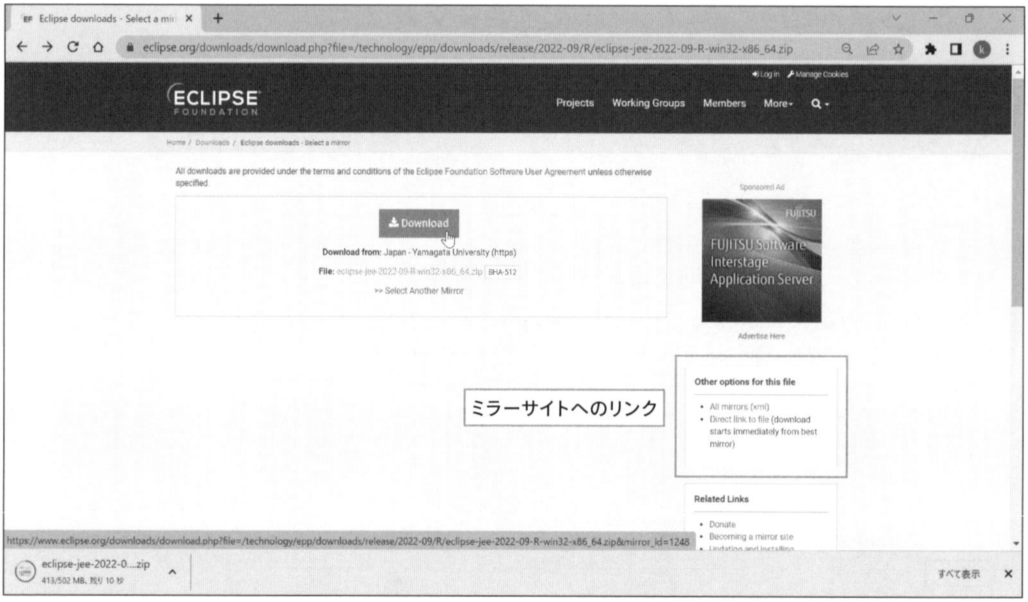

ONEPOINT

ミラーサイトとは、メインのWebサイトと全く同じ、もしくは一部が同じ内容を持つWebサイトです。Eclipseのダウンロード先が一つだけだと、アクセスが集中して、ダウンロードに時間がかかることが多くなるため、ミラーサイトからダウンロードすることで、混雑を回避することができます。

Eclipse公式サイトからダウンロードしたファイルは、圧縮（zip形式）されており、展開するだけですぐに利用できます。また、Windowsに標準搭載されている機能で展開が可能です。以下に、ダウンロードしたファイルをWindows11で利用するための手順をあげておきましょう。

1. ダウンロードしたファイルを右クリックして、ショートカットメニューから「すべて展開」をクリックする。
2. 「展開先の選択とファイルの展開」ダイアログボックスが表示されたら、Eclipseを起動する場所となる展開先を「参照（R）」ボタンから選択するか、直接入力して、「展開（E）」ボタンをクリックする（**図2.16**）。

● 図2.16　Eclipseの展開先を決める

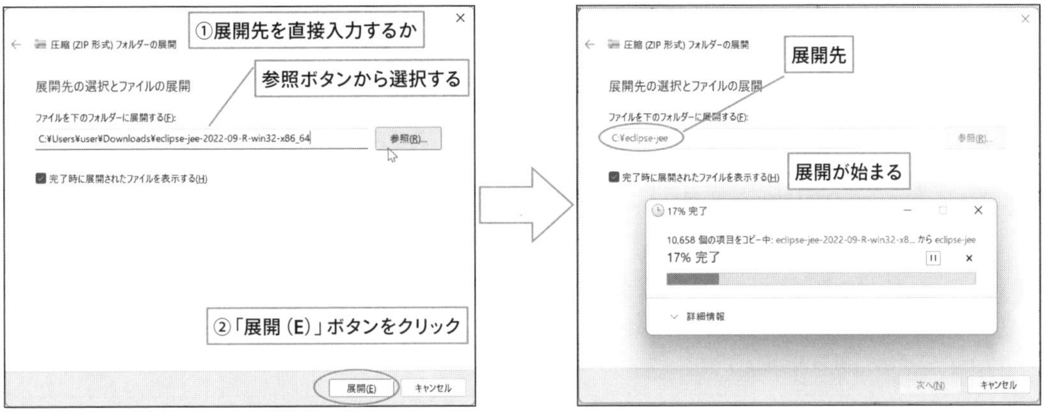

ONEPOINT

図2.16は、展開先を「C:\eclipse-jee\」にした例です。展開先を直接入力した場合、展開先のフォルダがなくても自動生成されます。

なお、Eclipseには多くのフォルダやファイルが含まれており、それらが階層化されて、長いパスで構成されています。そのため、WindowsにEclipseをインストールする場合、元々のインストール先のパスが長いと、Windowsのパスの長さ制限（260文字）を超えてしまい、インストールできないことがあります（Windows11も10と同様）。

したがって、インストール先は、「C:\eclipse-jee\」などと、ドライブ直下などにフォルダを作成し、パスが短くなるように心がけてください。

図2.17で示した展開先にある「eclipse.exe」をダブルクリックすれば、Eclipseが起動しますが、一旦「Select a directory as workspace」のダイアログボックスが表示されるので、「Launch」ボタンをクリックしてください（**図2.18**）。なお、このダイアログボックスにあるworkspace（ワークスペース）ついては、P.48で紹介します。

公式サイトのEclipseを日本語化するには

図2.19の起動画面を見るとわかるように、Eclipseはデフォルトで日本語に対応していません。「Pleiades All in One」のEclipseは、デフォルトで日本語化されていましたが、公式サイトのEclipseは、メニューやガイドメッセージなどがすべて英語です。

日本語化するには、「Pleiades 日本語化プラグイン」が必要です。「Pleiades 日本語化プラグイン」は、前述の「Pleiades All in One」を提供している「Mergedoc Project」のサイトからダウ

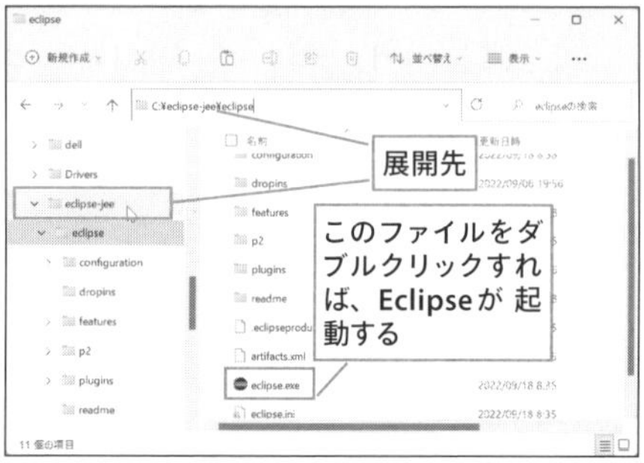

図2.17　展開先にEclipseがインストールされた

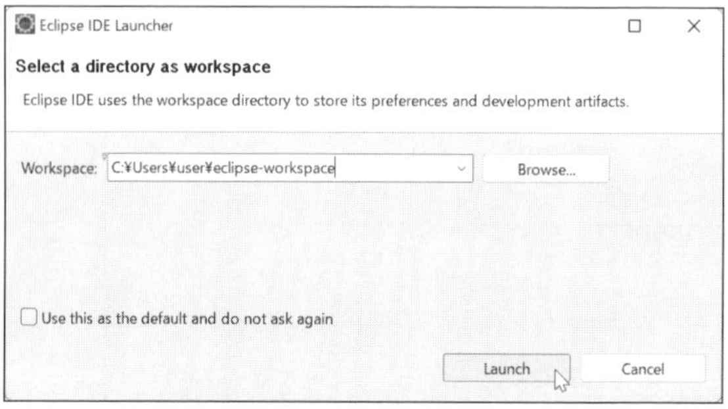

図2.18　ダイアログボックスで「Launch」ボタンをクリック

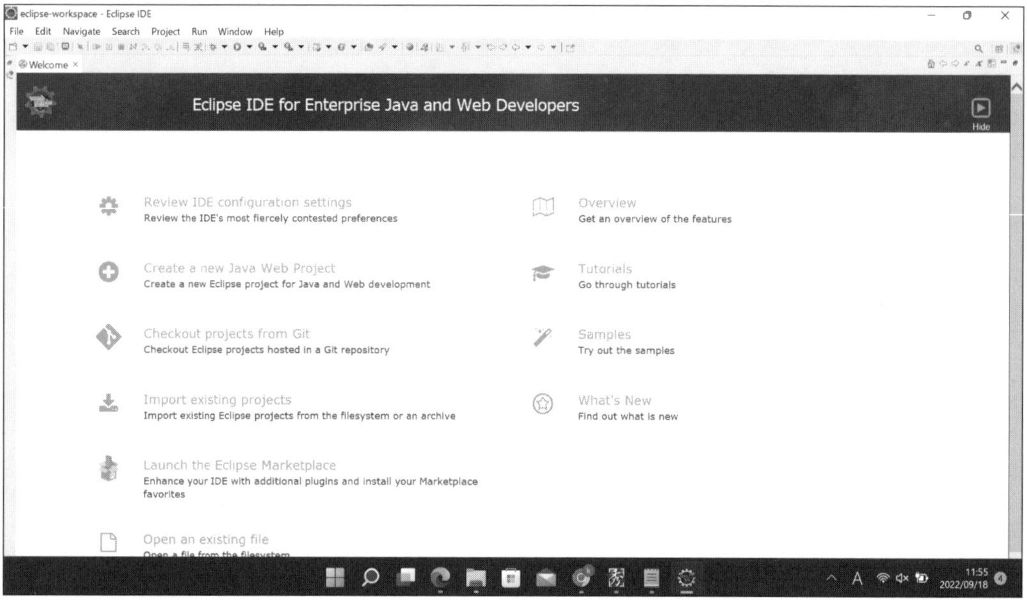

図2.19　公式サイトから入手したEclipseを起動した

ンロードできます（**図2.20**）。

- Mergedoc Projectのサイト（「Pleiades All in One」の入手先と同じ）
  https://mergedoc.osdn.jp/

Pleiadesは、EclipseやAndroid Studioのような、Javaで作成されたアプリケーションを日本語化するためのツールです。Pleiadesは、AOP（アスペクト指向プログラミング）と呼ばれる、既存のプログラミング言語の拡張機能を持つ仕組みを使って、動的にEclipseのメッセージを日本語化します。Eclipseのバージョンに依存せず、200以上のプラグインを日本語化できる点が大きな特徴であり、Eclipseの新バージョンが登場した場合、いち早く日本語化できるといっ

図 2.20 「Pleiades 日本語化プラグイン・ダウンロード」

統合開発環境 Eclipse 日本語化プ
https://mergedoc.osdn.jp/#pleiades.html
MergeDoc Project
Qiita
GitHub
Follow @willbrains
B! ブックマーク 1464
11,556,604 downloads
Pleiades 日本語化プラグイン
問題・不具合などの報告
Google
安全なブラウザをダウンロード
Download
Pleiades、Eclipse、STS の違い
Spring Boot ドキュメント
Jakarta EE Javadoc 日本語訳
JetBrains マニュアル日本語版
Pleiades プラグイン・ダウンロード
Pleiades は Eclipse のような Java アプリケーションを日本語化するためのツールです。Windows、Mac の場合は Electron で作られたインストーラーが付属しているため簡単にインストールできます。バグ報告や翻訳コントリビュートは Github Pleiades 問題トラッカー で受け付けています。Spring Tool Suite (STS) に適用する場合は Pleiades、Eclipse、STS の違いを参照してください。Android Studio などの IntelliJ IDEA ベースの IDE の日本語化は Pleiades ではなく JetBrains 公式言語パックを使用してください。
Windows
Mac
Linux
7-Zip で zip を解凍して setup.exe でインストーラーを起動。セキュリティダイアログが表示される場合は詳細情報をクリックし、実行ボタンを押してください。
アーカイブ: Java 8 対応版はこちら
zip を解凍して setup.app でインストーラーが起動します。セキュリティダイアログが表示される場合は、右クリックから "開く" で起動してください。
アーカイブ: Java 8 対応版はこちら
インストーラーは用意されていません。zip を解凍して readme.txt を参照し、手動で Pleiades を配置し、設定ファイルを編集してください。
アーカイブ: Java 8 対応版はこちら
最近の変更履歴
Pleiades プラグイン概要
12:12
2022/09/18

た強みを持っています。

> **ONEPOINT**
>
> Eclipse.orgが「Babel」と呼ばれる言語パックを用意しているため、Babelによる日本語化も可能です。しかし、Eclipseの新バージョンに対応した日本語化は、Pleiadesが最も早く、多くのユーザーに利用されています。

- Babelの言語パック
  https://www.eclipse.org/babel/

Pleiades 日本語化プラグインの導入

それでは、Pleiades 日本語化プラグインの導入手順を以下に示します。

1. **図2.20**で示した「Mergedoc Project」のサイトにある「Pleiadesプラグイン・ダウンロード」から、入手したいOS用のボタンをクリック（ここではWindowsを選択）する。
2. 「Preparing to download Eclipse Pleiades plugin」のページに遷移したら、下記リンクをクリックしてダウンロードを開始する。

https://ftp.jaist.ac.jp/pub/mergedoc/pleiades/build/stable/pleiades-win.zip

3 zip形式の圧縮ファイル（Windows版の場合なら「pleiades-win.zip」）のダウンロードが完了したら、そのファイルを展開する。

4 展開後にできたフォルダ内にある、setup.exeをダブルクリックする。

5 「Pleiades日本語化プラグインのセットアップ」ダイアログボックスが表示されたら、「日本語化するアプリケーション」部分の「選択...」ボタンをクリックして、Eclipseの実行ファイル「eclipse.exe」を指定する（**図2.21**）。

● **図2.21　「選択...」ボタンからEclipseの実行ファイルを指定する**

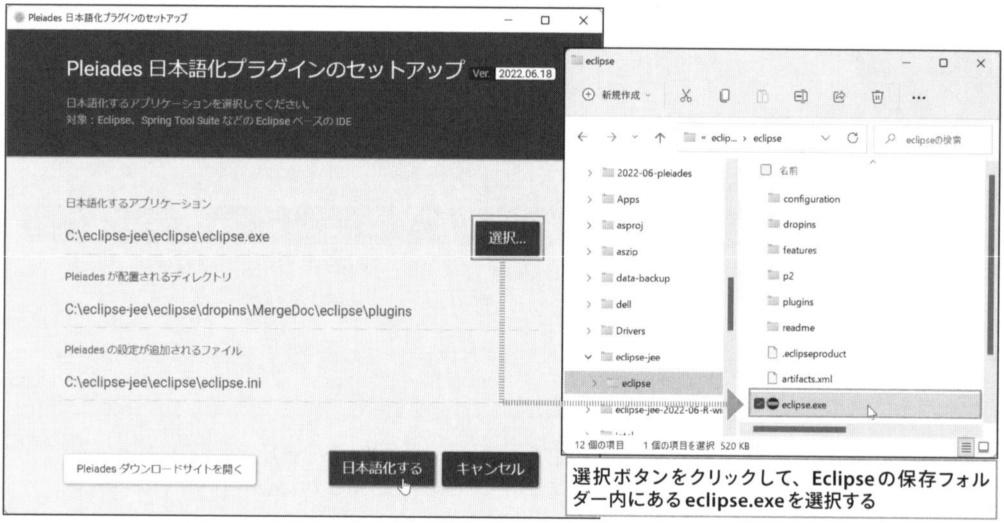

ONEPOINT

Windowsのデフォルト設定では、eclipse.exeファイルの拡張子「.exe」が非表示になっています。拡張子が非表示の場合は、図と同じアイコンのファイルを選択してください。

6 「日本語化する」ボタンをクリックして、「情報」メッセージが表示されたら、「OK」ボタンをクリックする（**図2.22**）。

● **図2.22　情報メッセージ**

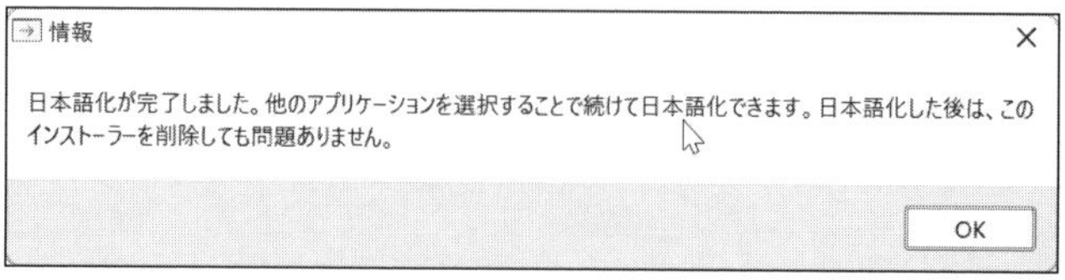

これで、日本語化は完了です。Eclipseを起動すると、日本語化されていることが確認できます（**図2.23**）。

COLUMN

Eclipseが起動しない

Windowsで、eclipse.exeのショートカットを作成したり、先のPleiades日本語化プラグインを導入すると、Eclipseが起動しない場合があります。

起動しない場合の原因としては、管理者（Administrator）権限ではない状態で、Cドライブの直下や、「Program Files」フォルダ直下など、ユーザー権限で書き込みが許可されていない場所に、Eclipse本体を配置していることが考えられます。

しかし、このような場合でも、Eclipseの実行ファイル（eclipse.exe）や、実行ファイルのショートカットアイコンなどを右クリックして、ショートカットメニューから、「管理者として実行（A）」をクリックすれば、Eclipseが起動します（**図2.A**）。

なお、右クリックのショートカットメニューにある「プロパティ（R）」をクリックして、「互換性」タブの「設定」欄で、「管理者としてこのプログラムを実行する」にチェックを付けると、以降は、普通にダブルクリックで起動するようになるため、先の右クリックが不要になります（**図2.B**）。

● **図2.A 「管理者として実行（A）」を選択**

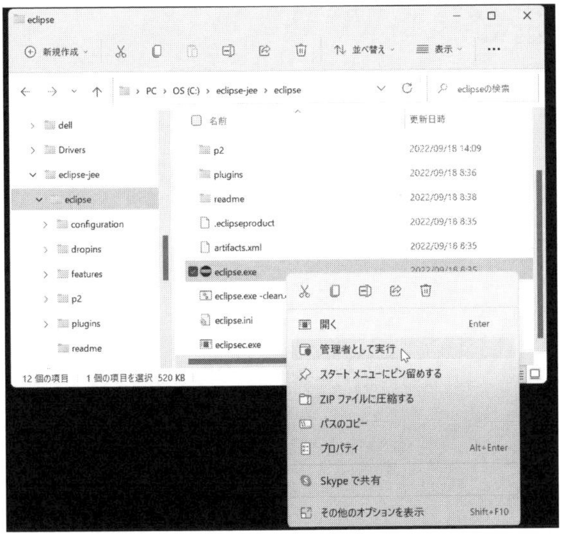

● **図2.B 「互換性」タブの「管理者としてこのプログラムを実行する」をチェック**

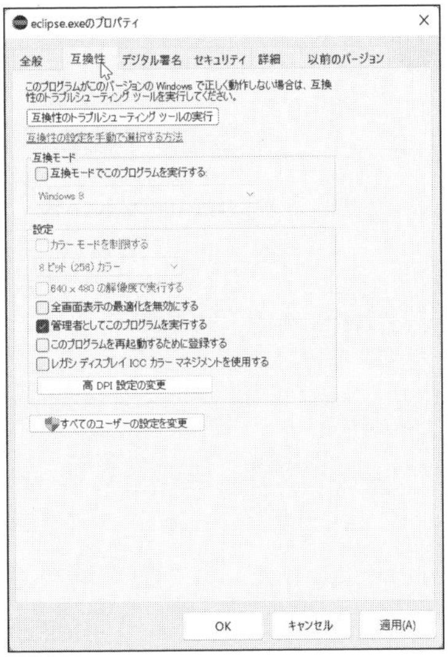

図2.23　日本語化されたEclipse

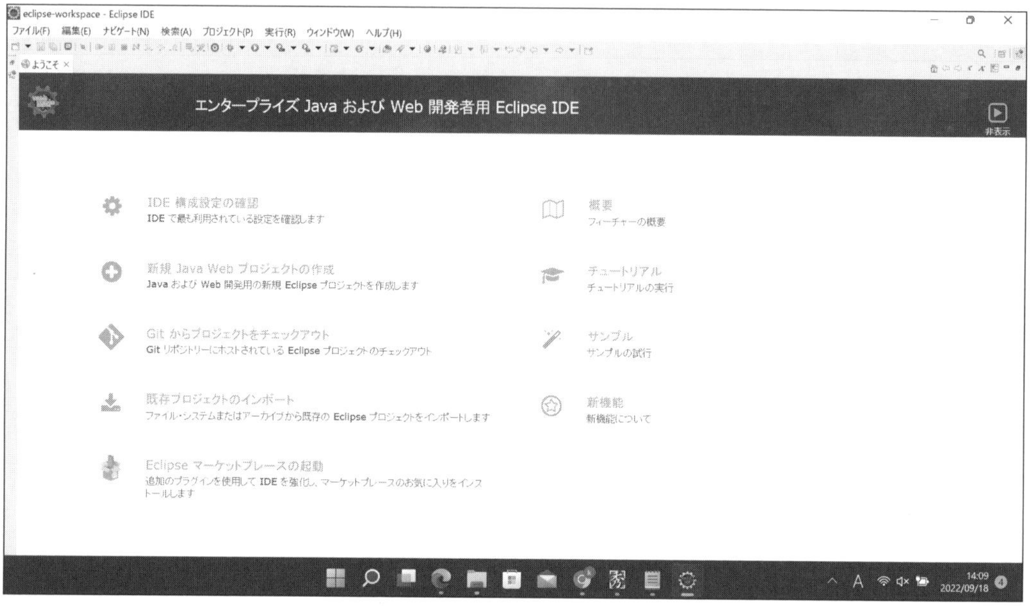

2-2 Eclipseの起動と構成

Eclipseのインストールと日本語化が完了したら、次は起動と終了について紹介します。また、Eclipseのフォルダ構成についても取り上げていきます。

Eclipseの起動

これまでも述べてきたように、Eclipseはフォルダ内のeclipse.exeから起動します。

eclipse.exeの場所は、本書でメインに取り上げる「Pleiades All in One」を使う場合（2022-09）なら、「（保存先のフォルダ）\pleiades\2022-09\eclipse」のフォルダ内にあります（**図2.24**）。なお、Eclipseの公式サイトから「Eclipse Jee」を入手した場合なら、P.40で紹介したように、任意の保存先のeclipseフォルダ内にあります。

図2.24　eclipse.exe

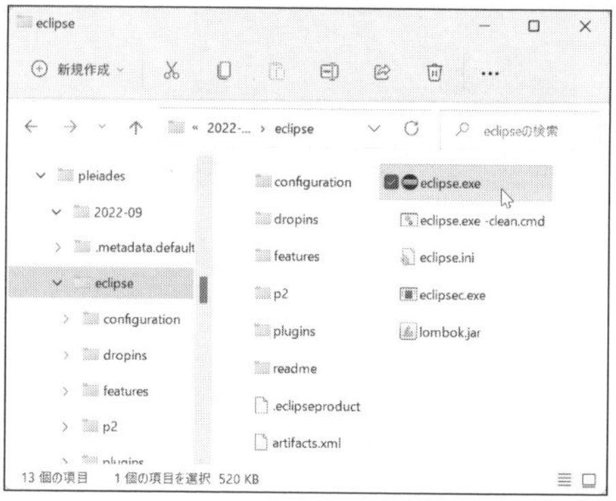

Eclipseを起動すると、P.48で紹介するワークスペースの場所が選択できる「ワークスペースとしてのディレクトリー選択」ダイアログボックスが開きます。ワークスペースの場所が確定しているなら、「この選択をデフォルトとして使用し....」にチェックしてください（**図2.25**）。

● 図2.25　起動時に都度ワークスペースを確認させないならここをチェック

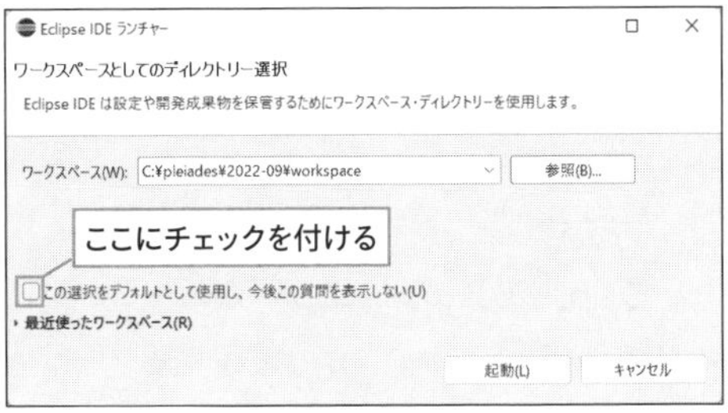

ワークスペースは確定後でも変更が可能です。ワークスペースを後から変更する場合は、Eclipseのメニューから、「ファイル(F)」→「ワークスペースの切り替え(W)」→「その他(O)」をクリックして、先の「ワークスペースとしてのディレクトリー選択」ダイアログボックスを表示させてください（**図2.26**）。

● 図2.26　ワークスペースを再設定するにはここをクリック

ONEPOINT

初回起動時にEclipseがダークモード（背景が黒い画面）の場合は、本書の説明画面（クラシックモード）と外観が異なります。外観の変更はP.147を参照してください。

Eclipseの終了

他の多くのアプリケーションと同様に、Windows版Eclipseを終了させるには、以下の3通りの方法があります（**図2.27**）。

- 方法❶ メニューから終了する
  Eclipseのメインメニューから、「ファイル（F）」→「終了（X）」をクリックする
- 方法❷「×」ボタンから終了する
  タイトルバーの右側にある「×」ボタンをクリックする
- 方法❸ アイコンから終了する
  タイトルバーの左端にあるアイコンをクリックして、表示されたメニューから「閉じる（C）」をクリックする

● **図2.27　Eclipseが終了できる場所**

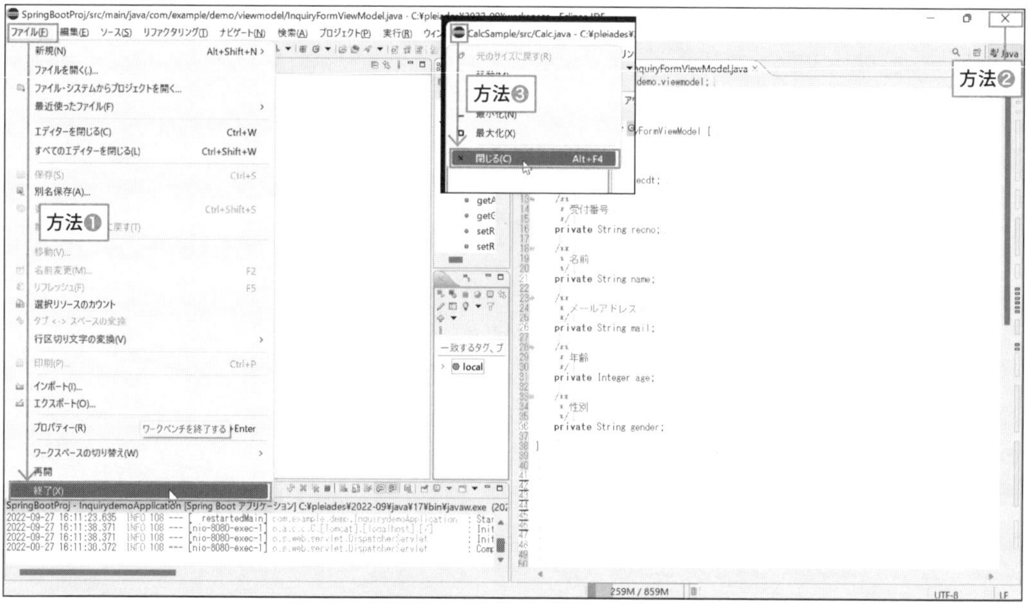

Eclipseのディレクトリ構成

それでは、Eclipseのフォルダ構成について見てみましょう（**図2.28、29**）。主なディレクトリとファイルの説明は**表2.1**、**表2.2**の通りです。

● 図2.28　Eclipseのフォルダ
（Pleiades All in Oneの例）

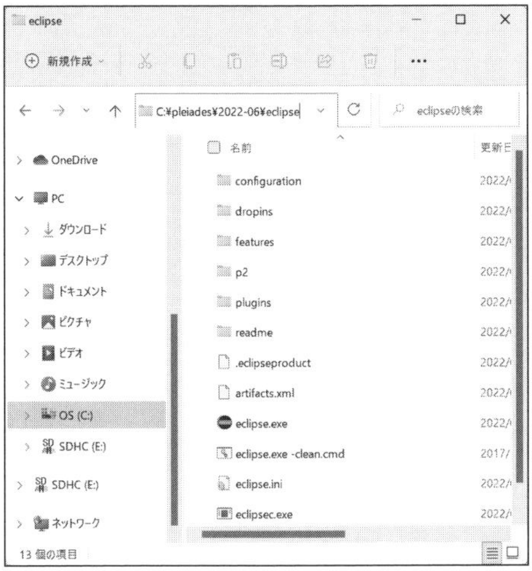

● 図2.29　Eclipseのフォルダ
（Eclipse Jeeの例）

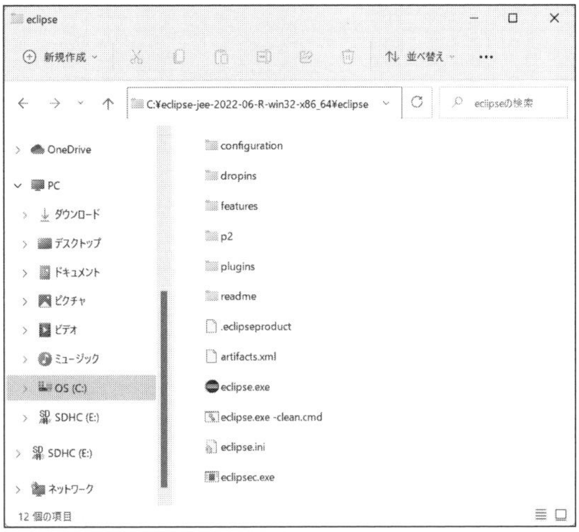

● 表2.1　主なディレクトリ構成

ディレクトリ	説明
configuration	プラグインの設定や更新に関するもので構成されるディレクトリ。ワークスペースの場所を設定、変更できるファイルもこのディレクトリ内に存在する
dropins	プラグインやフィーチャーを手動で組み込む際のディレクトリ
features	複数のプラグインをひとまとめにしたフィーチャーを格納するディレクトリ
p2	configurationディレクトリと同様に、プラグインの設定や更新などを管理するディレクトリ
plugins	Eclipseのメニューからインストールしたプラグインが格納されるディレクトリ
readme	使用方法や注意事項などが記されたファイルが格納されるディレクトリ

● 表2.2　主なファイル構成

ファイル	説明
eclipse.exe	Eclipseの実行ファイル。Eclipseを起動する際に使用する
eclipse.exe-clean.cmd	古い情報ファイルを削除するコマンドファイル。Eclipseが起動しなくなった時や、新しいプラグインを追加した直後に使用する
eclipse.ini	Eclipseが起動する際に参照されるファイル。利用するメモリサイズを増やして、Eclipseのパフォーマンスを改善する場合などに編集する
eclipsec.exe	Eclipseをコンソール（Windowsの場合はコマンドプロンプト）で実行するためのファイル。プラグインの稼働状況やEclipseのログを見る際に使用する

ONEPOINT

Windowsのデフォルト設定では、前述のファイルの拡張子「cmd」「ini」「exe」は表示されません。

ワークスペースのディレクトリ構成

Eclipseの作業領域であるワークスペースの保存先は、任意の場所に設定できますが、どこに設定しても、ワークスペースのディレクトリ内は、**図2.30**の構成になっています。

図2.30　ワークスペースを構成するディレクトリ

ワークスペースには、作成したプロジェクトが保存されている他に、「.metadata」ディレクトリがあります。このディレクトリには、プラグインの設定内容などの各種情報が保存されています。なお、Eclipse公式サイトから入手したものと、「Pleiades All in One」を利用している場合では、デフォルトのワークスペースは**図2.31**のように異なります。

図2.31　デフォルトのワークスペースはここにある

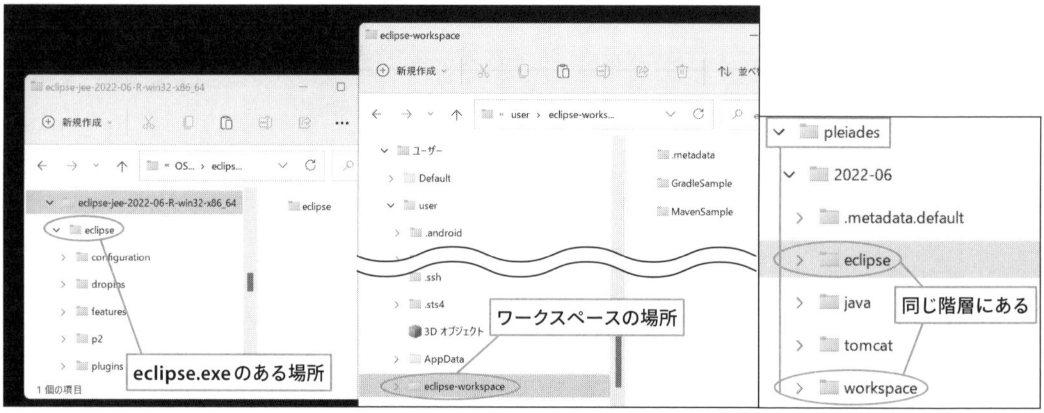

2-3 Eclipseを知るうえでの基礎知識

Eclipseのインストールと起動方法、基本構成が確認できたところで、ここでは、Eclipseを操作するうえで知っておくべき、Eclipse特有の用語を知っておきましょう。

ワークベンチとは

ワークベンチとは、作業台や仕事台という意味の英単語で、Eclipseを起動した直後の画面全体がワークベンチと呼ばれます。他のソフトウェアと同じように、画面上部にメニューバーやツールバーが、そして、画面下部には、作業の様子など、情報を表示する領域である、ステータスバーがレイアウトされています（**図2.32**、**表2.3**）。なお、ビューとエディターの詳細は後述します。

● 図2.32　ワークベンチ

● 表2.3　ワークベンチにレイアウトされているバー

バー	説明
メニューバー	文字列でメニューが表示されているバー
ツールバー	使用頻度の高いメニューがアイコンボタンで表示されているバー
ステータスバー	現在アクティブになっている領域の状態や情報が表示されているバー

Eclipseのメニュー構成

Eclipseのメニューバーは、以下のメニューで構成されています(**図2.33**、**表2.4**)。なお、メニューの具体的な使い方については、**第3章**で紹介しています。

● 図2.33　Eclipseのメニューバー

● 表2.4　Eclipseのメインメニュー

メニューバー	説明
ファイル (F)	プロジェクトの新規作成や既存プロジェクトを開く、Eclipseの終了などの項目が存在する
編集 (E)	文字列の切り取り、コピー、貼り付け、元に戻すなどの項目が存在する
ソース (S)	ソースコードの作成を補佐してくれる各種項目が存在する
リファクタリング (T)	リファクタリングによるクラス名や、変数名の変更などが可能
ナビゲート (N)	選択したオブジェクトの継承関係を視覚的に閲覧できる項目などが存在する
検索 (A)	任意の文字列を含む行を検索できる項目などが存在する
プロジェクト (P)	プロジェクトを開く、閉じる、プロジェクトのビルドができる項目などが存在する
実行 (R)	プログラムの実行やデバッグが可能な項目などが存在する
ウィンドウ (W)	別のウィンドウでEclipseを表示させたり、任意のビューを表示させたりできる項目が存在する
ヘルプ (H)	Eclipseの使い方やバージョンなどが確認できる項目などが存在する

ONEPOINT

リファクタリングについては**第6章**、ビルドについては**第8章**を参照してください。

ビューとは

前述のように、ワークベンチ上にはツールバーやメニューバーをはじめとするたくさんの部品があります。また、**図2.34**に示すサブウィンドウはビューと呼ばれます。

● **図2.34　ワークベンチ内のビュー**

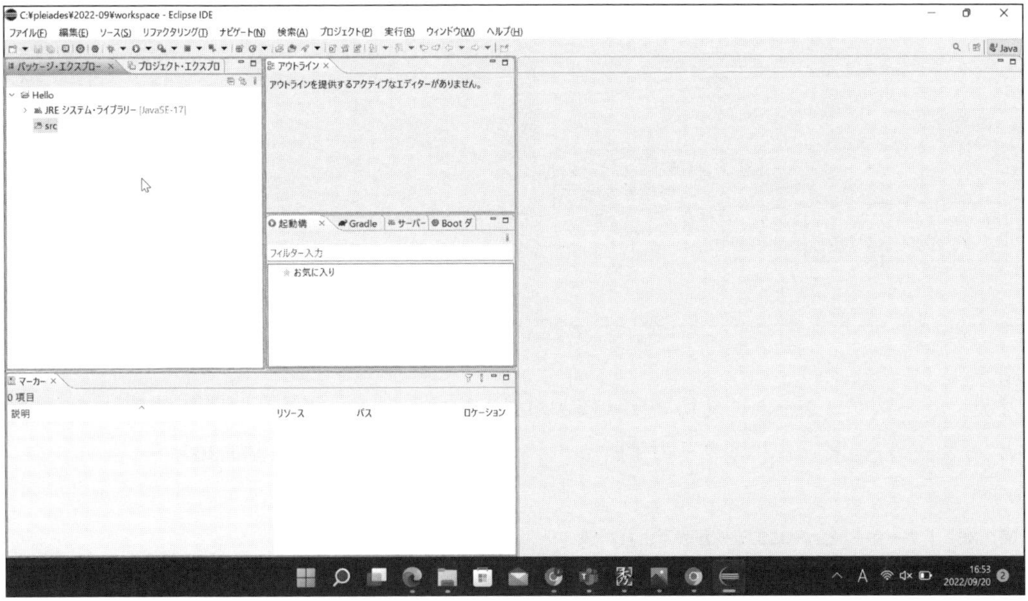

ビュー(View)は、景色や眺望などといった意味をもつ英単語ですが、Eclipseに限らず、特にIT業界で用いられるビューという言葉は、画面やデータの「見せ方」「見え方」「表示方法」などといった意味で使われています。

図2.34で示したように、Eclipseのデフォルト画面では、**表2.5**に示すビューが表示されています(Pleiades All in Oneの場合)。

● **表2.5　デフォルト画面に表示されるビュー**

ビュー	説明
パッケージ・エクスプローラー	クラスファイルをまとめた「パッケージ」内のフォルダやファイルを階層的に管理するためのビュー
アウトライン	エディターで開いているファイルの概要を表示するビュー
起動構成	パッケージ・エクスプローラーに表示されているプロジェクトの一覧を表示するビュー
マーカー	ソースプログラム中のブレークポイントやブックマークなどのマーク部分を表示するビュー

図2.35のように、パッケージ・エクスプローラー内にあるJavaのソースファイルをダブルクリックするとエディターが開き、アウトラインビューにソースファイルのクラスやメソッドといった概要が表示されます。

● **図2.35　アウトラインビューに概要が表示された**

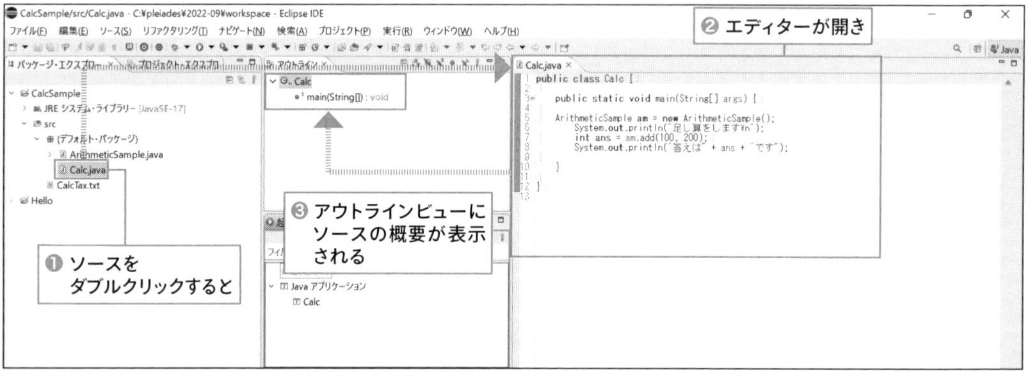

また、ソースプログラムに文法エラーなどがある状態で、プログラムの保存やデバッグを行うと、「マーカー」ビューにエラーの箇所やメッセージが表示されます(**図2.36**)。

● **図2.36　「マーカー」ビューにエラーが表示された例**

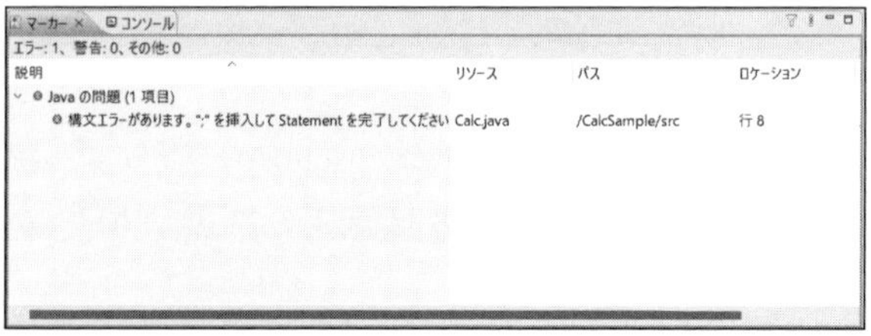

これら3つ以外にも、たくさんのビューが存在します。Eclipseのメインメニューから、「ウィンドウ(W)」→「ビューの表示(V)」をクリックすると、先の3つのビューを含む、他のビューが表示されるので、必要に応じて呼び出して利用することが可能です。

COLUMN　多くのビューが存在する

Eclipseには、実にたくさんのビューが存在します。「ビューの表示」の最下行にある「その他(O)」メニューからは、前述のビュー以外の多くのビューを選択することが可能です(**図2.C**)。

「ビューの表示」から選択したビューは、デフォルトで表示されている各ビューと同ジャンルのエリアにタブ表示されます。**図2.D**は、「ビューの表示」から「Javadoc」「進行状況」「エラー・ログ」「型階層」と「その他」の「一般」にある「パレット」を選択して表示させた例です。

このように、「ビューの表示」から選択したビューは、あらかじめ決められた場所にタブ配置されますが、タブ部分をドラッグすれば、任意の位置に移動させることも可能です(**図2.E**)。なお、Eclipseのメインメニューから、ビューのレイアウトをデフォルトに戻すことができます。詳細はP.65「パースペクティブのリセット」を参照してください。

図2.C 「その他(O)」メニューから表示されるウィンドウ

図2.D 「ビューの表示」から複数のビューを選択した例

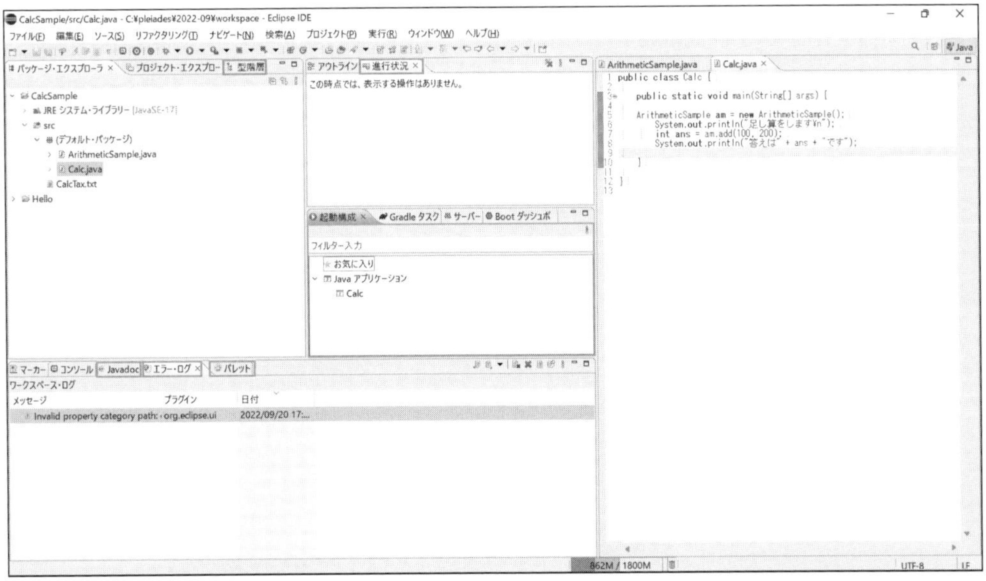

● 図2.E　ビューは任意の位置に移動できる

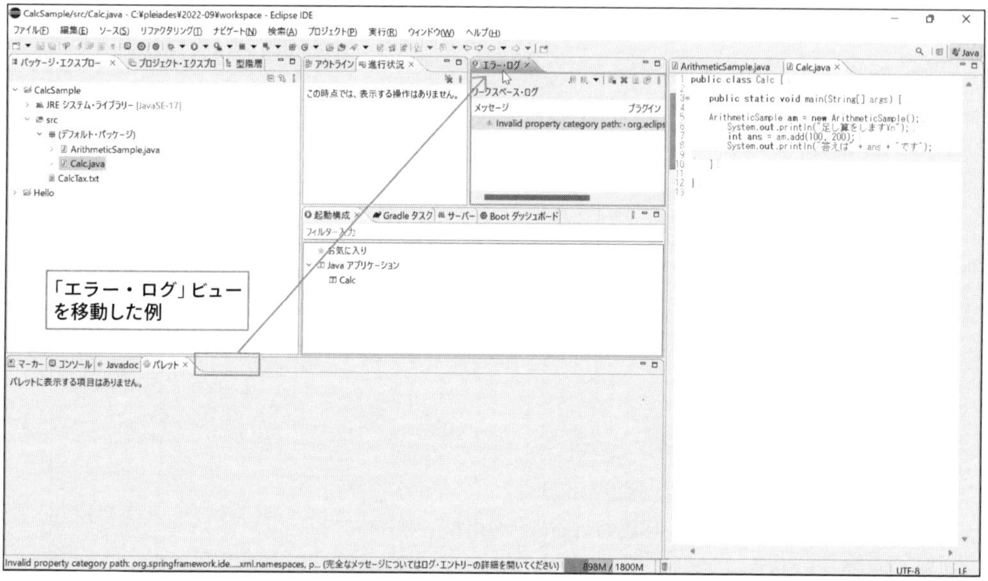

パースペクティブとは

Eclipseでは、Javaをはじめとする様々なプログラム言語を使った様々なアプリケーションの開発が可能ですが、各々の開発に必要とされるもの、あるいは開発者にとって利用頻度の高いものだけを選択し、ワークベンチにレイアウトすることができます。そして、利用環境に応じて、特定のビューをレイアウトして定義したものを、「パースペクティブ」と呼びます。

Eclipseには、あらかじめいくつかの開発環境に適したパースペクティブが用意されており、ワークベンチ右上の、「パースペクティブを開く」アイコンをクリックすることで、各種パースペクティブが一覧できます(**図2.37**)。

● 図2.37　「パースペクティブを開く」アイコン

ONEPOINT

メインメニューから「ウィンドウ (W)」→「パースペクティブ (R)」→「パースペクティブを開く (O)」→「その他 (O)」を選択しても、パースペクティブを開くことができます。パースペクティブの具体例はP.62を参照してください。

図2.37を再度ご覧ください。ワークベンチの右上にあるアイコンは、「Java」というパースペクティブを指しています。つまり、Eclipseを起動したときのデフォルト画面は、「Java」パースペクティブになっているのです。

COLUMN

パースペクティブという聞きなれない言葉の意味とは

パースペクティブ(perspective)という英単語は、遠近法、眺望、見通し、視野等といった日本語に訳されることが多いようです。他にも、世界観や考え方などといった訳もあるようですが、Eclipseでのパースペクティブは、ワークベンチという作業台に、開発環境に応じて、必要な道具(ビュー)をレイアウトした「空間」と考えることができます(**図2.F**)。

● **図2.F　パースペクティブとは**

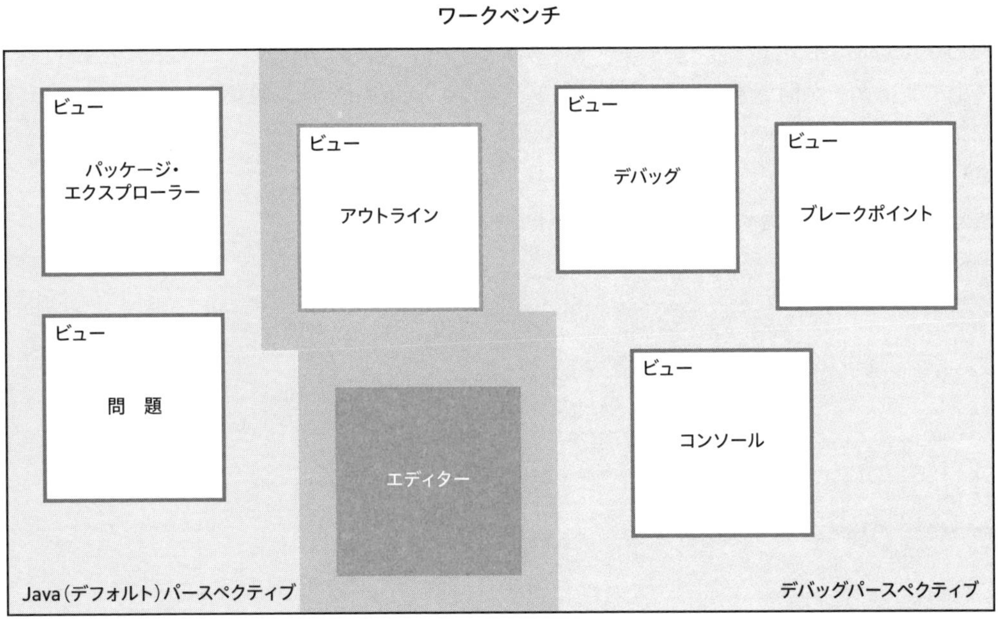

エディターとは

Javaをはじめとするプログラムを記述したり、各種設定ファイルの編集が行える場所をエディターと呼びます。エディターはビューと同じようにワークベンチにレイアウトされています（**図2.38**）。

パッケージ・エクスプローラー内などの編集可能なファイルをダブルクリックすると、ファイルの内容がエディター内に表示されます。**図2.38**は、パッケージ・エクスプローラー内にあるJavaのソールファイル「Main.java」をダブルクリックして、エディターで表示させた例です。

● **図2.38　エディター（Javaプログラムを開いている例）**

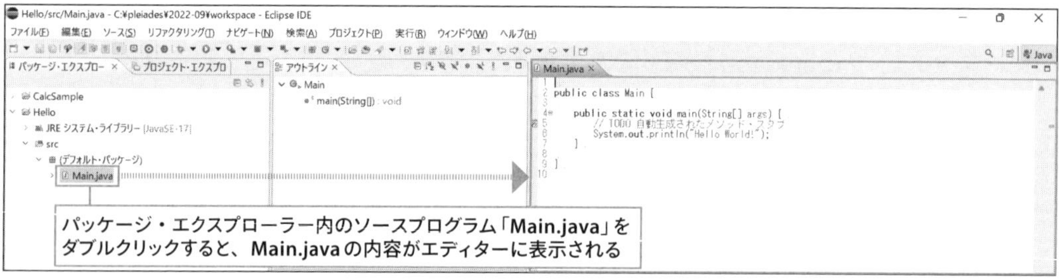
パッケージ・エクスプローラー内のソースプログラム「Main.java」を
ダブルクリックすると、Main.javaの内容がエディターに表示される

エディターには、いくつかの種類があります（**表2.6**）。**図2.38**では、Javaのソースファイルに対応する「Javaエディター」が開きましたが、テキストファイルをダブルクリックすれば、テキストエディターが開きます（**図2.39**）。このように、Eclipseでは、編集したいファイルの種類に対応するエディターが自動的に開きます。

● **図2.39　テキストファイルをダブルクリックしてテキストエディターを開いた例**

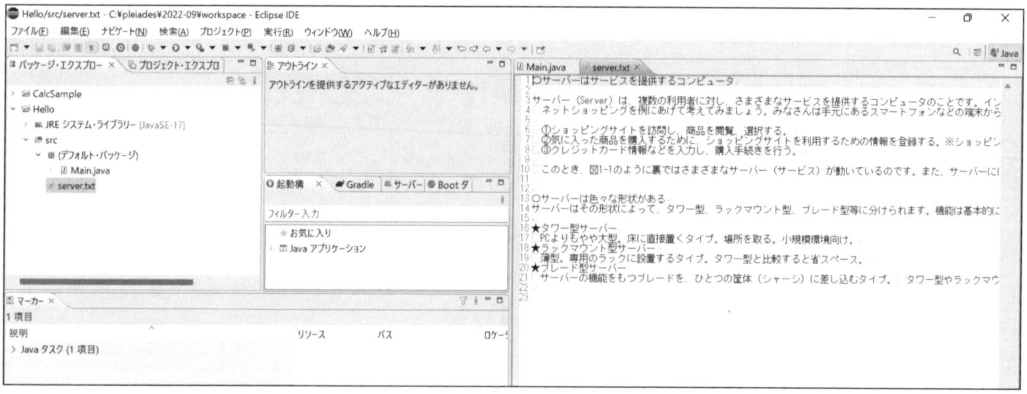

● 表2.6　主なエディターの種類

エディター	説明
Javaエディター	Java専用エディター
テキスト・エディター	テキストファイル用エディター
汎用テキスト・エディター	いろいろなファイルが編集できるエディター
システム・エディター	WindowsなどのOSが関連付けているアプリケーションファイルに対応したエディター
インプレース・エディター	OSが関連付けているアプリケーションファイルをワークベンチ内で編集するためのエディター
デフォルト・エディター	Eclipseがファイルの種類ごとに関連付けているエディター

対象となるファイルを右クリックして、エディターの種類を任意で選択することも可能です。**図2.40**の例は、パッケージ・エクスプローラー内のMain.javaを右クリックして、ショートカットメニューの「次で開く(H)」メニューからエディターの種類を表示させた例です。

● 図2.40　エディターの種類を表示させた例

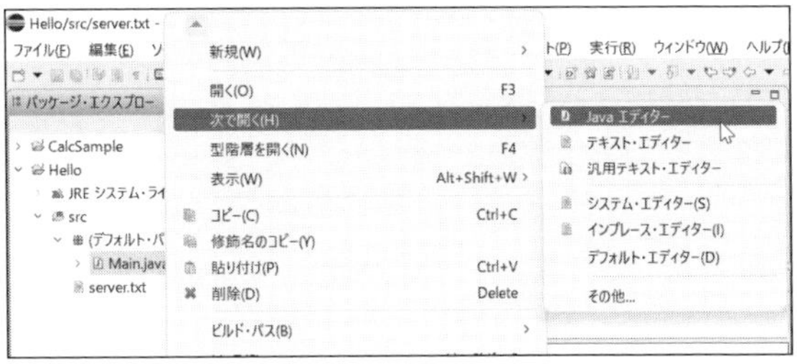

ファイルの種類が複数のエディターに対応しているなら、どのエディターで編集しても問題はありませんが、Javaファイルを編集するなら、専用のJavaエディターを使用する方が、クラスやメソッドが色分けされていたり、行を折りたたむこともできるため、プログラムの構成等がわかりやすく使いやすいといった特徴があります（**図2.41**）。

次に、パッケージ・エクスプローラーにExcelのファイルを配置したケースで、システム・エディターとインプレースエディターの使用例を見てみましょう（**図2.42**）。なお、この例では、docフォルダ内にExcelファイルを配置しています。

先のExcelファイルを右クリックして、「次で開く(H)」メニューからシステム・エディターを選択すると、Excelファイルは、Eclipseとは別のウィンドウで、つまり通常Excelが起動するときと同じように開きます（**図2.43**）。

● 図 2.41　Java のソースプログラムを Java エディターとテキストエディターで開いた例

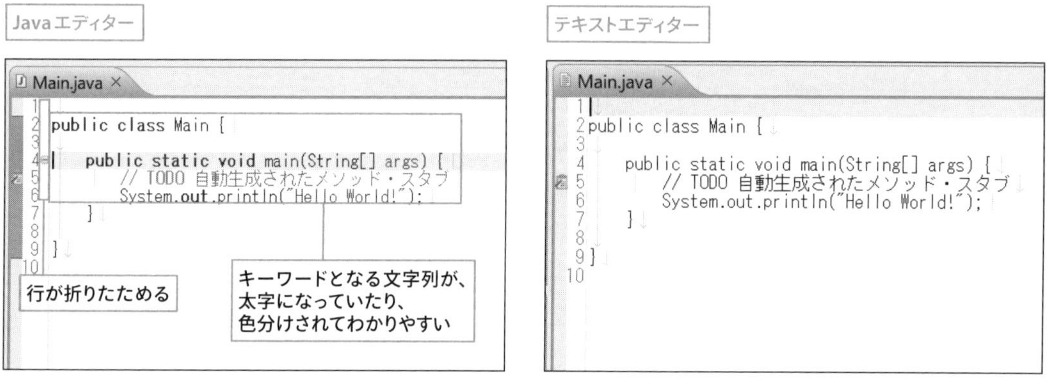

● 図 2.42　パッケージ・エクスプローラー内に、Excel ファイルを配置した

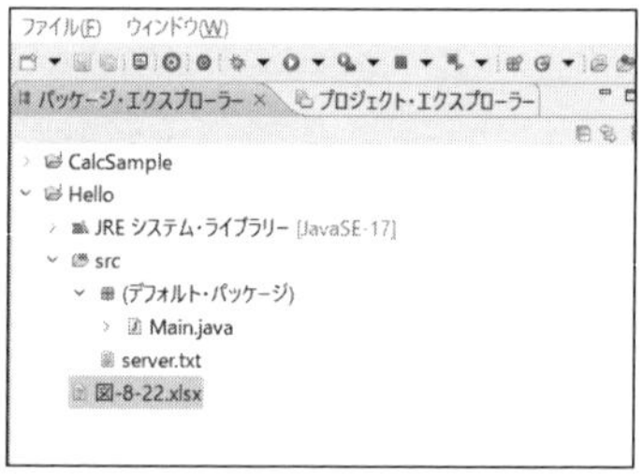

● 図2.43　Excelファイルをシステム・エディターで開いた例

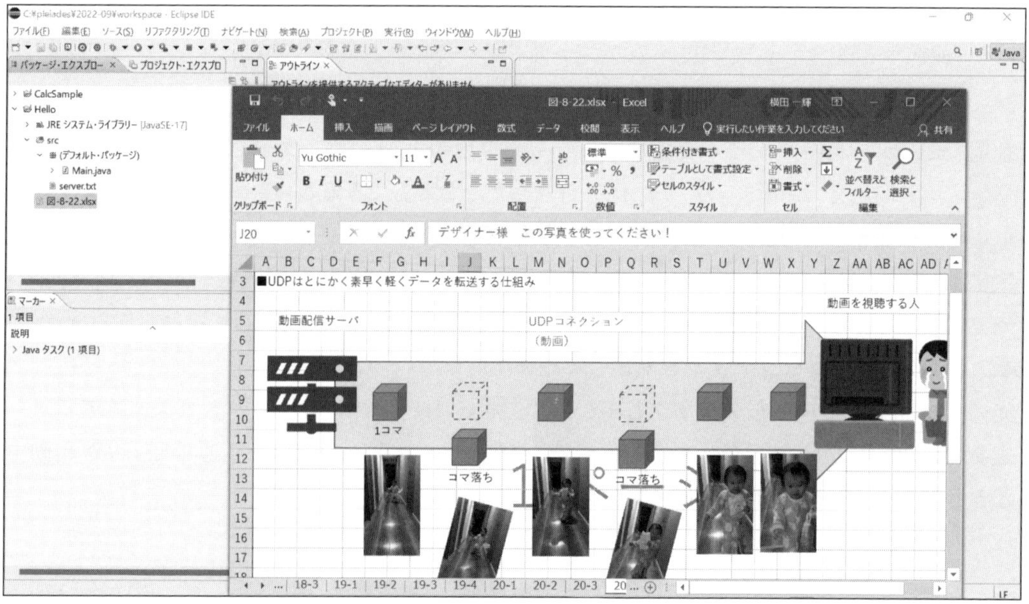

同様の操作で、Excelファイルをインプレース・エディターで開くと、Excelファイルの内容は、Eclipseワークベンチ内のエディターエリアに表示されます。

COLUMN

使い慣れたエディターに関連付ける

前述のように、Eclipseにはファイルの種類に応じた様々なエディターが搭載されています。しかし、普段使い慣れているエディターで編集作業を行いたいといった場合は、任意のアプリケーションを関連付けることが可能です。以下に、HTMLファイルの編集を「TeraPad」で行いたい場合の手順をあげておきます。

1. Eclipseのメインメニューから、「ウィンドウ(W)」→「設定(P)」をクリックする。
2. ダイアログボックスが開いたら、左側のメニューから、「一般」→「エディター」→「ファイルの関連付け」をクリックする(**図2.G** ❶)。
3. 右側に表示された「ファイル・タイプ(T)」欄から、「*.html」を選択し(**図2.G** ❷)、→「追加(D)」をクリックする(**図2.G** ❸)。

図2.G　設定ダイアログボックスを開く

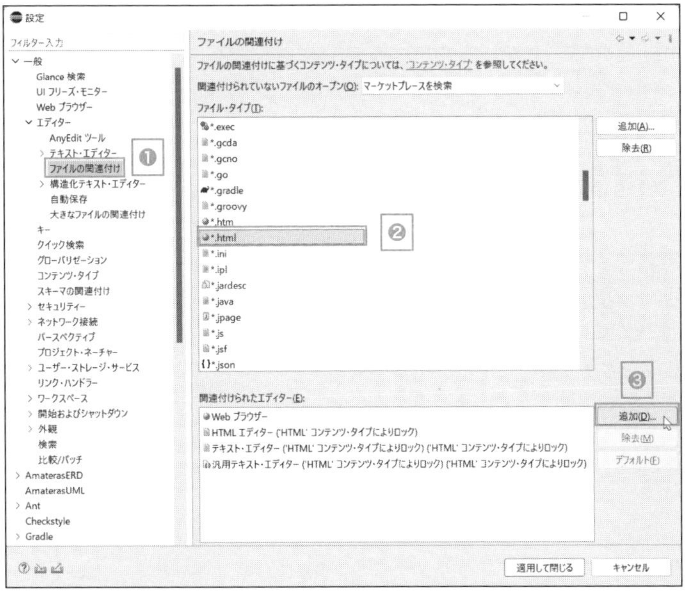

4. 「エディターの選択」ダイアログボックスが開いたら、「外部プログラム(E)」を選択し(**図2.H** ❶)、「参照(B)」ボタンをクリックする(**図2.H** ❷)。
5. 次に表示されたダイアログボックスから、「TeraPad」のプログラムファイルがある場所を

選択し（図2.H ❸）、「開く（O）」ボタンをクリックする（図2.H ❹）。

● 図2.H　エディターの選択ダイアログボックス

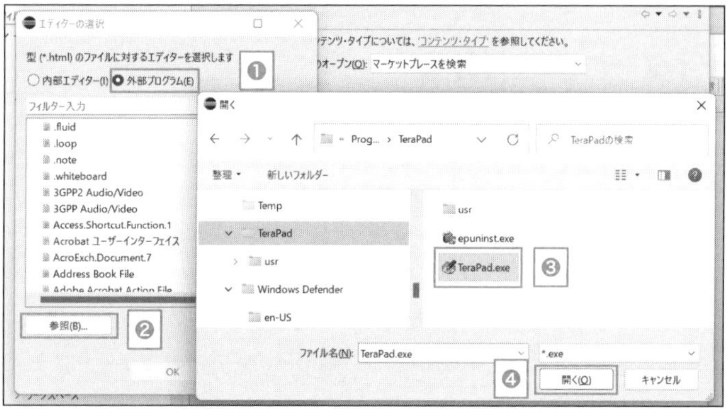

5　設定ダイアログボックスにもどったら、右下にある「適用して閉じる」ボタンをクリックする。パッケージ・エクスプローラー内にあるHTMLファイルをダブルクリックすると、「TeraPad」が起動して、ファイルの内容が表示されます（図2.I）。

● 図2.I　HTMLファイルにTeraPadが関連付けられた例

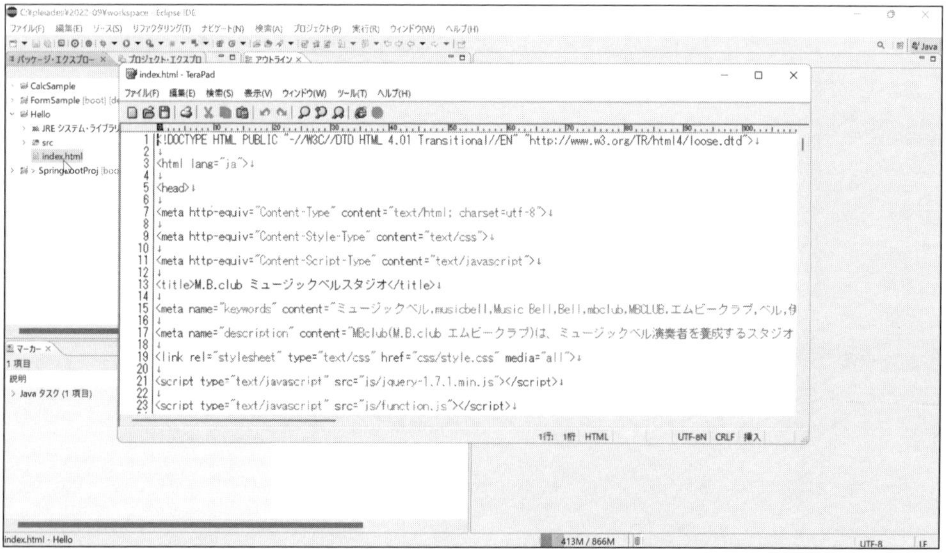

第3章

Eclipseの基本機能を理解する

第2章では、Eclipseのインストールから起動までの手順を紹介するなど、主にEclipseを導入するにあたっての基本的な部分に触れました。本章では、パースペクティブの操作やプロジェクトの作成など、Eclipseを構成する要素の詳細について見ていくことにしましょう。

本章の内容

3-1 パースペクティブを使いこなす

Eclipseのパースペクティブは、デフォルトでも様々なものがありますが、開発者の使いやすいレイアウトにすることも可能です。ここでは、パースペクティブの開き方から切り替えとレイアウトの変更などについて紹介します。

パースペクティブを開く

パースペクティブの意味や、パースペクティブの開き方は、P.54で紹介しましたが、ここでは、具体的にいくつかのパースペクティブを開いてみたいと思います。

まずは、「パースペクティブを開く」ダイアログボックスにあるパースペクティブの一部を簡単に紹介しておきましょう（**表3.1**）。

表3.1　主なパースペクティブ（Pleiades All in Oneの場合）

パースペクティブ	説明
Git	Gitのプラグインを導入して、EclipseでGitを利用するシーンをサポートする
Java（デフォルト）	Java開発をサポートする
Javaの型階層	型のクラス階層表示を中心にファイルの閲覧や編集をサポートする
Java参照	パッケージ、クラス、メソッドを参照する
XML	XMLの表示と編集をサポートする
チーム同期化	ワークスペース内のリソースと対応するリソースとの同期をサポートする
デバッグ	デバッグ実行時の作業をサポートする
リソース	汎用的なプロジェクトやファイルの編集をサポートする

ONEPOINT

先の「パースペクティブを開く」ダイアログボックスは、本書で基にしている「Pleiades All in One」の「Java Full Edition」にある項目の一部です。項目は、インストールしたEclipseの種類やEclipseパッケージによって異なります。なお、Eclipseパッケージについては、P.22を参照してください

Eclipseを起動すると、デフォルトでは「Javaパースペクティブ」が開いています。他のパースペクティブを開くには、画面右上のアイコン をクリックするか、Eclipseのメインメニューから、「ウィンドウ（W）」→「パースペクティブ（R）」→「パースペクティブを開く（O）」→「その他

(O)」を選択して、「パースペクティブを開く」ダイアログボックスを表示します(**図3.1**)。

● **図3.1　その他のパースペクティブを開くメニューとダイアログボックス**

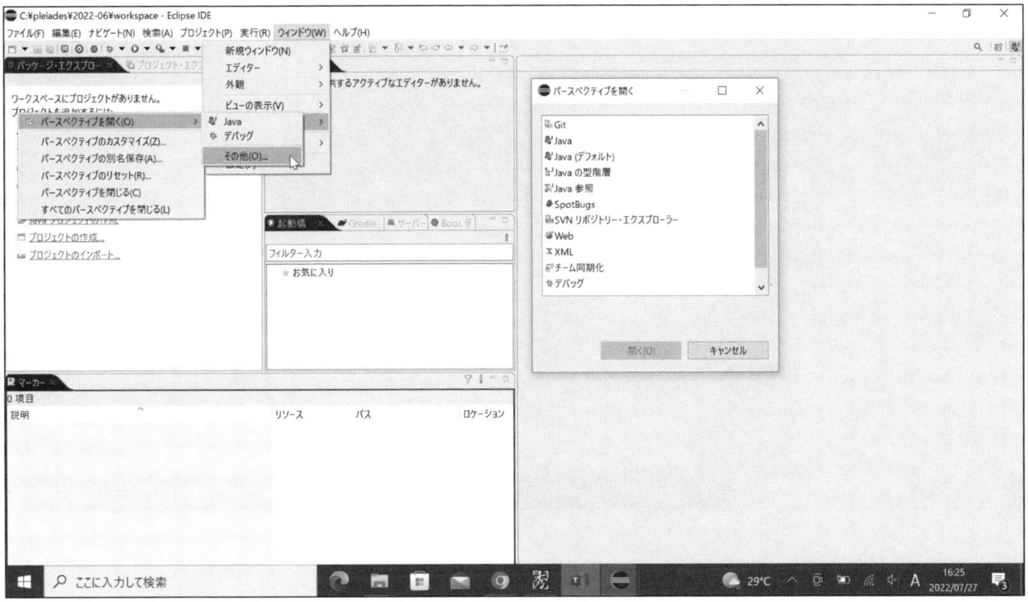

図3.2は、「パースペクティブを開く」ダイアログボックスから、「デバッグ」パースペクティブを選択したところです。デバッグパースペクティブを使った具体的な作業例については**第4章**で紹介します。

パースペクティブのアイコンとショートカットメニュー

画面右上にあるパースペクティブ用のアイコンを右クリックすると、**図3.3**のショートカットメニューが表示されます。

デフォルトでは「テキストの表示(T)」にチェックが付いています。チェックを外すとアイコンのテキスト部分が非表示になり、小さなアイコン表示にすることができます。現在のパースペクティブを閉じるときは、画面右上の閉じたいパースペクティブのアイコンを右クリックして、「閉じる(C)」をクリックしてください。

Eclipseのメインメニューから「ウィンドウ(W)」→「パースペクティブ(R)」を選択すると、パースペクティブに関するメニューが表示されます(**図3.4**)。

ここでは、「パースペクティブを開く(O)」からのメニュー以外に、アイコンを右クリックして表示されるショートカットメニューにある「テキストの表示(T)」以外の次のメニューが利用

● 図3.2　デバッグパースペクティブ

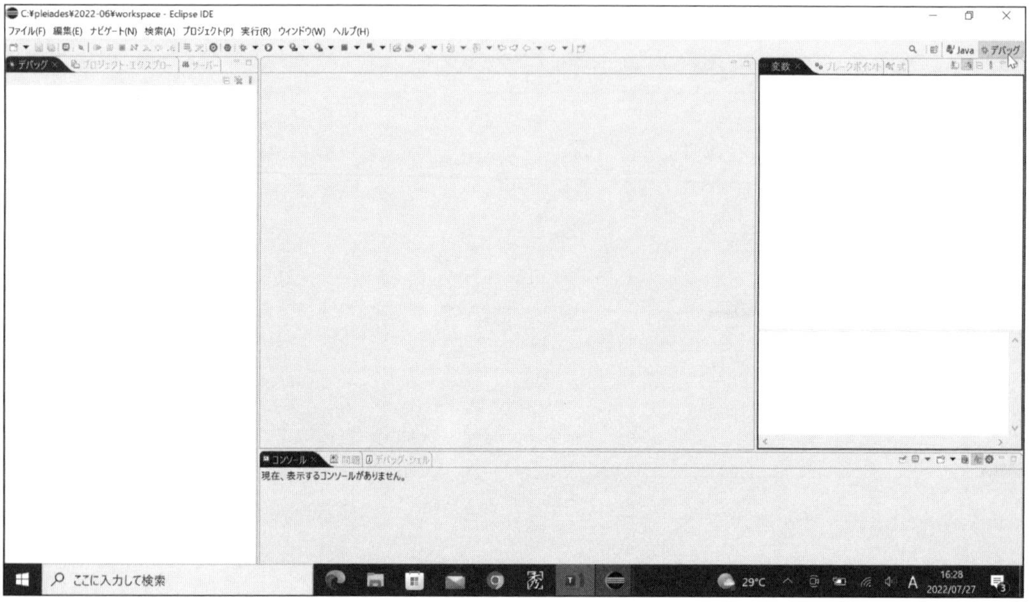

● 図3.3　パースペクティブ用のアイコンを右クリックした

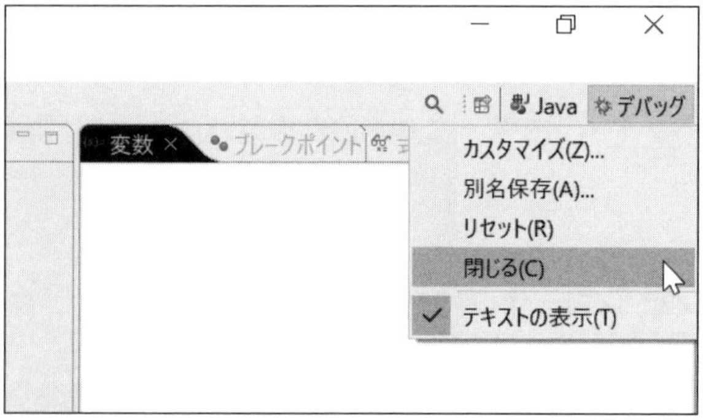

● 図3.4　メインメニューからパースペクティブに関する操作も可能

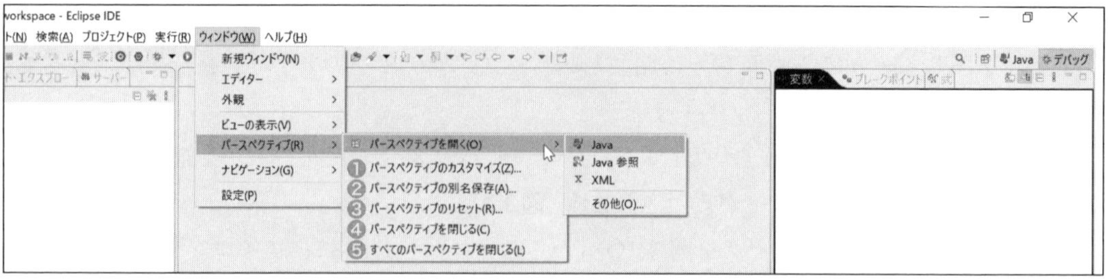

可能です。

図3.4❶の「パースペクティブのカスタマイズ(Z)」では、パースペクティブを利用する際のツールバーやメニューバーなどを、自分の好みに合わせてカスタマイズできます(**図3.5**)。

● **図3.5　パースペクティブのカスタマイズ**

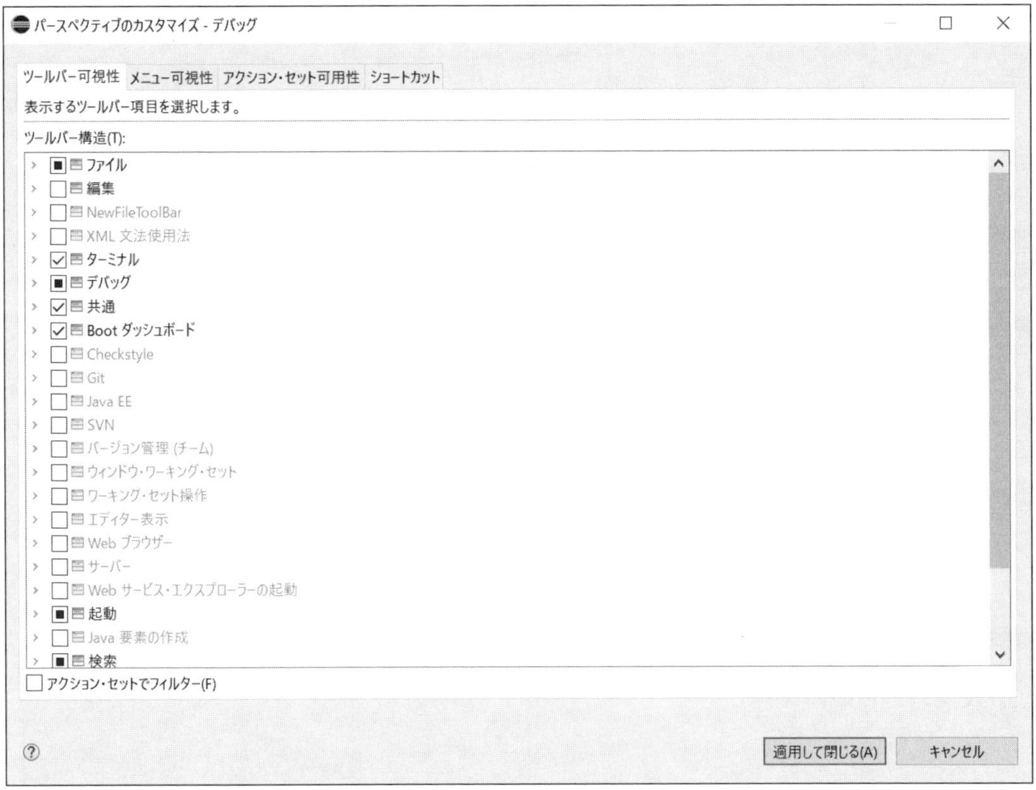

図3.4❶の「パースペクティブのカスタマイズ(Z)」から❹の「パースペクティブを閉じる(C)」までのメニューは、画面右上にあるパースペクティブ用のアイコンを右クリックしたときに表示されるメニューと同じで、パースペクティブのカスタマイズをしたり、現在のパースペクティブを任意の名前で保存したり、現在開いているパースペクティブを閉じたりすることができます。

図3.4❸の「パースペクティブのリセット(R)」は、パースペクティブのレイアウトをデフォルトにリセットできます。パースペクティブ内のビューなどを意図せず移動させたり、閉じたりしてしまったときなどに便利です。「パースペクティブのリセット(R)」を選択した後、「○○パースペクティブをデフォルトにリセットしますか？」というメッセージが表示されるので、「はい(Y)」をクリックするとリセットされます(**図3.6**)。

● 図3.6　パースペクティブのリセット

また、**図3.4**⑤の「すべてのパースペクティブを閉じる(L)」では、現在選択されているすべてのパースペクティブを閉じることができます(**図3.7**)。

● 図3.7　すべてのパースペクティブを閉じる

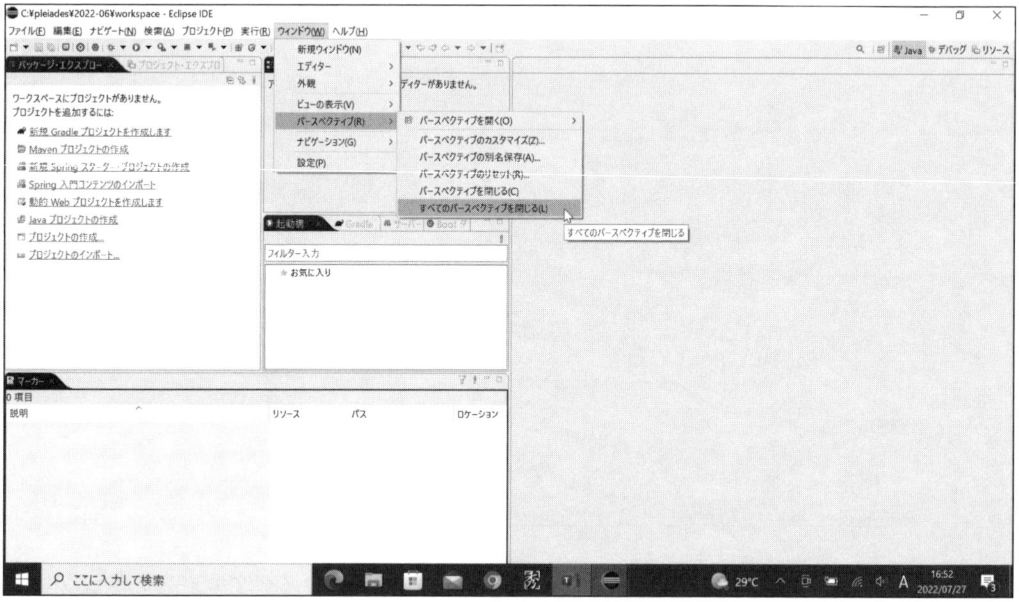

パースペクティブを切り替える

次は、パースペクティブの切り替え方法などを見ていきましょう。

P.64で紹介したように、メインメニューや画面右上にある⊞から「パースペクティブを開く」ダイアログボックスを表示して、任意のパースペクティブを選択すれば、画面右上にそれぞれのパースペクティブを開くためのアイコンボタンが表示されます。**図3.8**は、「Java」「デバッグ」「リソース」パースペクティブ用のアイコンボタンを用意した例です。

● 図3.8　複数のパースペクティブ用アイコンボタンを表示させた

- 「次のパースペクティブ(P)」：Ctrl ＋ F8
- 「前のパースペクティブ(U)」：Ctrl ＋ Shift ＋ F8

例えば、Ctrl キーを押したまま F8 キーを押すと、**図3.9**で示したメニューが表示されます。引き続き、Ctrl キーを押したままで F8 キーだけを押すことで、メニューの上から下に向けてパースペクティブの項目を移動させることができます。**図3.9**のメニューを終了させるには、Esc キーを押してください。

図3.9　ショートカットキーでパースペクティブを切り替える

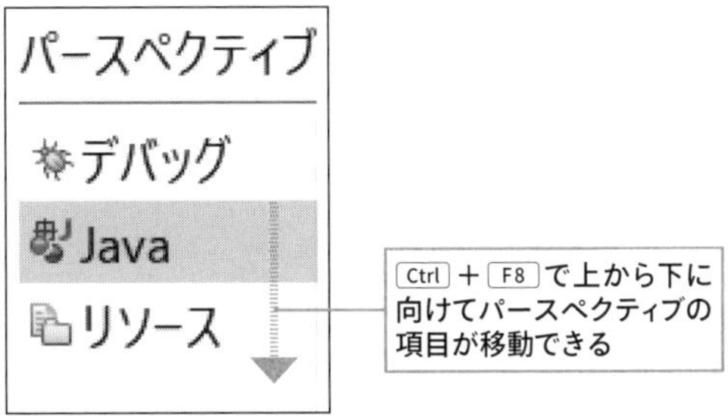

> **ONEPOINT**
>
> Ctrl キーと Shift キーを押したまま F8 キーを押すと、メニューの下から上にパースペクティブの項目を移動させることができます。

アイコンボタンやビューのレイアウトを変更する

メインメニューの右上に複数のパースペクティブアイコンボタンをレイアウトした場合、パースペクティブを追加した順に左から右へ並んでいます。もし利用頻度などの順番に変更したいなら、変更したいアイコンボタンをドラッグして、任意の場所まで移動させてください(**図3.10**)。

● 図3.10　レイアウトの変更例

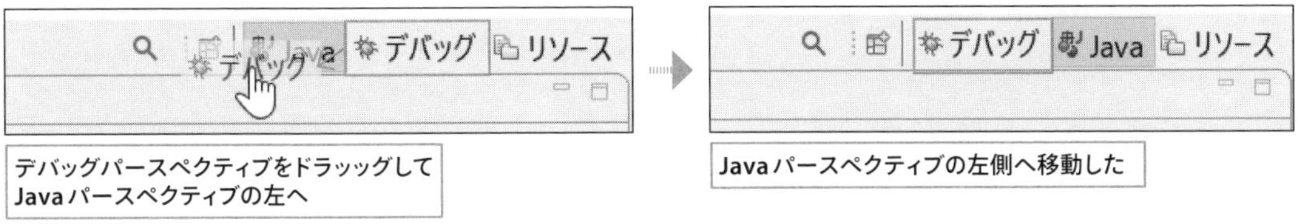

パースペクティブ内に表示されているビューは、最小化してEclipseのウィンドウ外縁の領域へ退避できます。もし、Javaパースペクティブの「パッケージ・エクスプローラー」ビューを最小化したいなら、「パッケージ・エクスプローラー」ビューの右上にある最小化ボタンをクリックしてください(**図3.11**)。

最小化ボタンをクリックすると、「パッケージ・エクスプローラー」ビューは、**図3.12**で示したように、「トリム・スタック」などと呼ばれる、Eclipseのウィンドウ外縁の領域へ退避されます。

● **図3.11　ビューの右上にある「最小化」ボタンをクリック**

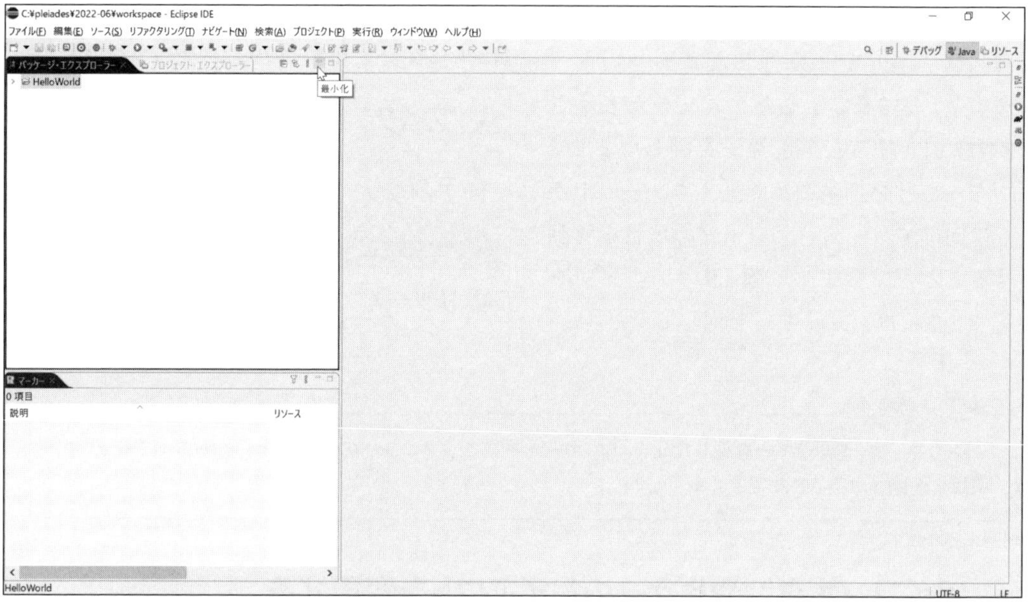

● **図3.12　ビューがトリム・スタックへ退避した**

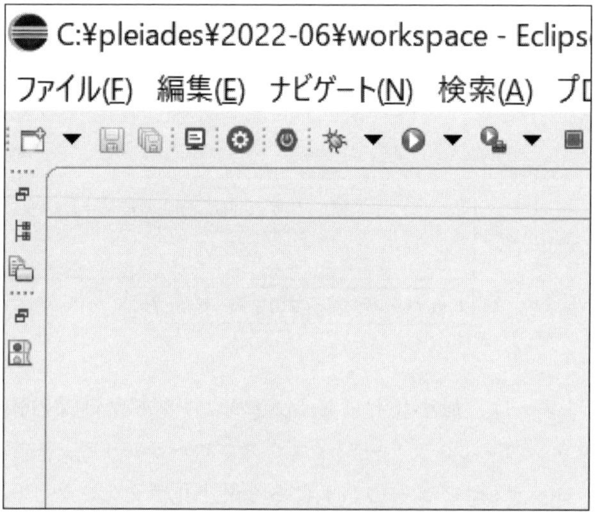

ONEPOINT

トリム（trim）は、切り取ることや整頓するという英単語で、写真データなどの周辺部を削りとって小さくする「トリミング（trimming）」も同じ意味です。

トリム・スタックに退避したビューにある「復元(R)」アイコンボタンをクリックすると、ビューは元の位置へ戻ります（**図3.13**）。その下にあるビューを表すアイコンボタンをクリックすると、ビューはワークベンチ上の最前面に表示されます。

● **図3.13　このアイコンボタンをクリックするとビューが最前面に表示される**

ONEPOINT

パースペクティブをデフォルトのレイアウトにする場合は、前述したように「ウィンドウ（W）」→「パースペクティブ（R）」から「パースペクティブのリセット（R）」を選択するか、画面右上のパースペクティブ用アイコンボタンを右クリックして表示されるショートカットメニューから、「リセット（R）」をクリックしてください。

ビューの場所を変える

パースペクティブ内のビューは、開発者の使い勝手の良い場所に移動できます。**図3.14**は、「デバッグ」ビューのタブをドラッグして、画面右側へ移動させた例です。

また、**図3.15**、**図3.16**は、「デバッグ」ビューを「プロジェクト・エクスプローラー」ビューのエリアに並べて表示させたり、タブで切り替えられるようにした例です。

● 図3.14　「デバッグ」ビューを右側へ移動させた

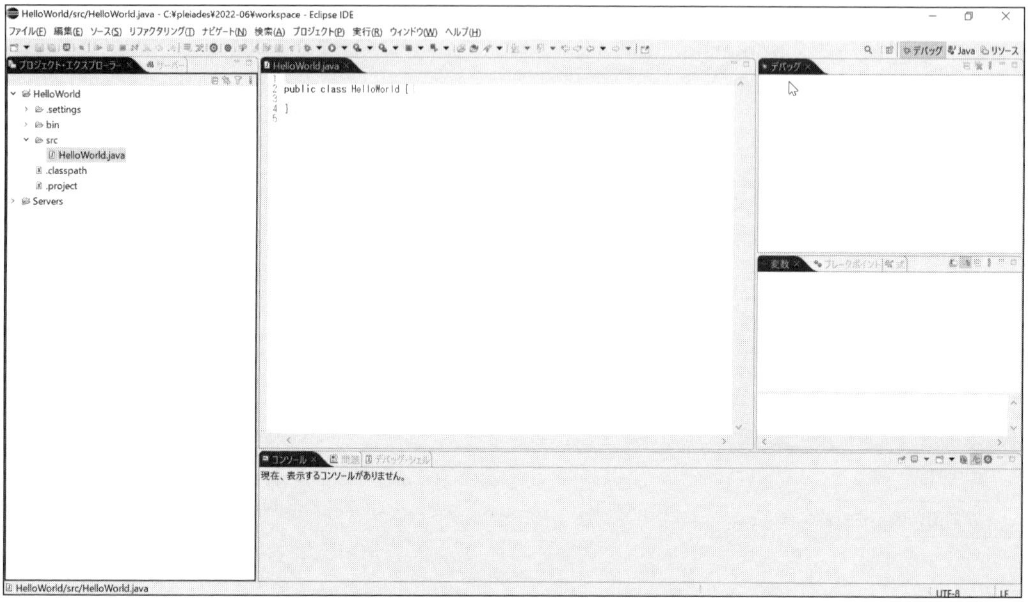

● 図3.15　「デバッグ」ビューを「プロジェクト・エクスプローラー」ビューに並べた

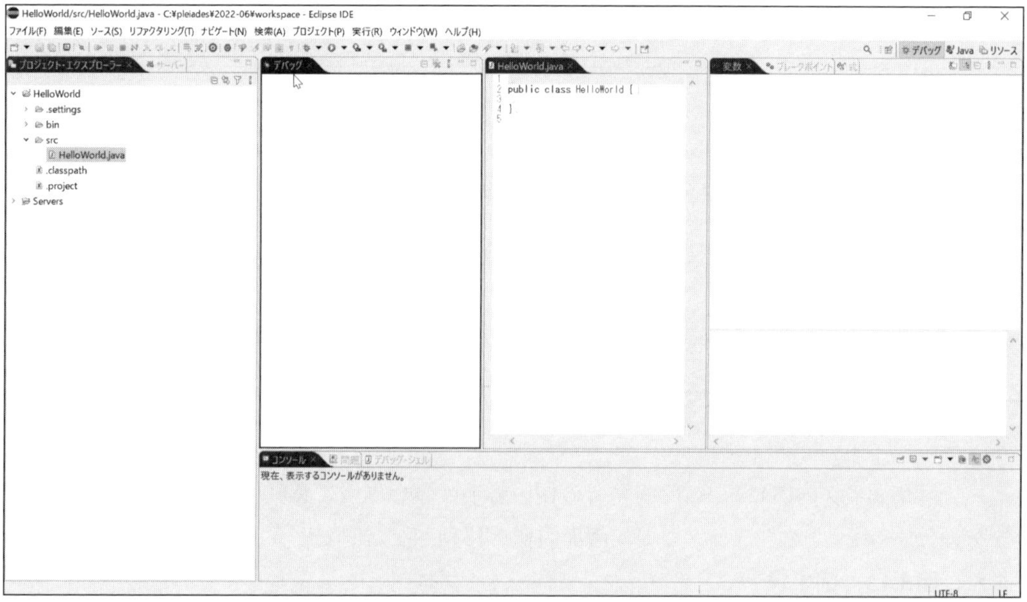

図3.16　「デバッグ」ビューをタブで切り替えられるように配置した

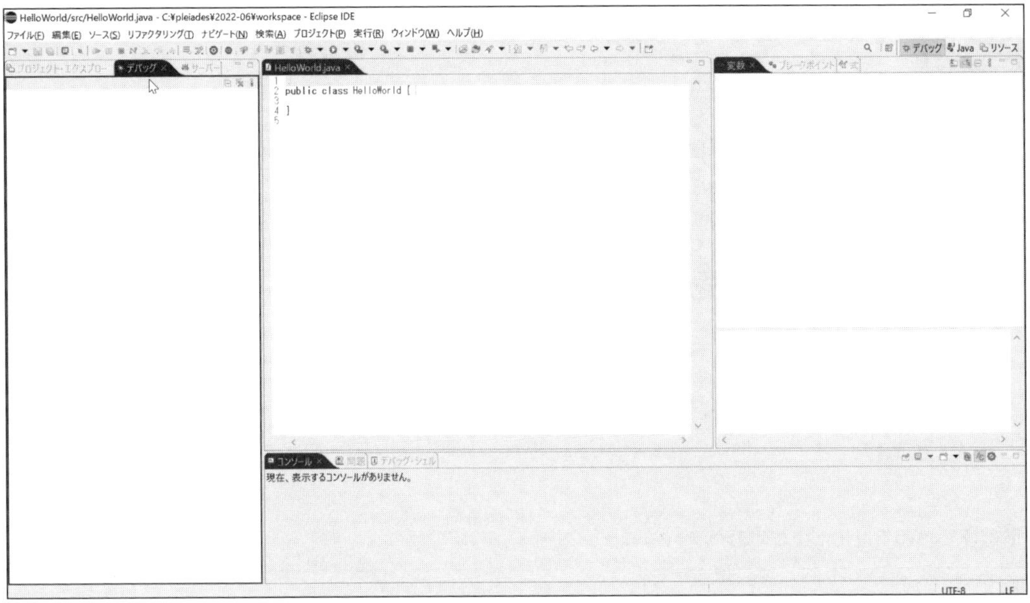

COLUMN　ビューをワークベンチの外に出す

ビューはワークベンチ内に留まらず、ワークベンチの外に出すこともできます。操作は簡単で、外に出したいビューをワークベンチの外までドラッグするだけです（**図3.A**）。必要に応じて使ってみてください。

図3.A　ビューをワークベンチの外に出した

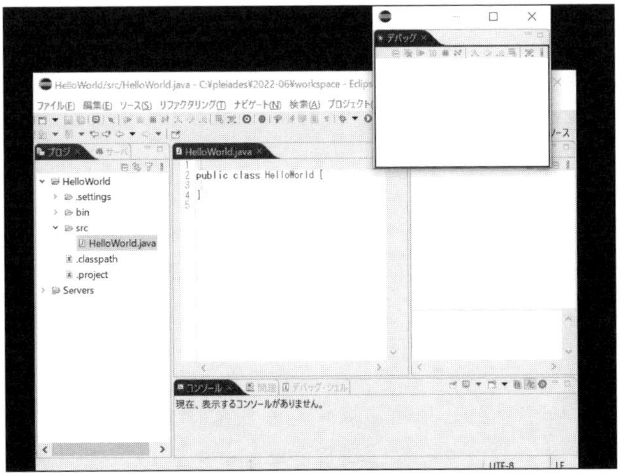

3-2 プロジェクトを使いこなす

実際の開発の主体となるものが「プロジェクト」です。ここでは、基本的なプロジェクトの作成手順と、よく使われる機能やその設定について紹介します。

プロジェクトを作成する

それでは、基本的なJavaプロジェクトの作成を通して、プロジェクトの概要をみてみましょう。

プロジェクトを作成する場合は、Eclipseのメニューから「ファイル(F)」→「新規(N)」を選択します(**図3.17**)。

● **図3.17　Javaプロジェクトとプロジェクトメニュー**

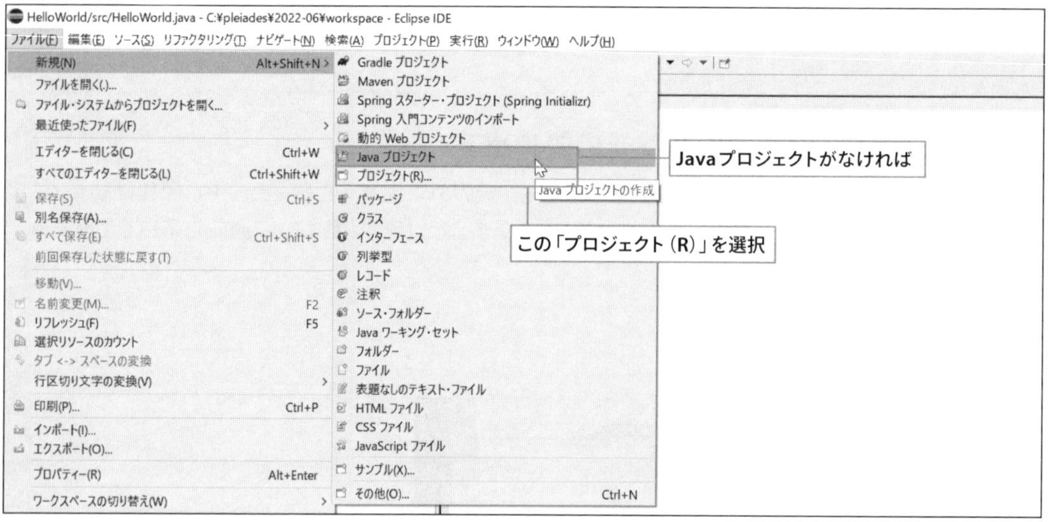

> **ONEPOINT**
>
> プロジェクトという言葉は、「企画」や「計画」を意味します。プロジェクトは通常、複数人のチームで遂行されますが、Eclipseのプロジェクトも、複数人のメンバーでプロジェクトを共有して開発を進めることが大半です。

図3.17で示したように、「新規(N)」メニューの先に「Javaプロジェクト」があればそのメニューを、見当たらない場合は「プロジェクト(R)」をクリックして、「新規プロジェクト」ダイアログボッ

クスから「Java」内の「Javaプロジェクト」をクリックしてください（**図3.18**）。

● **図3.18　「新規プロジェクト」ダイアログボックス**

ONEPOINT

Eclipseのパッケージが公式サイトの「Java Developers」の場合は、「新規（N）」の先に「Javaプロジェクト」メニューがあります。「Java EE Developers」などの場合は、「プロジェクト（R）」から**図3.18**の「新規プロジェクト」ダイアログボックスを表示して、「Javaプロジェクト」を選択してください。

「新規Javaプロジェクト」ダイアログボックスが表示されたら、次の手順でJavaプロジェクトを作成してください（**図3.19**）。

1. 「Javaプロジェクト」ダイアログボックスにある「プロジェクト名（P）」欄に任意のプロジェクト名を入力する（ここではHelloWorld）。
2. 「デフォルト・ロケーションを使用（D）」にチェックが付いていることを確認する。
3. 「JRE」欄の「実行環境JREの使用（V）」と「プロジェクト・レイアウト」欄の「ソースおよびクラス・ファイルのフォルダー

● **図3.19　「新規Javaプロジェクト」ダイアログボックス**

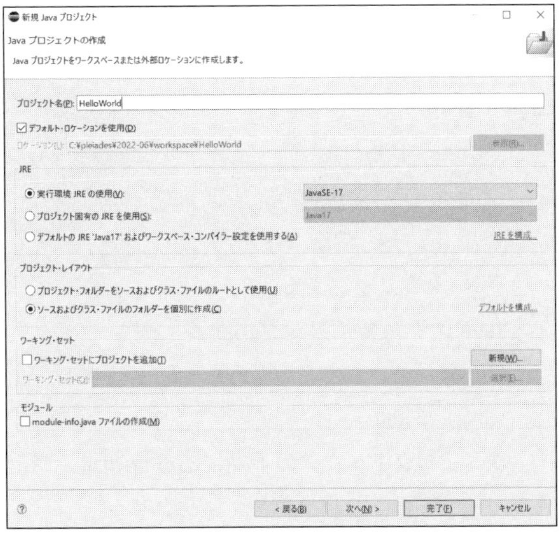

を個別に作成(C)」がデフォルトで選択されていることを確認して「完了(F)」をクリックする。

Eclipseの「パッケージ・エクスプローラー」には、先の手順1で入力した名前のJavaプロジェクトが表示されています(**図3.20**)。

● **図3.20　作成されたJavaプロジェクトの例**

Javaクラスを作成する

前述のJavaプロジェクトでは、「パッケージ・エクスプローラー」上の作成したプロジェクト内に「src」という名のフォルダーが生成されています。srcフォルダーは、Javaプロジェクトで必須のソースファイルを保存するフォルダーです。ここでは、Javaのソースファイルを生成する手順を見ていきましょう(**図3.21**)。なお、Javaのソースファイルは「クラス」に属します。

● **図3.21　Javaのソースファイル(Javaクラス)を作成する**

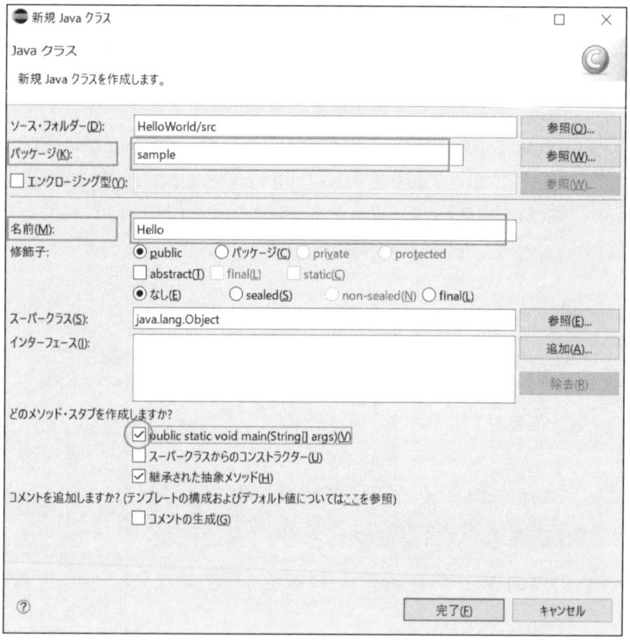

1 Eclipseのメニューから、「ファイル(F)」→「新規(N)」→「クラス」をクリックする。

2 Javaクラスダイアログボックスが表示されたら、「パッケージ(K)」欄と「名前(M)」欄に任意の文字列を入力する(ここではsample,Hello)。

3 ダイアログボックスの下欄にある「public static void main (String[] args) (V)」にチェックを付けて「完了(F)」ボタンをクリックする。

ONEPOINT

手順2のパッケージ欄の入力を省略すると、(デフォルトパッケージ) という名前のパッケージが生成されます (図3.B)。

● 図3.B　Javaのソースファイルが生成された

プロジェクトを閉じる

現在開いているプロジェクトを閉じるなら、Eclipse自体を終了するという方法もあります。しかし、Eclipseを終了させてしまうと、次の起動に多少時間がかかるため、あまり効率が良いとは言えません。プロジェクトを閉じるだけなら、以下の方法がおすすめです。

1　パッケージ・エクスプローラー内のプロジェクトを右クリックする。
2　表示されたショートカットメニューから、「プロジェクトを閉じる (S)」をクリックする。

プロジェクトのアイコンが**図3.22**の右図のようになれば、プロジェクトが閉じている状態です。

● 図3.22　プロジェクトが開いているときと閉じているときのアイコンの状態

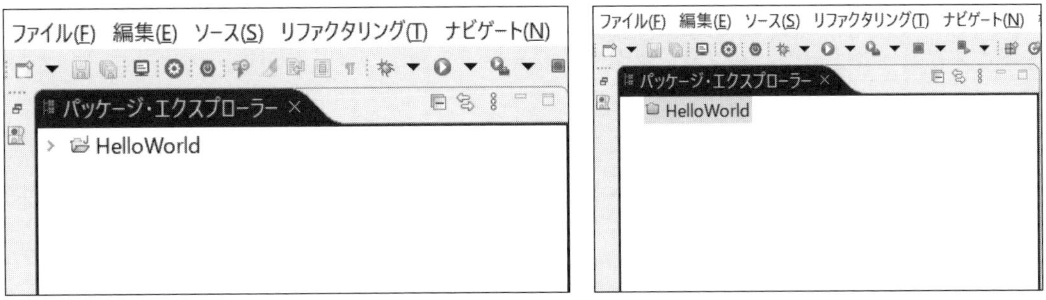

COLUMN　プロジェクトを非表示にしたい場合の注意点

プロジェクトを単に閉じるのではなく、パッケージ・エクスプローラーにプロジェクトが表示されないようにしたいなら、プロジェクトを削除することになります。

プロジェクトを削除する手順は次の通りです。

1. パッケージ・エクスプローラー内の削除したいプロジェクトを右クリックする。
2. 表示されたショートカットメニューから、「削除(D)」を選択する。
3. 次に表示された「リソースの削除」ダイアログボックスで、「OK」ボタンをクリック(**図3.C**)。

● 図3.C　「リソースの削除」ダイアログボックス

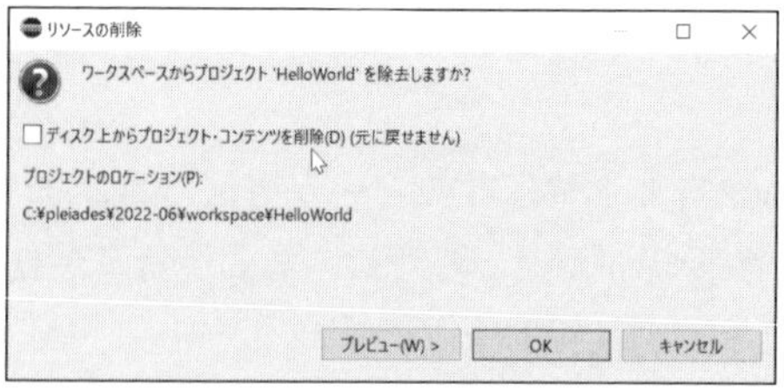

注意点は、「リソースの削除」ダイアログボックスで示した箇所です。この項目をチェックすると、プロジェクト自体が削除されます。パッケージ・エクスプローラー内に表示させたくないけれど、今後使用する可能性があるプロジェクトなら、上記にチェックしないようにしましょう。

プロジェクトを開く

パッケージ・エクスプローラー内の閉じているプロジェクトを開くには、そのプロジェクトをダブルクリックするか、右クリックして、ショートカットメニューから、「プロジェクトを開く(E)」をクリックします。

パッケージ・エクスプローラーに表示されていないプロジェクトは、Eclipseのメニューから、「ファイル(F)」→「ファイル・システムからプロジェクトを開く(J)」を選択後、次の手順で開くことができます。

1. 表示されたダイアログボックスの「インポート・ソース(I)」の右側にある、「ディレクトリー(R)...」ボタンをクリックする。
2. ワークスペースのフォルダーを選択する。
3. ワークスペースにある開きたいプロジェクトのフォルダーを選択して、「フォルダーの選択」ボタンをクリックする（**図3.23**）。

● **図3.23　「ディレクトリー（R）」ボタンからワークスペース内のプロジェクトを選択**

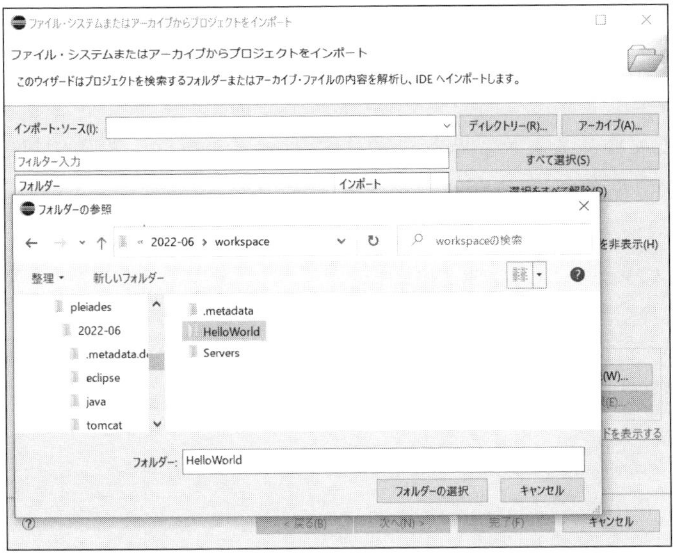

④　ダイアログボックスの「インポート・ソース（I）」欄に、選択したプロジェクトのパスが表示されていることを確認したら、「完了（F）」ボタンをクリックする（**図3.24**）。

● **図3.24　「インポート・ソース（I）」欄でプロジェクトのパスを確認する**

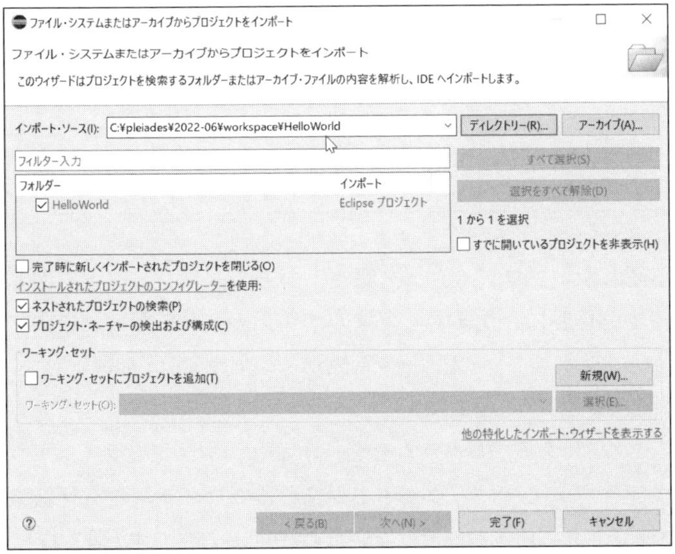

複数のプロジェクトを開く

現在利用しているプロジェクトに機能追加の依頼があった場合などは、現在のプロジェクトと機能追加したプロジェクトを同時に開いて、ソースコードの検証や動作の確認をすることもあります。

このようなケースでは、複数のプロジェクトを開いている場合でも、前述の手順で不要なプロジェクトを閉じておけば、閉じたプロジェクトに関連するソースファイルなども自動的に閉じるため、他のプロジェクトを不意に改変する心配はありません（**図3.25**）。

● **図3.25　閉じたプロジェクトに関するソースファイルなども自動的に閉じられる**

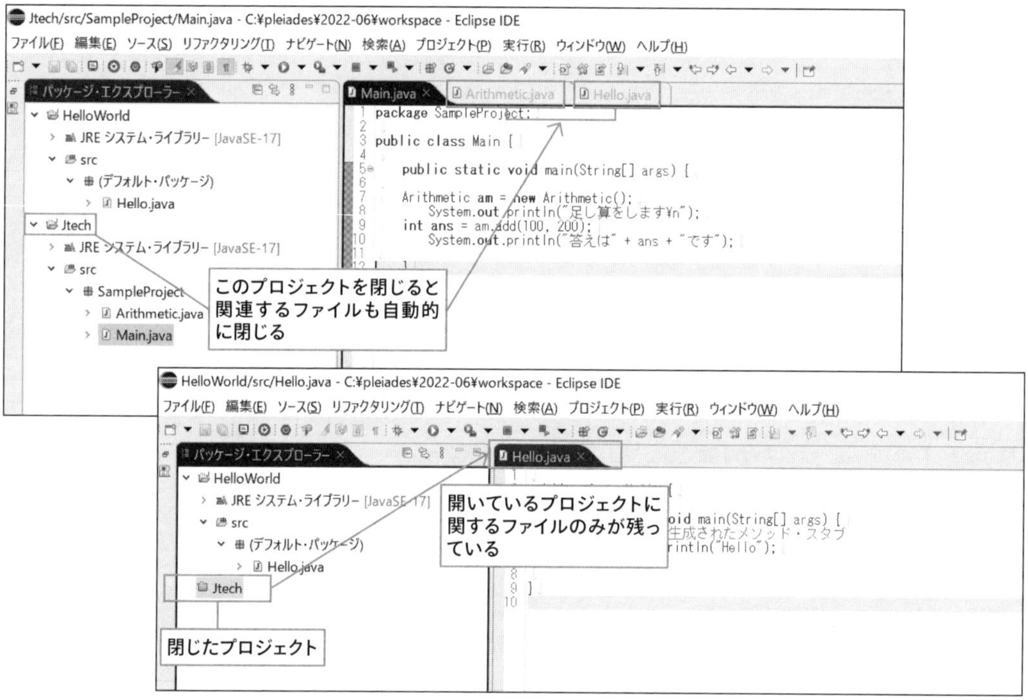

しかし、この例では、その都度確認したいプロジェクトを開き、一方のプロジェクトを閉じるといった、プロジェクトの切り替えが必要になります。複数のプロジェクトをもっと自由に扱いたいなら、Eclipseのメニューから「ウィンドウ（W）」→「新規ウィンドウ（N）」を選択して、別々のウィンドウでプロジェクトを開きましょう（**図3.26**）。

ただし、この方法で特定のプロジェクトにあるプログラムを実行すると、すべてのウィンドウの「コンソール」ビューに、現在アクティブにしているウィンドウにあるプログラムの実行結果が表示されるなど、すべての機能が独立されているわけではないため注意が必要です（**図3.27**）。

● 図3.26 新規ウィンドウで別々のプロジェクトを開いた例

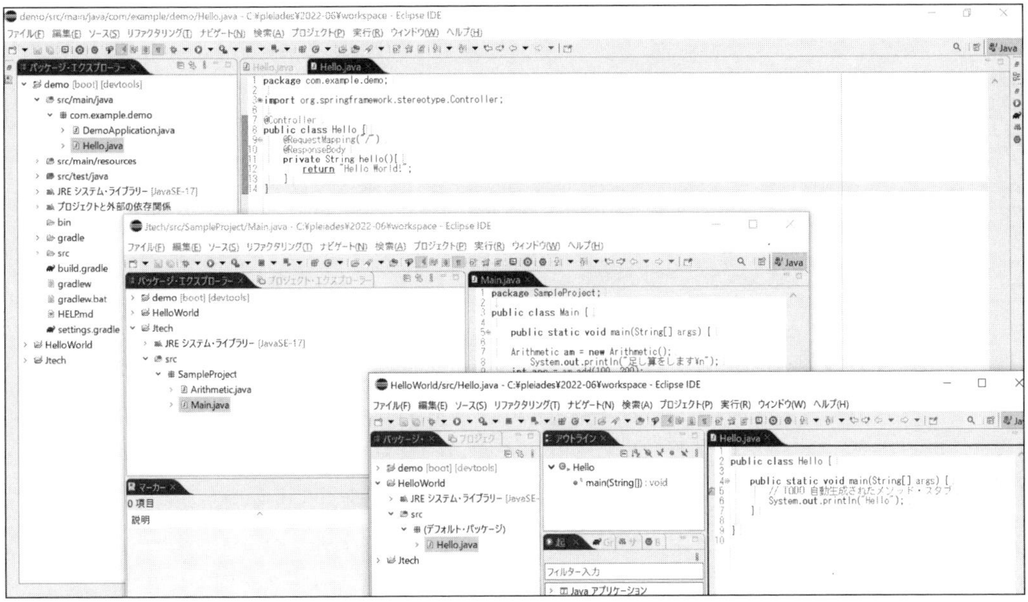

● 図3.27 特定のウィンドウの実行結果が他のウィンドウのビューにも表示される

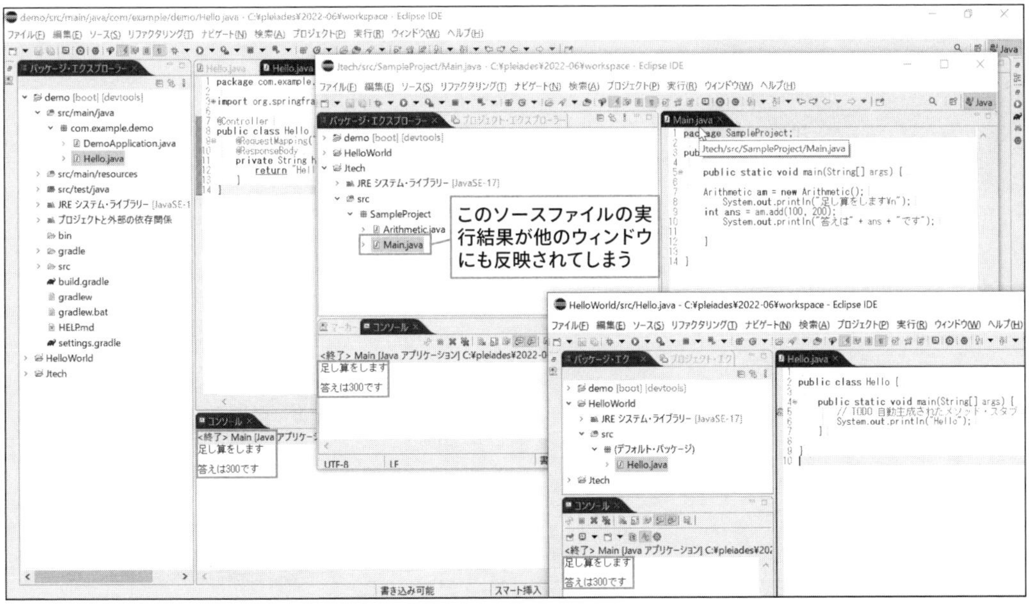

では、Eclipse（同じ場所にあるeclipse.exe）を複数開けば、それぞれで別々のプロジェクトを利用できるのではないでしょうか？

同じeclipse.exeを複数起動することは可能ですが、一つ注意が必要です。すでに起動しているEclipseと同じEclipseを起動しようとすると、**図3.28**のようなメッセージが表示されます。

● 図3.28　同じEclipseを起動しようとすると…

同じeclipse.exeを起動しても、同じワークスペースを同時に扱うことができないため、先のメッセージが表示されるのです。もし、同じEclipseを複数使用したいなら、先のメッセージを閉じて、別のワークスペースを選択しましょう。なお、新しいワークスペースを作成する場合は、**図3.29**のダイアログボックスから、「参照(B)」ボタンをクリックしてください。

「ワークスペース・ディレクトリーの選択」が表示されたら、「新しいフォルダー」をクリックして、新しいワークスペース用のフォルダーを作成し、ワークスペースを別々にします。

● 図3.29　新しいワークスペースはこのダイアログボックスから作成できる

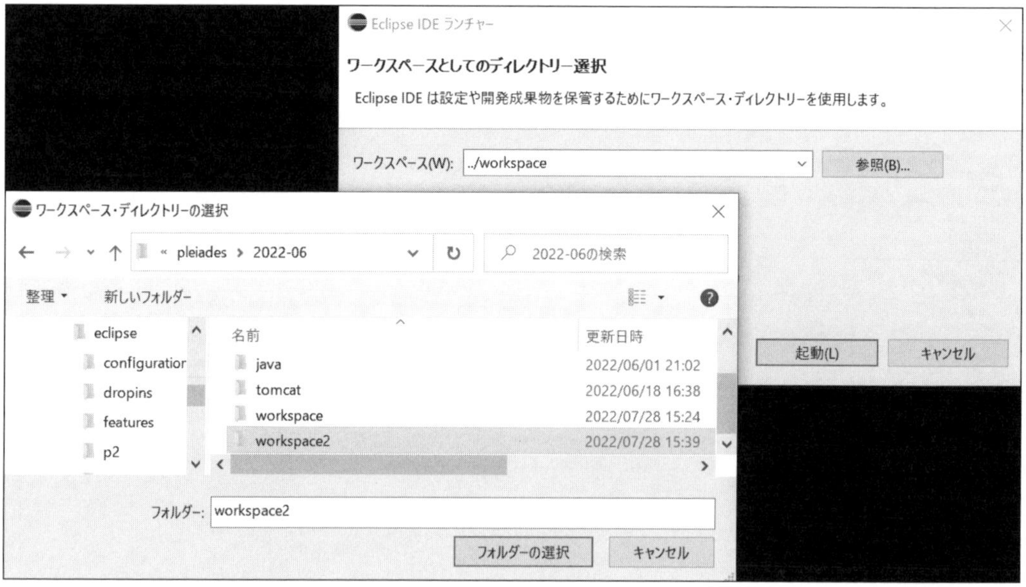

ONEPOINT

既に別のワークスペースがある場合は、**図3.30**のダイアログボックスにある「ワークスペース（W）」欄から切り替えることができます（図3.D）。

● **図3.D　ワークスペースを別々にすれば、同じEclipseを利用できる**

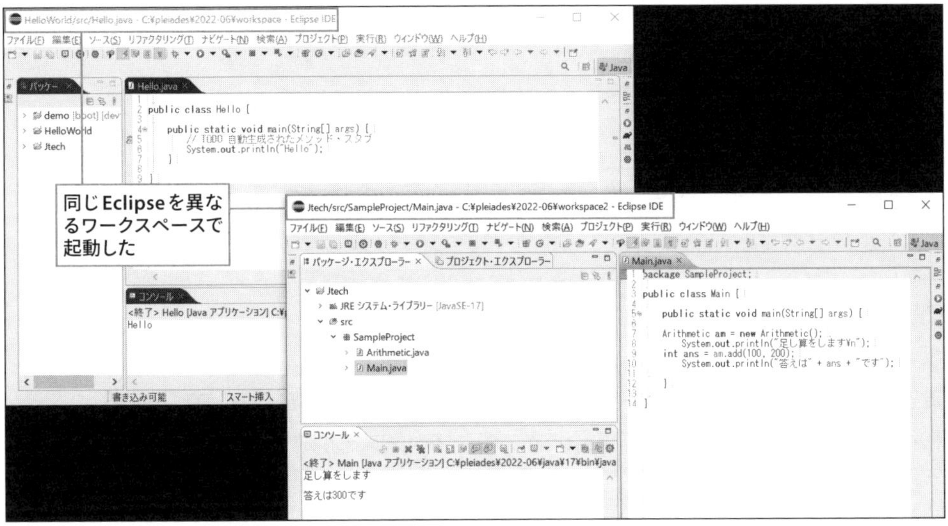

異なるバージョンのEclipseや、異なるEclipseパッケージを利用するのであれば、それぞれのプロジェクトは完全に独立しているため、同時に利用することができます。

プロジェクトを移行する

プロジェクトをバックアップする場合や、現在利用中のコンピュータの調子が悪いとか、新しいコンピュータを導入した場合には、現在のコンピュータにあるプロジェクトを移行する必要があります。

以下に、Windowsの場合の、プロジェクトの移行手順を2つあげておきます。

プロジェクトの保存先であるワークスペースのフォルダーから移行する

まずは、プロジェクトの保存先であるワークスペースのフォルダーから移行する手順を紹介します。

1. エクスプローラーでプロジェクトの保存先であるワークスペースを開く。
2. 移行させたいプロジェクトをフォルダーごと選択する（**図3.30**）。

● 図3.30 ワークスペースにあるプロジェクトをフォルダーごと選択する

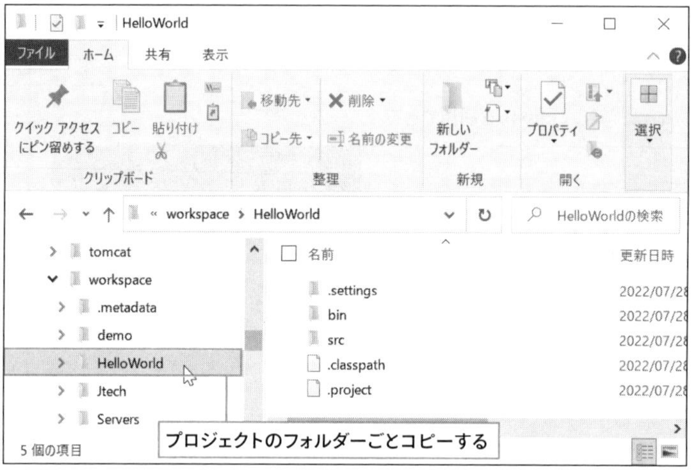

3 選択したフォルダーを、USBメモリやネットワーク上の保存先などにコピーする。

4 移行先のコンピュータにあるEclipseのワークスペースを開き、先のプロジェクトフォルダーをコピーする。

Eclipseのメニューから移行する

次にEclipseのメニューから移行する方法です。

1 「ファイル(F)」→「エクスポート(O)」を選択する。

2 「エクスポート」ダイアログボックスで、「一般」を開き、「アーカイブ・ファイル」を選択して、「次へ(N)」ボタンをクリックする(**図3.31**)。

3 次に表示されたダイアログボックスでは、「オプション」欄はデフォルトのままで、移行したいプロジェクトをチェックする(**図3.32**)。

● 図3.31 「アーカイブ・ファイル」を選択する

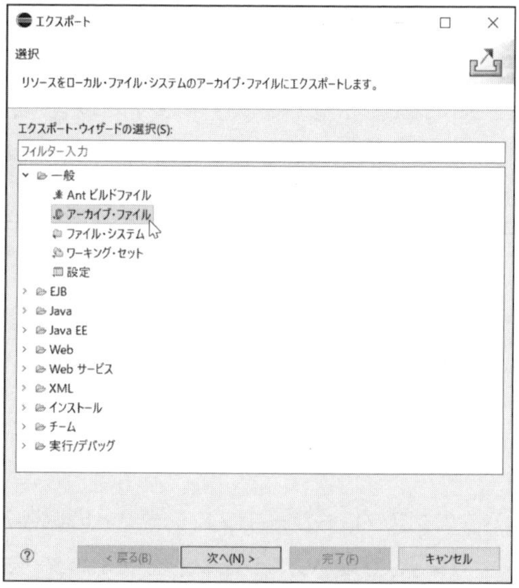

● **図3.32　移行するプロジェクトを選択する**

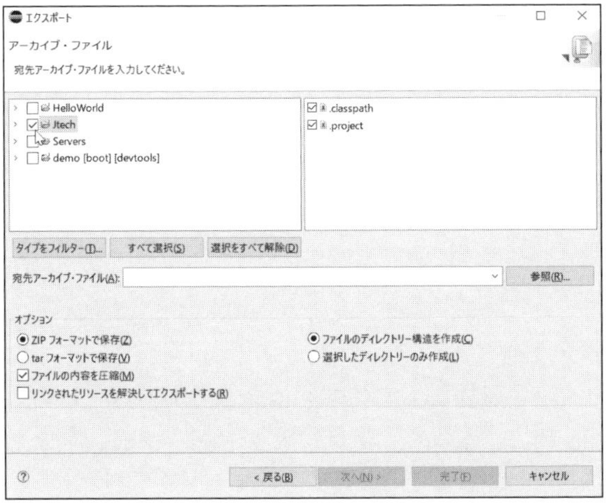

4　「宛先アーカイブ・ファイル(A)」の「参照(R)」ボタンから保存先を選択し、「ファイル名(N)」に任意のファイル名を入力したら、「完了(F)」ボタンをクリックする(**図3.33**)。

● **図3.33　保存先を選択する**

ワークスペースから保存したプロジェクトは、別のコンピュータのワークスペースにコピーすれば利用可能です。Eclipse のメニューからZIP フォーマットで圧縮したプロジェクトを移行する手順については、次の節で説明しています。

> **ONEPOINT**
>
> 手順3のオプション欄で選択されているデフォルトの設定は、次の通りです。
>
> - ZIPフォーマットで保存
> - ファイルのディレクトリー構造を作成
> - ファイルの内容を圧縮

プロジェクトのインポート

前述したEclipseのメニューからZIPフォーマットで圧縮したプロジェクトを別のコンピュータに移行するには、インポート機能を利用します。ここでは、プロジェクトをインポートするいくつかの手順について紹介します。

「既存プロジェクトをワークスペースへ」を選択する場合

最初に既存プロジェクトをワークスペースへインポートする手順を紹介します。

1. Eclipseのメニューから「ファイル(F)」→「インポート(I)」を選択する。
2. 「インポート」ダイアログボックスで「一般」を開き、「既存プロジェクトをワークスペースへ」を選択して、「次へ(N)」ボタンをクリックする(**図3.34**)。
3. 次のダイアログボックスでは、「アーカイブ・ファイルの選択」欄の「参照(R)」ボタンをクリックして、保存先のZIPファイルを選択する。
4. 「プロジェクト(P)」欄に表示された移行したいプロジェクトにチェックを付けて、「完了(F)」ボタンをクリックする(**図3.35**)。

これで、現在起動しているEclipseの、デフォルトになっているワークスペースにプロジェクトがインポートできます。

> **ONEPOINT**
>
> ワークスペースに同じ名前のプロジェクトが存在する場合は、インポートができません。あらかじめワークスペースにある同名のプロジェクトの名前を変更するか、削除しておいてください。

「アーカイブ・ファイル」を選択する場合

ZIPフォーマットのプロジェクトをインポートするには、前述の「既存プロジェクトをワークスペースへ」の方法が、他のインポート方法よりも簡単でおすすめです。しかし、プロジェクト

● 図3.34　「既存プロジェクトをワークスペースへ」を選択する

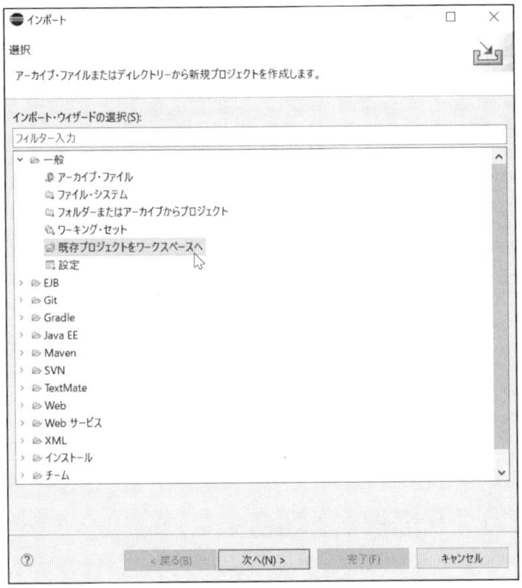

● 図3.35　「プロジェクト(P)」欄で移行したいプロジェクトにチェックする

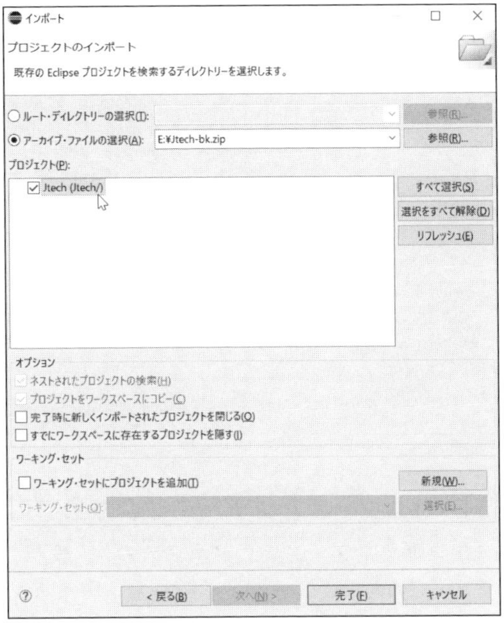

に限らず、ZIPファイル全般をインポートする場合は、先の「インポート」ダイアログボックスで「アーカイブ・ファイル」を選択してください。以下に、「アーカイブ・ファイル」を選択してZIPフォーマットのプロジェクトをインポートする手順をあげておきます。

なお、この手順の場合は、あらかじめワークスペースにインポートするプロジェクト用のプロジェクト（同名でなくても構いません）を作成しておく必要があります。

1 「インポート」ダイアログボックスで「アーカイブ・ファイル」を選択して「次へ(N)」ボタンをクリックする。
2 次のダイアログボックスでは、「ソース・アーカイブ・ファイル(A)」欄の「参照(R)」ボタンから、インポートしたいZIPファイルを選択する。
3 「宛先フォルダー(L)」欄の「参照(R)...」ボタンから、あらかじめ用意しておいたプロジェクトを選択する（**図3.36**）。

● 図3.36　「宛先フォルダー(L)」欄から用意しておいたプロジェクトフォルダーを選択

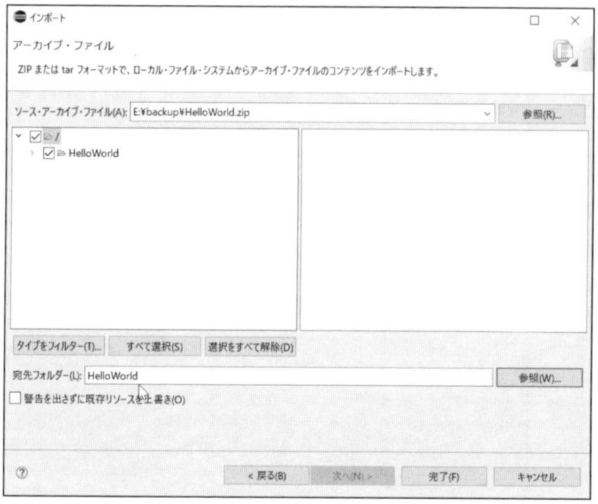

「フォルダーまたはアーカイブからプロジェクト」を選択する場合

インポートダイアログボックスの「一般」にある「フォルダーまたはアーカイブからプロジェクト」からZIPフォーマットのプロジェクトをインポートする手順をあげておきます。

なお、「既存プロジェクトをワークスペースへ」インポートする手順と同様、ワークスペースに同じ名前のプロジェクトが存在する場合は、インポートができません。あらかじめワークスペースにある同名のプロジェクトを削除しておいてください。

1. インポートダイアログボックスの「一般」から「フォルダーまたはアーカイブからプロジェクト」を選択する。
2. 次に表示されたダイアログボックスでは、「アーカイブ(A)...」ボタンからZIPフォーマットのプロジェクトを選択する。
3. 表示されたフォルダーのうち、「インポート」欄に「Eclipse プロジェクト」と表示されているもの以外のチェックを外し、「完了(F)」ボタンをクリックする(**図3.37**)。

> **ONEPOINT**
>
> 「フォルダーまたはアーカイブからプロジェクト」でインポートしたプロジェクトは、**図3.38**に表示されている「プロジェクト名」＋ .zip_expandedというフォルダー名で、ワークスペースに格納されています。

● 図3.37　「Eclipseプロジェクト」と表示されているもの以外のチェックを外す

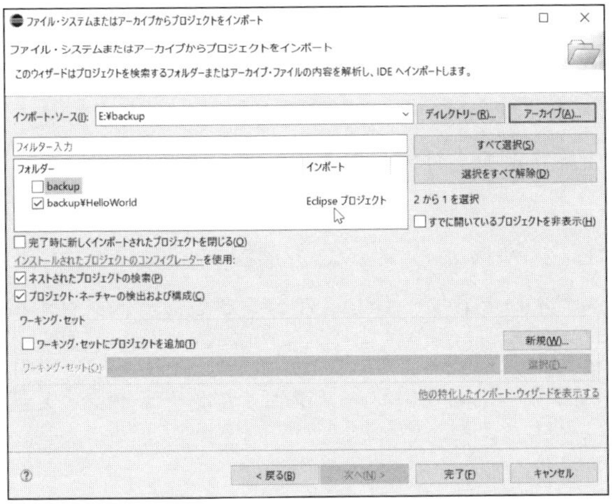

COLUMN　ZIPファイルではないプロジェクトをインポートする

「プロジェクトの保存先であるワークスペースのフォルダーから移行する」で紹介したZIPフォーマットで圧縮していないプロジェクトは、先の「フォルダーまたはアーカイブからプロジェクト」でインポートすることが可能です。

1. インポートダイアログボックスの「一般」から「フォルダーまたはアーカイブからプロジェクト」を選択する。
2. 次に表示されたダイアログボックスでは、「ディレクトリー(R)...」ボタンからプロジェクトフォルダーを選択し、「完了(F)」ボタンをクリックする(**図3.E**)。

● 図3.E　ZIPファイルではないプロジェクトをインポートする

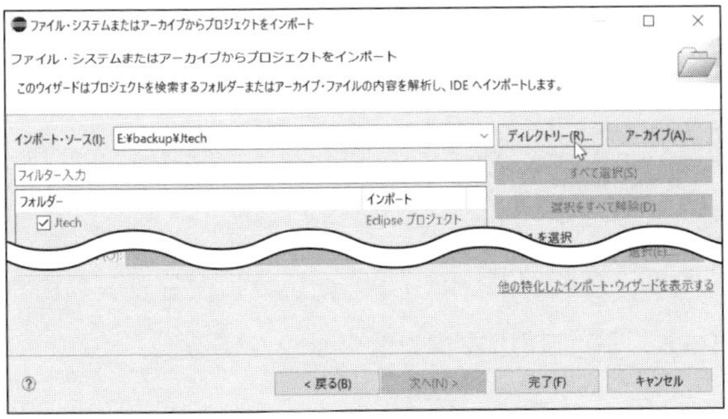

この手順なら、Eclipse のメニュー内でプロジェクトを移行でき、ワークスペースのフォルダーを探す手間が省けます。

ファイルのインポート

プロジェクト丸ごとではなく、一部のソースファイルだけを既存のプロジェクトに追加したいときは、インポートダイアログボックスの「一般」から「ファイル・システム」を選択します。

以下に、Javaのソースファイルをインポートする例をあげておきましょう。

1. インポートダイアログボックスの「一般」から「ファイル・システム」を選択する。
2. 次に表示されたダイアログボックスでは、「ディレクトリー(R)...」ボタンからソースファイルのあるフォルダーを選択する。
3. フォルダー内のファイルが表示されたら、インポートしたいソースファイルをチェックして選択する(**図3.38**)。

● **図3.38　インポートしたいソースファイルを選択する**

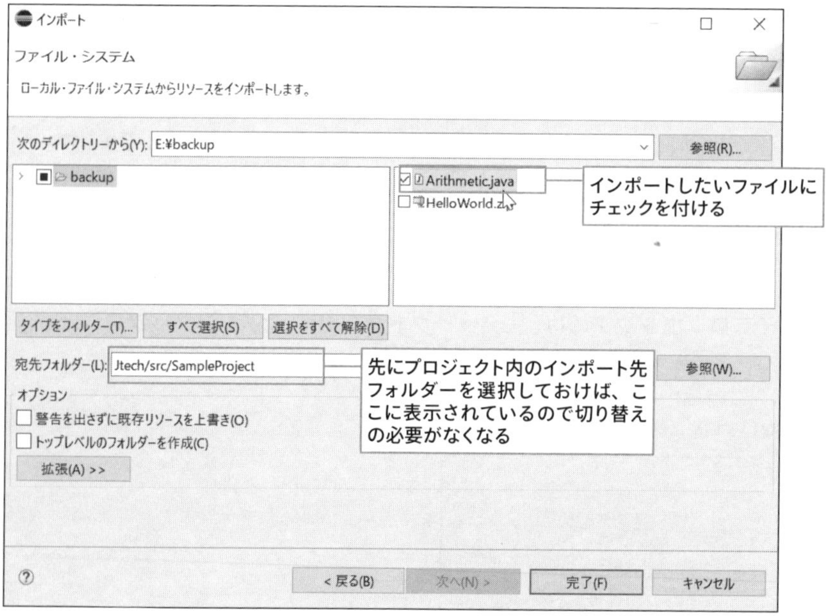

4. 「宛先フォルダー(L)」欄の「参照(W)」ボタンから、インポートしたいプロジェクト内のフォルダーを選択して「OK」ボタンをクリックし、「完了(F)」ボタンをクリックする。

作業の前にプロジェクト内のインポート先となるフォルダーを選択しておけば、手順4の「宛先フォルダー(L)」欄に、インポート先が表示されていますので、宛先を選択する必要はありません。

COLUMN

その他のインポート／エクスポート

Eclipse のメニューからは、プロジェクト以外のインポートやエクスポートが可能です。**表3.A**、**表3.B**に、主なインポート／エクスポートについてあげておきます。

● **表3.A　主なインポートの種類**

インポートの種類	内容
アーカイブ・ファイル	ZIP形式などで圧縮されたアーカイブ・ファイルを指定したフォルダーにインポートする
ファイル・システム	ローカルファイル・システムを指定したフォルダーにインポートする
既存プロジェクトをワークスペースへ	指定したプロジェクトをワークスペースへインポートする
設定	epfという拡張子の設定ファイルをインポートする
Gitからプロジェクト	GitHub のプロジェクトをインポートする
既存のGradleプロジェクト	指定したGradleプロジェクトをインポートする
SVNからプロジェクト	SVNリポジトリーから指定したプロジェクトをチェックアウトしてインポートする
XMLカタログ	指定したXMLカタログをインポートする
既存インストールから	別にインストールされているEclipse からインストールする
チーム・プロジェクト・セット	ファイルに記述されたリポジトリーからプロジェクトのセットをインポートする
ブレークポイント	ローカル・ファイル・システムからブレークポイントをインポートする
起動構成	ローカル・ファイル・システムから起動構成をインポートする

● **表3.B　主なエクスポートの種類**

エクスポートの種類	内容
Antビルドファイル	Eclipse Java プロジェクトのAnt ビルドファイルをエクスポートする
アーカイブ・ファイル	ZIP形式などに圧縮したアーカイブ・ファイルとしてエクスポートする
ファイル・システム	ローカルファイル・システムを指定したフォルダーをエクスポートする
設定	epfという拡張子の設定ファイルをエクスポートする
JARファイル	JAR 形式で圧縮したファイルをエクスポートする
Javadoc	Javadocをエクスポートする
実行可能JARファイル	アプリケーションとして実行可能なJAR ファイルをエクスポートする
XMLカタログ	XMLカタログをエクスポートする
インストール済みのソフトウェアをファイルへ	ローカル・ファイル・システムにインストールされているソフトウェアをエクスポートする
チーム・プロジェクト・セット	ワークスペースを他のユーザーと共有するためのファイルをエクスポートする
ブレークポイント	ローカル・ファイル・システムからブレークポイントをエクスポートする
起動構成	ローカル・ファイル・システムから起動構成をエクスポートする

プロジェクトの種類を知る

Javaプロジェクトについては前述してきましたが、ここでは本書でベースとしている「Pleiades All in One」にあるその他のプロジェクトについて触れておきましょう(**表3.2**)。

● **表3.2 主なプロジェクト**

プロジェクトの種類	説明
Gradleプロジェクト	JavaプロジェクトにビルドツールのGradleを追加したプロジェクト
Mavenプロジェクト	JavaプロジェクトにビルドツールのMavenを追加したプロジェクト
Springスターター・プロジェクト	Spring FrameworkをベースとしたWebアプリケーションを手軽に作成するためのプロジェクト
Javaプロジェクト	Javaアプリケーション開発用のプロジェクト
動的Webプロジェクト	動的なWebコンテンツを作成するプロジェクト
プロジェクト	ディレクトリーとファイルの管理機能が主のシンプルなプロジェクト

表3.2にあるプロジェクトには、Webアプリケーションに関するものがありました。本書がベースとする「Pleiades All in One Java Full Edition」には、デフォルトでこれらのプロジェクトが含まれますが、Eclipseの公式サイトでは、Eclipseのパッケージが「Java Developers」のものには含まれず、「Enterprise Java and Web Developers」に含まれます。

それでは、「Pleiades All in One」で、2種類のWebプロジェクトの作成手順を紹介しましょう。

以下は、Pleiades All in Oneでの「動的Webプロジェクト」の作成手順です。なお、本書では、SpringBootでのWebアプリケーション構築を主体にしているため、SpringBootでの手順は**第10章**で取り上げています。

1. Eclipseのメニューから、「ファイル(F)」→「新規(N)」を選択する。
2. 表示されたメニューから「プロジェクト(R)」を選択し、次に表示された新規プロジェクトダイアログボックス内の「ウィザード(W)」欄の「Web」から、「動的Webプロジェクト」を選択して、「次へ(N)」ボタンをクリックする(**図3.39**)。

● 図3.39　メニューから「動的Webプロジェクト」を選択する

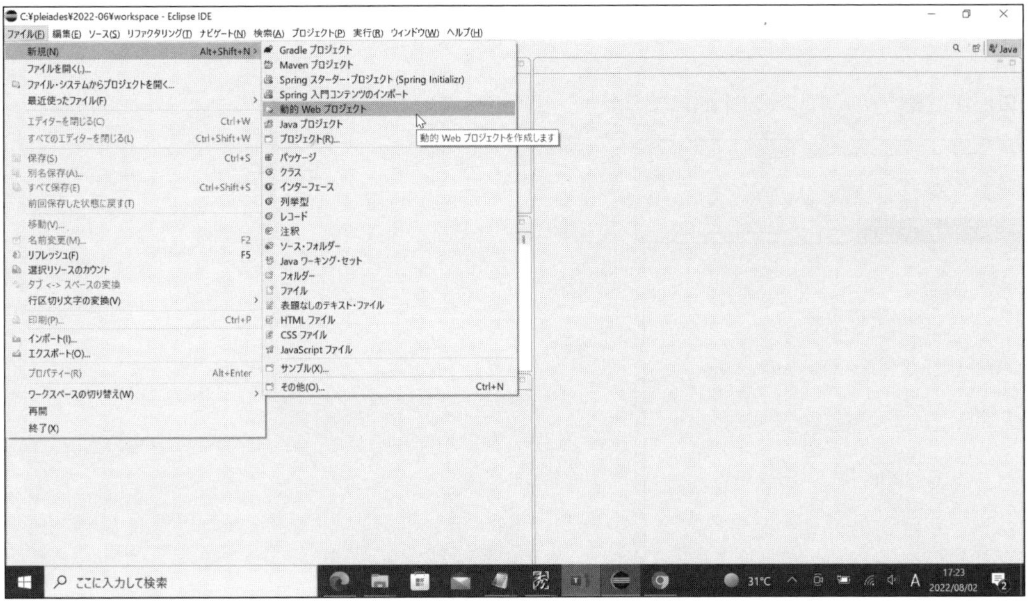

③　次の「新規動的Webプロジェクト」ダイアログボックスでは、「プロジェクト名（M）」欄に任意のプロジェクト名を入力し、「完了（F）」ボタンをクリックする（**図3.40**）。

● 図3.40　プロジェクト名を入力する

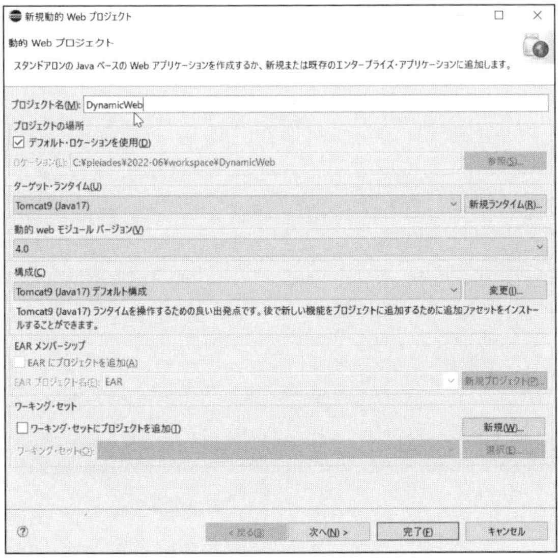

これで動的Webプロジェクトが作成できました(**図3.41**)。あとは、JSPやServletのJavaプログラムによるWebコンテンツを仕上げていくことになります(**図3.42**)。

● 図3.41 「動的Webプロジェクト」が作成された

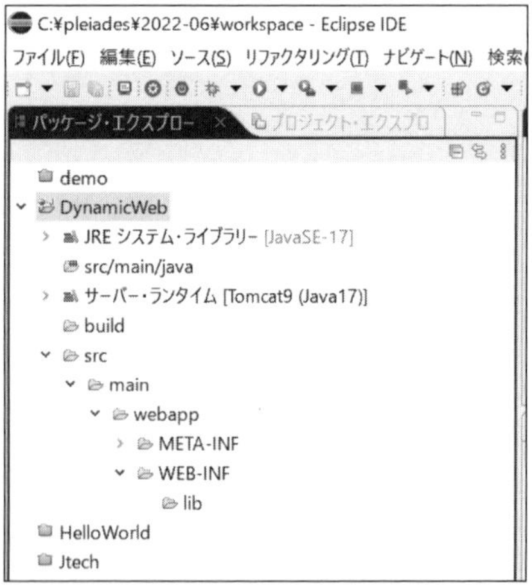

● 図3.42 「サーブレット」を選択する

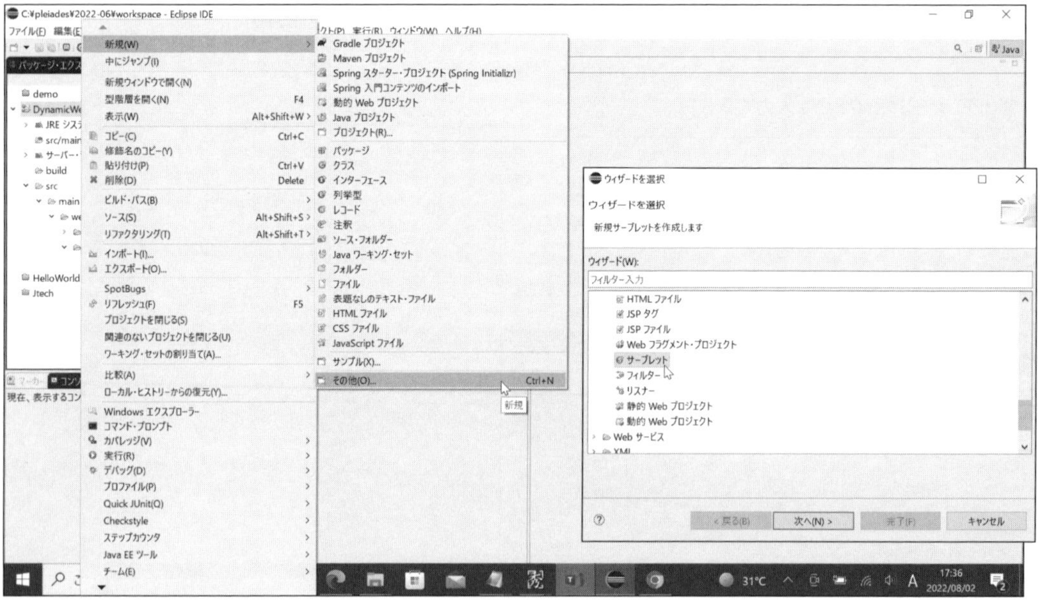

ONEPOINT

Webアプリケーションの動作環境は、本書ではSpringBootでの構築作業を紹介しています。詳細は**第10章**を参照してください。

プロジェクト・エクスプローラー上に異なる種類のプロジェクトがある場合でも、種類によってアイコンの形が異なるので、一目で区別がつきます(**図3.43**)。

また、プロジェクトの種類によって、メニューの種類や設定項目も異なります。

図3.43　異なるプロジェクトが存在する例

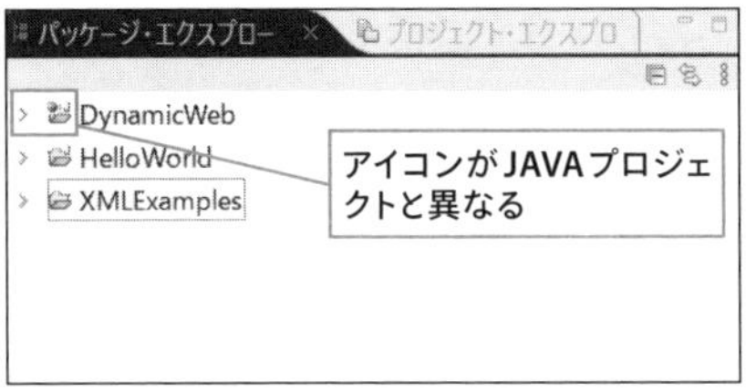

プロジェクトの設定を理解する

プロジェクトの設定に関するメニューはいくつかあり、個々のプロジェクトに別々の設定を施すこともできます。まずはプロジェクトのプロパティから設定する方法を紹介しましょう。「パッケージ・エクスプローラー」欄のプロジェクトを右クリックして、ショートカットメニューから、「プロパティー(R)」を選択すれば、プロジェクトの設定が可能なプロパティーダイアログボックスが表示されます。

プロパティーダイアログボックスでは、プロジェクトごとで異なる設定が可能です。例えば、他の開発環境から移行したプロジェクトだけが文字化けするなどといった場合は、**図3.44**のプロパティーダイアログボックスから、「テキスト・ファイル・エンコード(T)」欄の「その他(O)」のリストから変更したい文字コードを選択して、「適用して閉じる」ボタンをクリックします。

図3.44　プロジェクトのプロパティーダイアログボックス

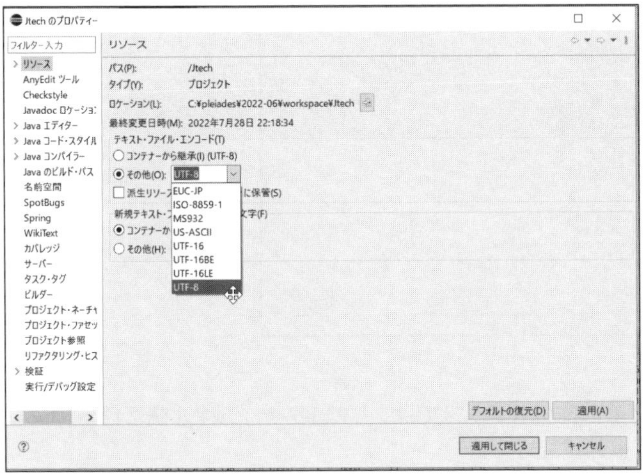

タブ文字を半角スペースに自動変換する

Javaのソースコードにあるタブ文字を半角スペースに自動変換したい場合も、先のプロパティーダイアログボックスから設定が可能です。

以下に設定手順をあげておきましょう。なお、設定が反映するのは、ソースコードを変更して保存したタイミングです。ソースコードに変更がないままだと、設定後の変化が確認できないため注意が必要です。

1 「プロパティーダイアログボックス」の左欄にある「Javaコード・スタイル」→「フォーマッター」を選択する(**図3.45**❶❷)。

2 「プロジェクト固有の設定を可能にする(O)」にチェックを付け、「新規(W)」ボタンをクリックする(**図3.45**❸❹)。

図3.45 「Javaコード・スタイル」から「フォーマッター」を選択する

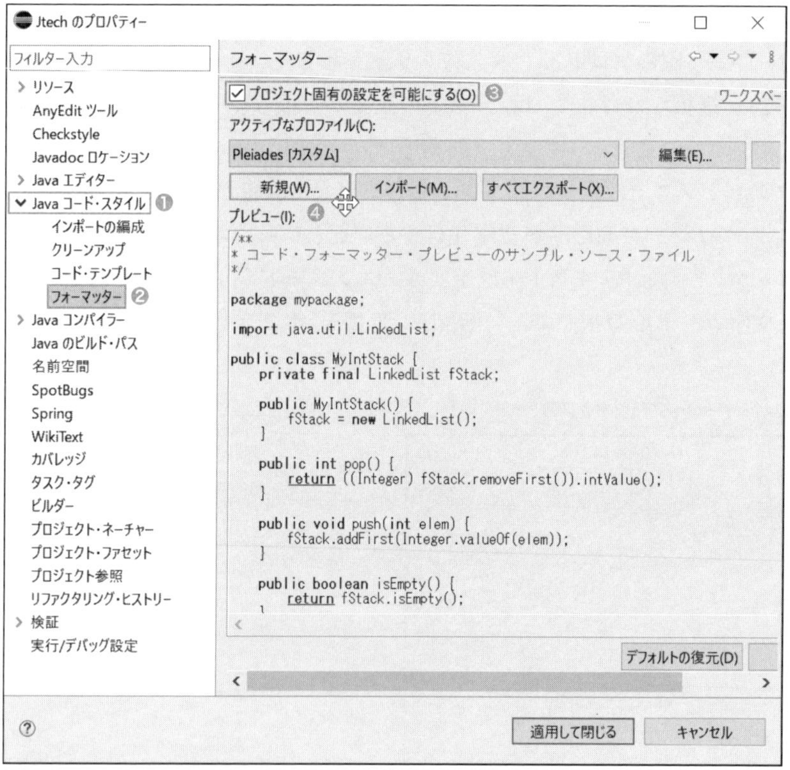

3 表示された「新規プロファイル」ダイアログボックスでは、「プロファイル名」欄に任意のプロファイル名を入力し、「OK」ボタンをクリックする。

4 次に表示されたプロファイルでは、「インデント」欄にある「タブ・ポリシー」のリストから「スペースのみ」を選択し、「インデント・サイズ」と「タブ・サイズ」は任意の半角スペースの数字を入力して（デフォルトは4）、「OK」ボタンをクリックする（**図3.46**）。

5 手順 2 のダイアログボックスに戻るので、「適用して閉じる」ボタンをクリックする。

● 図3.46 「タブ・ポリシー」のリストから「スペースのみ」を選択する

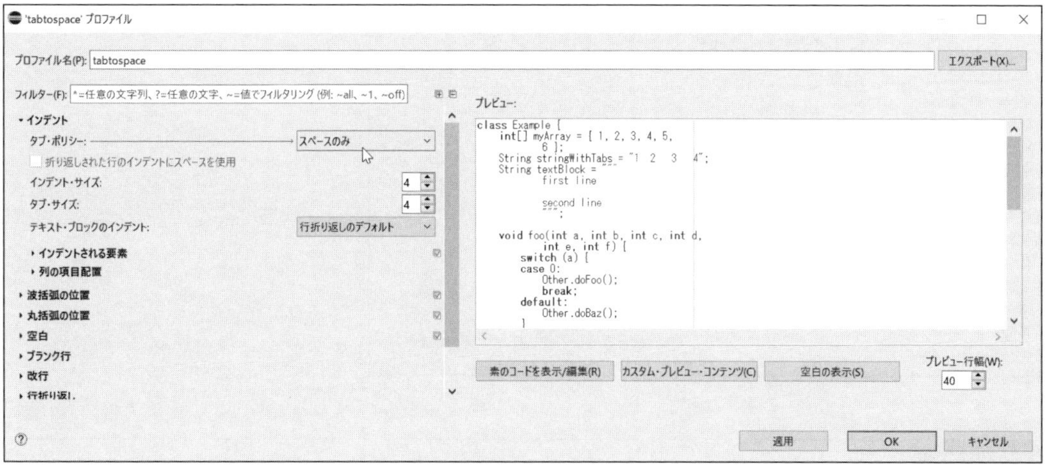

ONEPOINT

図3.45のプロパティーダイアログボックスにある「プロジェクト固有の設定を可能にする（O）」をチェックすれば、プロジェクト個々で設定を変えることができます。

ワークベンチでの作業を自動的に保存する

Eclipse上の設定アイコン や「ウィンドウ（W）」→「設定（P）」メニューから表示される「設定」ダイアログボックスからも、様々な設定が可能です。以下は、ワークベンチでの作業を自動的に保存する設定例です。

1 「設定」ダイアログボックスの「一般」を選択し、「ワークベンチ保存間隔（分）（I）」で保存間隔（分）を入力する（**図3.47**）。

● 図3.47　「設定」ダイアログボックスの「一般」から保存間隔を分で入力する

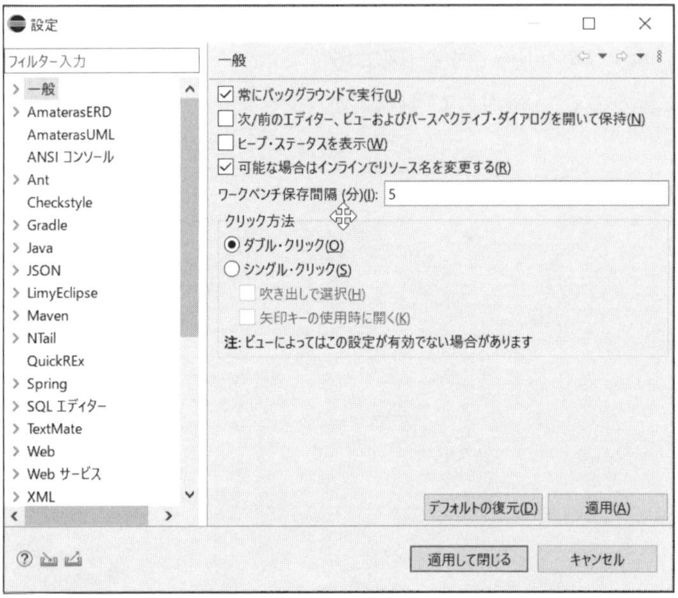

3-3　Javaパースペクティブを使いこなす

第2章で述べたように、Eclipseを起動したときのデフォルト画面は、「Java（デフォルト）」パースペクティブになっています。ここでは、Javaパースペクティブの具体的な使用例について見ていきましょう。

Javaパースペクティブの画面構成

まずは、Javaパースペクティブの画面構成から確認しておきましょう（**図3.48**）。

「Pleiades All in One」でのデフォルトのJavaパースペクティブは、エディターの他、以下のビューで構成されています。ちなみに、Javaプログラムを実行した際には、マーカーのエリアに「コンソール」タブが表示されます。

- パッケージ・エクスプローラー
- アウトライン
- エディター

COLUMN 「プロジェクト固有の設定を可能にする」について

プロジェクトのプロパティダイアログボックスにある「プロジェクト固有の設定を可能にする」にチェックするか否かで、プロジェクト各々で設定を分けることができます。

もし、チェックをしない場合は、Eclipse の「ウィンドウ(W)」→「設定(P)」から表示した「設定」ダイアログボックスの設定が有効になります（**図3.F**）。

● **図3.F 「設定」ダイアログボックスの設定が有効になる例**

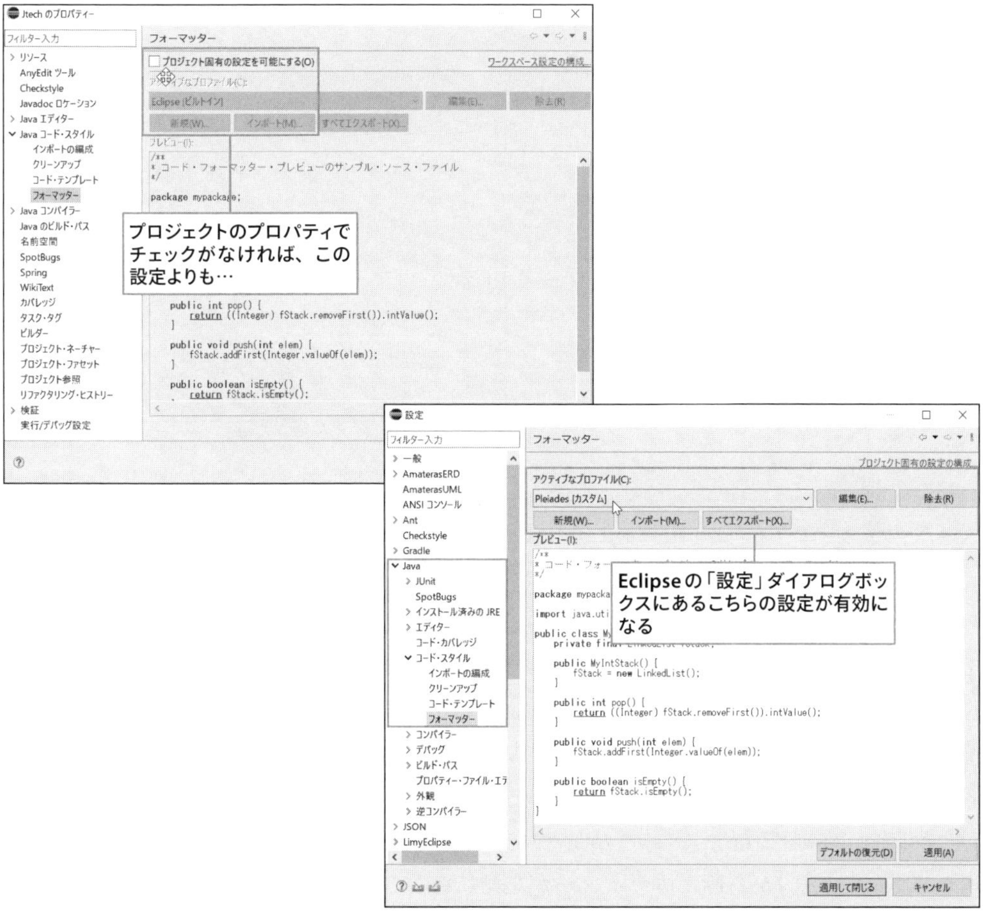
プロジェクトのプロパティでチェックがなければ、この設定よりも…
Eclipseの「設定」ダイアログボックスにあるこちらの設定が有効になる

- 起動構成
- マーカー

● 図3.48　Javaパースペクティブの画面構成

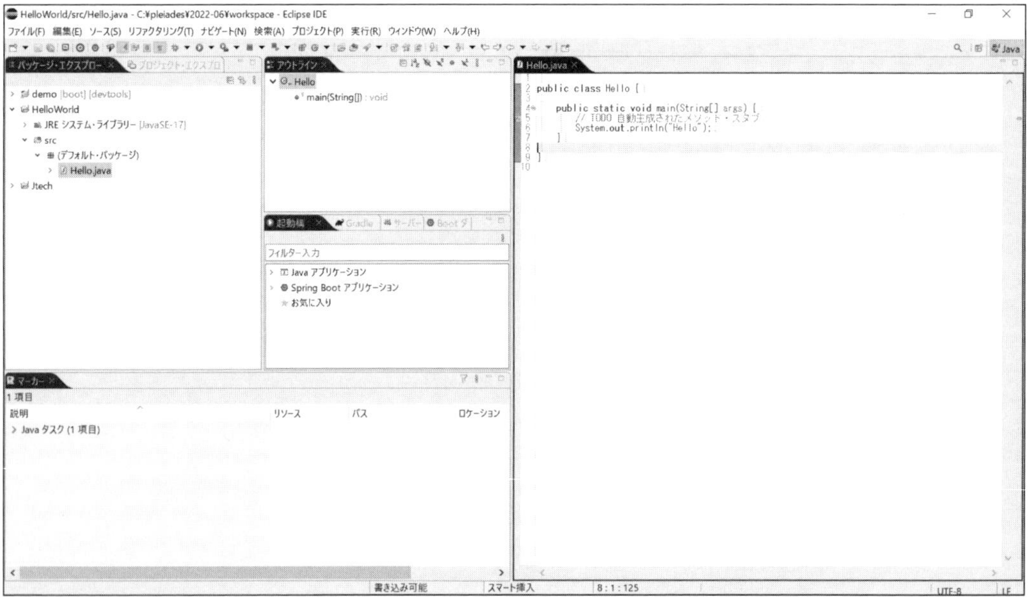

ONEPOINT

「パッケージ・エクスプローラー」のエリアには、「プロジェクト・エクスプローラー」タブが、「起動構成」のエリアには、「Gradle」「サーバー」「Bootダッシュボード」タブがレイアウトされています。

パースペクティブは開発者にとっての作業空間です。デフォルトのレイアウトでは使いにくいと感じる場合は、開発者が作業しやすいように、自由に変更しましょう。例えば、普段Visual Studioを使った開発が多い、または、Visual Studioのレイアウトに慣れているといった場合なら、**図3.49**のように、Javaパースペクティブのレイアウトを、Visual Studio風にすることも可能です。Visual Studioでは、「パッケージ・エクスプローラー」に相当する「ソリューション・エクスプローラー」が右側、エディターが左側にあるため、「パッケージ・エクスプローラー」のエリアを右側に移動して、デフォルト表示されているエディター以外のエリアを最小化すれば完成です。

● 図3.49　JavaパースペクティブのレイアウトをVisual Sudio 風にしてみた

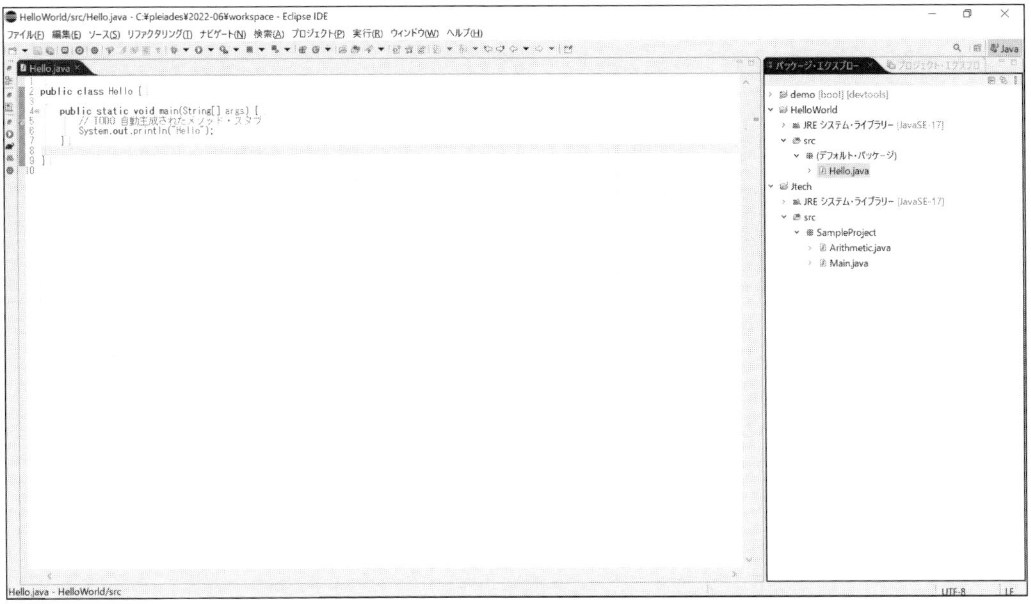

また、ディスプレイモニターが2台利用できる場合などでは、実行結果が出力される「コンソール」ビューだけを別モニターに表示させるなどといったように、ワークスペースの枠を越えた使い方も可能です。

各ビューを理解する

それでは、Java パースペクティブにデフォルトで表示されているビューについて見ていきましょう。すでに**第2章**で取り上げたビューも含まれますが、Javaパースペクティブのビューとして再度説明していきます。

パッケージ・エクスプローラー

Javaプロジェクトの一覧が表示され、特定のプロジェクトを開いたり、閉じたりできます。各プロジェクト内のJavaソースファイルをダブルクリックすると、ソースコードがエディターに表示されます。

P.76でも取り上げましたが、不要なプロジェクトは以下の手順で削除することができます。

1 パッケージ・エクスプローラーで該当するプロジェクトを右クリックして、ショートカットメニューから、「削除(D)」をクリックする。

② 「リソースの削除」ダイアログボックス（**図3.50**）が表示されたら、プロジェクトを完全に削除したい場合は、「ディスク上からプロジェクト・コンテンツを削除(D)」にチェックして、「OK」ボタンをクリックする（後に利用する可能性があるならチェックはしない）。

● **図3.50　「リソースの削除」ダイアログボックス**

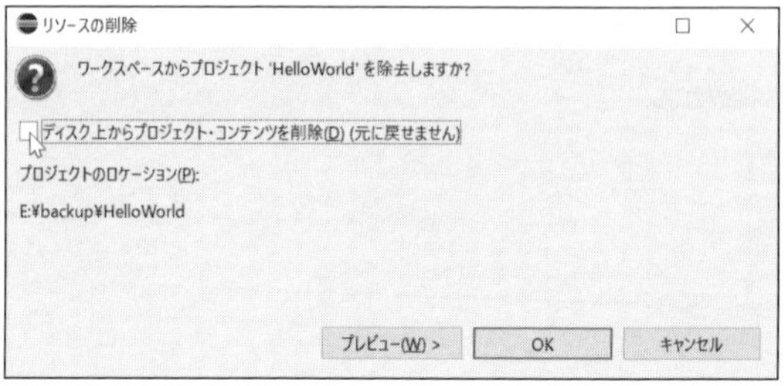

ONEPOINT

プロジェクトは、完全に削除しない限りワークスペースに残っているため、Eclipseのメニューから「ファイル(F)」→「ファイル・システムからプロジェクトを開く(J)」を選択して、プロジェクトを復活させることができます。プロジェクトを開く手順は、P.76を参照してください。

アウトライン

Javaエディター上で現在アクティブになっているソースファイルの構成要素であるフィールドやメソッドなどが表示されます。また、アウトライン内のフィールドやメソッドをクリックすると、Javaエディター上の該当箇所が反転表示されます（**図3.51**）。

● **図3.51　アウトライン内のメソッドをクリックすると…**

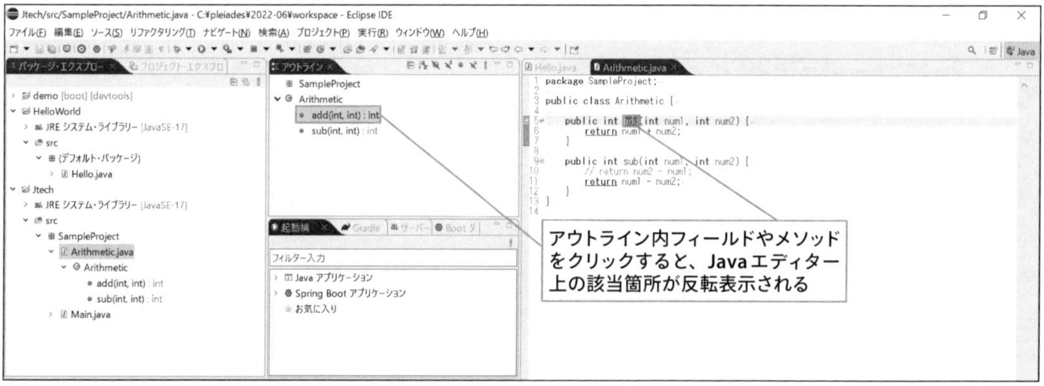

起動構成

起動構成には、パッケージ・エクスプローラーに表示されているプロジェクトの一覧が表示されており、ビュー内のプログラムを右クリックして表示されるメニューから、各プログラムの実行やデバッグが行えます。また、「編集(E)」メニューを選択した後に表示される「構成の編集」ダイアログボックスからは、プログラムを実行する際の各種設定が行えます（**図3.52**）。

● 図3.52 「起動構成」ビューのメニューと「構成の編集」ダイアログボックス

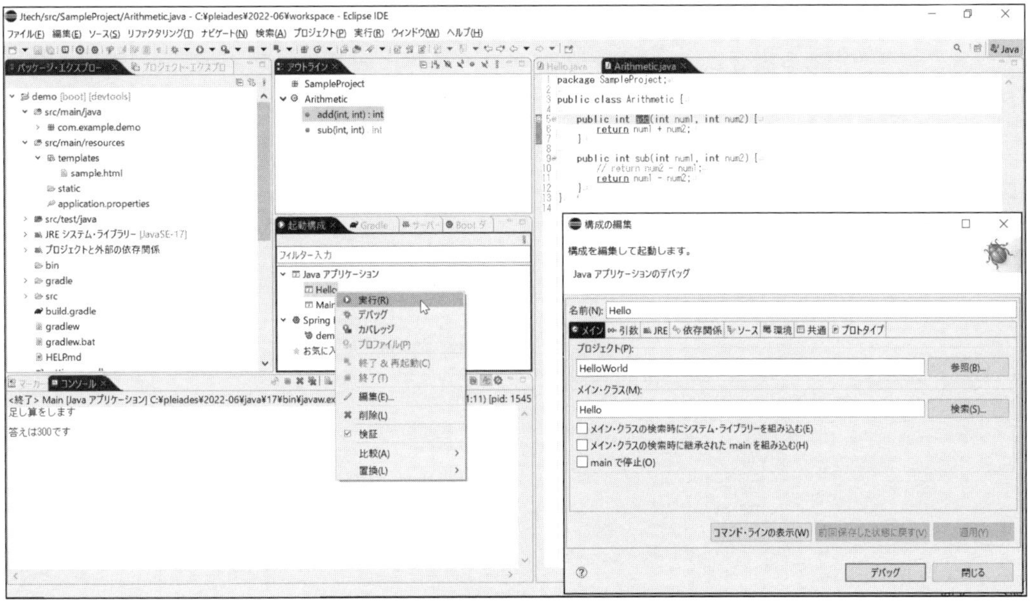

マーカー

ソースプログラム中にブレークポイントやブックマークなどのマークを付けている場合、マーカーにそれらのマークが表示され、表示部分をダブルクリックすれば、ソースプログラム上の該当行へジャンプして、該当行が反転します（**図3.53**）。

● 図3.53 「マーカー」ビューの表示をダブルクリックすると該当行へジャンプする

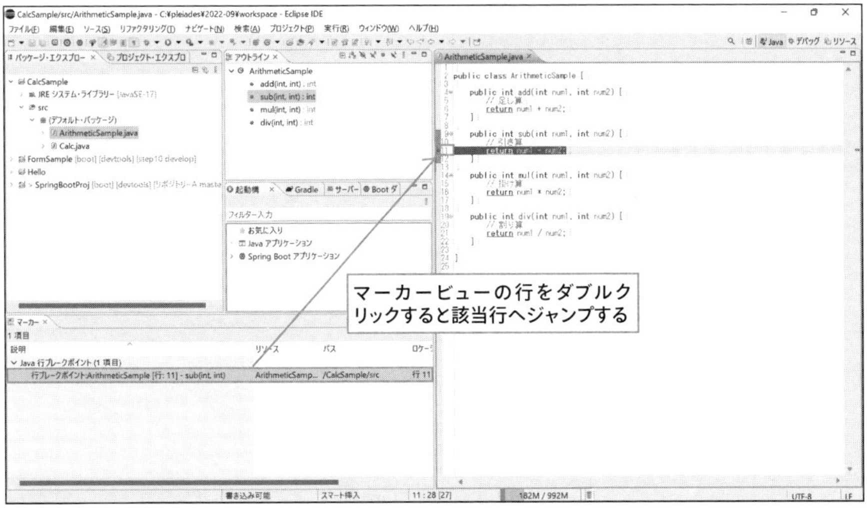

コンソール

プロジェクトの実行やデバッグ時のプログラムからの出力内容が表示されるビューです。プログラムにエラーがある場合は、コンソールにエラーメッセージとエラーの箇所が表示されるだけでなく、**図3.54**で示したように、エディター内の該当箇所へジャンプすることができます。

図3.54　コンソールにエラーが出力された例

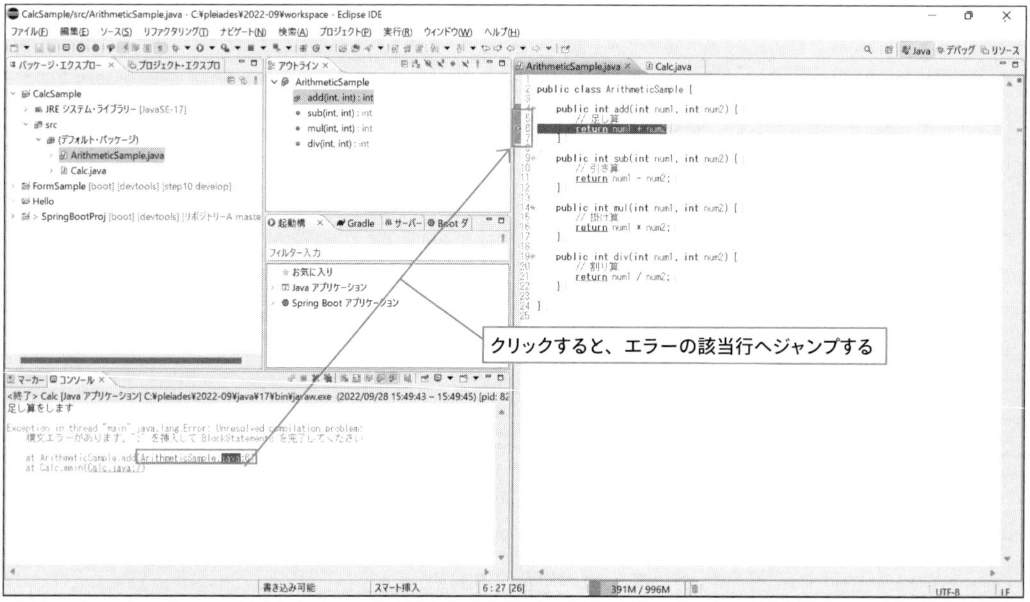
CalcSample/src/ArithmeticSample.java - C:¥pleiades¥2022-09¥workspace - Eclipse IDE
クリックすると、エラーの該当行へジャンプする

第4章

Eclipseを使った開発の流れ

本章では、開発で頻出する用語とその具体例を知り、簡単なアプリケーションを作成する過程を通して、基本的なデバッグ作業などを含む、Eclipseの一般的な開発手順をマスターしていきましょう。

本章の内容

4-1 開発に関する基礎知識

開発とは、一般的に「システム開発」を意味します。ここでは、システム開発の工程のうち、Eclipseに関するメジャーな用語を紹介していきます。

プログラミングの流れ

IT業界で「開発」というと、「システム開発」を意味することが多く、以下のような作業工程を踏むことが一般的です。

● 図4.1　システム開発の作業工程

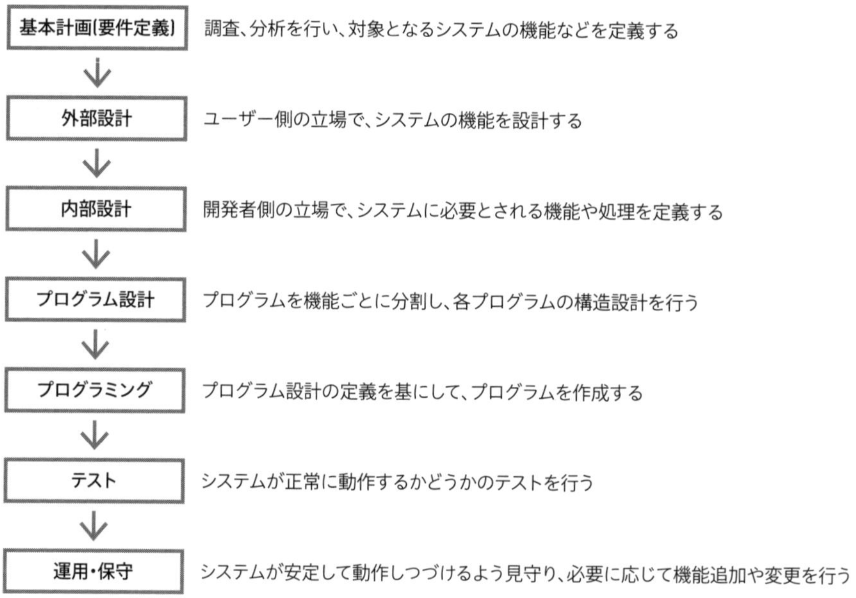
基本計画(要件定義)
調査、分析を行い、対象となるシステムの機能などを定義する
外部設計
ユーザー側の立場で、システムの機能を設計する
内部設計
開発者側の立場で、システムに必要とされる機能や処理を定義する
プログラム設計
プログラムを機能ごとに分割し、各プログラムの構造設計を行う
プログラミング
プログラム設計の定義を基にして、プログラムを作成する
テスト
システムが正常に動作するかどうかのテストを行う
運用・保守
システムが安定して動作しつづけるよう見守り、必要に応じて機能追加や変更を行う

図4.1のうち、主としてプログラミングやテストの工程でEclipseが活躍します。また、プログラミング作業は、一般的に以下の作業で構成されています。

- 作業❶
  エディターを使って、プログラム言語の文法に基づいたソースプログラムを作成（コーディング作業）
- 作業❷
  ソースプログラムをコンパイル（コンピューターが実行可能な機械語に翻訳する）
- 作業❸
  コンパイルエラーがあればデバッグ（プログラムのミスや欠陥をチェックして、修正する）
- 作業❹
  実行して、仕様通りの結果が出れば作業完了

この作業をEclipseのメニューや機能で表現すると、以下のようになります。

- 作業❶
  エディターでプログラミング（コーディング作業）
- 作業❷、❹
  Eclipseのメニューから「実行（R）」→「実行（R）」を選択するか、実行アイコンでコンパイル、ビルド、実行
- 作業❸
  アイコンからデバッグ

それでは、先に作業❷のコンパイルについて紹介しましょう。

コンパイルとは

前述のようにコンパイルとは、コーディングしたソースプログラムを、コンピューターが実行可能な機械語に翻訳することを指します。

ちなみに、コンパイル時のエラーの大半はタイプミスによる構文エラーです。以下に、Eclipseのエディターで、行の最後に「;（セミコロン）」を入力し忘れた例をあげておきます。Eclipseでは、入力後に改行したり、他の行へ移動するなどといったタイミングで、構文エラーを知らせてくれます。

コーディングエラーを示す行番号左側のマークにマウスを合わせると、構文エラーの内容が表示されます。

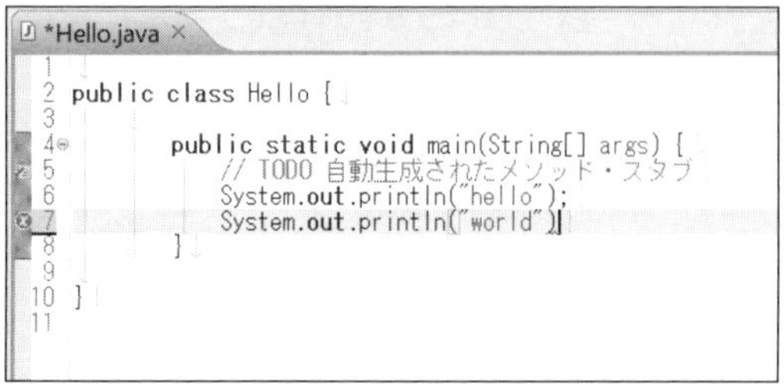
*Hello.java
public class Hello {
public static void main(String[] args) {
// TODO 自動生成されたメソッド・スタブ
System.out.println("hello");
System.out.println("world")
}
}

図4.2　「;（セミコロン）」を入力し忘れると…

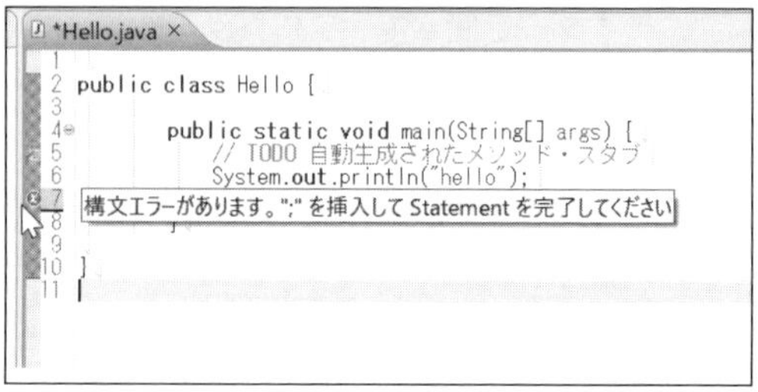
*Hello.java
public class Hello {
public static void main(String[] args) {
// TODO 自動生成されたメソッド・スタブ
System.out.println("hello");
構文エラーがあります。";" を挿入して Statement を完了してください
}

図4.3　構文エラーの内容が表示

これらの表示に気づかずにEclipseのメニューから「実行(R)」→「実行(S)」を選択するか、実行アイコンをクリックすると、「コンソール」ビューに構文エラーの内容が表示されます。

図4.4　「コンソール」ビューにエラー内容が表示される

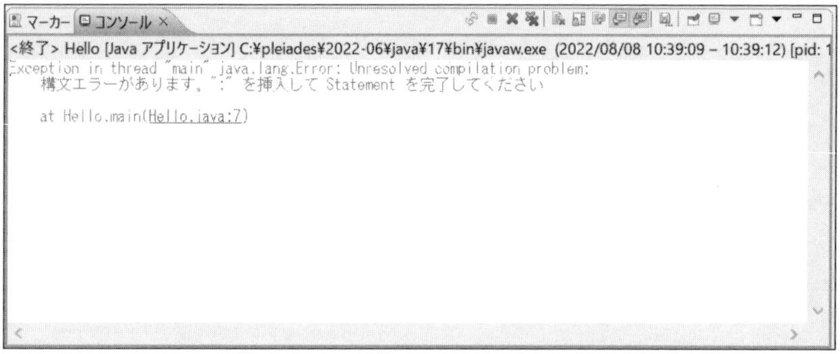
マーカー
コンソール
<終了> Hello [Java アプリケーション] C:¥pleiades¥2022-06¥java¥17¥bin¥javaw.exe (2022/08/08 10:39:09 – 10:39:12) [pid: 1
Exception in thread "main" java.lang.Error: Unresolved compilation problem:
構文エラーがあります。";" を挿入して Statement を完了してください
at Hello.main(Hello.java:7)

COLUMN

構文エラーと論理エラー

プログラミングで遭遇するエラーは、大きく分けて以下の２種類があります。

- 構文エラー

　前述したように、「スペルミス」や行末の「;（セミコロン）」忘れ、全角スペースの入力などといったようなコーディングの際の記述ミスが原因で発生します

- 論理エラー

　単純な例では、「＋」と「－」の演算記号を間違えて、足し算の結果が必要な処理で、引き算の結果が出るなどといったようなエラーです。構文エラーにはならなくても、仕様通りの結果が出力されないエラーを指します

デバッグとは

コーディングしたプログラムのタイプミスや欠陥のことを「バグ(Bug)」と呼び、バグを除去する作業が「デバッグ(Debug)」です。Eclipseのメニューにあるデバッグ用アイコンを見てもわかるように、バグは英語で「虫」を意味します。デバッグによって、プログラム中の「バグ(虫)」を除去し、プログラムを正常な(きれいな)状態にするわけです(**図4.5**)。

● **図4.5　デバッグ用のメニュー**

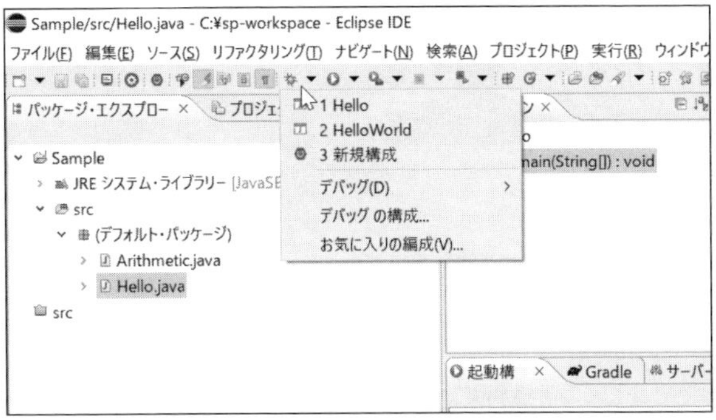

Eclipseには、デバッグに役立つ便利なツールが搭載されています。デバッグ作業の具体例については、P.124で取り上げます。

COLUMN　デバッグとテスト

一般的には、以下のような区分けになります。

- テスト
  プログラムの不具合を検出する作業
- デバッグ
  プログラムの不具合を修正する作業

また、デバッグは、プログラムの作成者であるプログラマーが行う作業であるのに対し、テストは、プログラマーとは異なる「テスター」などと呼ばれる担当者が行うことが基本です(**図4.A**)。プログラムの作成者以外の第3者がテストを行うことで、作成者の思い込みなどが除外でき、作成者が予想しない問題点を発見することも可能になるわけです。

● 図4.A テストとデバッグ

ビルドとは

「ビルド(build)」は、「建造する」とか「築く」といった意味であり、まさにプログラムを築き上げる過程を指します。具体的には、前述したコンパイルに加え、ライブラリとリンクし、最終的な実行可能ファイルを作成する作業です(**図4.6**)。

ちなみにライブラリとは、プログラムに必要とされる部品群であり、例えば、ビルド対象になっているプログラムに、キー入力が必要とされる記述があれば、キー入力に必要とされるライブラリがリンクされて、実行可能ファイルが作成されます。

● 図4.6 ビルド用のメニュー

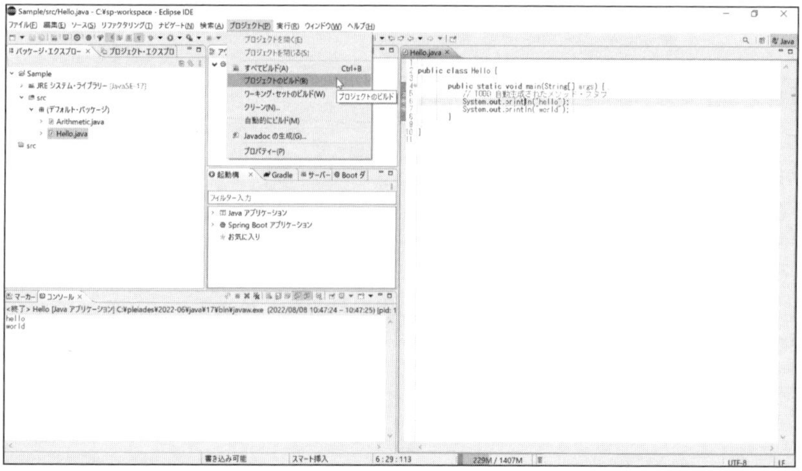

ONEPOINT

ビルドの詳細やビルドツールについては、**第8章**を参照してください。

テスティングとは

テスティングとは、プログラムが正常に動作するか否かをテストすることを意味します。コーディングしたソースプログラムのテストを含め、システム開発では、**表4.1**のようなテスト工程があります。

● **表4.1　システム開発におけるテストの種類**

テスト	内容
単体テスト	プログラムの一機能である「モジュール」単位で実施するテスト※1。Javaプログラミングでは、メソッド単位でのテストを実施します。なお、クラスの設計内容次第では、クラス単位での単体テストもあります
結合テスト	単体テストが完了した複数のクラスやプログラムを、クラス間や機能間のインターフェイスを中心に実施するテスト
システムテスト	本番環境に近い状況で行うテスト。主に開発したシステムが、仕様通りに動作するか否かを確認する工程です

※1　コーディング直後のソースプログラムのテストは、単体テストに相当します。

テスティングの手法として「テストファースト」という考え方があります。テストファーストは、ソースプログラムを完成させる前にテスト項目を定義するという手法であり、Eclipseでは、テストファーストを効率的に実現できる「JUnit」と呼ばれるフレームワークを利用しています。設計書を作成する段階で、クラスやメソッドの概要をきちんと定義し、テストコードを記載できる環境を整えておくことができれば、JUnitによるテストファーストが実現可能となります。

ONEPOINT

「JUnit」の具体的な使用例については、**第7章**で紹介しています。

一般的なプログラミングでは、作成したプログラムを後からテストします。しかし、テストファーストは、その名の通りテストから始めます。プログラムを作る前に、テスト項目のみを意識して、テストから着手することによって、仕様を明確にするという手法が、これまでの常識をくつがえすアイディアとして注目されているわけです(**図4.7**)。

> **ONEPOINT**
>
> テストファーストは、ゼロベース（白紙の状態）からの新規開発時に用いられることが多いと言われています。

● 図4.7　従来のテストとテストファースト

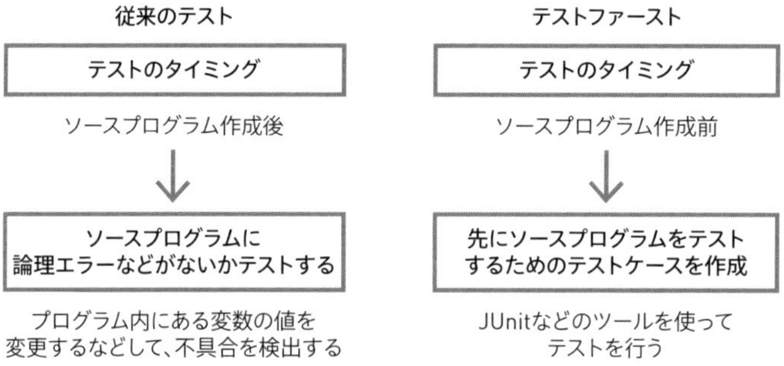
従来のテスト
テストのタイミング
ソースプログラム作成後
ソースプログラムに論理エラーなどがないかテストする
プログラム内にある変数の値を変更するなどして、不具合を検出する
テストファースト
テストのタイミング
ソースプログラム作成前
先にソースプログラムをテストするためのテストケースを作成
JUnitなどのツールを使ってテストを行う

リファクタリングとは

リファクタリング（refactoring）とは、現在動作しているプログラムの動作や機能、仕様を保ちつつ、内部構造を見直すことです。現在のソースプログラム内に書かれている変数やメソッドの名前を変更するといった例が、一番身近なリファクタリングでしょう。

数百〜数千行で構成されるソースプログラムなどでは、単に変数やメソッドの名前を変更すると言っても、該当箇所を手作業で全て変更するのは至難の業であり、一つでも変更を忘れるとエラーになります（**図4.8**）。

● 図4.8　メソッドの名前を変更し忘れると…

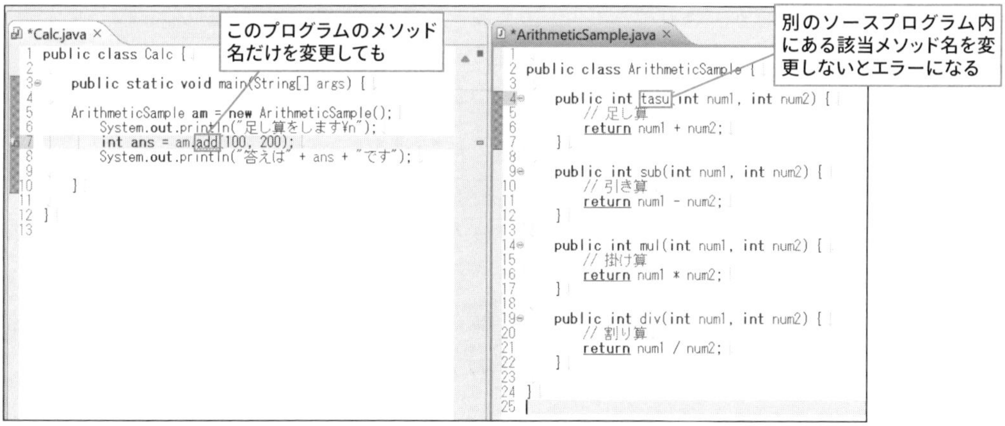
*Calc.java
public class Calc {
public static void main(String[] args) {
ArithmeticSample am = new ArithmeticSample();
System.out.println("足し算をします¥n");
int ans = am.add(100, 200);
System.out.println("答えは" + ans + "です");
}
}
このプログラムのメソッド名だけを変更しても
*ArithmeticSample.java
public class ArithmeticSample {
public int tasu(int num1, int num2) {
// 足し算
return num1 + num2;
}
public int sub(int num1, int num2) {
// 引き算
return num1 - num2;
}
public int mul(int num1, int num2) {
// 掛け算
return num1 * num2;
}
public int div(int num1, int num2) {
// 割り算
return num1 / num2;
}
}
別のソースプログラム内にある該当メソッド名を変更しないとエラーになる

図4.9で示すように、Eclipseには、リファクタリングに関する実に多くの機能が搭載されています（**表4.2**）。

図4.9　Eclipseのメニューからリファクタリング機能を表示させたところ

表4.2　主なリファクタリング機能

リファクタリング機能	内容
名前変更	プロジェクト名やパッケージ名、変数名やメソッド名などを変更する
移動	メソッドなどを他のクラスへ移動する
メソッド・シグニチャの変更	メソッドの引数や戻り値を変更する
メソッドの抽出	一連の処理を新たなメソッドとして抽出、宣言する
ローカル変数の抽出	複雑な式や冗長的な式をローカル変数に代入して、ソースコードを整理する
定数の抽出	数値や文字列定数を、静的なfinalフィールドに変換する
インライン化	呼び出し元の外にあるメソッドを内部に展開する
ローカル変数をフィールドに変換	ローカル変数をクラスのprivateフィールドに変換する
匿名クラスをネスト・クラスに変換	匿名クラスをそのクラスが元々含まれていたメソッドにネストされたクラスへと変換する
スーパークラスの抽出	現在のクラスのスーパークラス（親クラス）を作成する

正常に動作しているプログラムに手を加えることに抵抗を感じる人は多いでしょう。しかし、システム開発では、後の機能追加や変更依頼によって、プログラムを改変することが珍しくありません。そのような場合、内部構造がきちんと整理されていなければ、変更作業が難航します。したがって、後の機能追加や変更に備え、リファクタリングを行うことが重要です。

ONEPOINT

第6章では、具体的なリファクタリング作業を取り上げています。

4-2 Eclipseの開発サイクルを理解する（プロジェクト作成編）

前節では、主に開発に関する用語について取り上げました。ここでは、実際の開発サイクルを3つのステップに分けて紹介していきます。まずは具体的なプロジェクトの作成手順について見ていきましょう。

Javaプロジェクトの作成

Javaプロジェクトの基本的な作成手順は、P.72で紹介しましたので、ここでは、少し応用的なプロジェクトを作成してみます。

まずは、Eclipseのメニューから「新規(N)」→「Javaプロジェクト」でJavaプロジェクトを作成します。

今回は、メインのクラスと別のクラスの合わせて2つのクラスを作成します。Javaプロジェクト(今回のプロジェクト名は「BasicJavaProject」)を作成した後の作成手順は以下の通りです(以下の例では、パッケージ名を「test」にしています)。

メインクラスの作成

メインクラスの作成手順は以下の通りです。

1. Javaプロジェクトを右クリックして、「新規(W)」→「クラス」を選択する。
2. 「新規Javaクラス」ダイアログボックスでは、「名前(M)」にメインクラスの名前(今回は「Calc」)を入力し、「public static void main (String[] args) (V)」にチェックを付けて「完了」ボタンをクリックする。

● 図4.10　メインクラスを作成する

3　「パッケージ・エクスプローラー」内に作成されたメインクラスを持つ「Calc.java」をダブルクリックすると、Calc.javaの内容がエディターに表示されるので、**リスト4.1**の内容に変更する。

● リスト4.1　Calc.java

```
package test;

public class Calc {
    public static void main(String[] args) {
        // TODO 自動生成されたメソッド・スタブ
        ArithmeticSample am = new ArithmeticSample();
        System.out.print("足し算をします\n");
        int ans = am.add(100, 200);
        System.out.print("答えは" + ans + "です");
    }

}
```

他のクラスの作成

次はもう1つのクラスの作成手順です。

1　Javaプロジェクトを右クリックして、「新規(W)」→「クラス」を選択する。

2　「新規Javaクラス」ダイアログボックスでは、「名前(M)」に他のクラスの名前（今回は「ArithmeticSample」）を入力し、「完了」ボタンをクリックする。

3　「パッケージ・エクスプローラー」内に作成された「ArithmeticSample.java」をダブルクリックして、エディター上に表示されたソースコードを**リスト4.2**の内容に変更する。

● リスト4.2　ArithmeticSample.java

```
package test;

public class ArithmeticSample {

    public int add(int num1, int num2) {
        return num1 + num2;
    }

    public int sub(int num1, int num2) {
        return num1 - num2;
    }

}
```

P.124以降では、このプロジェクトをもとにして、各種設定や操作について紹介していきます。

Webアプリケーションの作成手順

第1章で取り上げましたが、Eclipseでは、Javaの技術によるWebアプリケーションの構築が可能です。本書では、その中でも現在主流のフレームワークである「Spring Boot」を利用した動的Webプロジェクトの作成手順を紹介します。また、本書ではデフォルトでSpring Bootが用意されているPleiades All in Oneを使いますが、Eclipseの公式サイトから、「Eclipse IDE for Java Developers」などを導入した場合は、Spring Toolなどのインストールや事前設定が必要です。

Spring Bootプロジェクトの作成

それでは、Spring Bootを使ったWebアプリケーションを作成する手順を紹介します。まずは、プロジェクトの作成です。

1　「ファイル(F)」→「新規(N)」→「Spring スターター・プロジェクト(Spring Initializr)」をクリックする(**図4.11**)。

● 図4.11 「Spring スターター・プロジェクト（Spring Initializr）」を選択

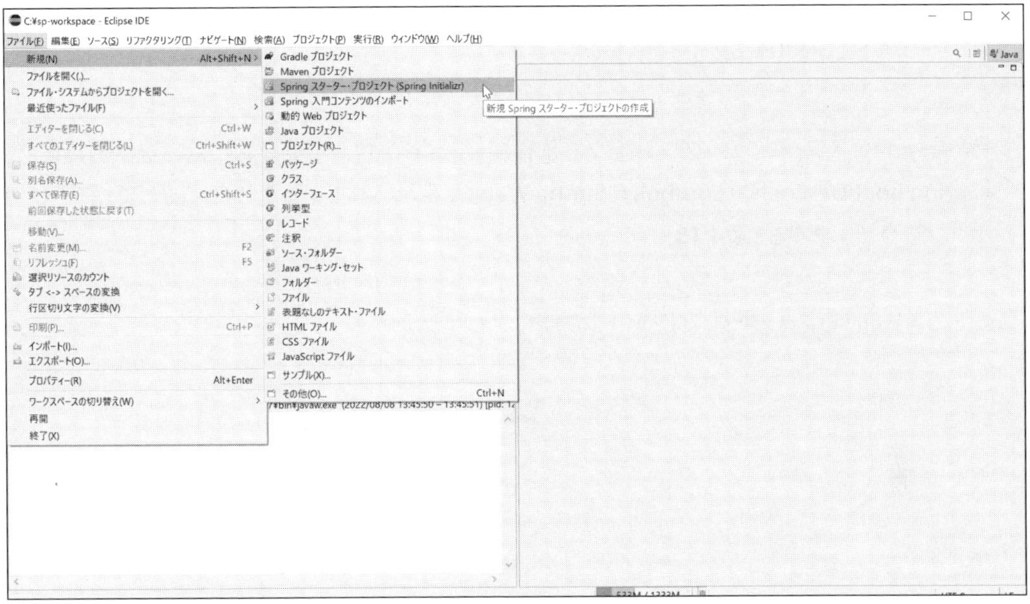

2 「新規Springスターター・プロジェクト（Spring Initializr）」ダイアログボックスが表示されたら、「タイプ：」欄で「Gradle Project」を選択して、「次へ（N）」ボタンをクリックする（**図4.12**）。

● 図4.12 「タイプ：」欄で「Gradle Project」を選択

> **ONEPOINT**
>
> ②のリストにあるMavenやGradleについては**第8章**で紹介します。なお、Spring Boot2.3以降では、デフォルトでGradleが選択されています。

③ 「新規Spring スターター・プロジェクト依存関係」ダイアログボックスでは、選択済み欄に、「Spring Boot DevTools」「Lombok」「Spring Web」が表示されていることを確認して「完了（F）」ボタンをクリックする（**図4.13**）。

● **図4.13 「新規Spring スターター・プロジェクト依存関係」ダイアログボックス**

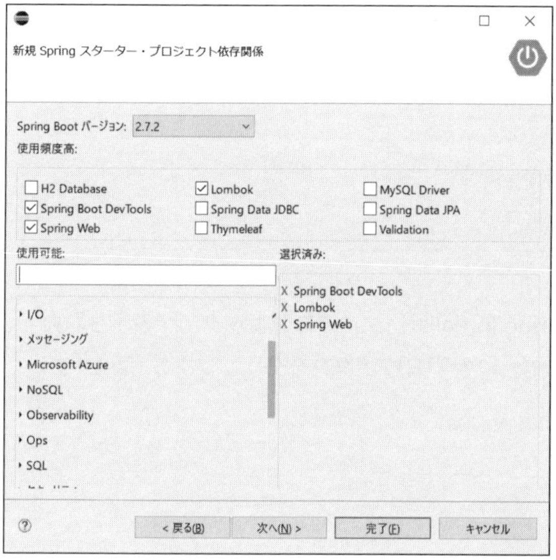

> **ONEPOINT**
>
> 「Spring Boot DevTools」「Lombok」は、**図4.13**ダイアログボックスの左下「開発者ツール」に「Spring Web」は「Web」内にあります。もし表示されていない場合は、これらチェックしてください。

③の「Spring Boot DevTools」は、開発作業で役立つモジュール（機能）を提供します。「Lombok」は、Java冗長的なコードを簡潔にしてくれるライブラリです。そして「Spring Web」は、Webアプリケーションを構築するために必要です（**図4.14**）。

● 図4.14　Spring スターター・プロジェクトが完成した

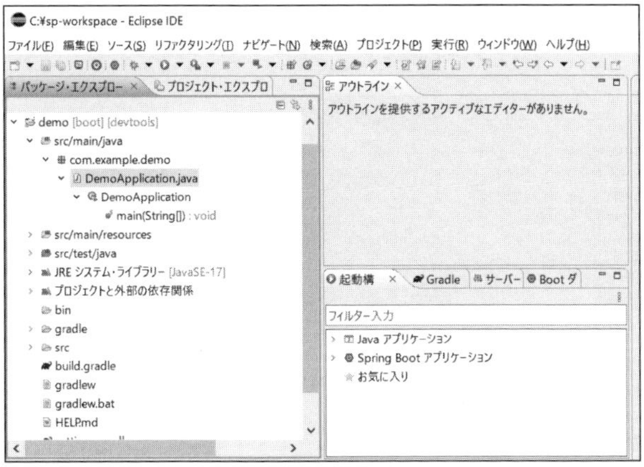

コントローラーとなるJavaクラスの作成

次にコントローラー（Controller）となるJavaクラスを作成します。なお、コントローラーについては**第10章**のコラム「MVCモデルとは」で詳しく触れています。

1　demoプロジェクト内の「com.example.demo」パッケージを右クリックして、メニューから「新規（W）」→「クラス」をクリックする（**図4.15**）。

● 図4.15　「新規（W）」→「クラス」をクリック

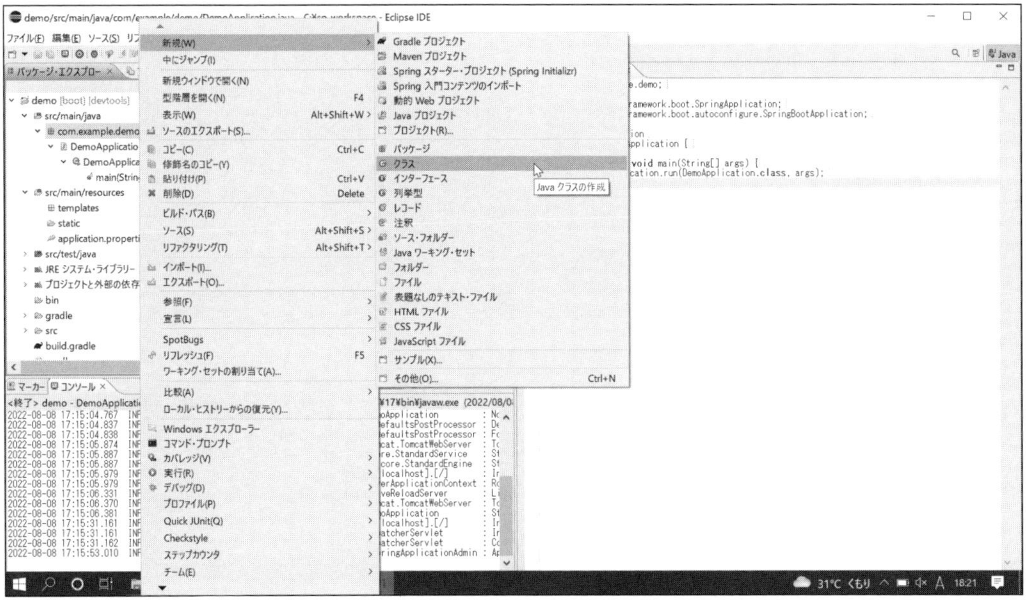

2 「Javaクラス」ダイアログボックスでは、「名前（M）」欄に任意のクラス名（ここではHello）を入力して、「完了（F）」ボタンをクリックする（**図4.16**）。

● **図4.16　「名前（M）」欄で任意のクラス名を入力**

3 生成されたJavaクラスを**リスト4.3**のように書き換える。

● **リスト4.3　Hello.java**

```
package com.example.demo;

@Controller
public class Hello {
    @RequestMapping("/")
    @ResponseBody
    private String hello(){
        return "Hello World!";
    }
}
```

4 エラーになっている行の**図4.17**で示した部分をクリックして、必要なものをインポートする（**図4.18**）。

● 図4.17　必要なものをインポートする

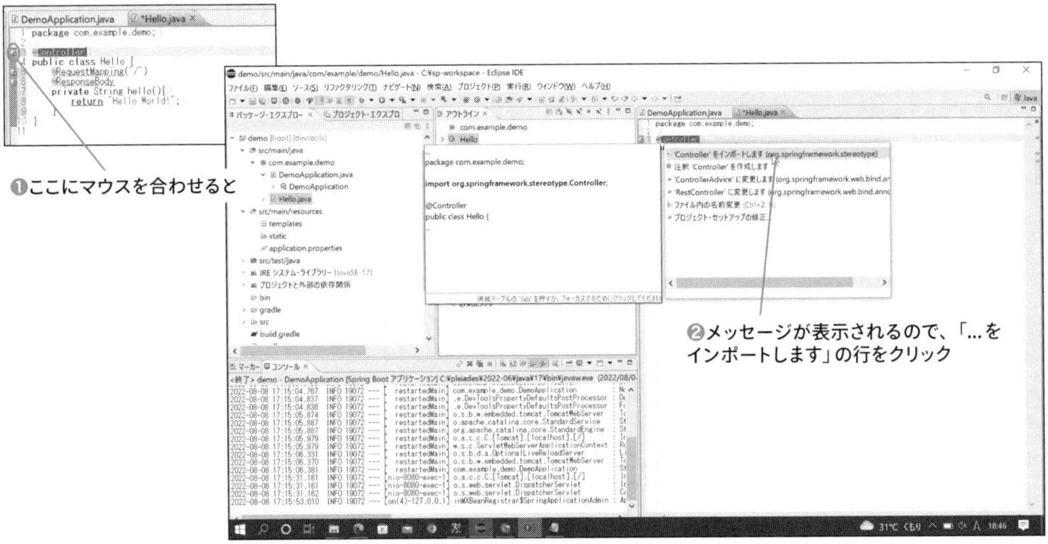
DemoApplication.java
*Hello.java
package com.example.demo;
@Controller
public class Hello {
@RequestMapping("/")
@ResponseBody
private String hello(){
return "Hello World!";
❶ここにマウスを合わせると
'Controller' をインポートします (org.springframework.stereotype)
package com.example.demo;
import org.springframework.stereotype.Controller;
@Controller
public class Hello {
❷メッセージが表示されるので、「...をインポートします」の行をクリック

● 図4.18　必要なものがすべてインポートされた

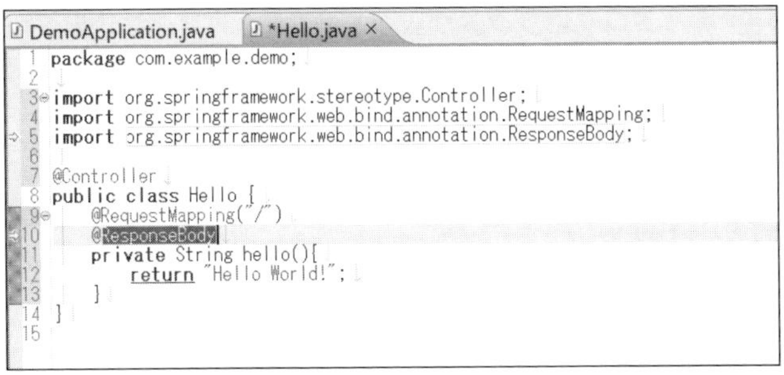
DemoApplication.java
*Hello.java
package com.example.demo;
import org.springframework.stereotype.Controller;
import org.springframework.web.bind.annotation.RequestMapping;
import org.springframework.web.bind.annotation.ResponseBody;
@Controller
public class Hello {
@RequestMapping("/")
@ResponseBody
private String hello(){
return "Hello World!";
}
}

Webアプリケーションの実行

それでは、Webアプリケーションを実行してみましょう。

1　demoプロジェクトを右クリックして、メニューから「実行(R)」→「3 Spring Boot アプリケーション」をクリックする（**図4.19**）。

● 図4.19　「3 Spring Boot アプリケーション」をクリック

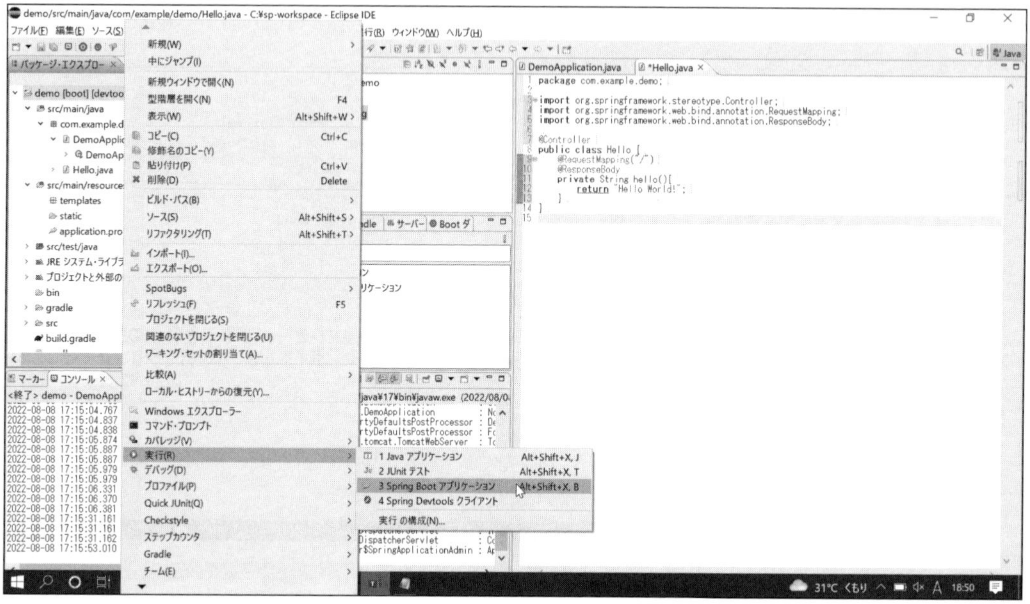

② 「Windows セキュリティの重要な警告」ダイアログボックスが表示されたら、「アクセスを許可する(A)」ボタンをクリックする(**図4.20**)。次の、「Eclipseの機能に関する警告」ダイアログボックスが表示されたら同様にアクセスを許可する。

● 図4.20　「Windows セキュリティの重要な警告」ダイアログボックス

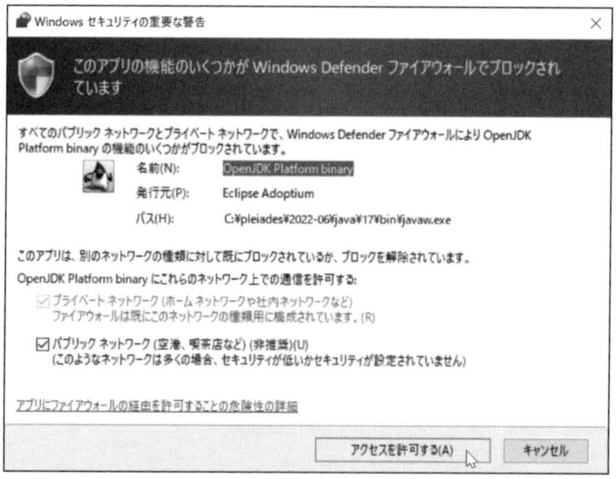

③ Eclipseの「コンソール」ビューでSpring Bootの起動に関する表示を確認したら(**図4.21**)、Webブラウザを起動して、「http://localhost:8080/」を入力する(**図4.22**)。

● 図4.21 「Spring Boot」が実行された

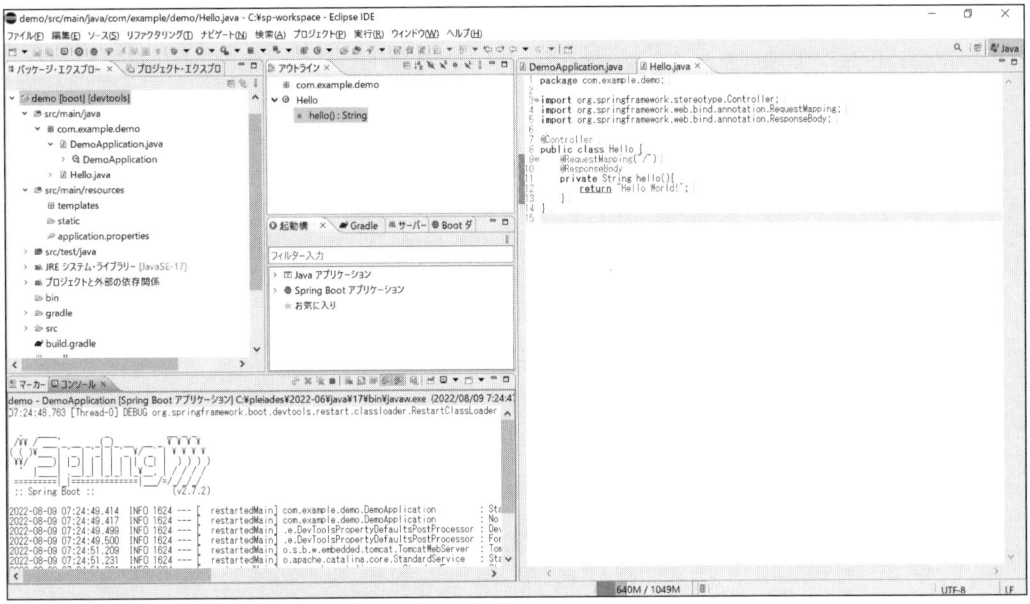

● 図4.22 Webブラウザに Hello.java プログラムの実行結果が表示された

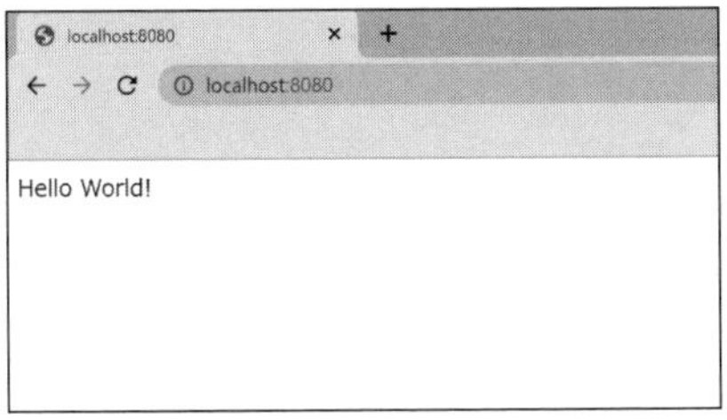

COLUMN Spring Bootプロジェクトの「!」マークを消すには

「パッケージ・エクスプローラー」をよく見ると、P.117で作成したSpring Bootプロジェクトのアイコンには、注意や警告を促す「!」マークが付いています(**図4.B**)。

● **図4.B プロジェクトに注意や警告を促す「!」マークが付いている**

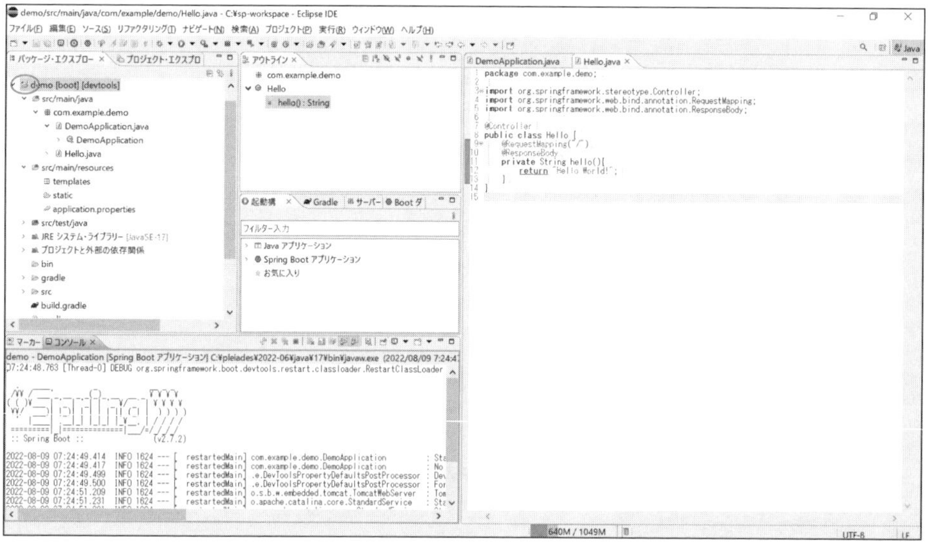

この注意や警告が何を意味するものなのかは、「マーカー」ビューを見るとわかります(**図4.C**)。

● **図4.C 「マーカー」ビューに警告についての説明が表示されている**

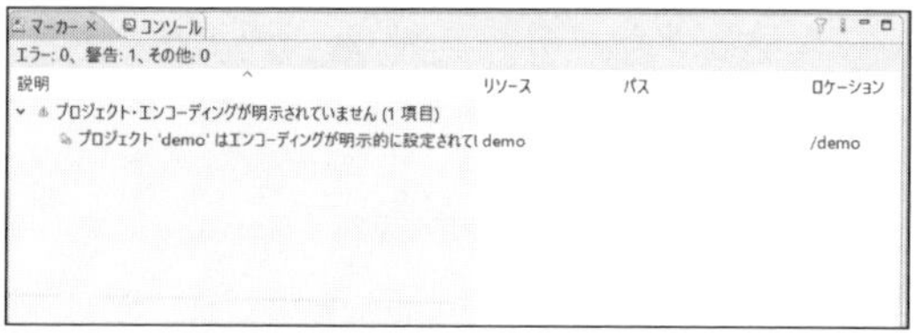

それでは、この警告を消してみましょう。「パッケージ・エクスプローラー」のdemoプロジェクトを右クリックして、「プロパティー(R)」を選択すると、「demoのプロパティー」ダイアログボックスが表示されます(**図4.D**)。

図4.Dで示したように、左側先頭の「リソース」が選択されている状態で、右側の「テキスト・ファイル・エンコード(T)」欄にある「その他(O)」を有効にして、「適用して閉じる」ボタンをクリックしてください。これで、プロジェクトのエンコーディングを明示的にできるため、警告を消すことができます(**図4.E**)。

● 図4.D　「demoのプロパティー」ダイアログボックス

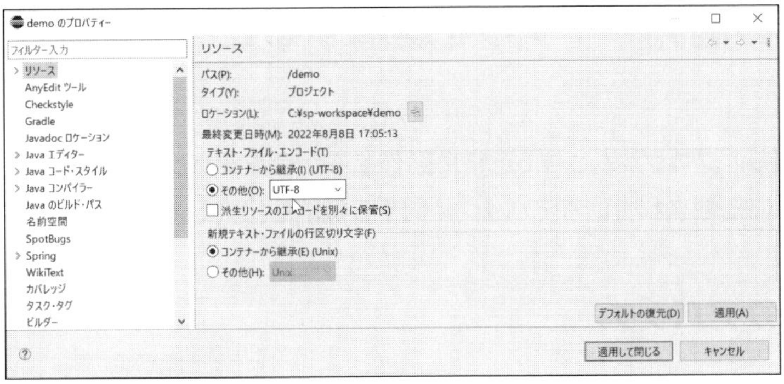

● 図4.E　Spring Bootプロジェクトのアイコンから「!」マークが消えた

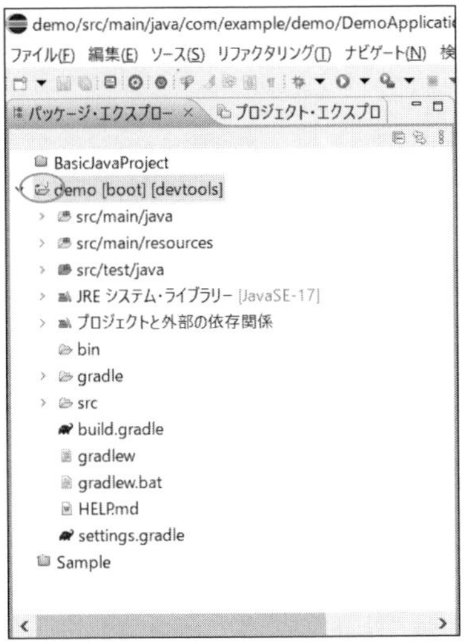

4-3 Eclipseの開発サイクルを理解する（デバッグ編）

ソースコードが編集できたら、プログラムとして正常に動作するか否をデバッグ作業で確認します。ここでは、Eclipseに搭載されているデバッグに関する機能を紹介していきましょう。

エラー表示からのデバッグ

前述のように、構文エラーの場合は、改行や他の行へ移動したタイミングで、エラーや問題点が**図4.23**に示すマークで表示されます。

● **図4.23　構文エラーの箇所を表すマーク**

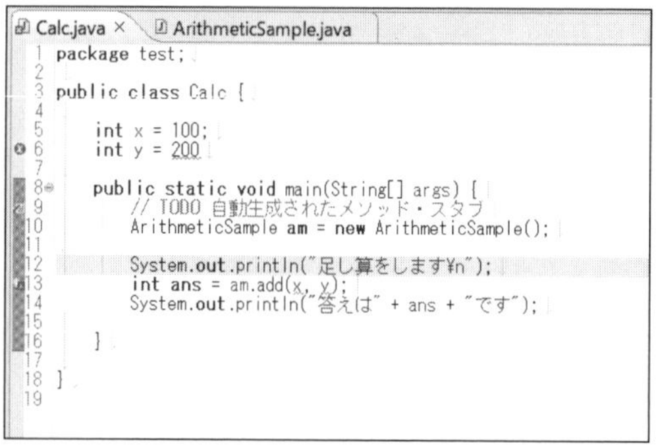
Calc.java
ArithmeticSample.java
package test;
public class Calc {
int x = 100;
int y = 200
public static void main(String[] args) {
// TODO 自動生成されたメソッド・スタブ
ArithmeticSample am = new ArithmeticSample();
System.out.println("足し算をします¥n");
int ans = am.add(x, y);
System.out.println("答えは" + ans + "です");
}
}

また、エラーのまま実行すると、「マーカー」ビューにエラーの箇所や説明が表示されます（**図4.24**）。

● **図4.24　「マーカー」ビューにエラーの箇所や説明が表示される**

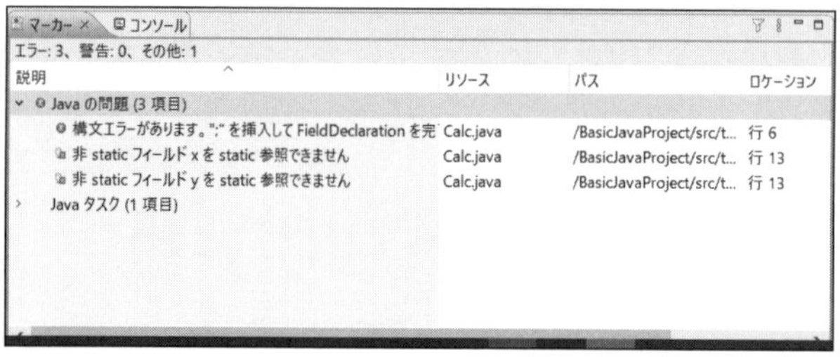
マーカー
コンソール
エラー: 3、警告: 0、その他: 1
説明
リソース
パス
ロケーション
Java の問題 (3 項目)
構文エラーがあります。";" を挿入して FieldDeclaration を完
Calc.java
/BasicJavaProject/src/t...
行 6
非 static フィールド x を static 参照できません
Calc.java
/BasicJavaProject/src/t...
行 13
非 static フィールド y を static 参照できません
Calc.java
/BasicJavaProject/src/t...
行 13
Java タスク (1 項目)

図4.23で示したマークにマウスを合わせるとエラーの説明が表示されるので、説明をヒント

にしてデバッグすることができます（**図4.25**）。

電球マークは、クリックするとさらに具体的な修正案が表示され、該当する案をクリックすると、構文を変更することができます。

● **図4.25　エディター上のエラー表示からデバッグする**

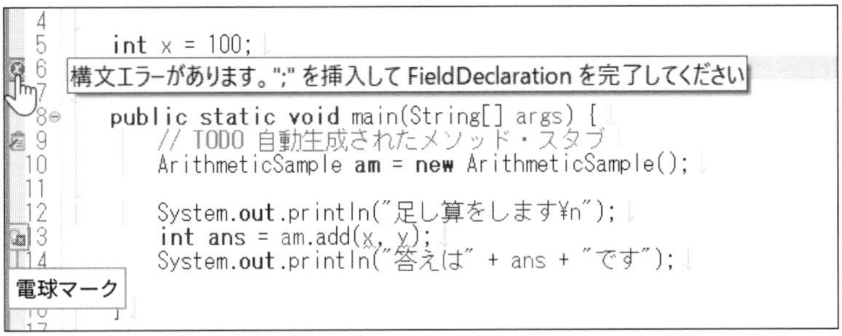
int x = 100;
構文エラーがあります。";" を挿入して FieldDeclaration を完了してください
public static void main(String[] args) {
// TODO 自動生成されたメソッド・スタブ
ArithmeticSample am = new ArithmeticSample();
System.out.println("足し算をします¥n");
int ans = am.add(x, y);
System.out.println("答えは" + ans + "です");
電球マーク

ONEPOINT

構文エラーは、主に記述ミスが原因です。エラーには他に、論理エラーと呼ばれるものがありますが、これらエラーについては、P.106で説明しています。

COLUMN **電球マークの修正候補はあくまでも候補案**

先の電球マークをクリックして表示される修正候補は、デバッグ作業に役立ちます。しかし、この修正候補は万能ではありません。修正候補にしたがって修正すれば、その行の構文エラーが消える可能性が高いのですが、その行に関連する別の行でエラーを引き起こすこともあります。

また、構文エラーが全て消えても、論理エラーが発生することがあります。

論理エラーを解決するには、次に紹介するブレークポイントなどでのデバッグが有効です。

ブレークポイントからのデバッグ

主に論理エラーを解決する際には、プログラムの流れを行単位で動かしながら、変数などの内容を確認する必要があります。

以下に、ブレークポイントを設定して、デバッグする例をあげておきましょう。

ブレークポイントを設定する

プログラムの実行中に停止させたい行の行番号部分をダブルクリックすると、**図4.26**で示すような青い丸マークが表示されます。このマークがブレークポイントです。

● **図4.26　ブレークポイントを設定する**

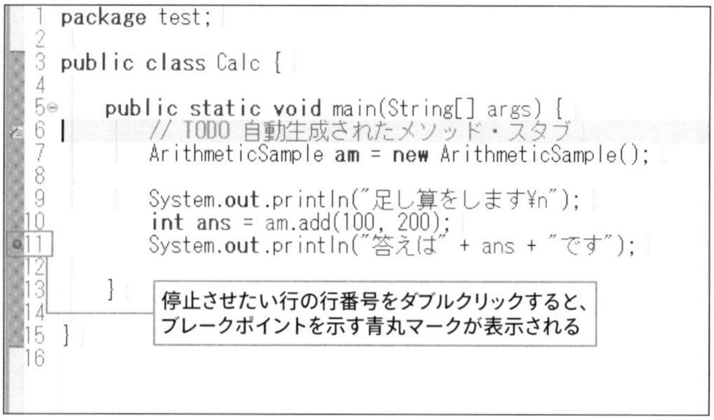

> **ONEPOINT**
> ブレークポイントを再度ダブルクリックすれば、設定を解除することができます。

はじめてデバッグを行うときは、以下の手順で、ソースプログラムをデバッグ対象として設定する必要があります。

1. 「パッケージ・エクスプローラー」から、デバッグしたいソースプログラムを選択する。
2. 選択したソースプログラムを右クリックして、ショートカットメニューから「デバッグ(D)」→「Javaアプリケーション」を選択する（**図4.27**）。

先の設定が完了すると、Eclipseの画面が「Javaパースペクティブ」から、「デバッグパースペクティブ」に変わります（**図4.28**）。

それでは、デバッグを実行してみましょう。

Eclipseのメニューにあるをクリックするか、「実行(R)」→「デバッグ(D)」を選択します。**図4.29**はあらかじめデバッグパースペクティブを表示させておいてからデバッグを実行し、ブレークポイントで止まった例です。

● 図4.27　「デバッグ(D)」→「Javaアプリケーション」を選択する

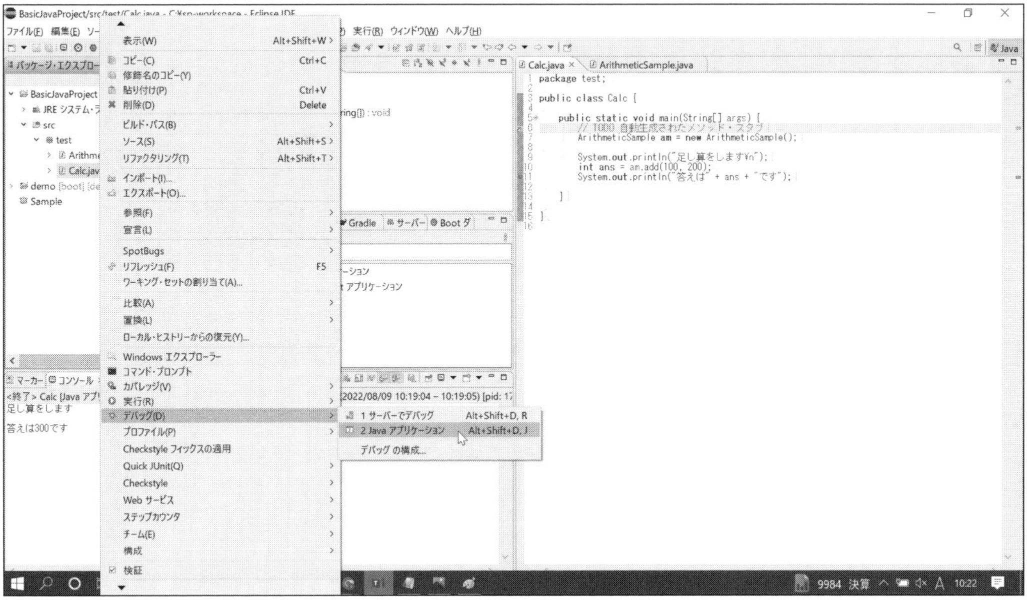

● 図4.28　「デバッグパースペクティブ」に切り替わった

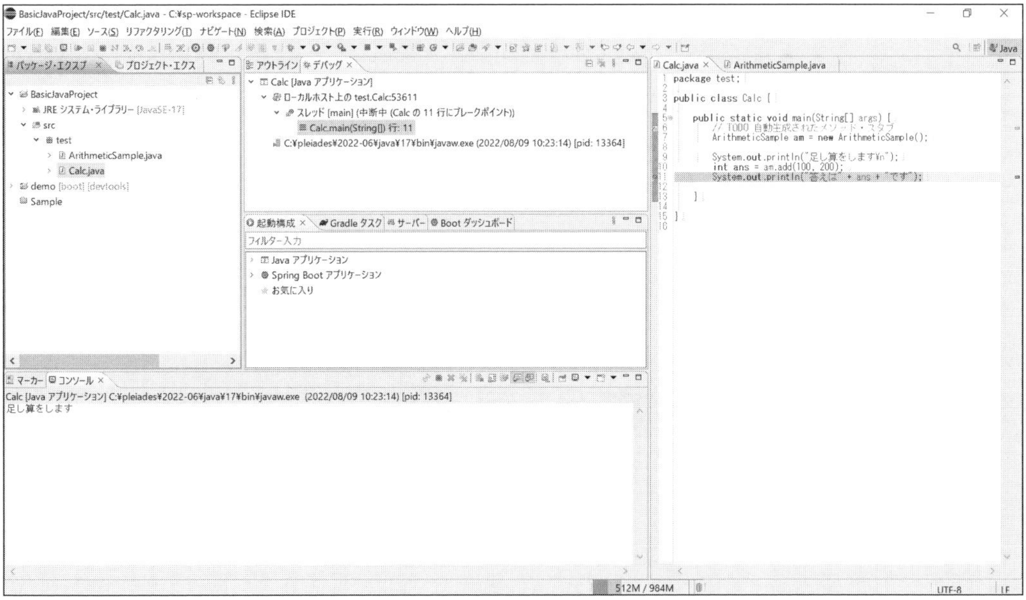

図4.29　デバッグを実行し、ブレークポイントで止まった例

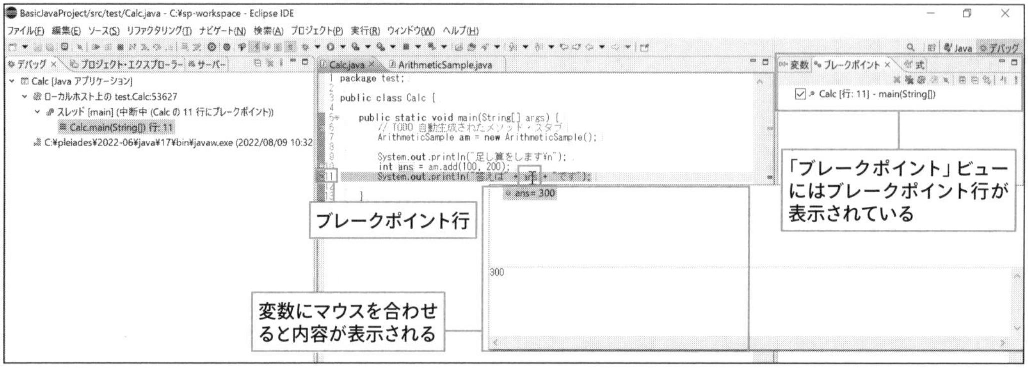

ONEPOINT

「F11」キーでもデバッグを開始することができます。なお、デバッグパースペクティブの表示方法は、P.62を参照してください。

図4.30で示したように、ブレークポイント行の変数にマウスを合わせると、変数の内容が確認できます。また、デバッグパースペクティブの右側にあるビューは、デフォルトでは、「ブレークポイント」ビューになっており、ブレークポイント行が表示されていますが、タブを「変数」ビューに切り替えると、こちらでも変数の内容を確認することができます（**図4.30**）。

図4.30　「変数」ビューで変数の内容が確認できる

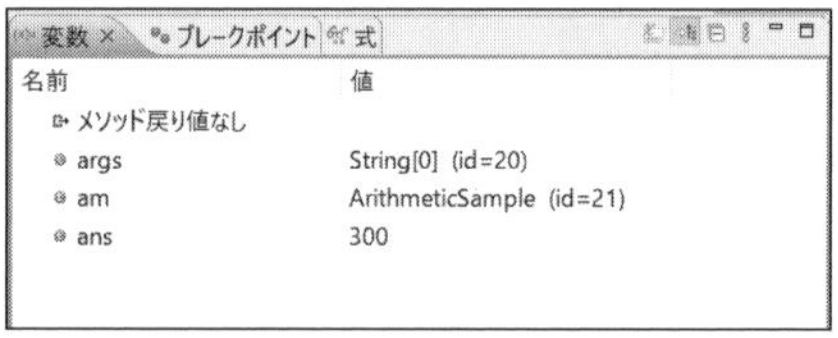

それでは、デバッグパースペクティブのメニューなどから、デバッグの基本操作を見ていきましょう（**表4.3**）。

表4.3　デバッグパースペクティブのツールバーにあるアイコン「（）内はショートカットキー」

アイコン	意味	内容
	再開（F8）	次のブレークポイント行へ進むか、ブレークポイント行がなければ、実行を終了する
	中断	ブレークポイント行で止まっているときはこのボタンが有効になっている
	終了（Ctrl+F2）	実行（デバッグ作業）を終了する
	ステップ・イン（F5）	メソッドの内容を確認するときなどに使用する

	ステップ・オーバー（F6）	ブレークポイント行の有無に関係なく、1行先へ進む
	ステップ・リターン（F7）	メソッドから抜ける
	フレームにドロップ	現在のメソッドの先頭行へ戻る
	ステップフィルターの使用（Shift+F5）	ステップ実行で特定のクラスやパッケージに進まないようにする

次に、ブレークポイントを設定した行の様子を見ていきましょう（**図4.31**）。

図4.31 デバッグ開始

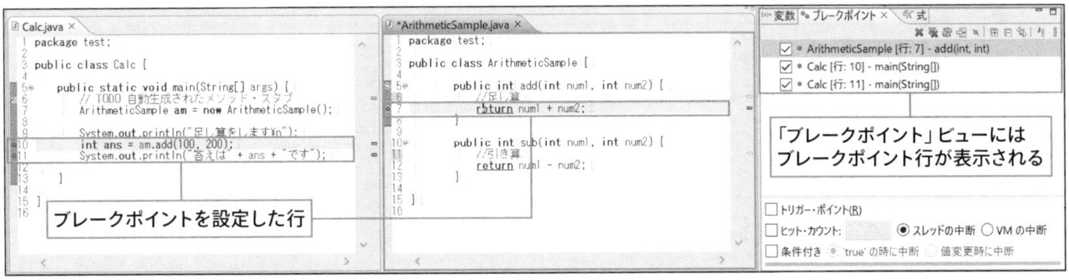
ブレークポイントを設定した行
「ブレークポイント」ビューには
ブレークポイント行が表示される

か「F8」キーで次のブレークポイントへ進めます。また「変数」ビューで変数の内容が確認できます（**図4.32**）。

図4.32 次のブレークポイントへ

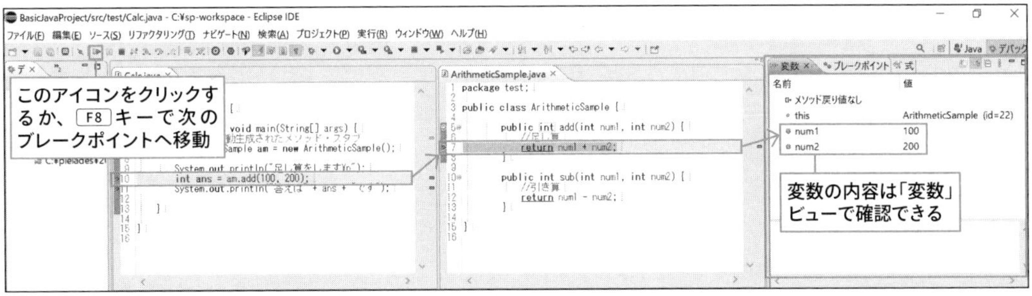
このアイコンをクリックするか、F8キーで次のブレークポイントへ移動
変数の内容は「変数」ビューで確認できる

先と同様の操作で次のブレークポイントへ進みます。**図4.33**では、インスペクションで変数の内容を表示させています。

● **図4.33　さらに次のブレークポイントへ**

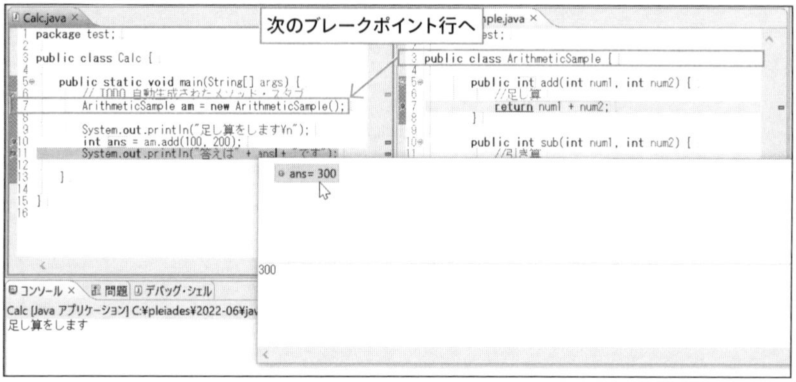

ONEPOINT

インスペクションとは、「調査」や「視察」などを意味する英単語です。ここでは、**図4.33**で示した変数の内容を表示するビューを指します。

COLUMN

すべてのブレークポイントを除去する

ブレークポイントによるデバッグは大変有効ですが、ブレークポイントをたくさん設定した場合、後からブレークポイントを一つずつ取り除くのは面倒です。すべてのブレークポイントを除去したい場合は、「ブレークポイント」ビューから「すべてのブレークポイントを除去」アイコンを使用しましょう（**図4.F**）。

● **図4.F　「ブレークポイント」ビューですべてのブレークポイントを除去**

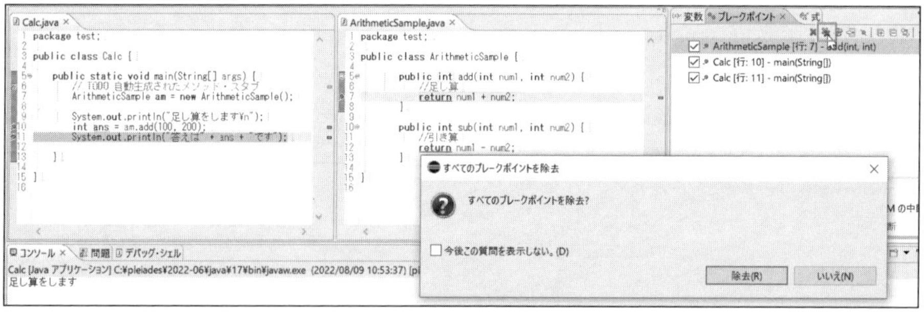

先の図のように、「すべてのブレークポイントを除去」アイコンをクリックした後、「ブレークポイントをすべて除去しますか?」メッセージが表示されたら、「はい(Y)」を選択してください。

ステップ・インやステップ・オーバーなどを使ったデバッグ

次は、「ステップ・イン」や「ステップ・オーバー」などを使ったデバッグの具体例を見てみましょう。**図4.34**で示したように、ステップ・インでは、メソッド内にブレークポイントを設定していなくても、ブレークポイント行から呼んでいるメソッドへ進みます。

● **図4.34　ステップ・インでは、メソッドの中にある行へ進む**

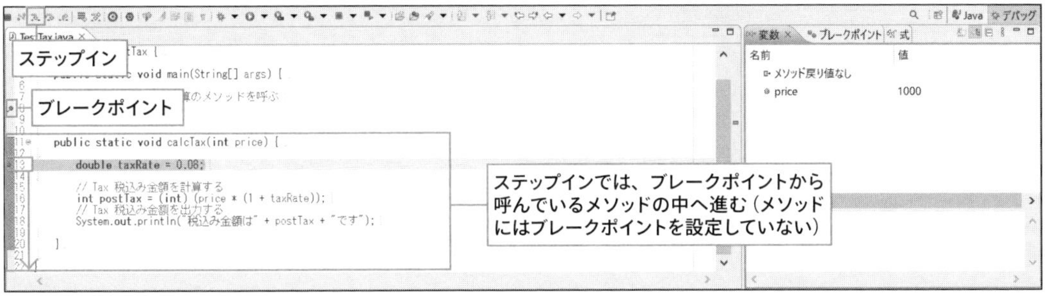

ステップイン
ブレークポイント
public static void calcTax(int price) {
double taxRate = 0.08;
// Tax 税込み金額を計算する
int postTax = (int) (price * (1 + taxRate));
// Tax 税込み金額を出力する
System.out.println("税込み金額は" + postTax + "です");
変数
ブレークポイント
式
名前
値
メソッド戻り値なし
price
1000
ステップインでは、ブレークポイントから呼んでいるメソッドの中へ進む（メソッドにはブレークポイントを設定していない）

ステップ・インでJavaのクラスライブラリに用意されているメソッドまで進んだ場合（先の例では、エディター上の18行目）などでは、さらに他のクラスやパッケージへ進んでいき、なかなか元のメソッドへ戻れないことがあります（**図4.35**）。

● **図4.35　ステップ・インで他のクラス内へ進んでいった例**

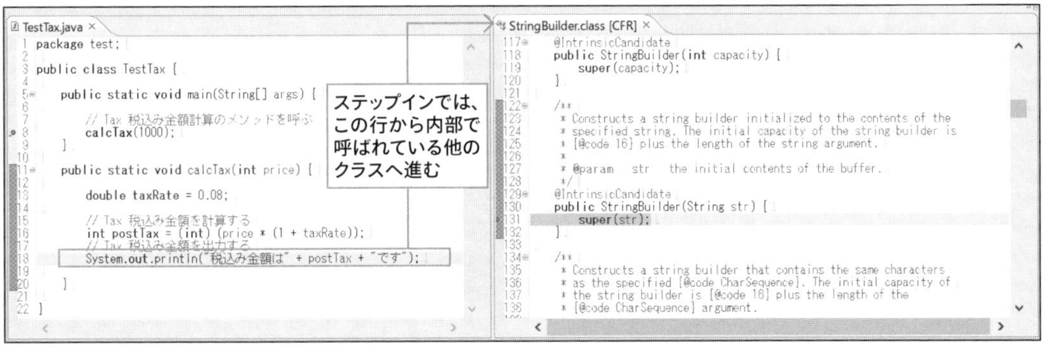

TestTax.java
package test;
public class TestTax {
public static void main(String[] args) {
// Tax 税込み金額計算のメソッドを呼ぶ
calcTax(1000);
public static void calcTax(int price) {
double taxRate = 0.08;
// Tax 税込み金額を計算する
int postTax = (int) (price * (1 + taxRate));
// Tax 税込み金額を出力する
System.out.println("税込み金額は" + postTax + "です");
ステップインでは、この行から内部で呼ばれている他のクラスへ進む
StringBuilder.class [CFR]
@IntrinsicCandidate
public StringBuilder(int capacity) {
super(capacity);
* Constructs a string builder initialized to the contents of the
* specified string. The initial capacity of the string builder is
* {@code 16} plus the length of the string argument.
* @param str the initial contents of the buffer.
public StringBuilder(String str) {
super(str);
* Constructs a string builder that contains the same characters
* as the specified {@code CharSequence}. The initial capacity of
* the string builder is {@code 16} plus the length of the
* {@code CharSequence} argument.

このような場合、ステップ・オーバーを使うと便利です（**図4.36**）。ステップ・オーバーは、単純に現在のソースプログラム上の次の行へ進むため、先のようにメソッドから呼ばれている他のクラスへ進むことがなくなります。また、メソッド内から途中で抜けたい場合は、ステップ・リターンが利用可能です。

● 図4.36　ステップ・オーバー／ステップ・リターン

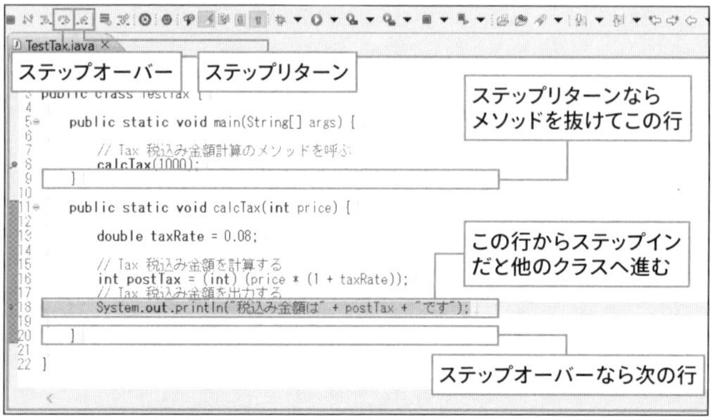
TestTax.java
ステップオーバー
ステップリターン
ステップリターンなら
メソッドを抜けてこの行
public static void main(String[] args) {
// Tax 税込み金額計算のメソッドを呼ぶ
calcTax(1000);
public static void calcTax(int price) {
double taxRate = 0.08;
// Tax 税込み金額を計算する
int postTax = (int) (price * (1 + taxRate));
// Tax 税込み金額を出力する
System.out.println("税込み金額は" + postTax + "です");
この行からステップイン
だと他のクラスへ進む
ステップオーバーなら次の行

ONEPOINT

P.129で紹介した「フレームにドロップ」アイコンをクリックすれば、メソッドの先頭へ戻ることができます。

COLUMN

ブレークポイントのマークの種類

ブレークポイントのマークは、設定した行によって以下のように異なります。

● 図4.G　ブレークポイントのマーク

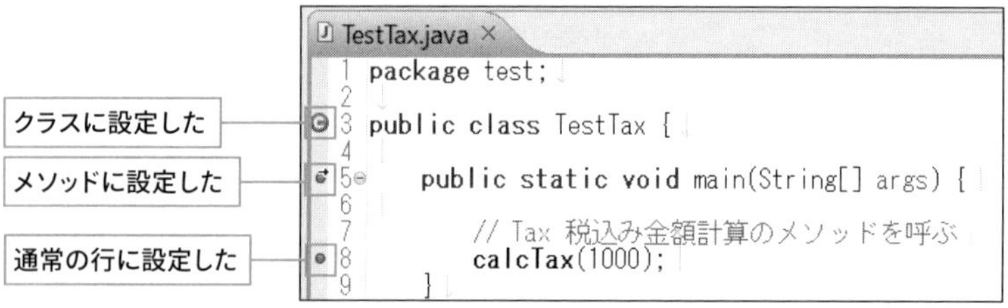
TestTax.java
package test;
public class TestTax {
public static void main(String[] args) {
// Tax 税込み金額計算のメソッドを呼ぶ
calcTax(1000);
}
クラスに設定した
メソッドに設定した
通常の行に設定した

また、「ブレークポイント」ビューにも同じアイコンと該当行が表示され、任意の行をダブルクリックすれば、その行へジャンプできます。

● 図4.H 「ブレークポイント」ビュー

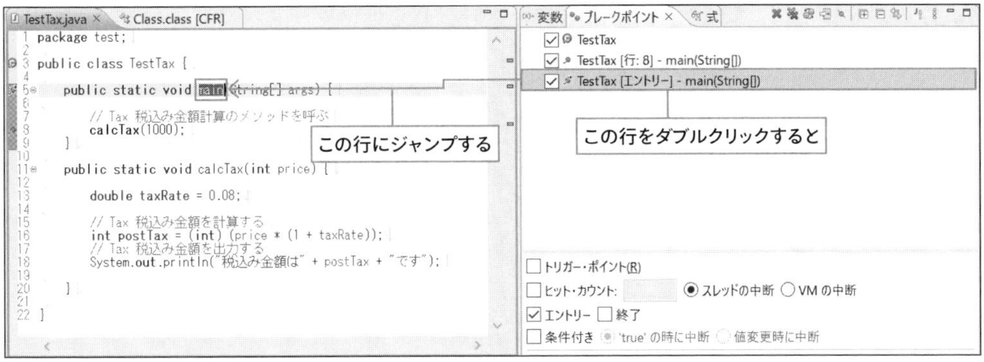

「ステップ・フィルター」を設定する

先の例では、ステップ・インで他のクラスやパッケージへ進まないようにするために、ステップ・インとステップ・オーバーの併用を紹介しました。しかし、デバッグ上、一部の他のクラスへは進みたいなどといったこともあります。このようなときは、「ステップ・フィルター」で必要な設定を行いましょう。

以下にステップ・フィルターの基本設定についてあげておきます。

1 Eclipseのメニューから、「ウィンドウ（W）」→「設定（P）」と進み、「設定」ダイアログボックスを表示させる。

2 「設定」ダイアログボックスの左側にあるメニューから「Java」→「デバッグ」→「ステップ・フィルター」を選択する。

3 「ステップ・フィルター」の設定画面が表示されるので、先頭にある「ステップ・フィルターの使用（U）」にチェックを付けてから、フィルターをかける（デバッグしたくない）クラスやパッケージを設定し、最後に「適用して閉じる」ボタンをクリックする（**図4.37**）。

● 図4.37 「ステップ・フィルター」の設定画面

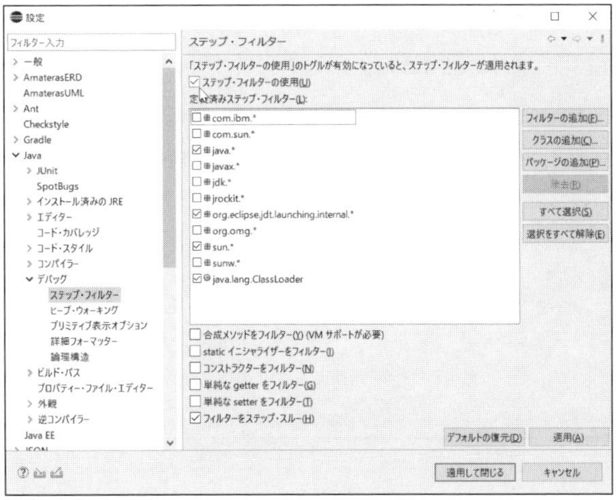

画面を見るとわかるように、クラスやパッケージ単位でフィルターをかけることができるため、細かなデバッグ

設定が可能となります。

図4.37の設定例では、**図4.38**で示す18行から呼ばれる他のクラスやパッケージにステップ・フィルターを適用したため、P.131のステップオーバーと同じようにデバッグを行うことができます。

● **図4.38　呼び出される他のクラスやパッケージにステップ・フィルターを適用した例**

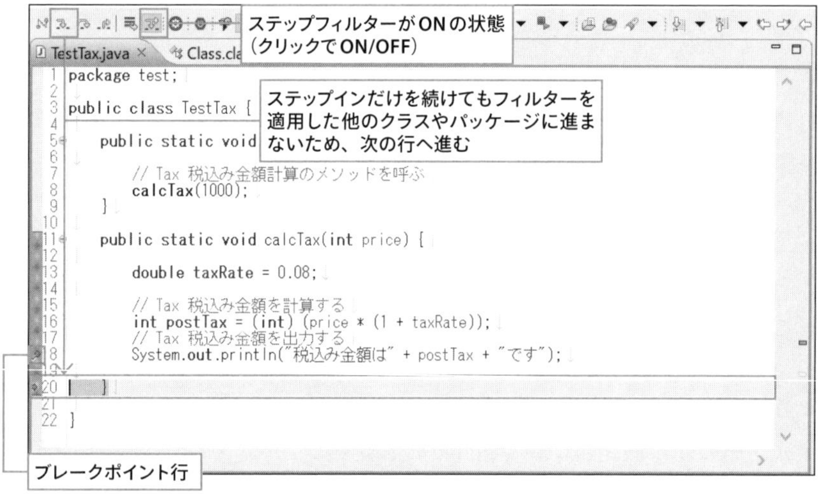
ステップフィルターがONの状態
(クリックでON/OFF)
ステップインだけを続けてもフィルターを適用した他のクラスやパッケージに進まないため、次の行へ進む
ブレークポイント行

変数の値を追跡する

デバッグでは、変数の値がどのように変化していくかを追跡するような「トレース」と呼ばれる作業が必要となります。例えば、ステップインでデバッグを進めていると、「変数」ビューにデバッグ中のメソッドなどに関連する変数の現在の値が都度表示されるため、トレース作業に役立ちます(**図4.39**)。

● **図4.39　「変数」ビューには、変数の現在の値が表示される**

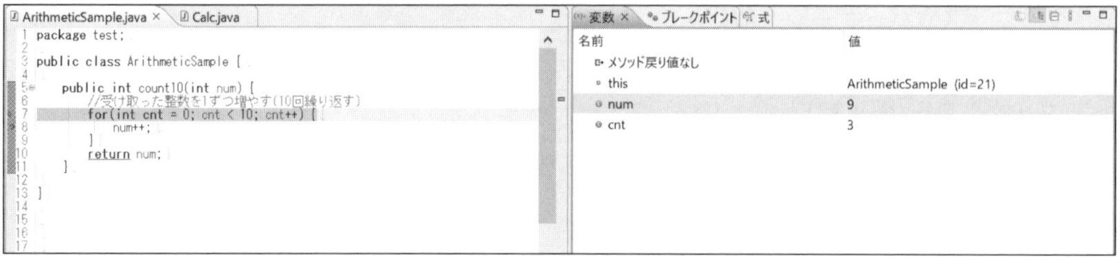

さらに、「変数」ビューに表示されている変数のうち、トレースしたいものを右クリックして、ショートカットキーから「ウォッチ（T）」を選択することで、指定した変数の値をトレースすることができます（**図4.40**）。

● **図4.40　トレース（ウォッチ）する変数を設定する**

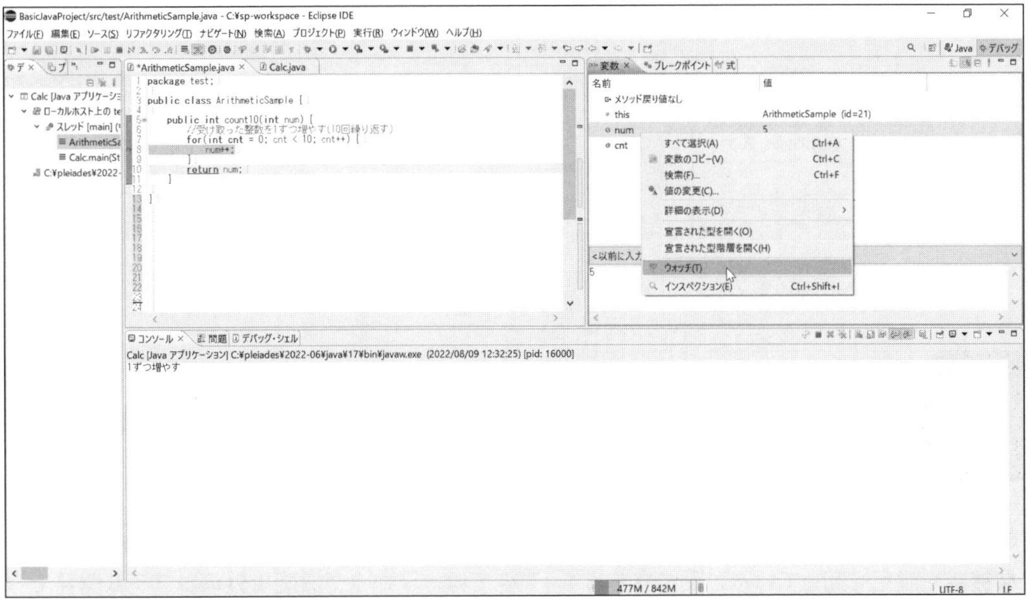

ウォッチする変数は、「式」ビューに表示されます。また、エディター上の変数にマウスをあわせると、P.129でも紹介したインスペクションで変数の値を確認することができます（**図4.41**）。

● **図4.41　「式」ビューとインスペクションで変数の値を確認する**

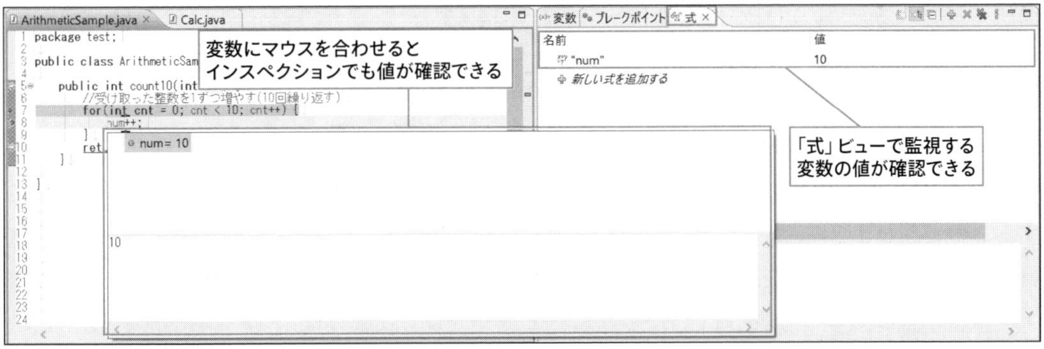

また、「変数」ビューでは変数の初期値を入力することも可能です。「変数」ビューの「値」欄をクリックして、任意の値を入力すれば、その値からスタートして、変数の値を追跡することができます（**図4.42**）。なお、一旦デバッグを停止すれば、入力した値はクリアされます。

● 図4.42　「変数」ビューで任意の値を入力する

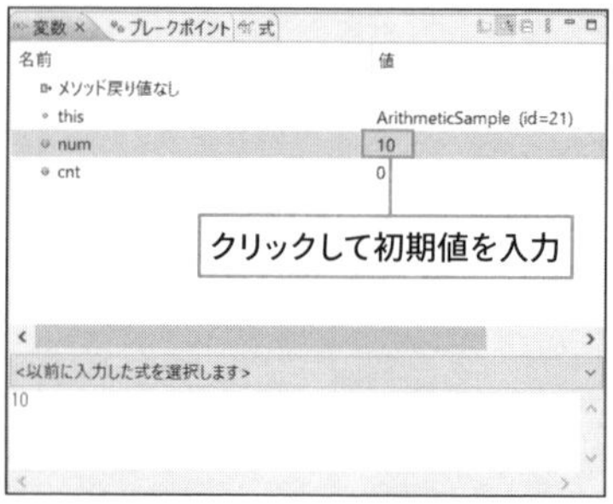

4-4　Eclipseの開発サイクルを理解する（その他編）

品質の高いプログラムを作成するためには、前述のデバッグ機能以外にも、Eclipseの様々な機能や設定を知っていると役に立ちます。ここでは、デバッグ機能以外のシステム開発で役立つ機能や設定を紹介します。

ナビゲートでソースコードの内容を確認する

Eclipseのメインメニューにある「ナビゲート」メニューからは、ソースコード内のいろいろな箇所へ移動するための項目が用意されています（**図4.43**）。

それでは、「ナビゲート」メニューの項目をいくつかあげておきましょう。

「宣言を開く」でメソッドの内容を確認する

エディター上のメソッドが他のクラスファイルにある場合、該当ファイルを探すのは面倒です。このようなときは、メソッドを選択した後に、**図4.43**で示した「ナビゲート」メニューから「宣言を開く（O）」を選択すると、該当ファイルが開き、メソッド名が反転表示されます。なお、「ウィンドウ（W）」→「ビューの表示（V）」から「宣言」ビューを開いておけば、メソッドを選択した後に、「宣言」ビュー内に該当ファイルのメソッドが表示されます（**図4.44**）。

● 図4.43　「ナビゲート」メニュー

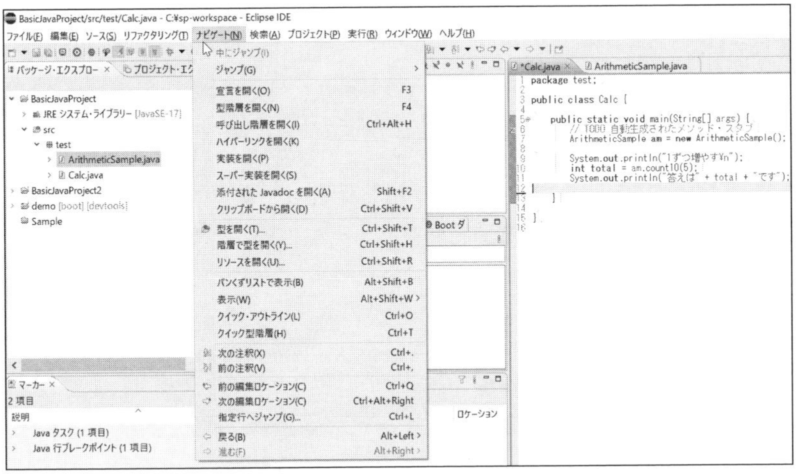

● 図4.44　「宣言を開く」を選択した状態と「宣言」ビュー

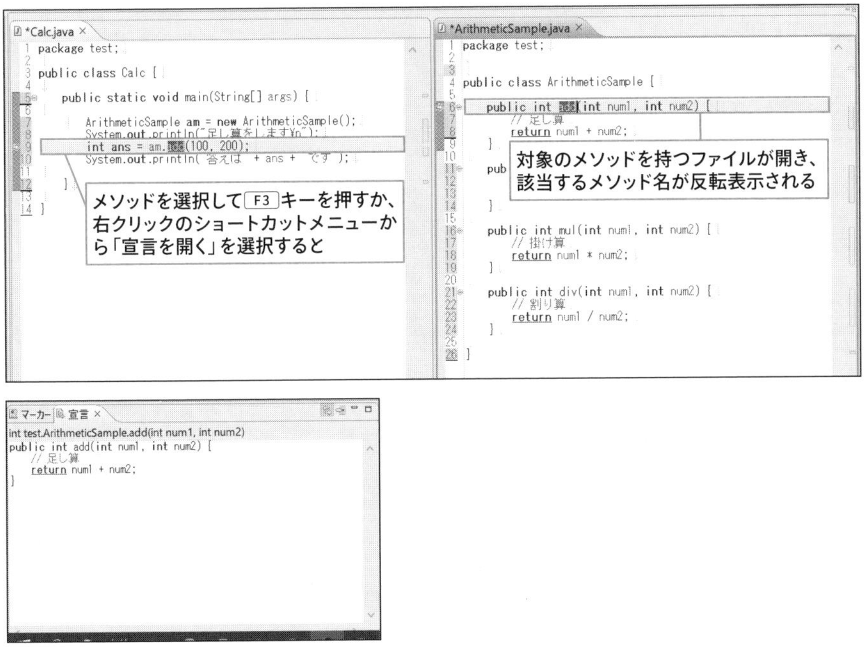

> **ONEPOINT**
>
> メソッドを選択した後、「F3」キーを押すか、右クリックでショートカットメニューから「宣言を開く(O)」を選択することもできます。

クラスやメソッドの階層や呼び出し関係を確認する

ナビゲートメニューにある「型階層を開く(N)」や「呼び出し階層(I)」からは、クラスやメソッドの親子関係や呼び出し関係を確認するためのビューを表示させることができます(**図4.45**)。

● **図4.45　「型階層」ビューと「呼び出し階層」ビュー**

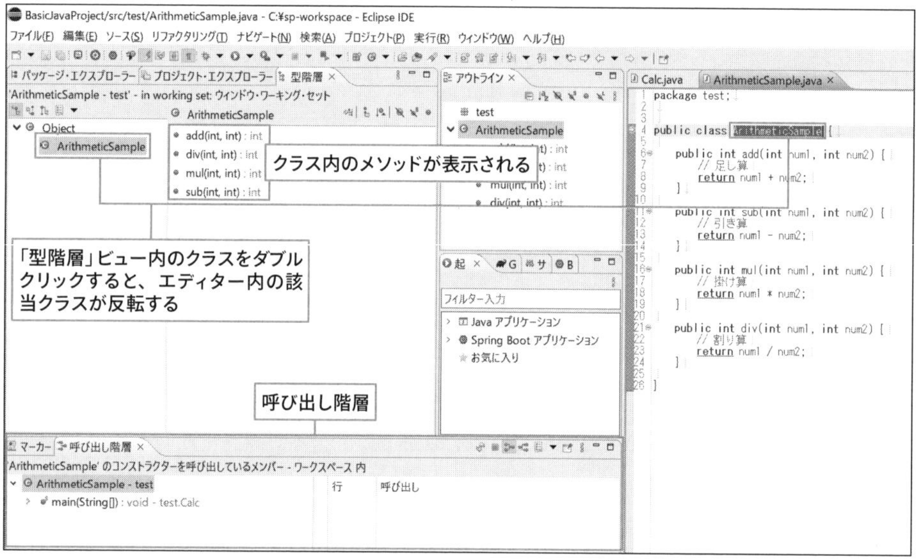

「型階層」ビューでは、現在選択しているメソッドが属するクラスや、クラスの親クラスなどが確認できます(**図4.46**)。また、「型階層」ビューのクラスをダブルクリックすれば、エディター内の該当クラスが反転します。

「呼び出し階層」ビューでは、現在選択しているメソッドがどこから呼ばれているかをアイコンで確認できます(**図4.47**)。また、をクリックすれば、呼び出し先のメソッドを確認することができます。

図4.46　「型階層」ビューでメソッドの呼び出し元がわかる

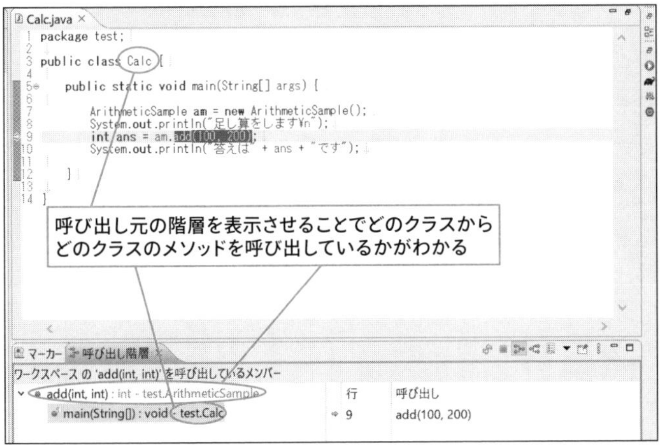
呼び出し元の階層を表示させることでどのクラスから
どのクラスのメソッドを呼び出しているかがわかる

図4.47　「呼び出し階層」ビューでメソッドの呼び出し元がわかる

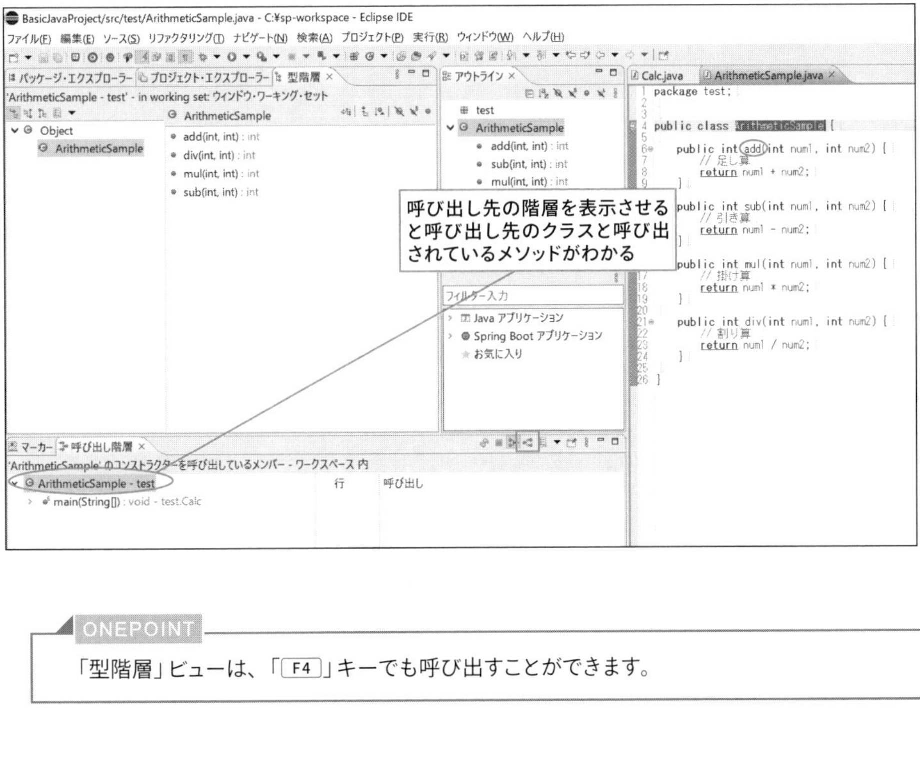
呼び出し先の階層を表示させる
と呼び出し先のクラスと呼び出
されているメソッドがわかる

ONEPOINT

「型階層」ビューは、「F4」キーでも呼び出すことができます。

コードの即時比較

エディターの左端は、コードの状態によって**図4.48**で示すような色分け表示がされています。Eclipseのメインメニューから「ウィンドウ(W)」→「設定(P)」を選択すると表示される「設定」ダイアログボックスの、「一般」→「エディター」→「テキスト・エディター」→「クイックDiff」から、色分けの確認や変更ができます。

これらの色分けによって、どの行をどのように編集したかが即時に分かるため、その後の作業に役立ちます(**図4.49**)。

● 図4.48　「設定」ダイアログボックスの「クイックDiff」

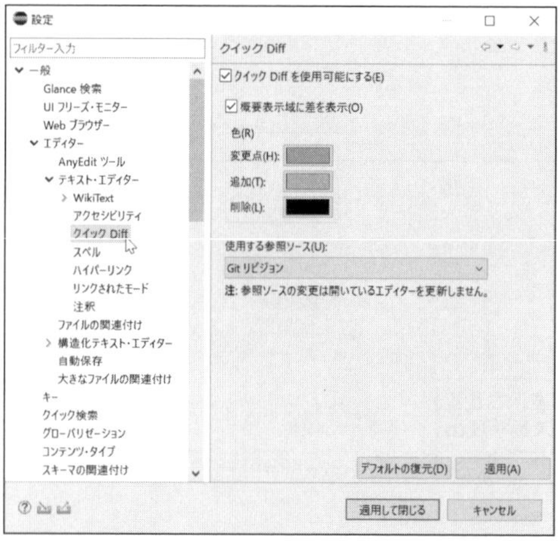

● 図4.49　「クイックDiff」による色分け表示例

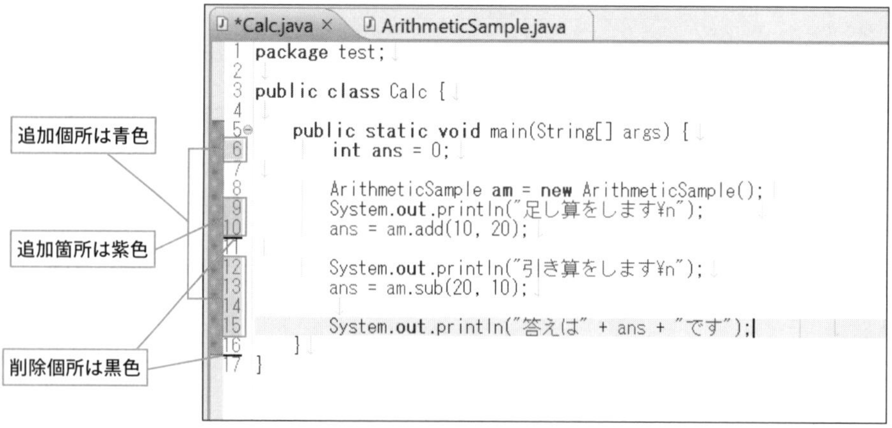

第5章

エディターを使いこなす

第4章では、プロジェクトの基本的な作成手順やデバッグ手順について取り上げました。第4章で取り上げたJavaプロジェクトや動的Webプロジェクトでは、ソースコードを編集してプロジェクトを完成させていきますが、プログラミングの重要な作業の一つがコーディングです。そして、コーディング作業では、エディターが必要不可欠であり、エディターが備えている様々な機能を、コーディングに役立てることができます。

本章の内容

5-1 ：　Javaエディターの基本操作

5-2 ：　エディターのテンプレート機能を使いこなす

5-1 Javaエディターの基本操作

Javaのソースプログラムは、Javaエディターで作成します。効率の良いプログラミングを行うには、Javaエディターに搭載された各種機能が欠かせません。ここでは、Javaエディターの基本操作を紹介していきます。

コードアシスト機能の使い方

Javaエディターには、コードの入力途中で次の入力候補をリストから選択できる「コードアシスト」機能があります。コードアシストでは、例えば、コードの入力中に「.(ピリオド)」を入力すると、**図5.1**で示したような入力候補がリスト表示されます。

● **図5.1　コードアシストを使う**

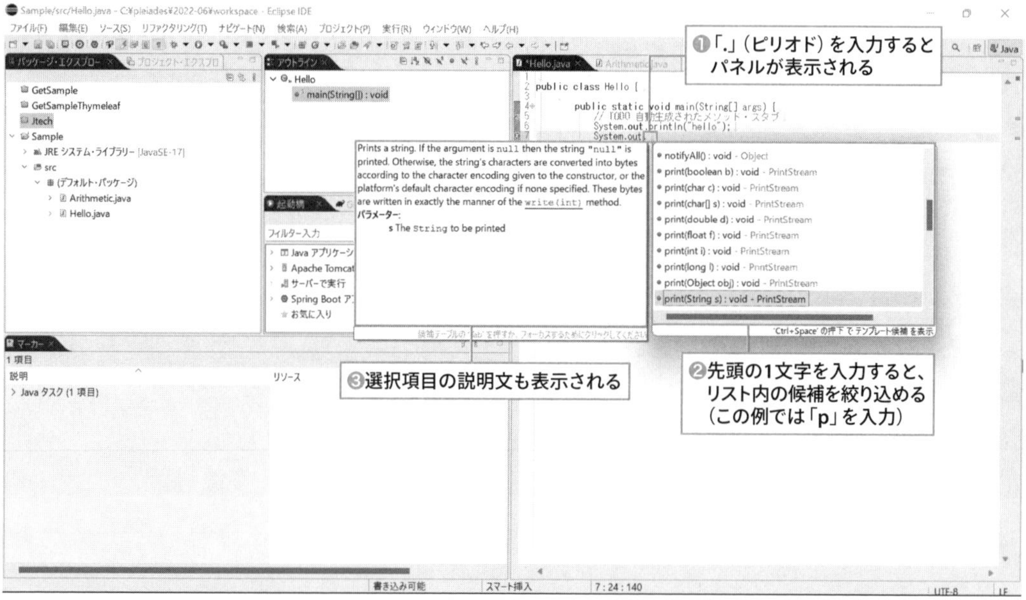
❶「.」(ピリオド)を入力するとパネルが表示される
❷先頭の1文字を入力すると、リスト内の候補を絞り込める(この例では「p」を入力)
❸選択項目の説明文も表示される

先の図のように、コードアシストでは、「コンテンツ・アシスト」と呼ばれるパネルが表示されるので、カーソルを移動して、該当する項目を反転させて、Enterキーで確定します。ちなみに、パネルで表示されるリストには、Javaのクラスライブラリにあるメソッドだけでなく、自分で作成した変数やメソッドなども表示されます(**図5.2**)。

● 図5.2　自分で作成した変数やメソッドも表示される

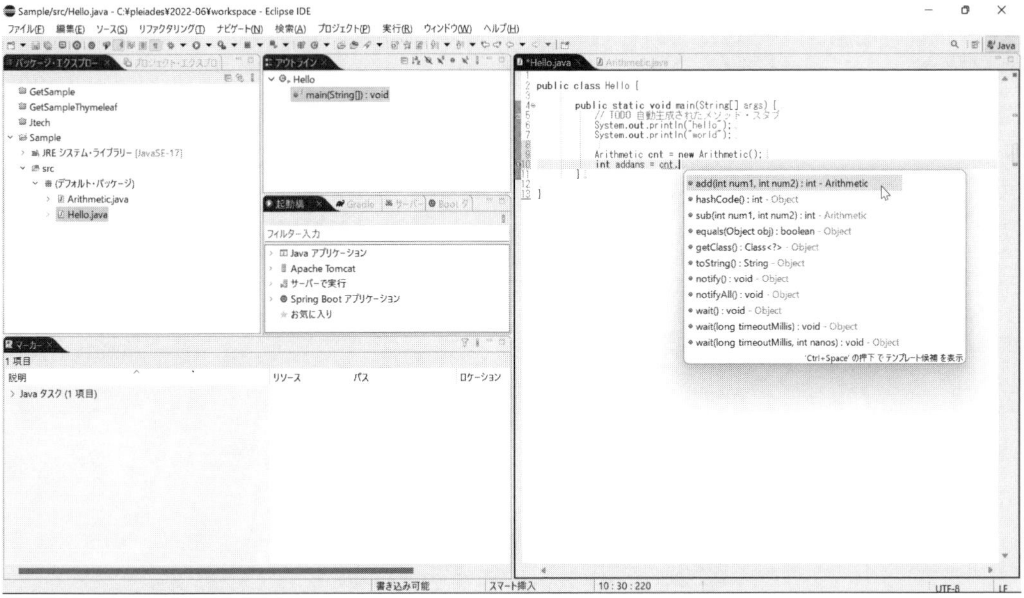

ONEPOINT

コードとは、プログラミング言語で記述された文字列のことを意味し、ソースプログラムと同義です。ソースプログラムは、コードの他に、「ソース」や「ソースコード」、「原始プログラム」などと表現されることもあります。

なお、コード上に「.(ピリオド)」が必要ない場合でも、Ctrl +「スペース」キーで「コンテンツ・アシスト」パネルを表示させることができます。**図5.3**は、「=」の後で、Ctrl +「スペース」キーを押して、「コンテンツ・アシスト」パネルを表示させた例です。

コードアシストは「コード補完機能」とも呼ばれ、必要とされる文字列を全て入力することなく、リストから適切な変数やメソッドを選択することができる大変便利な機能です。

エディターの表示設定

快適にプログラミングができるよう、Eclipseのエディターには、様々な表示設定が搭載されています。以下に、Eclipseのメニューから「ウィンドウ(W)」→「設定(P)」で表示される「設定」ダイアログボックスからできる、主な表示設定をあげておきましょう。

● 図5.3　Ctrl＋「スペース」キーで「コンテンツ・アシスト」パネルを表示

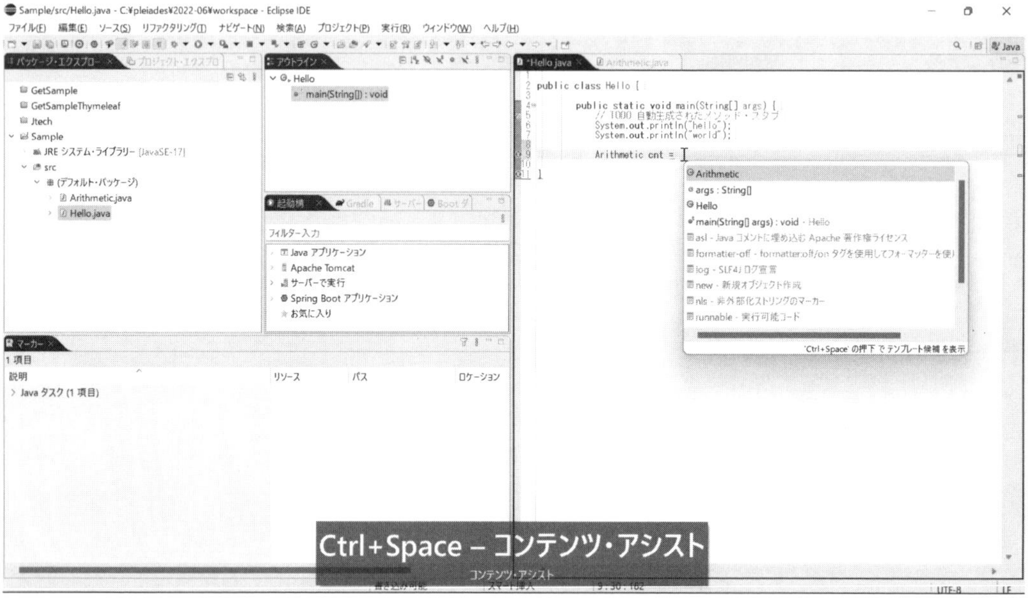

行番号を表示させ、現在の行を分かりやすくする

「設定」ダイアログボックスの「一般」→「エディター」→「テキスト・エディター」にある「行番号の表示(B)」と「現在行の強調表示(G)」にチェックして、「適用(A)」ボタンをクリックします(**図5.4**)。

● 図5.4　「行番号の表示(B)」と「現在行の強調表示(G)」にチェックする

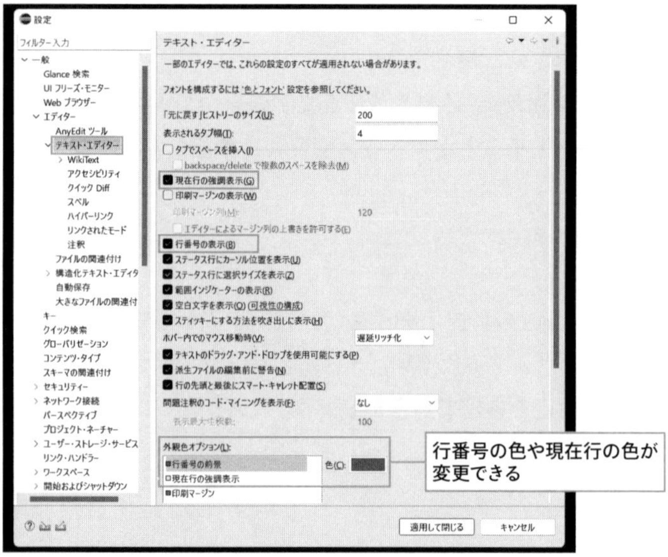

ONEPOINT

図5.4の「外観色オプション（L）」からは、行番号や現在行の強調色が変更できます。また、「デフォルトを復元（D）」ボタンで、元の設定に戻すことができます。

COLUMN　コードアシストの日本語説明文が文字化けする場合

もし、コードアシストの日本語説明文コメントが文字化けする場合は、先の手順で、ワークスペースの文字コードを変更してください。

① Eclipseのメニューから「ウィンドウ（W）」→「設定（P）」をクリックする。
②「設定」ダイアログボックスが表示されたら、「一般」→「ワークスペース」を選択する。

③「テキスト・ファイル・エンコード」欄の「その他（O）」から「UTF-8」などを選択する（図5.A）。

なお、他の環境から移行したソースコードが文字化けする際も、同様の手順で解決できます。

● **図5.A　「設定」ダイアログボックスから「一般」→「ワークスペース」を選択**

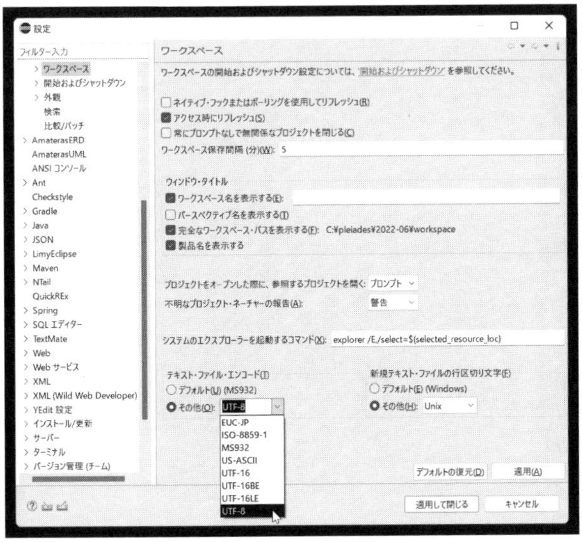

空白文字や改行記号などを表示させる

「設定」ダイアログボックスの「一般」→「エディター」→「テキスト・エディター」にある「空白文字を表示(O)」にチェックすれば、エディター上の空白文字が表示されます。なお、「可視性の構成」のリンクをクリックすると、「空白文字を表示」ウィンドウが表示され、全角空白(全角スペース)や改行をどのように表示させるかを細かくチェックすることが可能です。特に、全角空白(全角スペース)はエラーの原因になるため、表示させておく方が良いでしょう(**図5.5**、**図5.6**)。

● 図5.5　空白文字を表示させるダイアログボックスと「可視性の構成」ウィンドウ

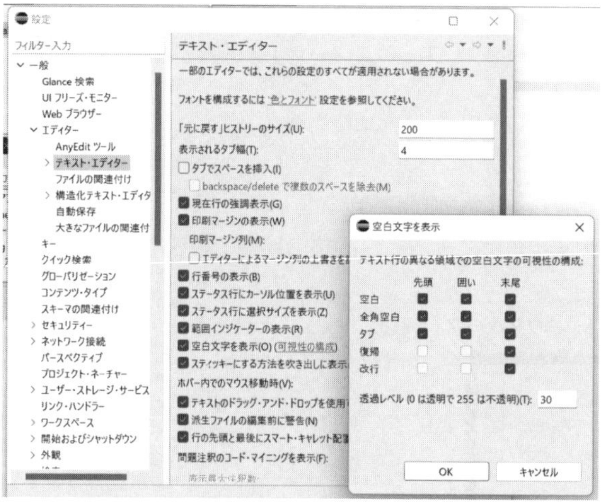

● 図5.6　空白文字と改行を表示させた例

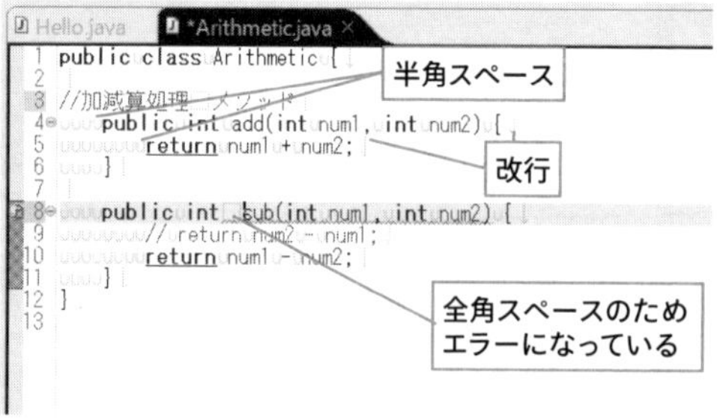

COLUMN　Eclipseの外観自体を変更する

Eclipseのワークベンチ全体の配色を変更したい場合は、「設定」ダイアログボックスの「一般」→「外観」にある「ルック・フィール(T)」から、リストからいずれかを選択して「適用(A)」ボタンをクリックします(**図5.B**)。「クラシック」や「ライト」の配色だと、全体的に白が基調で明るすぎるという場合は、「ダーク」を選ぶとよいでしょう。

図5.B　ワークベンチ全体の配色を変更する

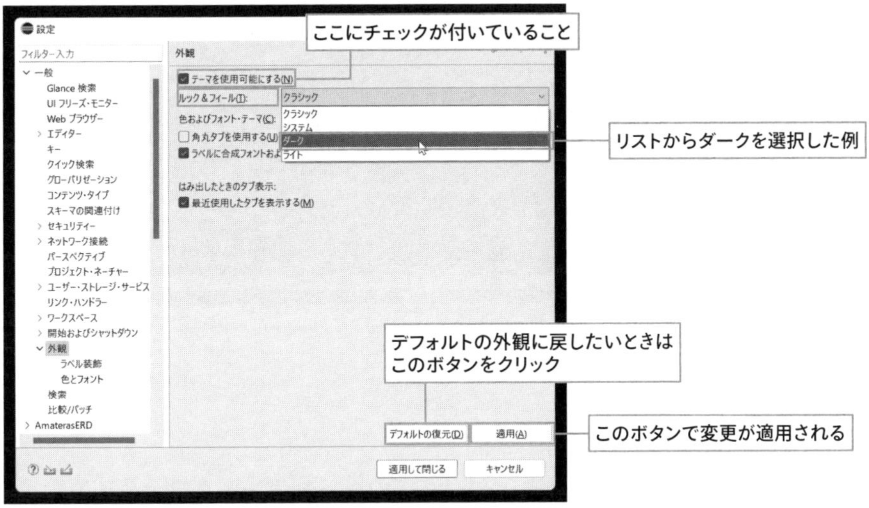

「適用(A)」ボタンをクリックすると、「テーマの変更を完全に有効にするために再起動しますか?」というメッセージボックスが評されるので、今後も変更後の外観で使用したい場合は、「再開(R)」ボタンをクリックしてEclipseを再起動してください(**図5.C**)。

ダイアログボックス右下にある「デフォルトを復元(D)」ボタンをクリックすれば、元の外観に戻すことができます。

● 図5.C　ワークベンチ全体の配色を変更した例

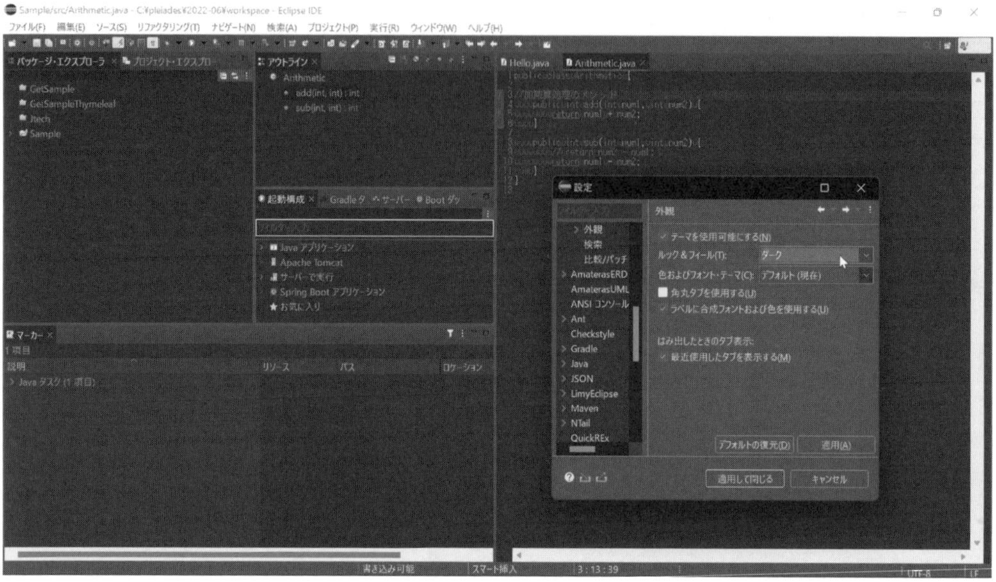

コードを折りたたむ

エディター内のソースコードが長くなると、デバッグの際に何度もスクロールするなどと、確認箇所を行ったり来たりするのが面倒です。そのような際、現在不要なクラスやメソッドなどを折りたたんでおけば、ソースコードのボリュームを抑え、必要な行だけに注目することができます。

ONEPOINT

折りたたみは、「設定」ダイアログボックスの「Java」→「エディター」→「折りたたみ」にある「折りたたみを使用可能する (O)」にチェックが付いていることが前提条件となります。

折りたたみたい行は、エディターの左端にある「-」マークをクリックします。折りたたまれた行には「＋」マークが表示され、このマークをクリックすれば展開できます（**図5.7**）。

折りたたんだ行をすべて展開したり、逆に折りたためるすべての行を折りたたむには、エディターの左端を右クリックして、ショートカットメニューから次のメニューを選択します（**図5.8**）。

● 図5.7 コードを折りたたんだ例

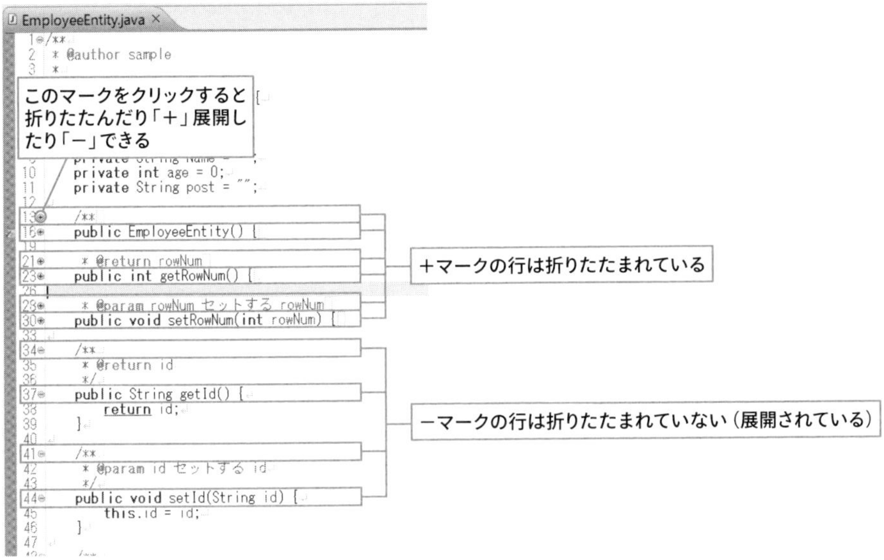
EmployeeEntity.java
このマークをクリックすると
折りたたんだり「＋」展開し
たり「－」できる
＋マークの行は折りたたまれている
－マークの行は折りたたまれていない（展開されている）

- すべて展開する場合・・・「すべて展開（A）」
- すべての行を折りたたむ場合・・・「すべて縮小表示（L）」

● 図5.8 エディターの左端を右クリックすると表示されるショートカットメニュー

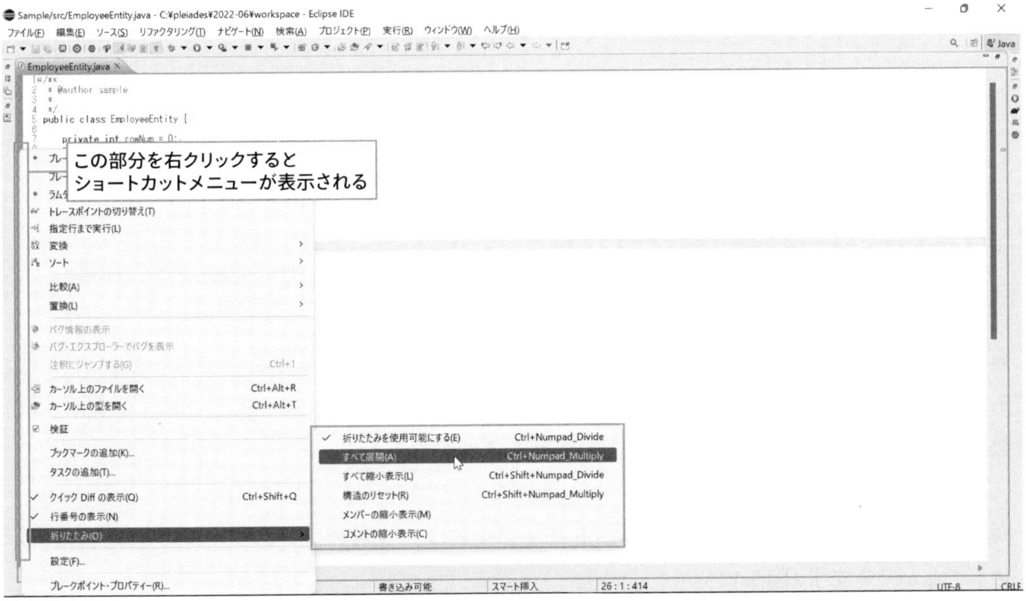
この部分を右クリックすると
ショートカットメニューが表示される
折りたたみを使用可能にする(E) Ctrl+Numpad_Divide
すべて展開(A) Ctrl+Numpad_Multiply
すべて縮小表示(L) Ctrl+Shift+Numpad_Divide
構造のリセット(R) Ctrl+Shift+Numpad_Multiply
メンバーの縮小表示(M)
コメントの縮小表示(C)
折りたたみ(O)

画面の切り替えと分割

ソースコードの前半と後半の記述を見比べたいなどといったときには、エディターを2画面に分割表示させると便利です。

分割は、Eclipseのメニューから「ウィンドウ(W)」→「エディター」を選択し、「エディター分割の切り替え(水平方向)」か「エディター分割の切り替え(垂直方向)」をクリックすることで行えます(**図5.9**)。

● **図5.9　エディターを上下(垂直方向)に分割した例**

> **ONEPOINT**
>
> 「ウィンドウ(W)」→「エディター」から、再度同じメニューをクリックすれば、分割が解除されます。

複数のソースファイルを開いている場合、通常は「タブ」で切り替える必要があります。しかし、**図5.10**で示すように、特定のソースファイルの「タブ」をエディター下部までドラッグすれば、複数のソースファイルを上下で同時に表示させることができます。

同様に、「タブ」をエディターの右側へドラッグすれば、複数のソースファイルを左右に表示させることができます(**図5.11**)。

● **図5.10 複数のソースファイルを上下で表示させた例**

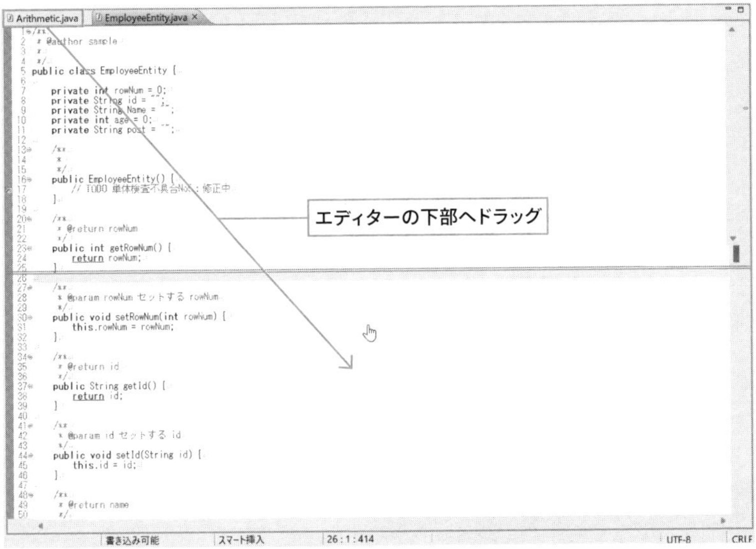
Arithmetic.java
EmployeeEntity.java
エディターの下部へドラッグ
書き込み可能
スマート挿入
26 : 1 : 414
UTF-8
CRLF

● **図5.11 複数のソースファイルを左右に表示させた例**

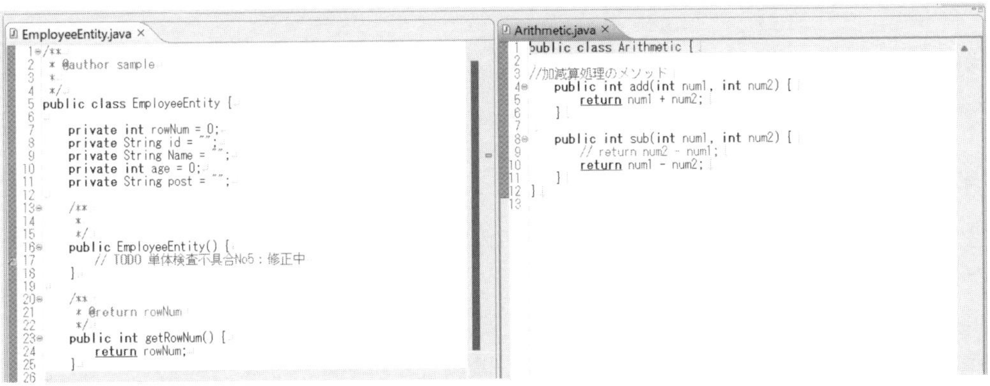
EmployeeEntity.java
/**
* @author sample
*
*/
public class EmployeeEntity {
private int rowNum = 0;
private String id = "";
private String Name = "";
private int age = 0;
private String post = "";
/**
*
*/
public EmployeeEntity() {
// TODO 単体検査不具合No5：修正中
}
/**
* @return rowNum
*/
public int getRowNum() {
return rowNum;
}
Arithmetic.java
public class Arithmetic {
//加減算処理のメソッド
public int add(int num1, int num2) {
return num1 + num2;
}
public int sub(int num1, int num2) {
// return num2 - num1;
return num1 - num2;
}
}

エディター・リスト

これまで、複数のソースコードを、好みのレイアウトで同時に表示する方法を紹介してきましたが、「エディター・リスト」を使えば、現在エディター上にあるソースファイルの一覧を表示させることができます。

現在アクティブになっているソースコード上で Ctrl + E を押すと、「エディター・リスト」が表示されます（**図5.12**）。

● 図5.12　Ctrl＋E を押して「エディタ・リスト」を表示させた例

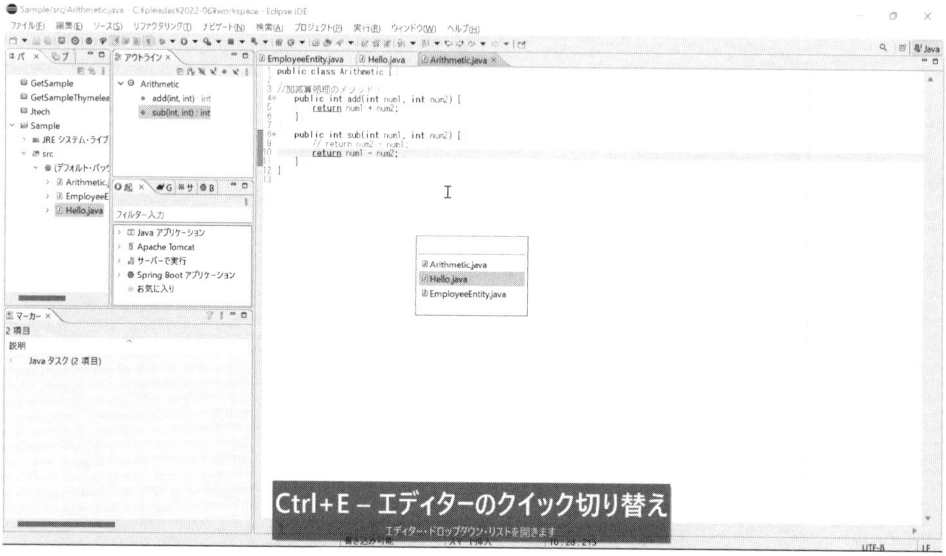
EmployeeEntity.java
Hello.java
Arithmetic.java
public class Arithmetic {
//加減算処理のメソッド
public int add(int num1, int num2) {
return num1 + num2;
}
public int sub(int num1, int num2) {
return num1 - num2;
}
}
Arithmetic.java
Hello.java
EmployeeEntity.java
Ctrl+E – エディターのクイック切り替え
エディター・ドロップダウン・リストを開きます

その他のエディター機能

最後に、Eclipseの「ウィンドウ (W)」→「エディター」にあるメニューのうち、これまで取り上げていないものを紹介します。

クローン

クローンでは、1つのソースファイルを2つのエディターに表示させて、前半と後半を見るといったような使い方ができます。Eclipseのメインメニューから「ウインドウ (W)」→「エディタ」→「クローン」を選択すると、現在表示しているソースファイルがもう1つ追加表示されるので、P.150で紹介した複数のソースファイルを開いている場合と同様に、どちらかのソースファイルの「タブ」をエディター下部や右側へドラッグして、上下や左右に並べましょう (**図5.13**)。

● 図5.13　クローンを選択して、1つのソースファイルを左右に2つ並べた例

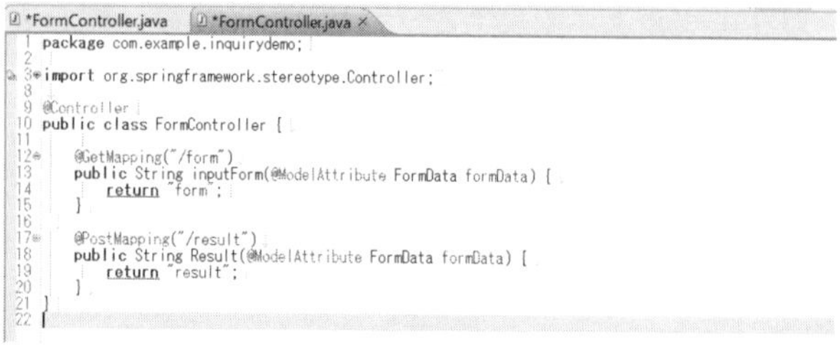
*FormController.java
*FormController.java
package com.example.inquirydemo;
import org.springframework.stereotype.Controller;
@Controller
public class FormController {
@GetMapping("/form")
public String inputForm(@ModelAttribute FormData formData) {
return "form";
}
@PostMapping("/result")
public String Result(@ModelAttribute FormData formData) {
return "result";
}
}

ワード・ラップの切り替え

1行のコードが長く、エディターの横幅からはみ出ている場合、Eclipseのメインメニューから「ウインドウ(W)」→「エディタ」→「ワード・ラップの切り替え」を選択すると、行を折り返してエディター内に表示させることができます(**図5.14**)。

● **図5.14　ワード・ラップで行を折り返し表示させた例**

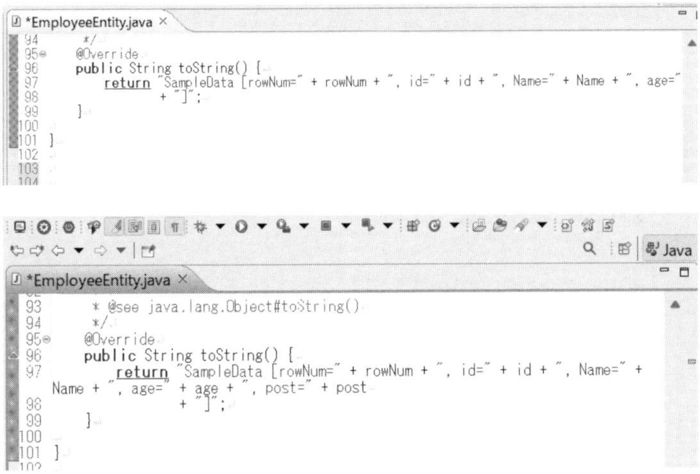
*EmployeeEntity.java
*/
@Override
public String toString() {
return "SampleData [rowNum=" + rowNum + ", id=" + id + ", Name=" + Name + ", age="
+ "]";
}
}
Java
*EmployeeEntity.java
* @see java.lang.Object#toString()
*/
@Override
public String toString() {
return "SampleData [rowNum=" + rowNum + ", id=" + id + ", Name=" +
Name + ", age=" + age + ", post=" + post
+ "]";
}
}

図5.14で示したアイコンからもワード・ラップを使用することができます。

空白文字を表示

空白文字の設定はP.146で紹介しましたが、Eclipseのメインメニューから「ウインドウ(W)」→「エディタ」→「空白文字を表示」を選択したり、**図5.15**で示したアイコンから空白文字の表示、非表示の切替えが可能です。

● **図5.15　「空白文字を表示」メニューやアイコンで空白文字の表示、非表示が可能**

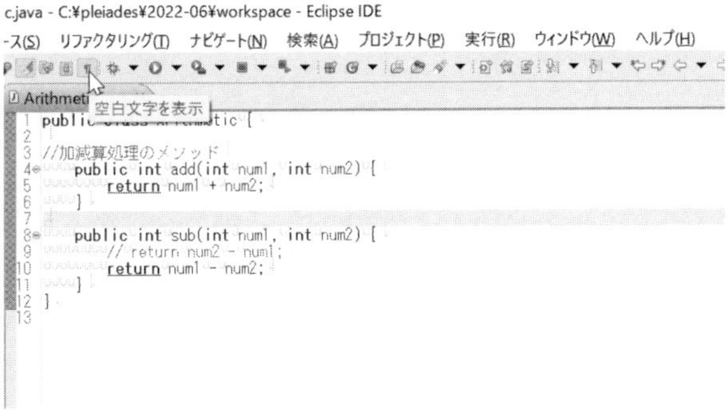
c.java - C:¥pleiades¥2022-06¥workspace - Eclipse IDE
-ス(S)　リファクタリング(T)　ナビゲート(N)　検索(A)　プロジェクト(P)　実行(R)　ウィンドウ(W)　ヘルプ(H)
空白文字を表示
//加減算処理のメソッド
public int add(int num1, int num2) {
return num1 + num2;
}
public int sub(int num1, int num2) {
// return num2 - num1;
return num1 - num2;
}
}

ズームイン・ズームアウト

Eclipseのメインメニューの「ウインドウ(W)」→「エディタ」→「ズームイン」、「ズームアウト」を使えば、エディター内の文字を大きくしたり、小さくしたりすることができます(**図5.16**)。なお、ズームイン、ズームアウトは、以下のショートカットキーを使うと便利です。

- ズームイン・・・Ctrl＋Shift＋「+（プラス）」／Ctrl＋「+（プラス）」
- ズームアウト・・・Ctrl＋「－（マイナス）」

図5.16　ズームインでソースコードの文字を大きくした例

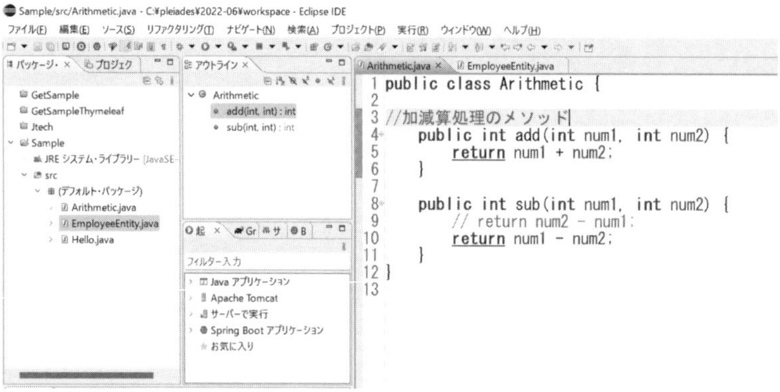

5-2 エディターのテンプレート機能を使いこなす

ソースコードの編集では、エディターに搭載されている機能をうまく使えば、効率よくソースコードが作成できるため、4章で紹介したデバッグ作業も楽になります。ここでは、コーディングに役立つエディターの機能を紹介していきましょう。

エディターで使える基本的なテンプレート機能

P.142では、Ctrl＋スペースキーでコード補完ができる「コードアシスト」について紹介しました。Javaエディターには、コードアシストの他にも、コード補完が可能な「テンプレート」と呼ばれる機能があります。Eclipseのメニューから「ウィンドウ(W)」→「設定(P)」で「設定」ダイアログボックスを表示させ、左側の項目から「Java」→「エディター」→「テンプレート」と進むと、**図5.17**に示す「テンプレート」が表示されます。

● **図5.17　Javaエディターの「テンプレート」**

それでは、代表的なテンプレートをいくつか使ってみましょう。まずは、「sysout」です。**図5.17**で表示されている「sysout」をエディター上に入力し、Ctrl + スペース を押下すれば、

```
System.out.println();
```

が生成されます。

なお、**図5.17**で示した画面からは、文字入力システムの単語登録やオフィスソフトのオートコンプリート機能などと同様に、新たなテンプレートを登録したり、テンプレートの編集や削除、無効化などが可能です。例えば、先のsysoutを無効にするには、テンプレートの左側のチェックを外してください。そうすると、エディター上で、sysoutと入力して Ctrl + スペース を押下しても何も生成されなくなります（**図5.18**）。

● **図5.18　sysoutを無効にした例**

次に、その他のテンプレートをいくつか紹介していきましょう。以下に、特定のキーワードを入力した後に、Ctrl + スペース を押下すると、どのようなテンプレートが自動生成されるかをあげていきます。

if

図5.19 はエディター上で「if」と入力し Ctrl + スペース を押下した直後の状態です。

図5.19　ifと入力して Ctrl + スペース を押下した直後の状態

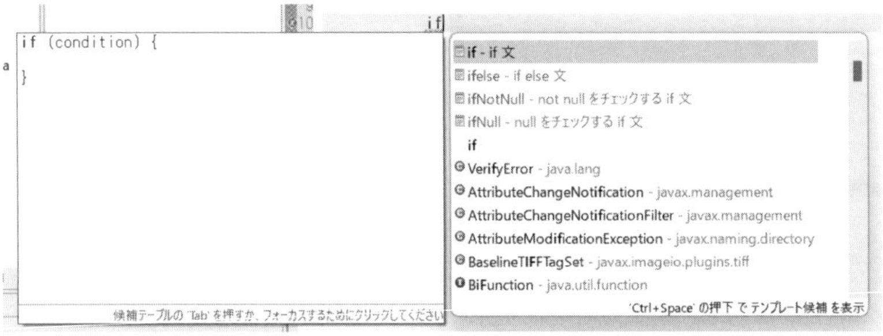

図5.19 に示すリストから「ifelse - if else 文」を選択した場合、以下のようなコードが生成されます。

```
if (condition) {

} else {

}
```

> **ONEPOINT**
> ifelseと入力すれば、先のif else文のみをリストアップすることができます。

switch

図5.20 はエディター上で「switch」と入力し Ctrl + スペース を押下した例です。

図5.20 のように、リストから「switch case 文」を選択した場合、以下のリストが生成されるのがわかると思います。

● 図5.20　switchと入力して Ctrl + スペース を押下した

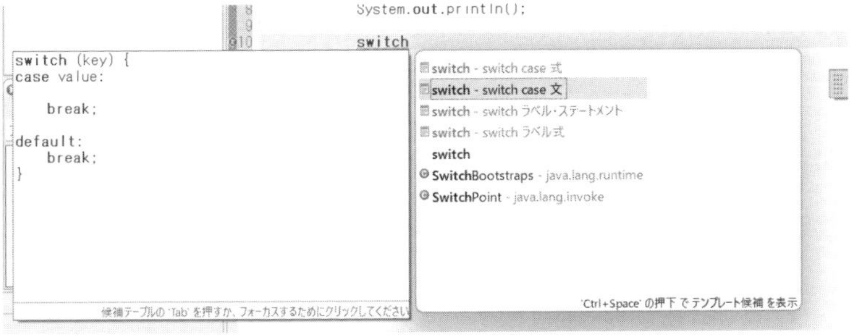


```
switch (key) {
    case value:

            break;

    default:
            break;
}
```

for

図5.21 はエディター上で「for」と入力し Ctrl + スペース を押下した例です。

● 図5.21　forと入力して Ctrl + スペース を押下した直後の状態

リストから「コレクションの繰り返し」を選択すると以下のリストが生成されます。

```
for (Iterator iterator = collection.iterator(); iterator.hasNext();) {
    type type = (type) iterator.next();
}
```

while

エディター上で「while」と入力して Ctrl + スペース を押下した直後の状態を**図5.22**に、リストから「条件付きwhileループ」を選択した例を以下に示します。

● **図5.22　whileと入力して Ctrl + スペース を押下した直後の状態**

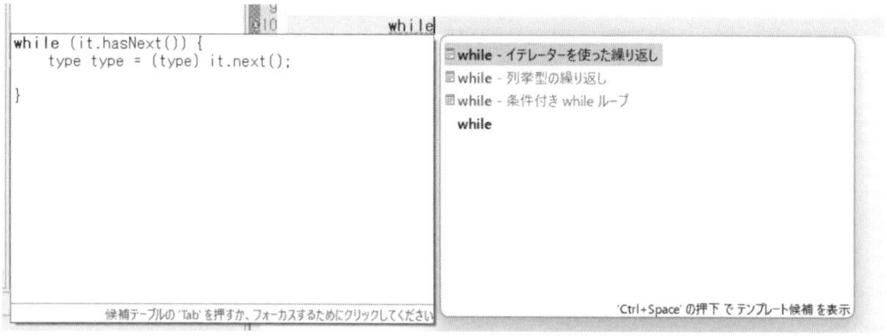


```
while (condition) {

}
```

new

エディター上で「new」と入力し Ctrl + スペース を押下した直後の状態を**図5.23**に、リストから「新規オブジェクト作成」を選択した例を以下に示します。

● **図5.23　newと入力して Ctrl + スペース を押下した直後の状態**

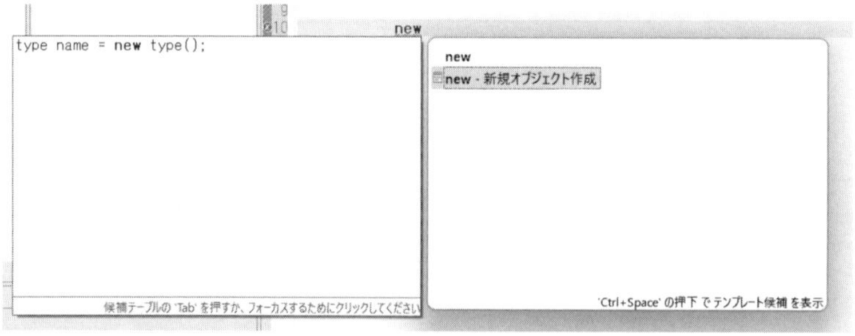


```
type name = new type();
```

try_catch

エディター上で「try_catch」と入力して Ctrl + スペース を押下した直後の状態を**図5.24**に、リストから「try_catch - try catch ブロック」を選択した例を以下に示します。

● 図5.24　try_catchと入力して Ctrl ＋ スペース を押下した直後の状態

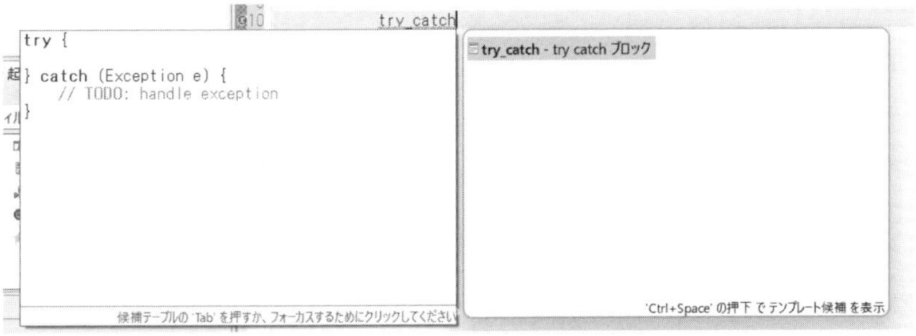
try_catch
try {
} catch (Exception e) {
// TODO: handle exception
}
try_catch - try catch ブロック
候補テーブルの 'Tab' を押すか、フォーカスするためにクリックしてください
'Ctrl+Space' の押下 でテンプレート候補 を表示

```
try {
} catch (Exception e) {
    // TODO: handle exception
}
```

ONEPOINT

P.155で紹介した「テンプレート」のリストでは、「try_catch」が名前欄に登録されていますが、先の図のように、「try」だけの入力でもリストが表示されます。なお、「try_」と入力すれば、「try catch」と「try finally」の2択に絞ることも可能です。

ソースコード編集に便利なショートカットキー

コードアシストやテンプレートと同様に、ショートカットキーの利用は、コーディング作業の効率を高めます。以下に、ソースコード編集中に役立つショートカットキーの一部を紹介します。

Ctrl ＋ ＋（プラス）→　Ctrl ＋ －（マイナス）

P.154でも紹介しましたがソースファイル上のコードを拡大したい、あるいは全体を見たいので縮小したいなどといったときに、簡単に拡大（ズームイン）、縮小（ズームアウト）ができます。

Ctrl ＋ Shift ＋ O（アルファベットの「オー」）

import宣言が必要な場合に利用できます。例えば、以下のキーボード入力を行うためのクラスを入力した場合、

```
Scanner scan = new Scanner(System.in);
```

次のような、Scannerクラスに必要なimport宣言が生成されます。

```
import java.util.Scanner;
```

Ctrl ＋ Shift ＋ F

ブロックなどのインデントがずれている場合などに役立ちます（**図5.25**）。インデントしたい行を範囲選択してから操作してください。

● **図5.25 インデントを整えた例**

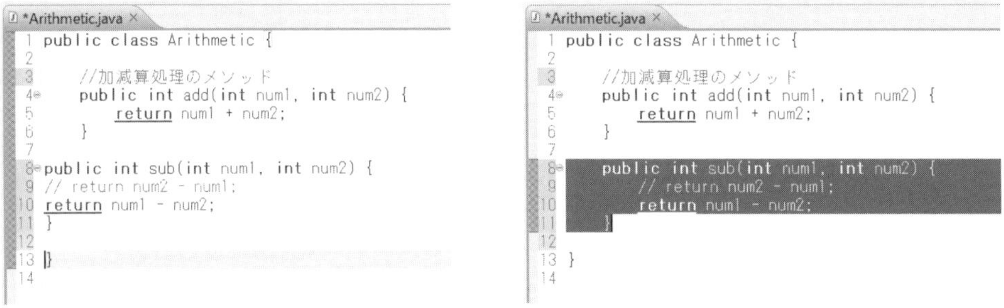
*Arithmetic.java
public class Arithmetic {
//加減算処理のメソッド
public int add(int num1, int num2) {
return num1 + num2;
}
public int sub(int num1, int num2) {
// return num2 - num1;
return num1 - num2;
}
}
*Arithmetic.java
public class Arithmetic {
//加減算処理のメソッド
public int add(int num1, int num2) {
return num1 + num2;
}
public int sub(int num1, int num2) {
// return num2 - num1;
return num1 - num2;
}
}

> **ONEPOINT**
>
> Eclipseのデフォルト設定では、ソースファイルを保存するタイミングでも、インデント処理が行われます。また、任意の行や複数行を選択して、Ctrl ＋ i を押下してもインデントができます。

Alt ＋ → または Alt ＋ ←

以前のタブや行に戻ったり、進んだりすることができます。例えば、**第4章**や章末のコラムで紹介した F3 キーでメソッドの宣言部分にジャンプした際に、Alt ＋ ← で呼び出し元に戻ったり、Alt ＋ → で宣言部分に進んだりといったことが可能です。

> **ONEPOINT**
>
> ソースコード編集中は、キーボード入力がメインであるため、このようなショートカットキーを知っていると、マウスに持ち替える手間が省け便利です。

Ctrl ＋ D

現在選択されている行を削除します。行を範囲選択しておけば、まとめて削除することもできます。なお、誤って行を削除した場合は、Ctrl ＋ Z で削除前に戻すことができます。

> **ONEPOINT**
>
> 複数行を範囲選択してから Ctrl ＋ D または「Delete」キーを押せば、複数行を一度に削除できます。なお、キーボードを使った複数行の範囲選択については、P.166のコラムを参照してください。

Ctrl ＋ W

現在アクティブになっているソースファイルを閉じることができます。なお、ソースファイルが変更されている場合は、**図5.26**のメッセージが表示されます。

● **図5.26　編集中のソースファイルを閉じようとした場合に表示されるメッセージ**

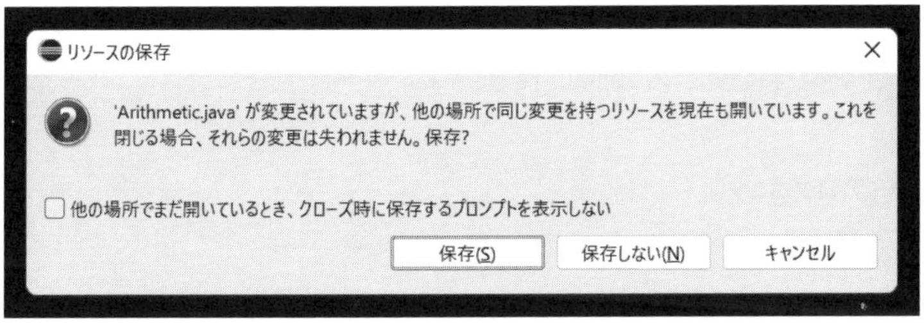

リソースの保存
'Arithmetic.java' が変更されていますが、他の場所で同じ変更を持つリソースを現在も開いています。これを閉じる場合、それらの変更は失われません。保存?
他の場所でまだ開いているとき、クローズ時に保存するプロンプトを表示しない
保存(S)
保存しない(N)
キャンセル

> **ONEPOINT**
> 複数のソースファイルを開いている場合は、「Ctrl ＋ Shift ＋ W」ですべてのソースファイルを閉じることができます。

Ctrl ＋ /（スラッシュ）

コードの説明のためのコメントや、任意の行を無効にするための「コメントアウト」は、行の冒頭に「/（スラッシュ）」を2つ付ける必要があります。コメントは、該当行でこのショートカットキーを使えば、簡単に付加できます（**図5.27**）。

● **図5.27　行を Ctrl ＋ / でコメントアウトした例**

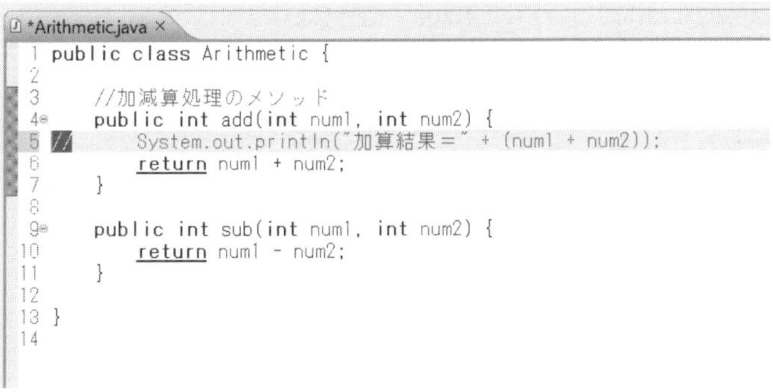

*Arithmetic.java
public class Arithmetic {
//加減算処理のメソッド
public int add(int num1, int num2) {
//   System.out.println("加算結果=" + (num1 + num2));
return num1 + num2;
}
public int sub(int num1, int num2) {
return num1 - num2;
}
}

コメントアウトされている行で、再度同じ操作をすれば解除できます。また、複数行をコメントアウトするには、先に複数行を選択してから、Ctrl ＋ / を押下してください。

> **ONEPOINT**
> ショートカットキーではありませんが、複数行を、/* と */で囲んでもコメントアウトすることができます。

Alt + Shift + C

このショートカットキーで「メソッド・シグニチャの変更」ダイアログボックスが表示されます（**図5.28**）。メソッドの引数の数や型を変更する場合に便利です。

● **図5.28　メソッド・シグニチャの変更ダイアログボックス**

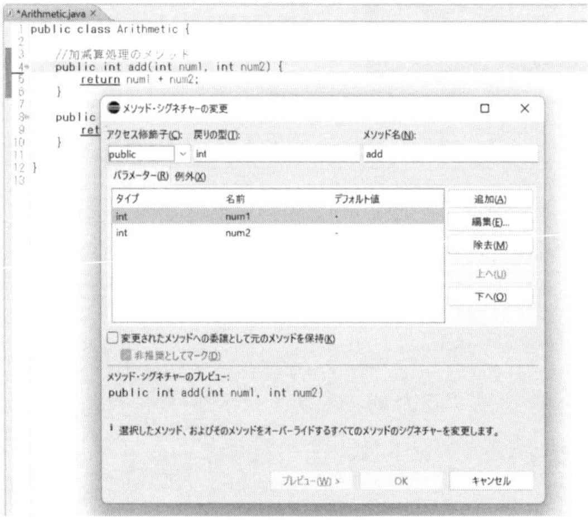

> **ONEPOINT**
> 「メソッド・シグニチャの変更」の具体的な操作については、P.202で紹介しています。

Ctrl + .（ピリオド）

エラーの箇所へジャンプできます（**図5.29**）。

● **図5.29　エラーの箇所へジャンプできる**

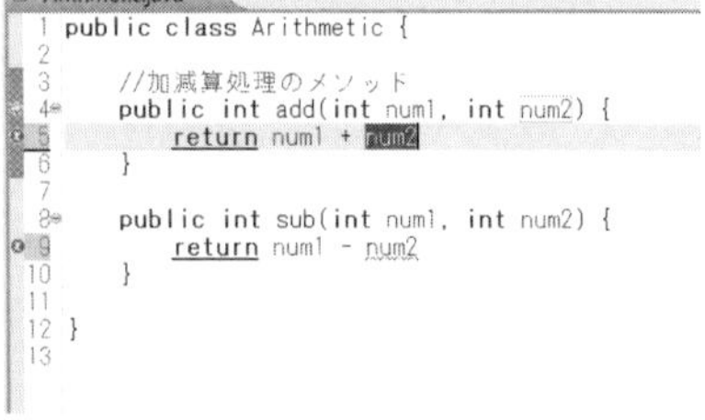

Ctrl ＋ O（アルファベットの「オー」）

「アウトライン」ビューと同じウィンドウを開き、選択したメソッドなどに移動できます（**図5.30**）。

図5.30　アウトラインから該当メソッドへ移動できる

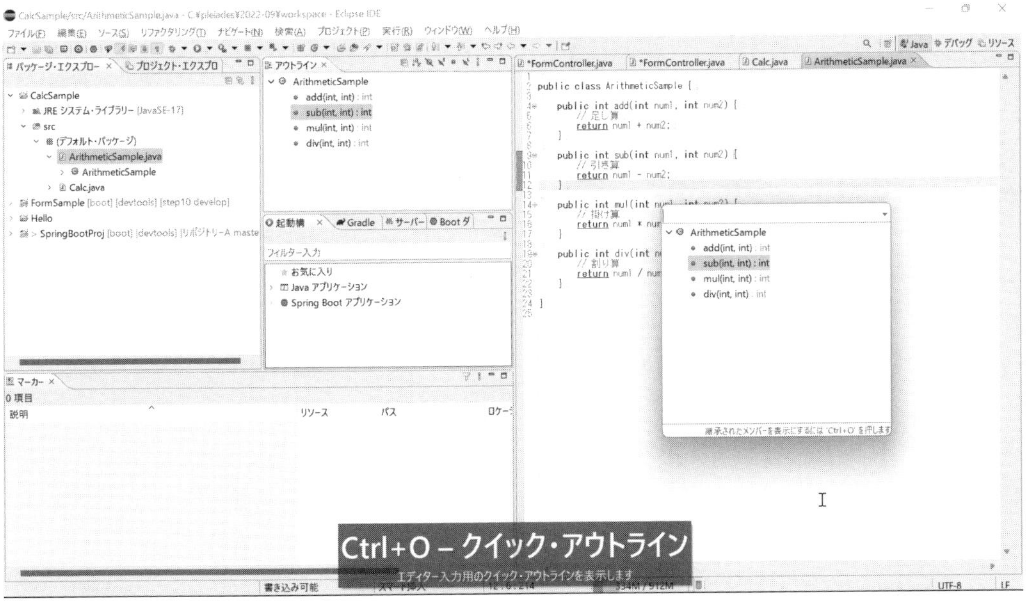
ArithmeticSample
add(int, int) : int
sub(int, int) : int
mul(int, int) : int
div(int, int) : int
Ctrl+O – クイック・アウトライン
エディター入力用のクイック・アウトラインを表示します

Ctrl ＋ K

特定の文字列を選択したあとに、このショートカットキーを使うと、同じ文字列の箇所へジャンプできます（**図5.31**）。

図5.31　選択した文字列と同じ文字列を検索する

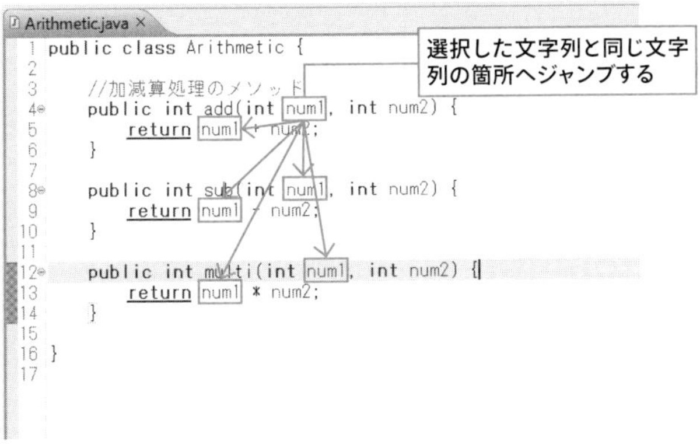
Arithmetic.java
選択した文字列と同じ文字列の箇所へジャンプする
public class Arithmetic {
//加減算処理のメソッド
public int add(int num1, int num2) {
return num1 + num2;
}
public int sub(int num1, int num2) {
return num1 - num2;
}
public int multi(int num1, int num2) {
return num1 * num2;
}
}

Ctrl + L

このショートカットキーを使用した後に表示されるウィンドウに、ジャンプしたい行番号を入力すれば、指定行へジャンプできます（**図5.32**）。

● **図5.32　ジャンプしたい行を入力する**

指定行へジャンプ
行番号を入力してください。(1..17):
5
指定行へジャンプ(G)
キャンセル

Ctrl + T

メソッドやクラスを選択して、このショートカットキーを使用すると、ポップアップウィンドウで「型階層」が確認できます（**図5.33**）。

● **図5.33　ポップアップウィンドウで型階層が確認できる**

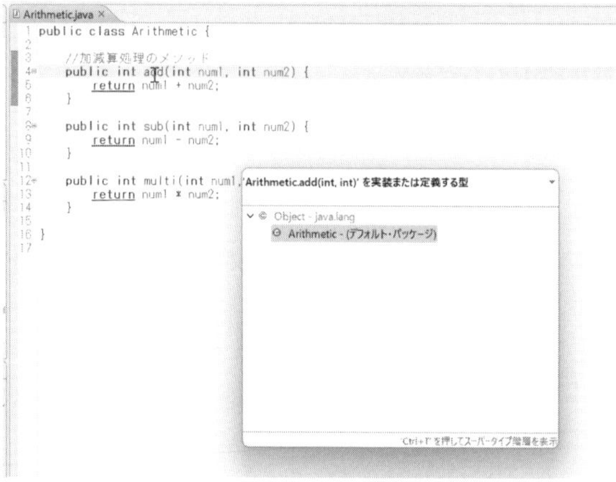
Arithmetic.java
public class Arithmetic {
//加減算処理のメソッド
public int add(int num1, int num2) {
return num1 + num2;
}
public int sub(int num1, int num2) {
return num1 - num2;
}
public int multi(int num1,
return num1 * num2;
}
}
'Arithmetic.add(int, int)' を実装または定義する型
Object - java.lang
Arithmetic - (デフォルト・パッケージ)

> **ONEPOINT**
>
> 「型階層」では、現在選択しているメソッドが属するクラスや、クラスの親クラスを確認できます。「型階層」については**第4章**でも紹介しています。

Ctrl + Shift + R

「リソースを開く」ダイアログボックスを表示させます。他のソースファイルを呼び出したい時などは、このショートカットキーが便利です（**図5.34**）。

● **図5.34　他のソースファイルを呼び出す**

リソースを開く
リソース名接頭辞、パス接頭辞またはパターンを入力してください (?、* また
a
一致する項目(M):
Arithmetic.java - Sample/src
Sample/src
表示(W)
次で開く(H)
開く(O)

ONEPOINT

「リソースを開く」ダイアログボックスでは、開きたい他のソースファイルのファイル名の先頭から数文字を入力することで、候補となるリソースが表示されます。

Shift + Alt + R

クラスやメソッド、変数の名前を変更することができます。ちなみに、このような作業は「リファクタリング」と呼ばれます（**図5.35**）。

● **図5.35　名前の変更ができる**

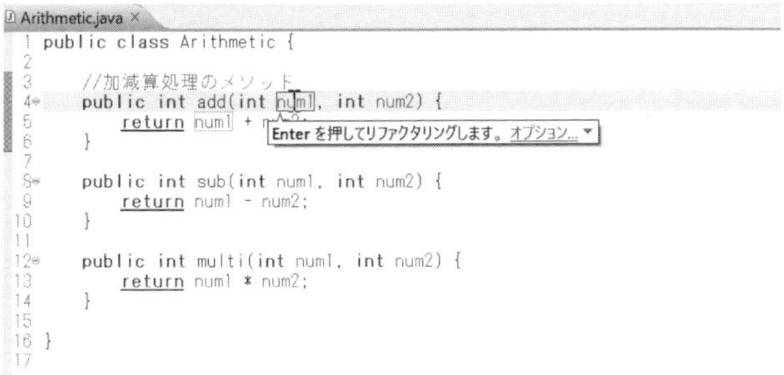
Arithmetic.java
public class Arithmetic {
//加減算処理のメソッド
public int add(int num1, int num2) {
return num1 +
Enter を押してリファクタリングします。オプション...
}
public int sub(int num1, int num2) {
return num1 - num2;
}
public int multi(int num1, int num2) {
return num1 * num2;
}
}

ONEPOINT

このショートカットキーでは、リファクタリング機能にある名前変更と同じ操作が可能です。「リファクタリング」の詳細は**第6章**を参照してください。

COLUMN　メジャーなショートカットキーを使いこなそう

　コーディングなど、文字を編集する際は、キーボード入力がメイン作業となり、メニュー操作等でいちいちマウスに持ち替えることは意外と面倒なものです。そのようなときは、是非ショートカットキーを使いましょう。

　表5.Aに、Windows上で知っておくと便利なショートカットキーをあげておきます。

● 表5.A　便利なショートカット

ショートカット	内容	ショートカット	内容
Ctrl + C	コピー	Ctrl + Z	元に戻す
Ctrl + X	切り取り	Ctrl + Y	やり直し
Ctrl + V	貼り付け	Ctrl + A	すべて選択
Ctrl + S	保存		

　コピーや切り取り操作の直前には、対象となる文字列を選択しておく必要がありますが、マウスで文字列をドラッグする代わりに、Shift キーと矢印キーを使えば、キーボードで文字列を選択することが可能です（**図5.D**）。

● 図5.D　Shift キーと矢印キーで文字列を選択する

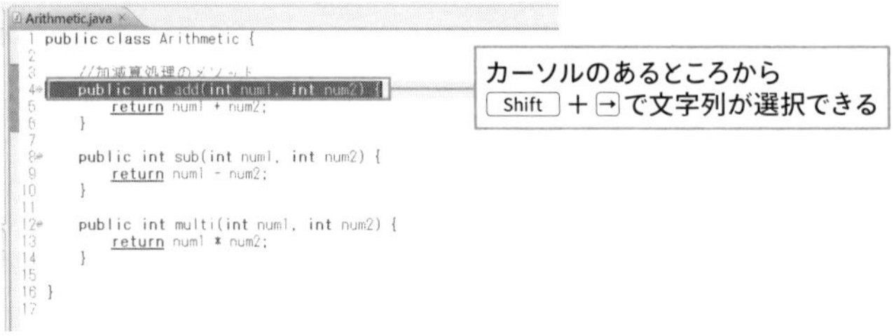
Arithmetic.java
public class Arithmetic {
//加減算処理のメソッド
public int add(int num1, int num2) {
return num1 + num2;
public int sub(int num1, int num2) {
return num1 - num2;
public int multi(int num1, int num2) {
return num1 * num2;
カーソルのあるところから
Shift ＋ → で文字列が選択できる

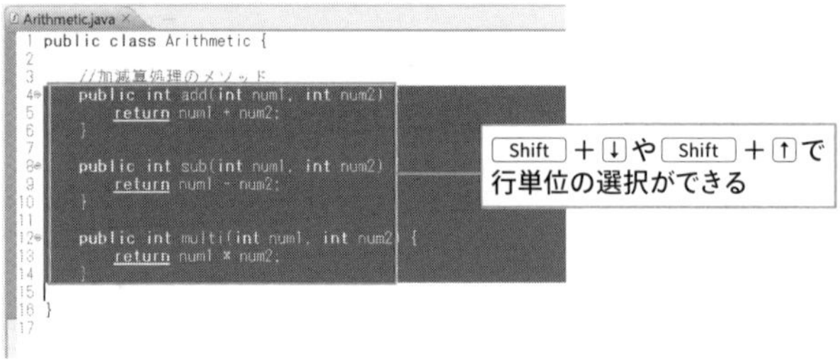
Arithmetic.java
public class Arithmetic {
//加減算処理のメソッド
public int add(int num1, int num2)
return num1 + num2;
public int sub(int num1, int num2)
return num1 - num2;
public int multi(int num1, int num2) {
return num1 * num2;
Shift ＋ ↓ や Shift ＋ ↑ で
行単位の選択ができる

　なお、これらのショートカットキーは、Eclipseに限ったものではなく、他のアプリケーションでも共通です。

その他のコーディングに便利な機能

最後に、エディターで利用できるその他の機能をあげておきます。

パンくずリスト

現在編集中の箇所が、どのソースプログラム内にあり、そしてそのソースプログラムがどのクラスの、どのパッケージに属しているのかなどを確認することができます（**図5.36**）。

● **図5.36　「パンくずリスト」を表示した例**

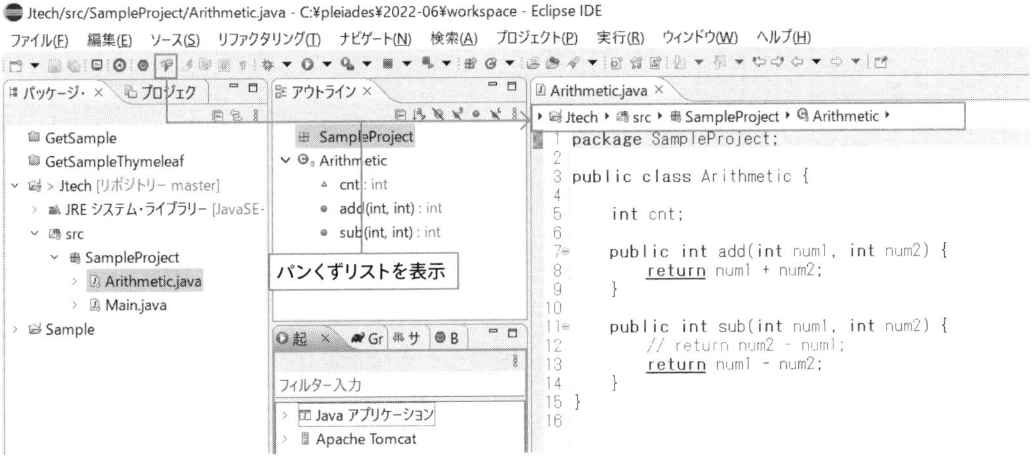

ONEPOINT

パンくずリストは、エディター内で右クリックして、ショートカットメニューから「パンくずリストで表示(B)」や、Alt ＋ Shift ＋ B でも表示できます。

出現箇所のマークのトグル

選択した変数などがどこで使用されているのかが分かるよう反転表示されます（**図5.37**）。

● 図5.37　出現箇所のマークのトグル

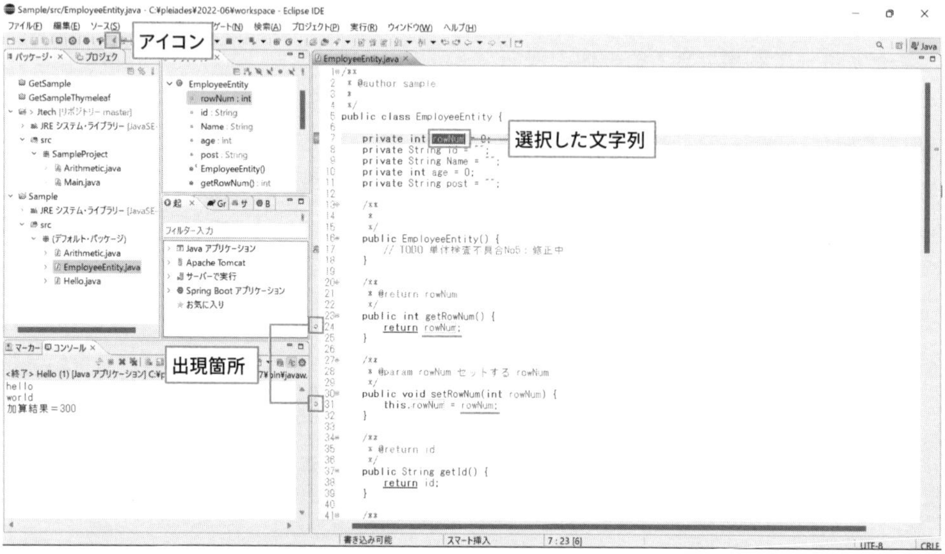

ブロック選択モードの切り替え

行ごとの選択ではなく、矩形で選択したい場合は、**図5.38**で示したアイコンをクリックしてブロック選択モードに切り替えます。ブロック選択モード時は、マウスが「＋」十字型になり、エディター上でドラッグすることで、文字列を矩形に選択できるようになります。

● 図5.38　ブロック選択モードで文字列を矩形に選択した例

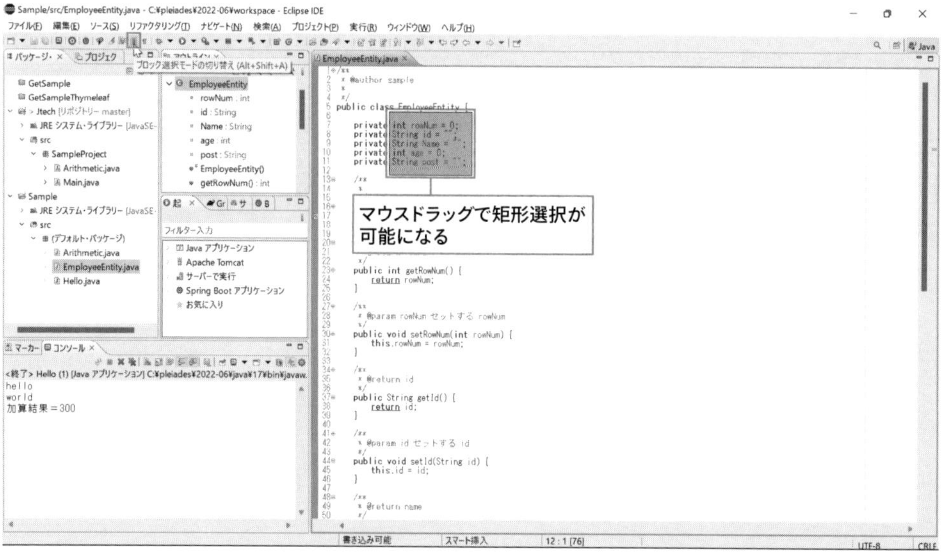

Javaエディターの設定

すでに何度か取り上げている「ウィンドウ(W)」→「設定(P)」から表示される「設定」ダイアログボックスにある、Javaのエディターメニューで、これまで紹介していない機能の一部を紹介しておきましょう。

「エディター」メニュー

「設定」ダイアログボックスの「Java」→「エディター」メニューでは、エディター内の様々な箇所の文字色や背景色を変更することができます(**図5.39**)。

図5.39　エディターメニュー

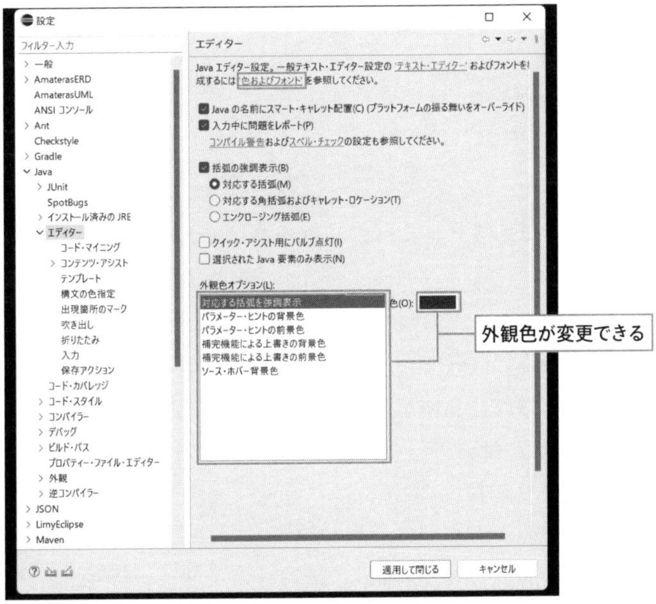

例えば、デフォルトのJavadocの背景色が黒くて見づらいときは、**図5.39**の上側にある「色およびフォント」のリンクをクリックして、切り替わった「色とフォント」画面の一覧にある「Javadoc背景色...」を選択し、「編集(E)」ボタンをクリックして色を変更してください(**図5.40**)。

> **ONEPOINT**
> Javadocについては**第3章**で紹介しています。

● 図5.40　Javadocの背景色を変更する

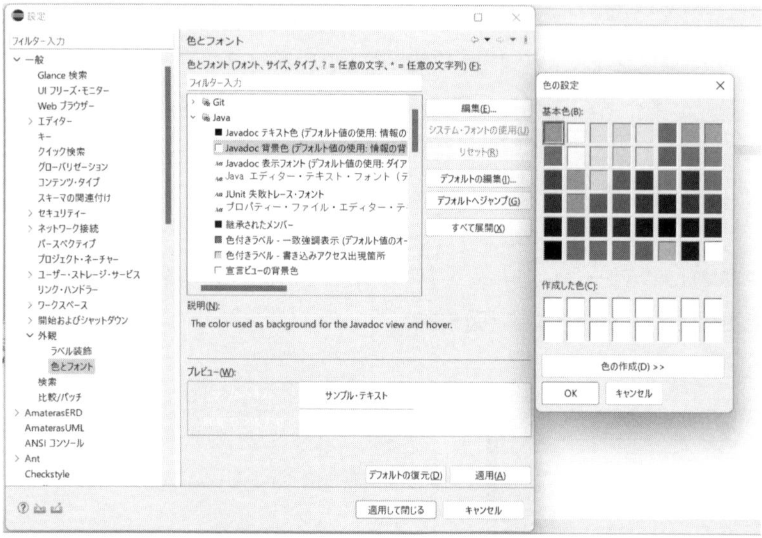

「エディター」メニューのサブメニュー

次に、「Java」→「エディター」メニューの下にあるメニューの一部をあげておきます。

●コンテンツ・アシスト

コード補完などの設定を行う画面です。ちなみにCtrl+スペースで候補が表示されない場合は、「コンテンツ・アシスト」のサブメニュー「拡張」にある「Java候補」のチェックが外れていないか確認してください（**図5.41**）。この項目にチェックが付いていないと候補が表示されません。

●構文の色指定

「エディター」→「構文の色指定」では、Javaの文法に関連するキーワードごとに文字色や文字の書式などを指定することが可能です（**図5.42**）。

●吹き出し

「エディター」→「吹き出し」では、指定した修飾キーで吹き出しの設定ができます。しかし、デフォルトでは「最適な吹き出し」にチェックが付いているため、他の修飾キーでの吹き出し効果が分かりにくいです。**図5.43**では、「最適な吹き出し」のチェックを外して、Ctrl + Shift キーを押した例です。

図5.41　コンテンツ・アシストの「拡張」画面

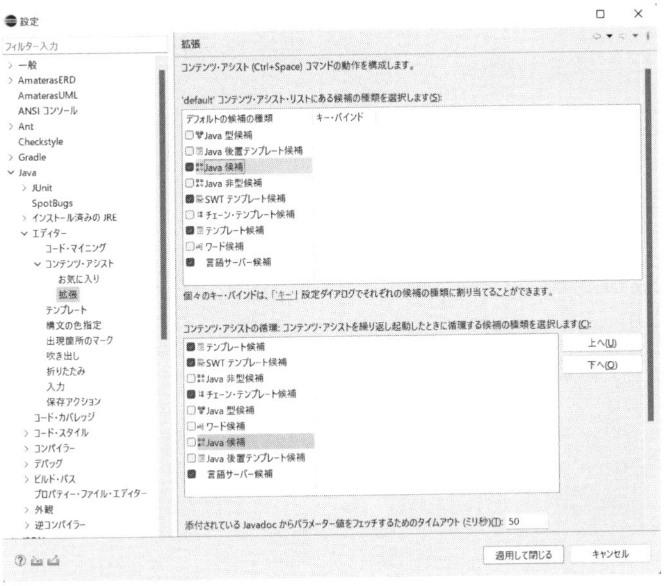

図5.42　「構文の色指定」画面

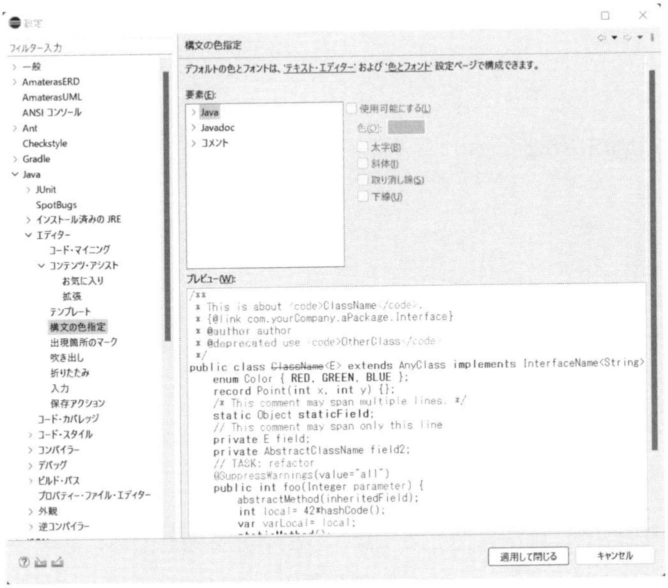

● 図5.43 「最適な吹き出し」のチェックを外す

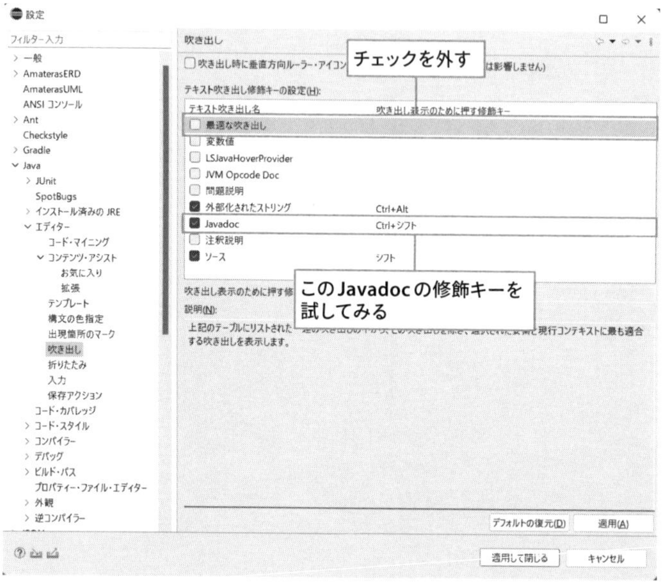

「最適な吹き出し」のチェックを外して、「適用して閉じる」ボタンをクリックした後は、エディター上で Ctrl ＋ Shift キーを押したままで、該当するキーワードにマウスを合わせてください（**図5.44**）。

● 図5.44 「Javadoc」の修飾キーで吹き出しが表示された

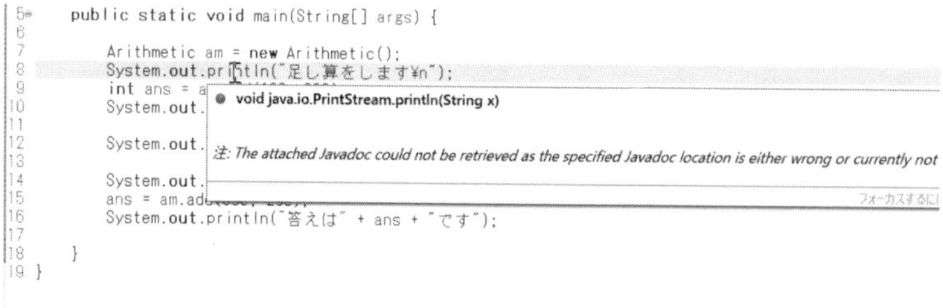

●入力

「エディター」→「入力」では、例えば、「自動的に閉じる」欄で、文字列を囲むために必要な「"（ダブルクォート）」や括弧「（」、ブロック「{」など、対で必要な文字を自動的に生成してくれるなど、入力に役立つ設定ができます。

図5.45 「入力」の「自動的に閉じる」欄

COLUMN ファンクションキーを使う

第4章のデバッグ操作では、ファンクションキーを知っていると便利な場面がありましたが、本章で取り上げたショートカットキーのように、デバッグ以外の操作でも知っておくと便利なファンクションキーがあります。

以下にファンクションキーを使った操作をいくつかあげておきましょう。

F3 キーで「宣言を開く」

第4章でも取り上げていますが、「ナビゲート」メニューにある「宣言を開く」を使うと、該当する変数やメソッドの宣言部分を表示させることができます。

該当する変数やメソッドを選択後に、F3 キーを押せば、簡単に宣言部分にジャンプできます。

F4 キーで「型階層」ビューを開く

こちらも**第4章**で取り上げていますが、ナビゲートメニューにある「型階層を開く(N)」では、現在選択しているメソッドが属するクラスや、クラスの親クラスなどが確認できます。F4 キーを押せば「型階層」ビューを簡単に開くことができます。

Ctrl + F4 キーでファイルを閉じる

F4 キーを Ctrl と併用することで、エディター上で現在アクティブになっているファイルを閉じることができます（Ctrl + W と同じです）。

Ctrl + Shift + F4 キーでファイルを閉じる

さらに F4 キーと、Ctrl と Shift キーを併用すれば、現在エディター上で開いているすべてのファイルを閉じることができます（Ctrl + Shift + W と同じです）。

第6章

Eclipseの リファクタリング手法

リファクタリングは、開発者にとってとても重要な作業です。リファクタリングの概要については、第4章で紹介しましたので、ここでは実際のリファクタリングについて具体例を基にして見ていくことにしましょう。

本章の内容

6-1 リファクタリングの目的

まずは、リファクタリングの必要性について考えながら、リファクタリングが、誰にどのようなメリットを及ぼすのかについて明確にしていきましょう。

なぜリファクタリングが必要なのか

第4章でも述べたように、リファクタリング（refactoring）とは、現在動作しているプログラムの機能、仕様を保ちつつ、内部構造を見直すことです。しかし、リファクタリングは、新たな機能や操作を追加することではないため、システムの利用者（ユーザー）にとって表面的にわかるものではありません（**図6.1**）。

● 図6.1　リファクタリングはユーザーの目に見えない作業

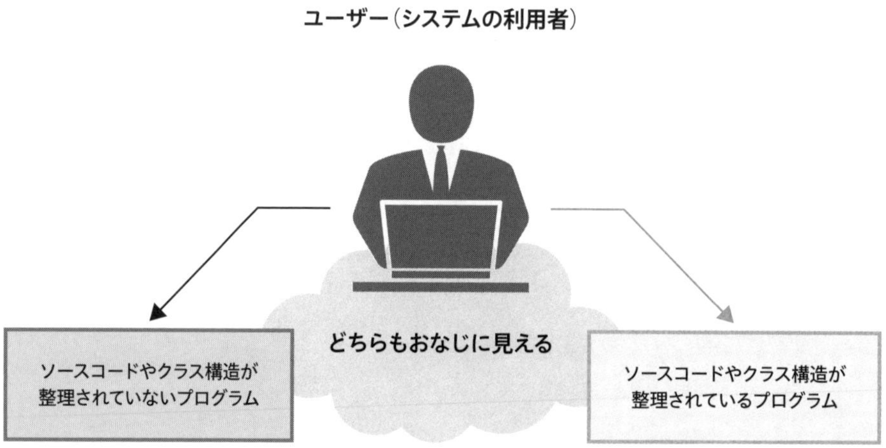

開発者から見て、明らかにリファクタリングが必要なプログラムで作られたシステムをユーザーが利用していたとしても、プログラムの構造やソースプログラムは、ユーザーから見えないし、見えなくても業務に支障はないため、直接的な影響はありません。しかし、ユーザーの要望に伴う仕様変更によって、プログラムの改編が必要となった場合、内部構造に問題のあるプログラムは、下手に手を加えるとバグが発生する可能性もあり、拡張そのものが不可能となることもあり得るのです（**図6.2**）。

● 図6.2 リファクタリングしておかなければ、仕様変更に対応できない

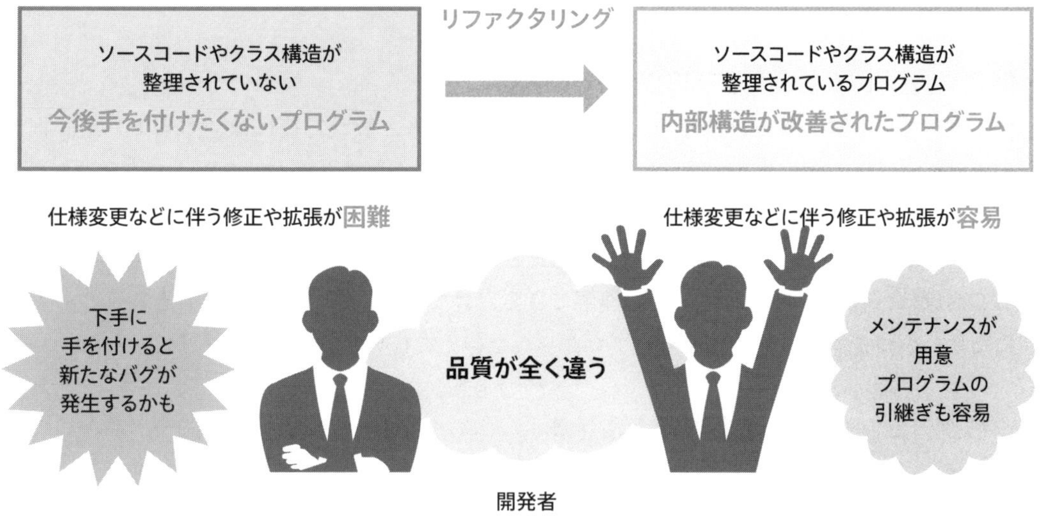

家を建てる場合、子供の成長にあわせて、リビングを区切って子供部屋を作りやすく設計するなどといったことがあるようですが、同様に、システムでも将来の拡張に備えた内部構造を保っておくことは重要です。特に企業向けのシステムでは、システムを利用する企業（ユーザー）をとりまく環境の変化に伴い、仕様変更や機能拡張が起こる可能性が高いため、ユーザーからの仕様変更等の依頼に即座に対応するためにも、リファクタリングが必要となるのです。

リファクタリングの目的

リファクタリングは、ユーザーの要望に迅速に対応するためだけでなく、プログラムの品質を保つために重要な作業です。以下に、開発者にとってのリファクタリングの目的についてあげてみましょう。

プログラムの品質を向上させる

メンテナンスが困難なプログラムに共通する点は、一般的に重複部分が多く、また、重複部分の記述が点在して、プログラムの構造が複雑になっていることが多いと言われています。さらに、重複部分が多ければ、ソースコードのボリュームも増えるため、読み解くには時間がかかり、生産性は著しく低下します。仮に現状のままのソースコードを読み解いて、修正や拡張を行えたとしても、ほとんどの場合、さらにメンテナンスが困難なプログラムと化してしまい、いずれは手を付けられないプログラムになってしまう可能性が高くなります。

もしリファクタリングを行って、プログラム制作の早期から、ソースコードの構造を改善し

ていけば、プログラムの品質を高く保持することができるため、後の仕様変更に伴う修正や拡張も容易に行うことができます。

他者に理解してもらえるプログラムを作成する

例えすべてのプログラムを自分一人で作成したとしても、数か月後には、本人でさえ詳細を覚えていない処理が多々出現します。メンテナンスが困難なプログラムであれば、他者はもちろんのこと、作った本人さえ理解に苦しむソースコードになっていることが考えられます。そこで、リファクタリングを行い、誰もがソースコードを容易に理解して、修正や拡張が可能な状態を保っておけば、作成者自身がいつでも理解できるだけでなく、担当を他者へ引き継ぐことも容易になり、いつまでも自分で作成したプログラムを抱えこむ必要はなくなります。

プログラム制作の生産性を向上させる

ソースコードの構造が改善され、誰が見ても分かりやすい内容になれば、結果的にデバッグにかける時間も軽減され、プログラムの制作時間を短縮させることが可能になります（**図6.3**）。

● 図6.3　リファクタリングによってプログラミング制作の生産性は向上する

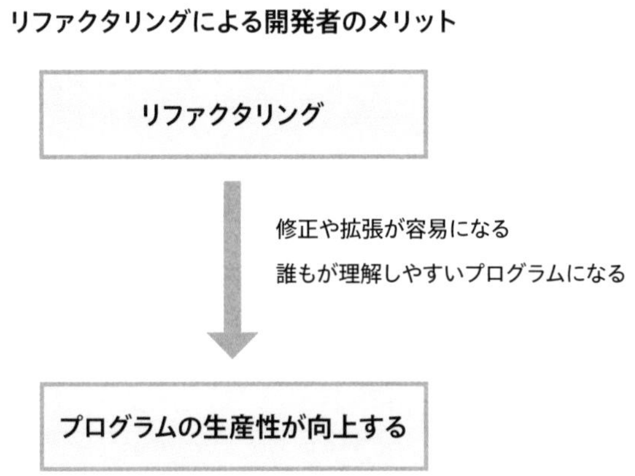
リファクタリングによる開発者のメリット
リファクタリング
修正や拡張が容易になる
誰もが理解しやすいプログラムになる
プログラムの生産性が向上する

このようにリファクタリングの目的は、開発者にとってメリットとなる事柄ばかりであり、Eclipseに搭載されているリファクタリング機能を使いこなすことで、高い品質のプログラムを制作することが可能になります。

リファクタリングを実施すべきタイミング

それでは、どのようなタイミングでリファクタリングを実施すべきなのでしょうか？

以下に、リファクタリングを実施すべきタイミングについて、いくつかあげておきましょう。

同じ処理が3回出現したとき

米国のソフトウェア技術者で、リファクタリングに関する書籍でも有名なマーティン・ファウラー(Martin Fowler)氏は、リファクタリングを実施すべきタイミングの一つを、

「Rule of three(3度目の法則)」

という言葉で表現しています。つまり、同じ処理が3回出現したら、リファクタリングをすべきだということです。

前述したように、メンテナンスが困難なプログラムの大半は、「重複部分が多い」わけですから、そのようなソースコードにならないよう、「Rule of three(3度目の法則)」を心がけましょう。

既存のプログラムに手を加えるとき

仕様変更などに伴い、既存のプログラムに手を加える機会がある場合、機能追加によって処理が冗長的になったり、複雑にならないように、リファクタリングを試みましょう。もし、既存のプログラムがリファクタリングされていなければ、なおさら絶好のタイミングと言えるかもしれません。

ただし、ここで重要な注意点があります。先のマーティン・ファウラー(Martin Fowler)氏によれば、機能追加のタイミングでリファクタリングを行う際には、

「2つの帽子をかぶり直して作業を行う」

という注意点です。つまり、

- 機能追加の作業時は、既存のコードを変更するなどといったリファクタリングを行わない
- リファクタリング作業の際は、機能追加を行わない

というように、「機能追加の帽子」と「リファクタリングの帽子」を使い分けて、機能追加とリファクタリングを同時に行わないように注意する必要があります。

プログラムと向き合うとき

バグ修正をするときや、他人にプログラムをレビューするときなどは、プログラムと向き合い、プログラムの内容を理解する必要があります。そのようなタイミングで、例えば、バグ修正をする前に、あるいはプログラムをレビューする前に、リファクタリングを行うことをおすすめします。バグ修正時は、先にリファクタリングすることによって、バグが鮮明になり、修正がしやすくなります。また、リファクタリングによって洗練されたプログラムであれば、レビューもし

やすくなります。

COLUMN **リファクタリング作業の注意点**

機能追加におけるリファクタリングでは、2つの帽子をかぶるなどといった注意事項がありましたが、他にもリファクタリング作業における注意点があります。

リファクタリング前後の挙動に違いがないか確認する

リファクタリング作業によって、プログラムの実行結果が変わることはありません。リファクタリング作業では、多かれ少なかれプログラムに変更を加えるため、リファクタリング作業によってバグが発生する可能性が皆無ではありません。したがって、リファクタリングの前の実行状態と、リファクタリング後の挙動に問題がないか、きちんと確認しておきましょう。

リファクタリング作業を小分けする

リファクタリング作業の対象は多岐にわたります。例えば、変数名やメソッド名を変更するといったリファクタリング作業を行った後は、必ずプログラムの動作確認を行い、問題なければ、次のリファクタリング作業へ進むといった具合に、どこまでのリファクタリング作業が完了し、次はどのリファクタリング作業を行うのかをきちんと理解して進めるようにしましょう。

バックアップを取っておく

基本的なことですが、リファクタリング作業は万能ではないため、必ずバックアップを取ってから作業を進めてください。

6-2 サポートしているリファクタリング機能

第4章でも紹介したように、Eclipseにはリファクタリングに必要な機能が多く搭載されています。しかし、まずはそれら機能がない場合について考えてみましょう。そして、その後に主なリファクタリング機能について見ていきましょう。

リファクタリング機能がないと

第4章でも取り上げましたが、後から変数名やメソッド名を変更する必要があった場合など、リファクタリング機能がなければ、該当箇所を手動で確認するか、エディターの「置換」機能などで、名前を変更する作業が必要となります。しかし、**図6.4**で示すように、エディターの置換機能では、現在エディター上に表示されているソースコードが対象となるため、他のファイルにあるクラスの該当箇所を置換することができず、エラーになってしまいます。

図6.4　エディターの置換機能では、他のファイルまで置換できない

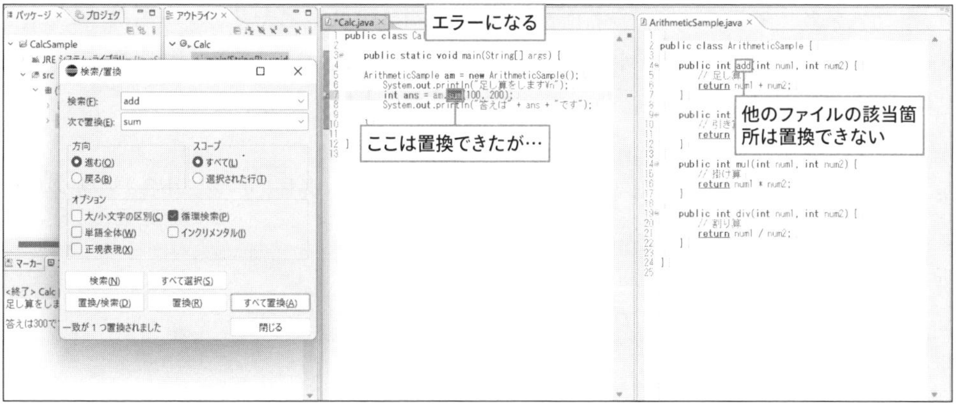

もし、該当箇所が1つのファイルのみに存在するとしても、エディターの置換機能は、プログラムの構造などを認識しないため、**図6.5**で示すように、変更したくない箇所も一律置換してしまう可能性があります。もし、「すべて置換(A)」ボタンを使わずに、1箇所ずつ置換していくとしても、該当箇所がたくさんある場合は、目視が必要となるため、とても手間がかかります。

図6.5　エディターの置換機能では、変更したくない箇所も該当箇所とみなすことがある

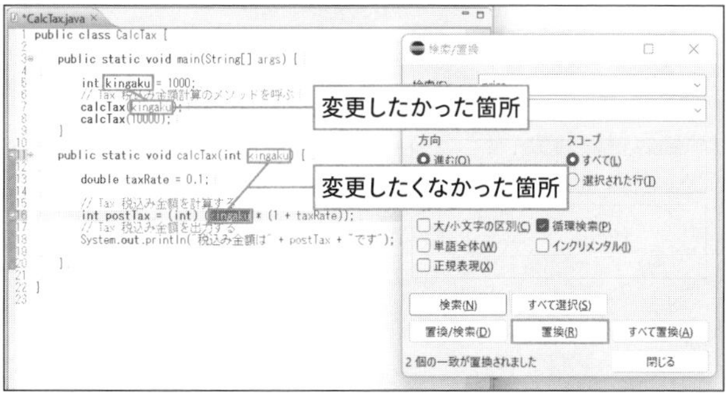

Eclipseがサポートしているリファクタリング機能

Eclipseのメニューにある主なリファクタリング項目については**第4章**で紹介しましたので、ここではメニューにあるリファクタリング機能の一部を具体例とともに見ていくことにしましょう。

名前変更

前述のように、エディターの置換機能で変数名やメソッド名を変更することは可能であるものの、プログラムのボリュームが多いと、バグを生み出すもととなりかねません。

そこで、リファクタリング機能にある名前変更を利用すれば、変数名やメソッド名だけでなく、プロジェクト名やパッケージ名も変更することが可能です。

ここでは、メソッド名の変更を例に、リファクタリングの手順を紹介しましょう。

1. 変更したいメソッド名にカーソルを合わせるか、ダブルクリックして反転表示させる（**図6.6**）。
2. 選択したメソッド名を右クリックして、ショートカットメニューから、「リファクタリング(T)」→「名前変更(N)」を選択する（**図6.7**）。

● 図6.6　メソッド名をダブルクリックして反転表示させる

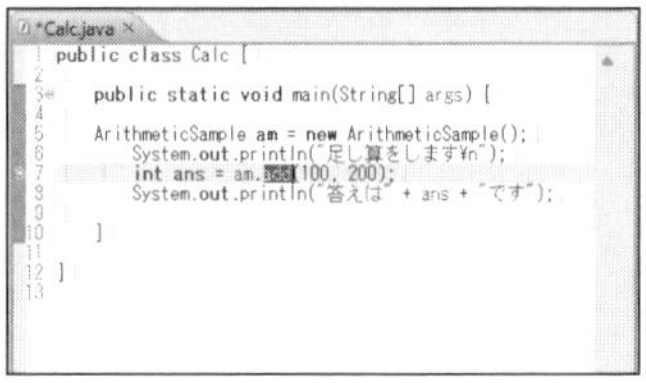

● 図6.7　メソッド名を右クリックして、「名前変更」を選択

3　「Enter キーを押して...」という吹き出しが表示されたら、「オプション」と表示されているリンクをクリックする（**図6.8**）。

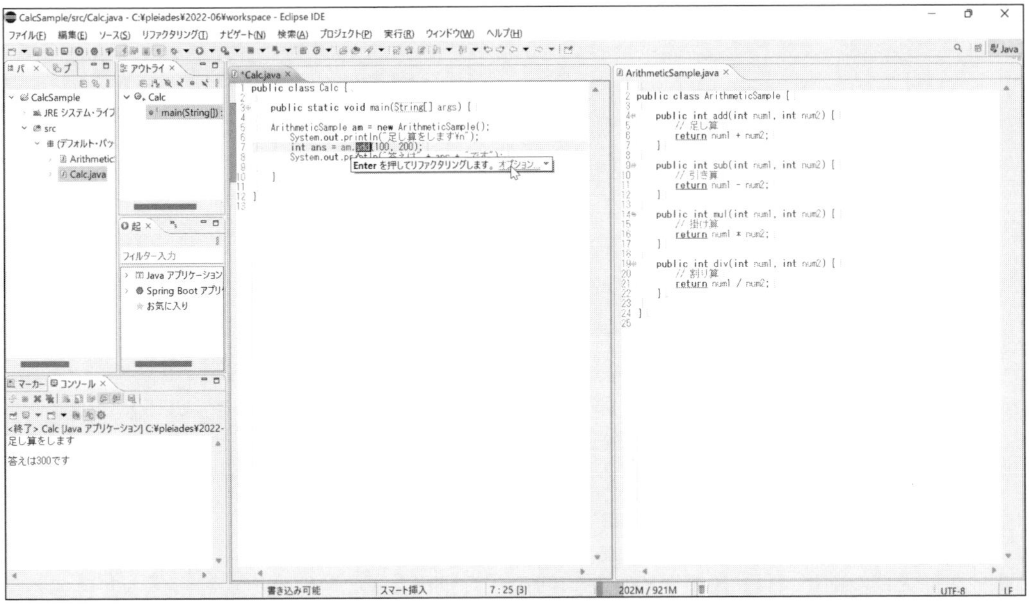
CalcSample/src/Calc.java - C:¥pleiades¥2022-06¥workspace - Eclipse IDE
ファイル(F) 編集(E) ソース(S) リファクタリング(T) ナビゲート(N) 検索(A) プロジェクト(P) 実行(R) ウィンドウ(W) ヘルプ(H)
*Calc.java
ArithmeticSample.java
public class Calc {
public static void main(String[] args) {
ArithmeticSample am = new ArithmeticSample();
System.out.println("足し算をします¥n");
int ans = am.add(100, 200);
Enter を押してリファクタリングします。オプション...
public class ArithmeticSample {
public int add(int num1, int num2) {
// 足し算
return num1 + num2;
public int sub(int num1, int num2) {
// 引き算
return num1 - num2;
public int mul(int num1, int num2) {
// 掛け算
return num1 * num2;
public int div(int num1, int num2) {
// 割り算
return num1 / num2;
CalcSample
src
Calc.java
足し算をします
答えは300です
書き込み可能
スマート挿入
7 : 25 [3]
202M / 921M
UTF-8

● **図6.8　「オプション」と表示されているリンクをクリック**

4　「メソッドの名前変更」ダイアログボックスが表示されたら、変更したいメソッド名を入力して、＜OK＞ボタンをクリックする（**図6.9**）。

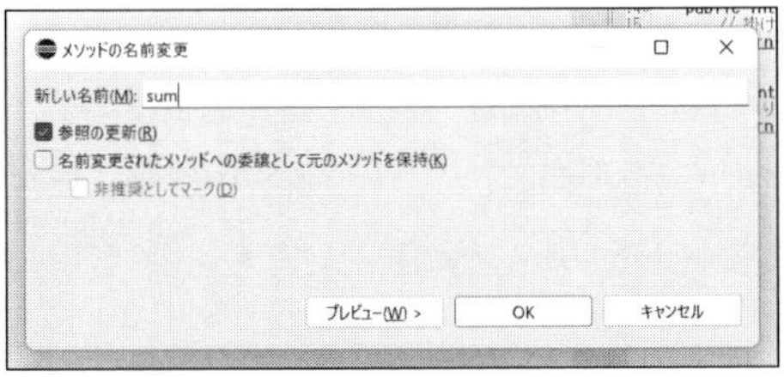
メソッドの名前変更
新しい名前(M): sum
参照の更新(R)
名前変更されたメソッドへの委譲として元のメソッドを保持(K)
非推奨としてマーク(D)
プレビュー(W) >
OK
キャンセル

● **図6.9　「メソッドの名前変更」ダイアログボックス**

ONEPOINT

Eclipseのメニューから「リファクタリング(T)」→「名前変更(N)」や、ショートカットキーの「Alt + Shift + R」を使っても、「名前変更」のリファクタリングが可能です。

該当するメソッドが、他のファイルにあっても、そのファイルを参照して、メソッド名を変更してくれます(**図6.10**)。

図6.10 リファクタリングでメソッドの名前を変更した例

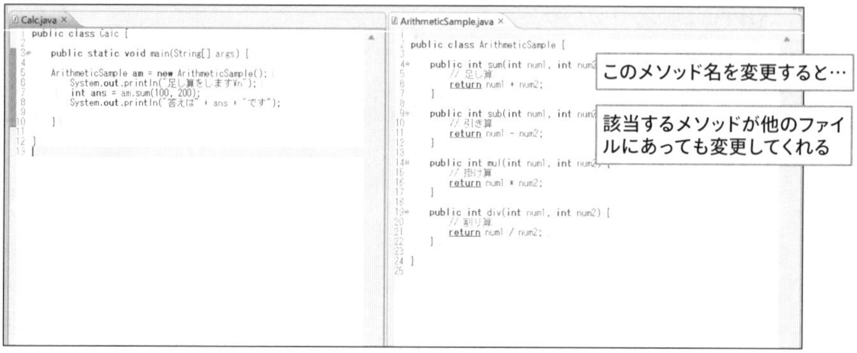
Calc.java
public class Calc {
public static void main(String[] args) {
ArithmeticSample am = new ArithmeticSample();
System.out.println("足し算をします¥n");
int ans = am.sum(100, 200);
System.out.println("答えは" + ans + "です");
}
}
ArithmeticSample.java
public class ArithmeticSample {
public int sum(int num1, int num2
// 足し算
return num1 + num2;
}
public int sub(int num1, int num2
// 引き算
return num1 - num2;
}
public int mul(int num1, int num2) {
// 掛け算
return num1 * num2;
}
public int div(int num1, int num2) {
// 割り算
return num1 / num2;
}
}
このメソッド名を変更すると…
該当するメソッドが他のファイルにあっても変更してくれる

> **ONEPOINT**
>
> Eclipseのメニューから、「編集(E)」→「元に戻す」を選択するか、ショートカットキーの「Ctrl + Z」を使えば、リファクタリング前の状態に戻すことができます。

ローカル変数の抽出

ローカル変数の抽出では、複雑な式や冗長的な式を抽出して、ローカル変数に代入して、ソースコードを整理してくれます。以下のコードを元にローカル変数を抽出する手順をあげておきましょう。

```
int uriage = 1000;

System.out.println("税込み金額は" + (uriage * (1 + 0.1)) + "円です");
```

1. 「1 + 0.1」を範囲指定して、「リファクタリング(T)」→「ローカル変数の抽出(L)」を選択する。
2. 「ローカル変数の抽出」ダイアログボックスが表示されたら、必要に応じて「変数名(V)」欄に任意の名前を入力し、必要に応じてチェック項目を設定して、「OK」ボタンをクリックする(**図6.11**)。

図6.11 「ローカル変数の抽出」ダイアログボックス

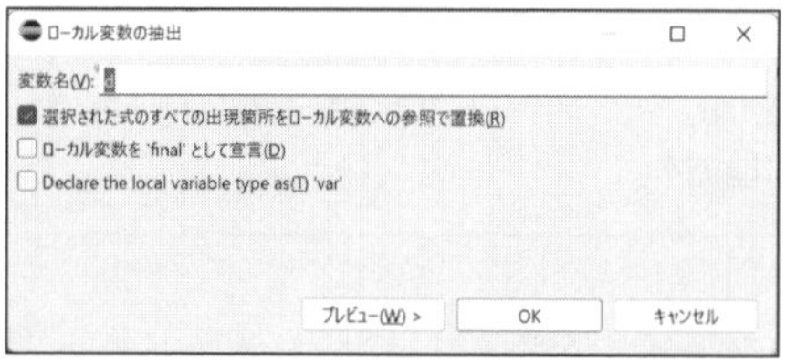
ローカル変数の抽出
変数名(V):
選択された式のすべての出現箇所をローカル変数への参照で置換(R)
ローカル変数を 'final' として宣言(D)
Declare the local variable type as(T) 'var'
プレビュー(W) >
OK
キャンセル

図6.11にある「プレビュー(W)」ボタンをクリックすれば、リファクタリング後の状態が確認できるため、プレビューで状態を確認してから「OK」ボタンで確定することも可能です(**図6.12**)。

図6.12　「プレビュー(W)」ボタンをクリックすると表示されるダイアログボックス

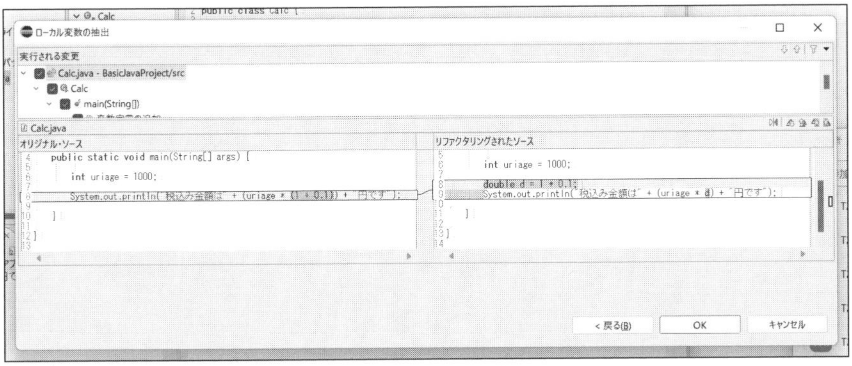

実行結果は次の通りです。ちなみに「1 + 0.1」を範囲指定した後、Ctrl +「1」(イチ)を押下しても、ローカル変数の抽出が可能です。Ctrl +「1」(イチ)を押下した直後は、**図6.13**のように実行結果がプレビューされます。

図6.13　「ローカル変数の抽出」の実行結果と Ctrl +「1」を押下した様子

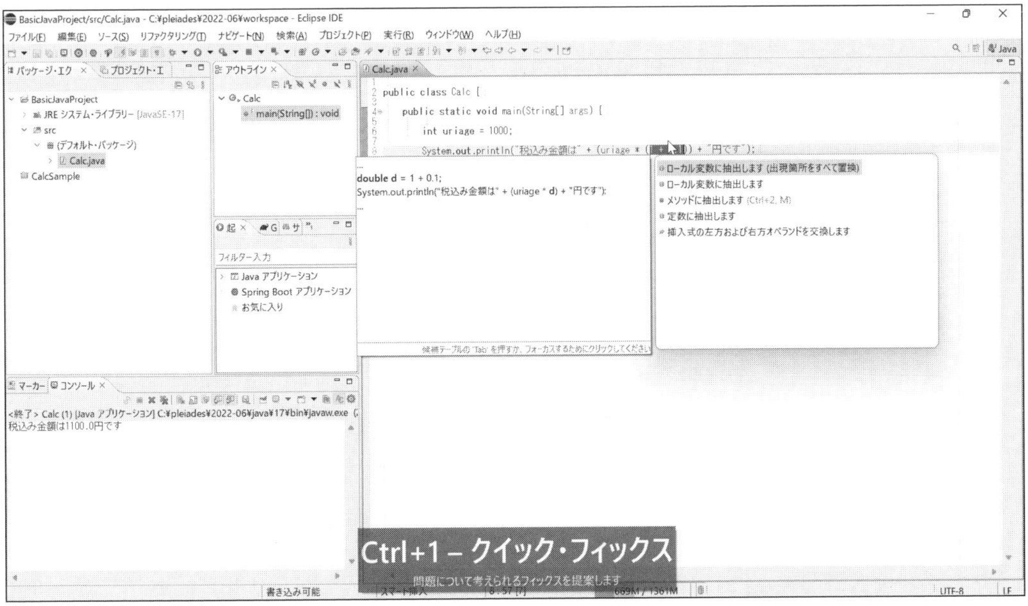

メソッドの抽出

同じ処理が何度も出現する（冗長化する）場合は、その処理をメソッドにするのが基本です。**図6.14**を例に、冗長的な処理をメソッドにするリファクタリングの手順を解説します。

● 図6.14　「メソッドの抽出」を行う前のソースコード

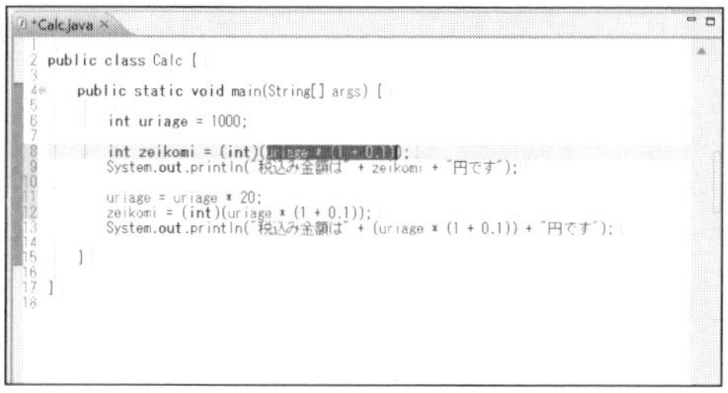
*Calc.java
public class Calc {
public static void main(String[] args) {
int uriage = 1000;
int zeikomi = (int)(uriage * (1 + 0.1));
System.out.println("税込み金額は" + zeikomi + "円です");
uriage = uriage * 20;
zeikomi = (int)(uriage * (1 + 0.1));
System.out.println("税込み金額は" + (uriage * (1 + 0.1)) + "円です");
}
}

1. 冗長している処理（今回は(kingaku * (1 + 0.1))という部分）を選択してから、Eclipseのメニューにある「リファクタリング(T)」→「メソッドの抽出(X)」をクリックする。
2. 「メソッドの抽出」ダイアログボックスで、「メソッド名(N)」でメソッドの名前を入力して、「OK」ボタンをクリックする（**図6.15**）。

● 図6.15　「メソッドの抽出」ダイアログボックス

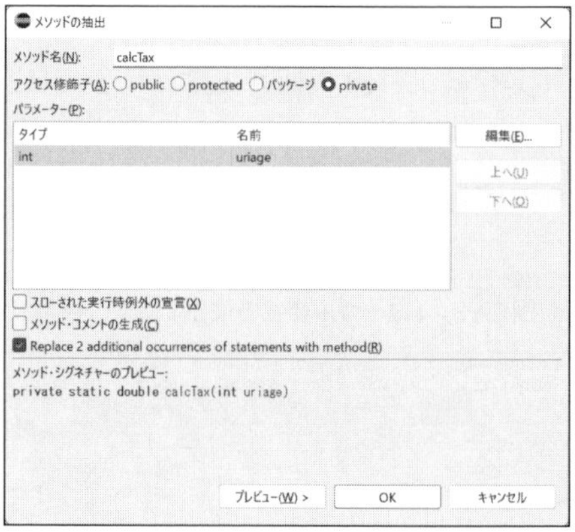
メソッドの抽出
メソッド名(N): calcTax
アクセス修飾子(A): public protected パッケージ private
パラメーター(P):
タイプ 名前
int uriage
編集(E)...
上へ(U)
下へ(D)
スローされた実行時例外の宣言(X)
メソッド・コメントの生成(C)
Replace 2 additional occurrences of statements with method(R)
メソッド・シグネチャーのプレビュー:
private static double calcTax(int uriage)
プレビュー(W) >
OK
キャンセル

図6.16で示すように、冗長化する式を、指定した名前のメソッドとして生成抽出することができます。

● 図6.16　メソッドを抽出した例

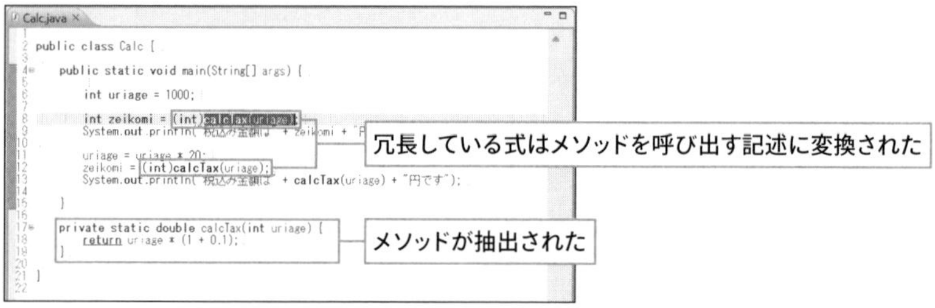
Calc.java
public class Calc {
public static void main(String[] args) {
int uriage = 1000;
int zeikomi = (int)calcTax(uriage);
uriage = uriage * 20;
zeikomi = (int)calcTax(uriage);
System.out.println("税込み金額は" + calcTax(uriage) + "円です");
}
private static double calcTax(int uriage) {
return uriage * (1 + 0.1);
}
}
冗長している式はメソッドを呼び出す記述に変換された
メソッドが抽出された

インライン化

インライン化は、前述した「メソッドの抽出」と相対的なリファクタリングであり、あえてメソッドのコードを内部に展開すると効果的な場合に利用します。以下に、メソッドをインライン化する手順について紹介しましょう。

1　呼び出し側のメソッドを選択し、Eclipseのメニューから「リファクタリング(T)」→「インライン化(I)」を選択する。

2　「メソッドのインライン化」ダイアログボックスで「すべての呼び出し(A)」か「選択された呼び出しのみ(O)」のいずれかを選択して、「OK」ボタンをクリックする。

図6.17は、「メソッドのインライン化」ダイアログボックスで「すべての呼び出し(A)」か「選択された呼び出しのみ(O)」を選択して、「プレビュー(W)」ボタンをクリックした例です。

● **図6.17　「メソッドのインライン化」ダイアログボックスでプレビューした例**

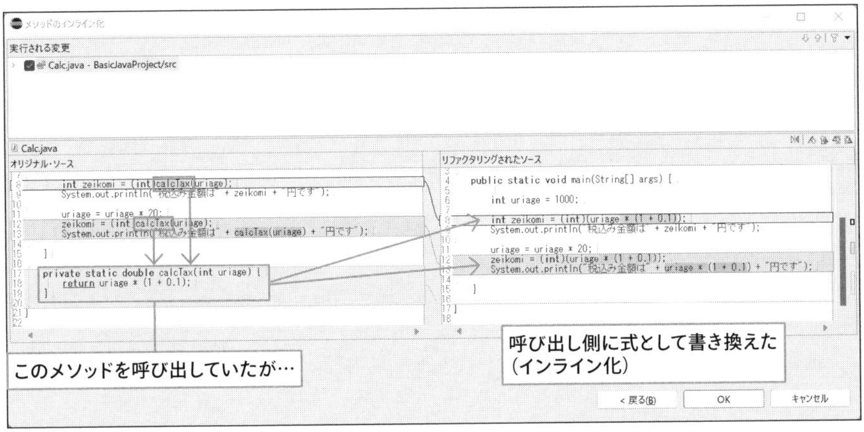

ONEPOINT

冗長的な処理はメソッド化するのが原則ですが、メソッド化によってコードが見づらくなるような場合は、インライン化を検討してください。

定数の抽出

定数の抽出とは、ソースコード内にある数値や文字列を、一度設定したら、変更できない「静的なfinalフィールド」に変換するリファクタリングです。以下に簡単な例をあげておきましょう。

1　定数の抽出の対象となる数値や文字列を範囲選択する（**図6.18**）。

2　Eclipseのメニューから、「リファクタリング(T)」→「定数の抽出(A)」をクリックする。

3　「定数の抽出」ダイアログボックスでは、必要であれば「定数名(C)」に任意の名前を入力して、「OK」ボタンをクリックする（**図6.19**）。

● 図6.18　定数の抽出の対象となる数値や文字列を範囲選択

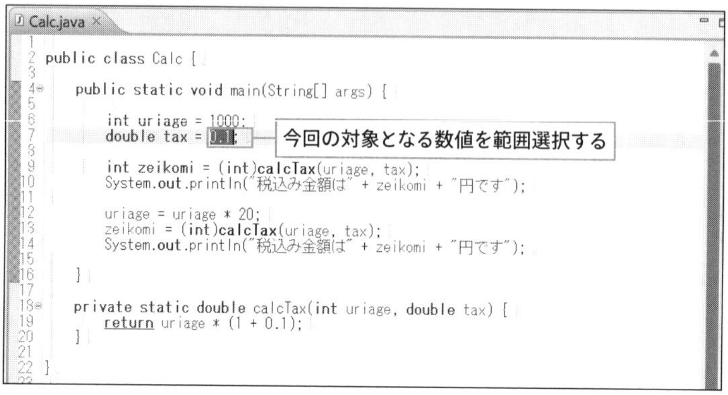
Calc.java
public class Calc {
public static void main(String[] args) {
int uriage = 1000;
double tax = 0.1;
今回の対象となる数値を範囲選択する
int zeikomi = (int)calcTax(uriage, tax);
System.out.println("税込み金額は" + zeikomi + "円です");
uriage = uriage * 20;
zeikomi = (int)calcTax(uriage, tax);
System.out.println("税込み金額は" + zeikomi + "円です");
}
private static double calcTax(int uriage, double tax) {
return uriage * (1 + 0.1);
}
}

● 図6.19　「定数の抽出」ダイアログボックス

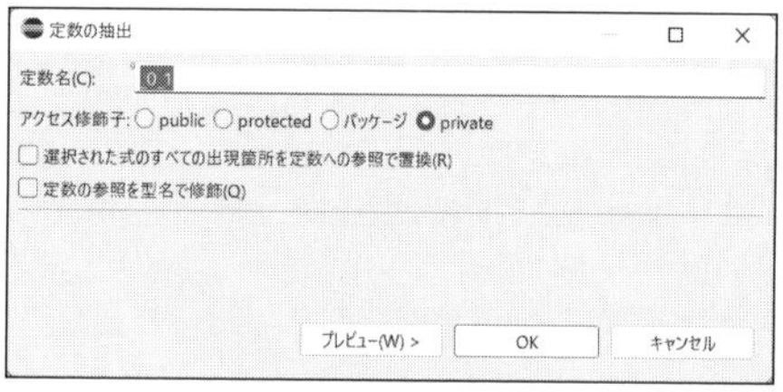
定数の抽出
定数名(C):
0 1
アクセス修飾子: public protected パッケージ private
選択された式のすべての出現箇所を定数への参照で置換(R)
定数の参照を型名で修飾(Q)
プレビュー(W) >
OK
キャンセル

ONEPOINT

定数名は、大文字や「_(アンダースコア)」を使用して、他の値と区別しやすいように生成されます。

図6.20で示す結果になれば、「定数の抽出」リファクタリングが完了です。

● 図6.20　定数の抽出が完了した結果

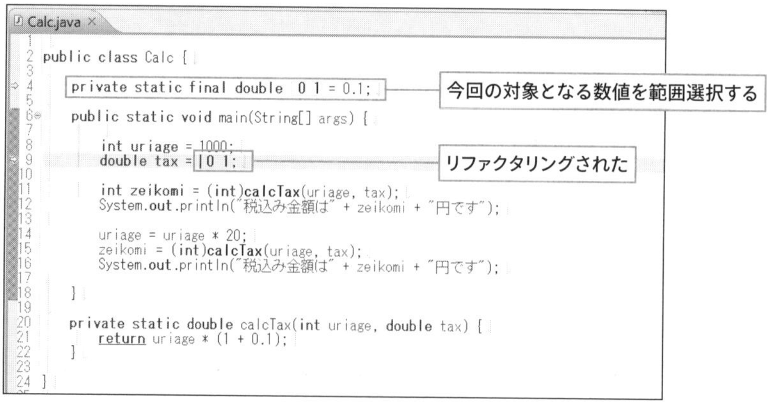
Calc.java
public class Calc {
private static final double 0 1 = 0.1;
今回の対象となる数値を範囲選択する
public static void main(String[] args) {
int uriage = 1000;
double tax = 0 1;
リファクタリングされた
int zeikomi = (int)calcTax(uriage, tax);
System.out.println("税込み金額は" + zeikomi + "円です");
uriage = uriage * 20;
zeikomi = (int)calcTax(uriage, tax);
System.out.println("税込み金額は" + zeikomi + "円です");
}
private static double calcTax(int uriage, double tax) {
return uriage * (1 + 0.1);
}
}

ローカル変数をフィールドに変換

次に、メソッド内のローカル変数をクラスのprivateフィールドに変換する手順をあげておきましょう。

1. メソッド内のローカル変数を選択する（**図6.21**）。

● **図6.21　ローカル変数を選択する**

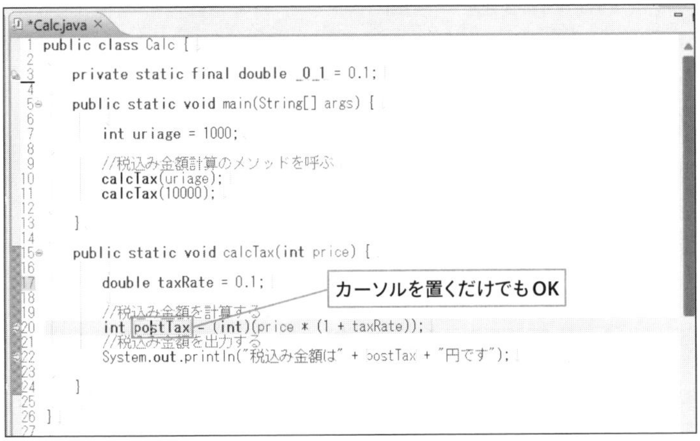
*Calc.java
public class Calc {
private static final double _0_1 = 0.1;
public static void main(String[] args) {
int uriage = 1000;
//税込み金額計算のメソッドを呼ぶ
calcTax(uriage);
calcTax(10000);
}
public static void calcTax(int price) {
double taxRate = 0.1;
//税込み金額を計算する
int postTax = (int)(price * (1 + taxRate));
//税込み金額を出力する
System.out.println("税込み金額は" + postTax + "円です");
}
}
カーソルを置くだけでもOK

2. Eclipseのメニューから、「リファクタリング(T)」→「ローカル変数をフィールドに変換(B)」を選択する。
3. 「ローカル変数をフィールドに変換」ダイアログボックスが表示されたら、「アクセス修飾子」欄で「private(V)」を選択して、「OK」ボタンをクリックする（**図6.22**）。

● **図6.22　「ローカル変数をフィールドに変換」ダイアログボックス**

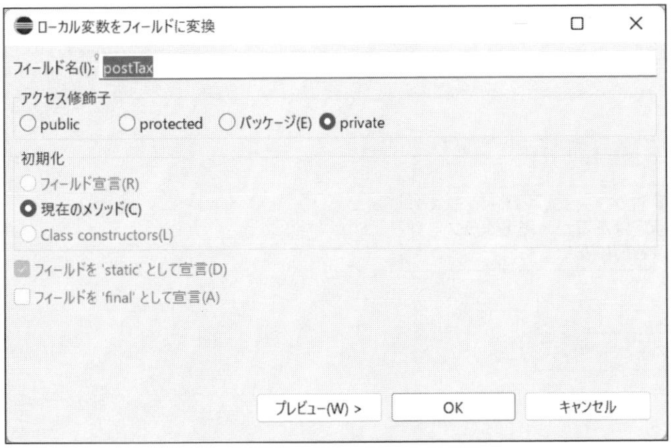
ローカル変数をフィールドに変換
フィールド名(I): postTax
アクセス修飾子
public
protected
パッケージ(E)
private
初期化
フィールド宣言(R)
現在のメソッド(C)
Class constructors(L)
フィールドを 'static' として宣言(D)
フィールドを 'final' として宣言(A)
プレビュー(W) >
OK
キャンセル

図6.23のように、先のローカル変数が、private static変数に変換されます。

● 図6.23　ローカル変数がフィールドに変換された例

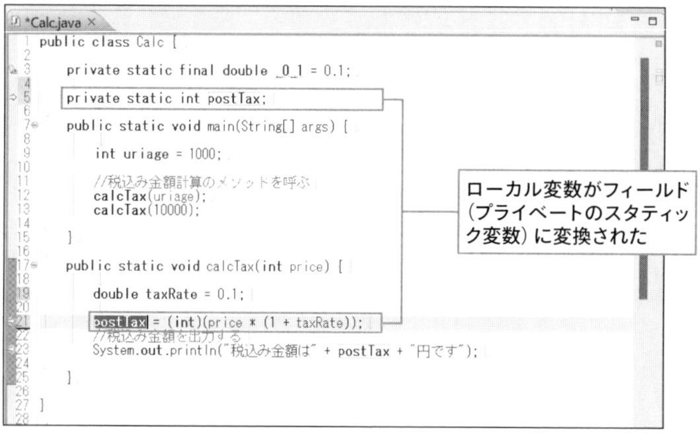
*Calc.java
public class Calc {
private static final double _0_1 = 0.1;
private static int postTax;
public static void main(String[] args) {
int uriage = 1000;
//税込み金額計算のメソッドを呼ぶ
calcTax(uriage);
calcTax(10000);
}
public static void calcTax(int price) {
double taxRate = 0.1;
postTax = (int)(price * (1 + taxRate));
//税込み金額を出力する
System.out.println("税込み金額は" + postTax + "円です");
}
}
ローカル変数がフィールド（プライベートのスタティック変数）に変換された

ONEPOINT

フィールドとは、メソッド内やブロック内に定義されるローカル変数とは異なり、クラスのメンバーとして定義されるため、メンバー変数とも呼ばれます。フィールドは、クラス内に直接定義される変数で、クラス内にあるメソッドからも参照できます。

匿名クラスをネスト・クラスに変換

匿名クラスとは、無名クラスとも呼ばれ、その名の通り自分の名前を持たないクラスです。図6.24に匿名クラスの例をあげておきましょう。

ONEPOINT

匿名クラスはクラス名がないため、スーパークラスのメソッドをオーバーライドする必要があります。

● 図6.24　匿名クラスの例

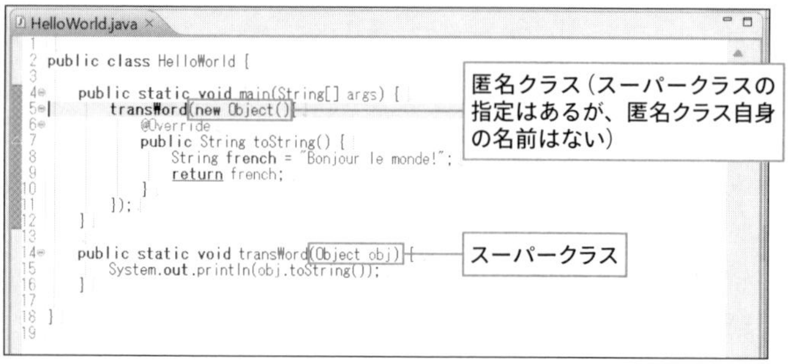
HelloWorld.java
public class HelloWorld {
public static void main(String[] args) {
transWord(new Object() {
@Override
public String toString() {
String french = "Bonjour le monde!";
return french;
}
});
}
public static void transWord(Object obj) {
System.out.println(obj.toString());
}
}
匿名クラス（スーパークラスの指定はあるが、匿名クラス自身の名前はない）
スーパークラス

匿名クラス内のコードが長くなると、解読しにくいことがあります。そのような場合は、リファクタリングによってネストクラスに変更することが可能です。ネストクラスは、クラス内部に定義するクラスで、内部クラス（インナークラス）とも呼ばれます。

それでは、匿名クラスをネストクラスにリファクタリングする手順を見てみましょう。

1. 匿名クラスの名前やクラス内部にカーソルを置く。
2. Eclipseのメニューから、「リファクタリング(T)」→「匿名クラスをネスト・クラスに変換(O)」を選択する。
3. 「匿名クラスをネスト・クラスに変換」ダイアログボックスが表示されたら、「型名(N)」にクラス名を入力して、「OK」ボタンをクリックする。

> **ONEPOINT**
>
> 「匿名クラスをネスト・クラスに変換」ダイアログボックスでは、任意のアクセス修飾子を選択することができます。

図6.25では、匿名クラスがネスト・クラスに変換されたことが確認できると思います。なお、匿名クラスがどのようにネストクラスにリファクタリングされたかは、「匿名クラスをネスト・クラスに変換」ダイアログボックスの「プレビュー(W)」でプレビューするとよくわかります（**図6.26**）。

● **図6.25　匿名クラスをネスト・クラスに変換した例**

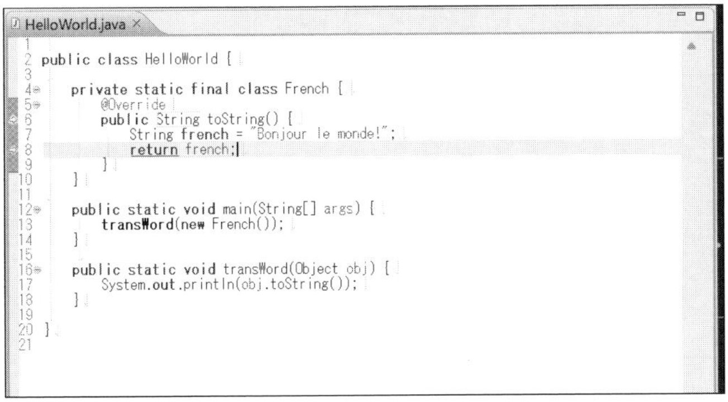
HelloWorld.java
public class HelloWorld {
private static final class French {
@Override
public String toString() {
String french = "Bonjour le monde!";
return french;
}
}
public static void main(String[] args) {
transWord(new French());
}
public static void transWord(Object obj) {
System.out.println(obj.toString());
}
}

図6.26　「匿名クラスをネスト・クラスに変換」のプレビュー画面

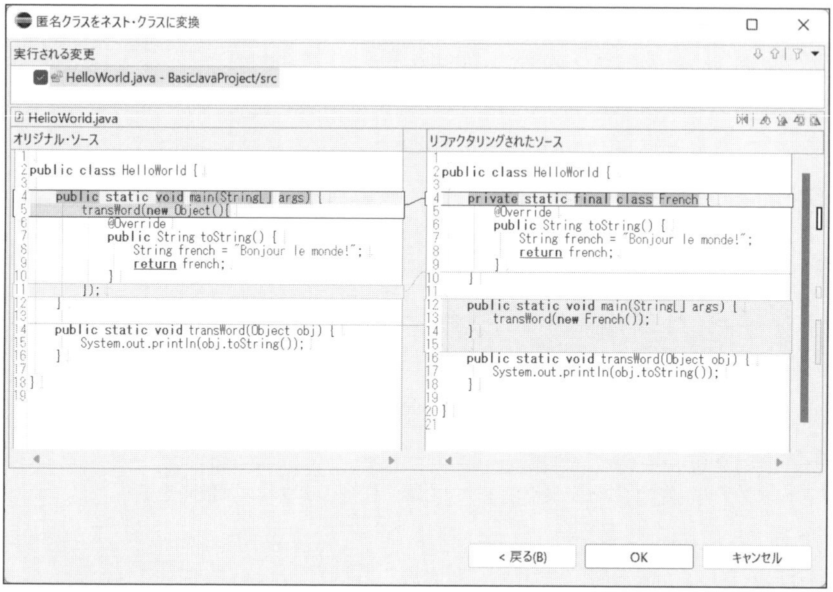
匿名クラスをネスト・クラスに変換
実行される変更
HelloWorld.java - BasicJavaProject/src
HelloWorld.java
オリジナル・ソース
public class HelloWorld {
public static void main(String[] args) {
transWord(new Object(){
@Override
public String toString() {
String french = "Bonjour le monde!";
return french;
}
});
}
public static void transWord(Object obj) {
System.out.println(obj.toString());
}
}
リファクタリングされたソース
public class HelloWorld {
private static final class French {
@Override
public String toString() {
String french = "Bonjour le monde!";
return french;
}
}
public static void main(String[] args) {
transWord(new French());
}
public static void transWord(Object obj) {
System.out.println(obj.toString());
}
}
< 戻る(B)
OK
キャンセル

6-3 リファクタリングの実際

次は、前述したいくつかのリファクタリング機能を、異なるクラスを対象としたり、連続的に使用したりするなどといった、実践的な作業について紹介していきます。

異なるクラスにあるクラス名を変更する

リファクタリングによる「名前変更」の基本的な手順については、P.182で取り上げました。そこで、ここでは、「名前変更」が単なる文字列の置換ではない確定的な事例として、クラス名の変更を見ていくことにします。以下は、リファクタリングでクラス名「InputChk」を「InputCheck」に変更する手順です。

1. ソースプログラム「Main.java」内の「InputChk」クラス部分にカーソルを置くか、範囲選択する（**図6.27**）。
2. Eclipseのメニューから、「リファクタリング(T)」→「名前変更(N)」をクリックする。

● 図6.27　InputChkクラスを選択する

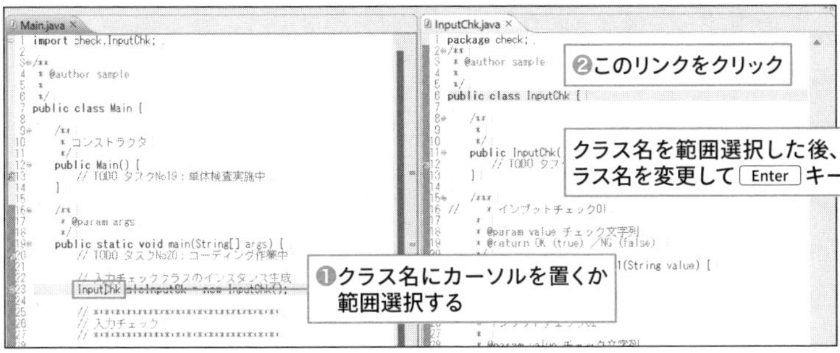

3　「Enter を押してリファクタリングします」の右側にある「オプション」のリンクをクリックする。

4　「型の名前変更」ダイアログボックスが表示されたら、「新しい名前(M)」欄に変更後の「InputCheck」を入力して、「次へ(N)」ボタンをクリックする(図**6.28**)。

5　「型の変更」ダイアログボックスでは、変更後の状態を確認して、「完了(F)」ボタンをクリックする(図**6.29**)。

● 図6.28　「型の名前変更」ダイアログボックス

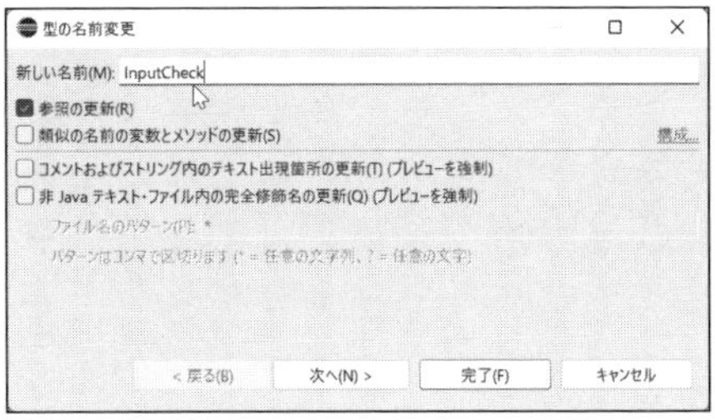

● 図6.29　変更後の状態の確認

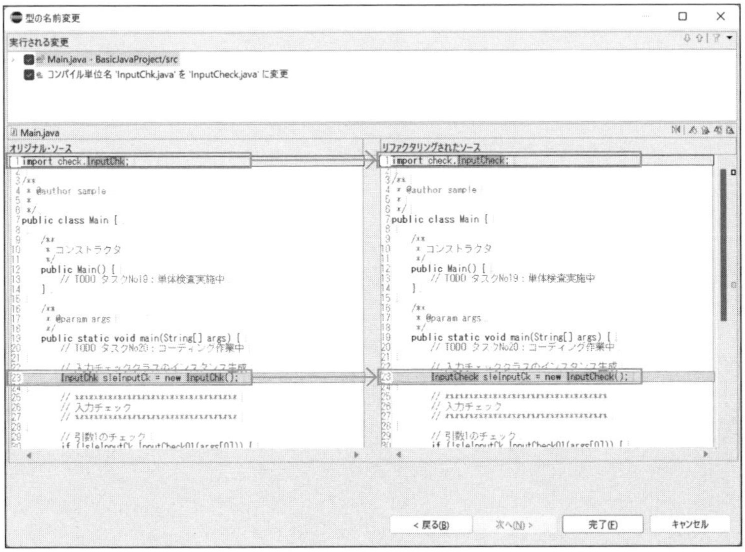

このように、呼び出し元や呼び出し先の該当するクラスの名前だけでなく、クラスファイル名までもきちんと変更されることが確認できます(**図6.30**)。

図6.30　クラス名が変更された

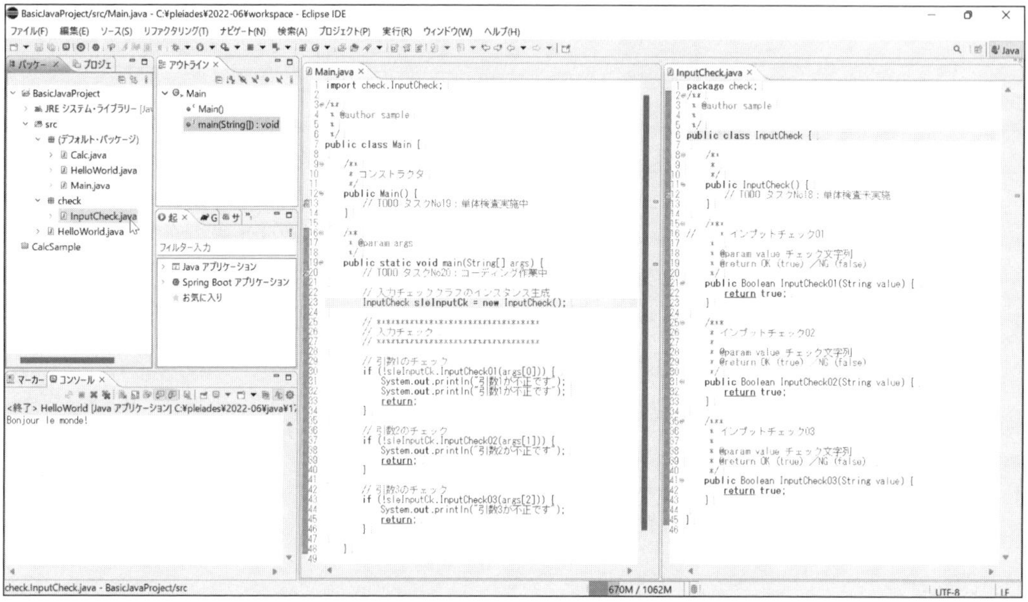
BasicJavaProject/src/Main.java - C:¥pleiades¥2022-06¥workspace - Eclipse IDE
ファイル(F)　編集(E)　ソース(S)　リファクタリング(T)　ナビゲート(N)　検索(A)　プロジェクト(P)　実行(R)　ウィンドウ(W)　ヘルプ(H)
パッケー　プロジェ
BasicJavaProject
JRE システム・ライブラリー
src
(デフォルト・パッケージ)
Calc.java
HelloWorld.java
Main.java
check
InputCheck.java
HelloWorld.java
CalcSample
アウトライン
Main
Main()
main(String[]) : void
フィルター入力
Java アプリケーション
Spring Boot アプリケーション
お気に入り
マーカー　コンソール
<終了> HelloWorld [Java アプリケーション] C:¥pleiades¥2022-06¥java¥17
Bonjour le monde!
Main.java
import check.InputCheck;
/**
* @author sample
*
*/
public class Main {
/**
* コンストラクタ
*/
public Main() {
// TODO タスクNo19：単体検査実施中
}
/**
* @param args
*/
public static void main(String[] args) {
// TODO タスクNo20：コーディング作業中
// 入力チェッククラスのインスタンス生成
InputCheck sleInputCk = new InputCheck();
// 入力チェック
// 引数1のチェック
if (!sleInputCk.InputCheck01(args[0])) {
System.out.println("引数1が不正です");
System.out.println("引数1が不正です");
return;
}
// 引数2のチェック
if (!sleInputCk.InputCheck02(args[1])) {
System.out.println("引数2が不正です");
return;
}
// 引数3のチェック
if (!sleInputCk.InputCheck03(args[2])) {
System.out.println("引数3が不正です");
return;
}
}
InputCheck.java
package check;
/**
* @author sample
*
*/
public class InputCheck {
/**
*
*/
public InputCheck() {
// TODO タスクNo18：単体検査未実施
}
/***
// * インプットチェック01
*
* @param value チェック文字列
* @return OK (true) ／NG (false)
*/
public Boolean InputCheck01(String value) {
return true;
}
/***
* インプットチェック02
*
* @param value チェック文字列
* @return OK (true) ／NG (false)
*/
public Boolean InputCheck02(String value) {
return true;
}
/***
* インプットチェック03
*
* @param value チェック文字列
* @return OK (true) ／NG (false)
*/
public Boolean InputCheck03(String value) {
return true;
}
}
check.InputCheck.java - BasicJavaProject/src
670M / 1062M
UTF-8
LF

連続的にリファクタリングを行う

次に、実践的な事例を紹介しましょう。まずは、今回のリファクタリング対象となるソースプログラム(**リスト6.1**)と、作業の簡単な流れ(**図6.31**)をあげておきます。

リスト6.1　リファクタリング対象にするソースプログラム(Calc.java)

```
package refact;

public class Calc {

public static void main(String[] args) {

int y = 2023; // 西暦年
int m = 1; //月
int d = 1; // 日

if (m == 1 || m == 3 || m == 5 || m == 7 || m == 8 || m == 10 || m == 12) {
```

```
// 31日の月か?
d = 31;
} else if (m == 2) {
// 2月か? うるう年か?
if ((y % 4) == 0 && (y % 100 != 0 || y % 400 == 0))
d = 29;
else
d = 28;
} else if (m == 4 || m == 6 || m == 9 || m == 11) {
// 30日の月か?
d = 30;
} else {
System.out.println("該当する年月がありません!");
}

System.out.println("その月の日数は" + d + "です!");

}

}
```

● 図6.31 今回のリファクタリングの流れ

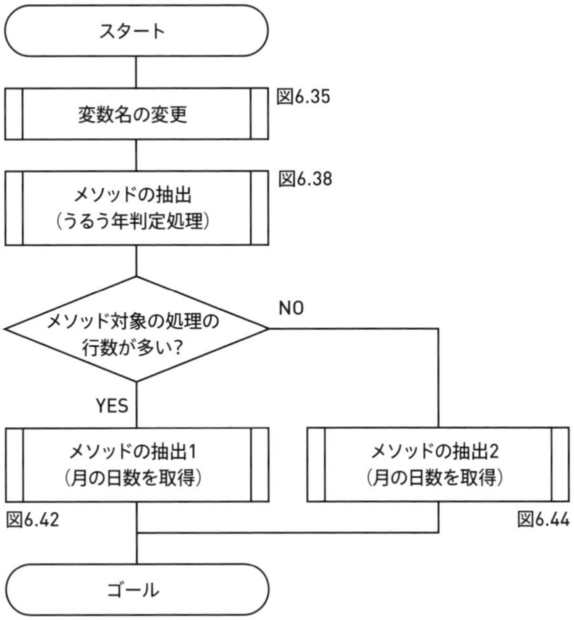

変数名を変更する

それでは、**図6.31**で示した名前変更から始めていきましょう。リファクタリングの名前変更はこれまでも何度か紹介してきたとおりです。以下に「月」の変数名「m」を「month」に変更する際の様子をあげておきましょう。

1. 変更したい変数名を範囲選択して、右クリックのショートカットメニューから「リファクタリング(T)」→「名前変更(N)」を選択する（**図6.32**）。

● **図6.32　変更したい変数名を選択してリファクタリング開始**

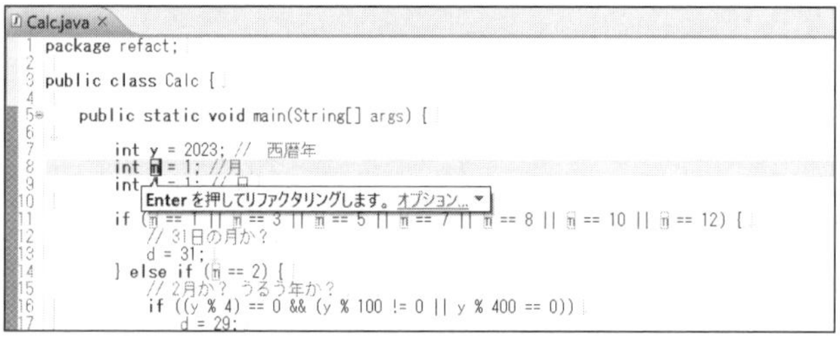
Calc.java
package refact;
public class Calc {
public static void main(String[] args) {
int y = 2023; // 西暦年
int m = 1; //月
Enter を押してリファクタリングします。オプション...
if (m == 1 || m == 3 || m == 5 || m == 7 || m == 8 || m == 10 || m == 12) {
// 31日の月か？
d = 31;
} else if (m == 2) {
// 2月か？ うるう年か？
if ((y % 4) == 0 && (y % 100 != 0 || y % 400 == 0))
d = 29;

2. 「ローカル変数の名前変更」ダイアログボックスで、「新しい名前(M)」欄に、変更したい変数名を入力し（**図6.33**）、「プレビュー(W)」ボタンで変更後をプレビューするか、「OK」ボタンで変更を確定する（**図6.34**）。

● **図6.33　変更したい変数名を入力する**

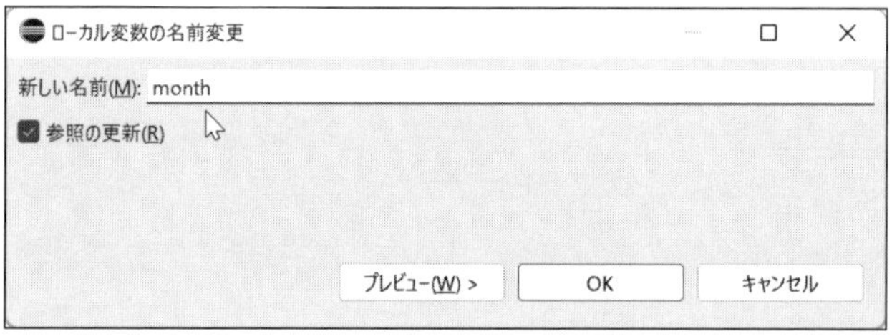
ローカル変数の名前変更
新しい名前(M): month
参照の更新(R)
プレビュー(W) >
OK
キャンセル

● 図6.34　変更後をプレビューした例

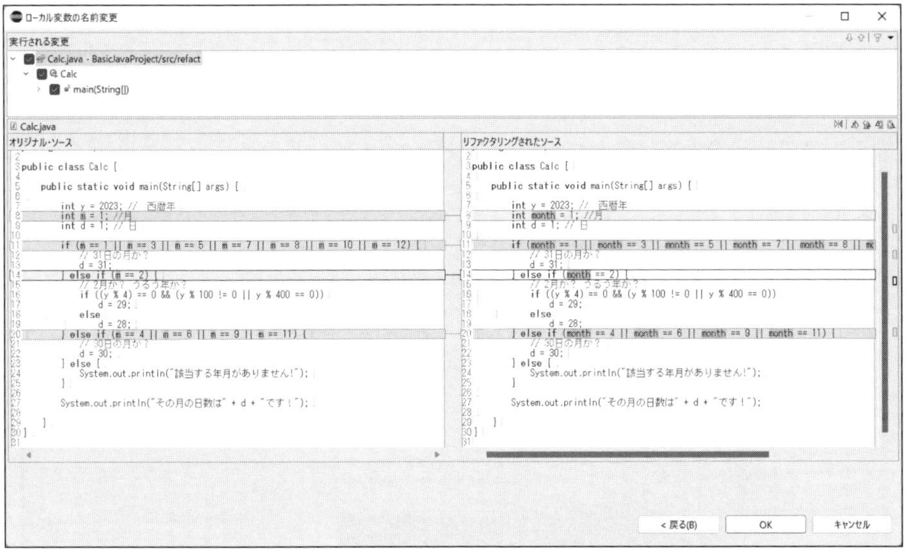
ローカル変数の名前変更
実行される変更
Calc.java - BasicJavaProject/src/refact
Calc
main(String[])
Calc.java
オリジナル・ソース
リファクタリングされたソース
< 戻る(B)
OK
キャンセル

図6.35は、先の手順で、年月日の変数をすべて変更した結果です。

● 図6.35　年月日の変数を全て変更した結果

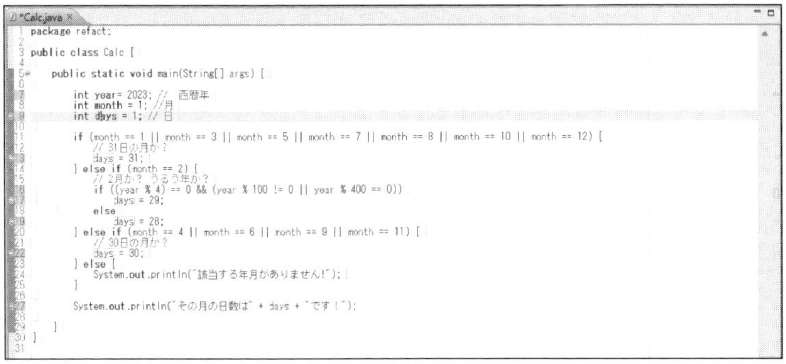
*Calc.java
package refact;
public class Calc {
public static void main(String[] args) {
int year= 2023; // 西暦年
int month = 1; //月
int days = 1; // 日
if (month == 1 || month == 3 || month == 5 || month == 7 || month == 8 || month == 10 || month == 12) {
// 31日の月か？
days = 31;
} else if (month == 2) {
// 2月か？ うるう年か？
if ((year % 4) == 0 && (year % 100 != 0 || year % 400 == 0))
days = 29;
else
days = 28;
} else if (month == 4 || month == 6 || month == 9 || month == 11) {
// 30日の月か？
days = 30;
} else {
System.out.println("該当する年月がありません!");
}
System.out.println("その月の日数は" + days + "です！");
}
}

ONEPOINT

今回は以下のように変数名を変更しています。

y → year　m → month　d → days

メソッドを抽出する

次は、うるう年の計算部分だけをメソッドにしてみます。

1. うるう年の計算部分を範囲選択する。
2. ショートカットメニューから「リファクタリング(T)」→「メソッドの抽出(X)」を選択する（**図6.36**）。

● **図6.36　うるう年の計算部分を範囲選択して、ショートカットメニューを開く**

3. 「メソッドの抽出」ダイアログボックスでは、「メソッド名(N)」に任意のメソッド名（ここでは「leapYear」）を入力し、「アクセス修飾子(A)」はデフォルトの「private」のままで、「プレビュー(W)」か「OK」ボタンをクリックする（**図6.37**）。

● 図6.37 「メソッドの抽出」ダイアログボックスでのプレビュー

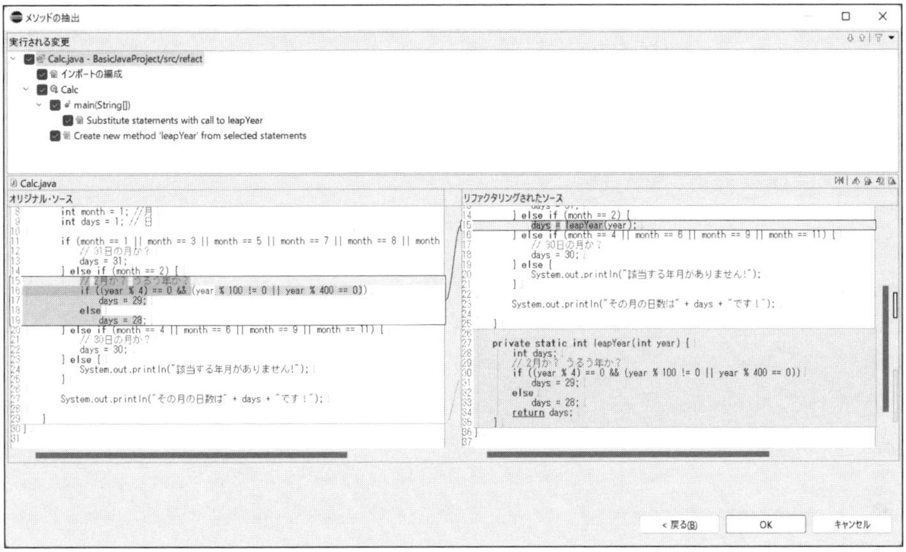
メソッドの抽出
実行される変更
Calc.java - BasicJavaProject/src/refact
インポートの編成
Calc
main(String[])
Substitute statements with call to leapYear
Create new method 'leapYear' from selected statements
Calc.java
オリジナル・ソース
int month = 1; //月
int days = 1; // 日
if (month == 1 || month == 3 || month == 5 || month == 7 || month == 8 || month
// 31日の月か？
days = 31;
} else if (month == 2) {
// 2月か？ うるう年か？
if ((year % 4) == 0 && (year % 100 != 0 || year % 400 == 0))
days = 29;
else
days = 28;
} else if (month == 4 || month == 6 || month == 9 || month == 11) {
// 30日の月か？
days = 30;
} else {
System.out.println("該当する年月がありません!");
}
System.out.println("その月の日数は" + days + "です！");
}
}
リファクタリングされたソース
} else if (month == 2) {
days = leapYear(year);
} else if (month == 4 || month == 6 || month == 9 || month == 11) {
// 30日の月か？
days = 30;
} else {
System.out.println("該当する年月がありません!");
}
System.out.println("その月の日数は" + days + "です！");
}
private static int leapYear(int year) {
int days;
// 2月か？ うるう年か？
if ((year % 4) == 0 && (year % 100 != 0 || year % 400 == 0))
days = 29;
else
days = 28;
return days;
}
}
< 戻る(B)
OK
キャンセル

ここで一度年月日の値を変更して、プロジェクトを実行させて、実行結果に問題がないか確認しておきましょう（**図6.38**）。

● 図6.38 うるう年の年月で実行した結果

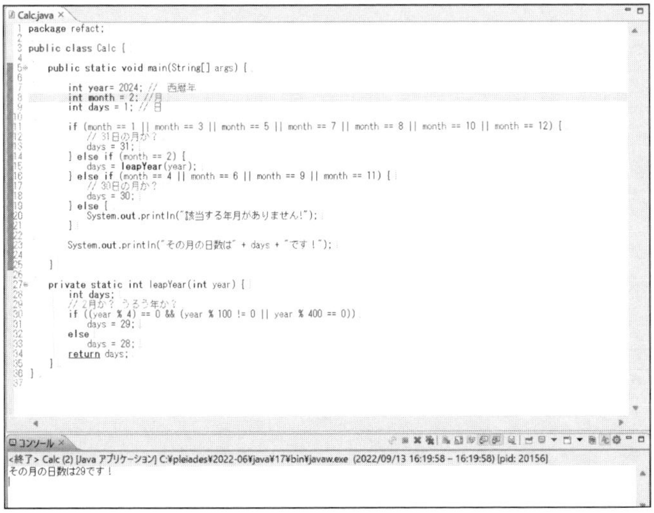
Calc.java
package refact;
public class Calc {
public static void main(String[] args) {
int year= 2024; // 西暦年
int month = 2; //月
int days = 1; // 日
if (month == 1 || month == 3 || month == 5 || month == 7 || month == 8 || month == 10 || month == 12) {
// 31日の月か？
days = 31;
} else if (month == 2) {
days = leapYear(year);
} else if (month == 4 || month == 6 || month == 9 || month == 11) {
// 30日の月か？
days = 30;
} else {
System.out.println("該当する年月がありません!");
}
System.out.println("その月の日数は" + days + "です！");
}
private static int leapYear(int year) {
int days;
// 2月か？ うるう年か？
if ((year % 4) == 0 && (year % 100 != 0 || year % 400 == 0))
days = 29;
else
days = 28;
return days;
}
}
コンソール
<終了> Calc (2) [Java アプリケーション] C:¥pleiades¥2022-06¥java¥17¥bin¥javaw.exe (2022/09/13 16:19:58 – 16:19:58) [pid: 20156]
その月の日数は29です！

ONEPOINT

念のために、うるう年の年月だけでなく、以下のような、月の日数が31日、30日、28日となる年月日の値でも実行させておくことをおすすめします。

2023年1月1日　2023年2月1日　2023年4月1日　2023年8月1日....

範囲選択の違いによるメソッドの抽出1

さらに、月の日数を計算する部分についても、メソッドとして抽出しましょう。なお、今回のケースでは、メソッド元となる範囲をどこまでにするかで、結果が大きく異なります。そこで、先にメソッドの仕様をあげ、手順の少ない例とそうでない例の2パターンを取り上げることにします（**図6.39**）。

● **図6.39　今回のメソッドの抽出について**

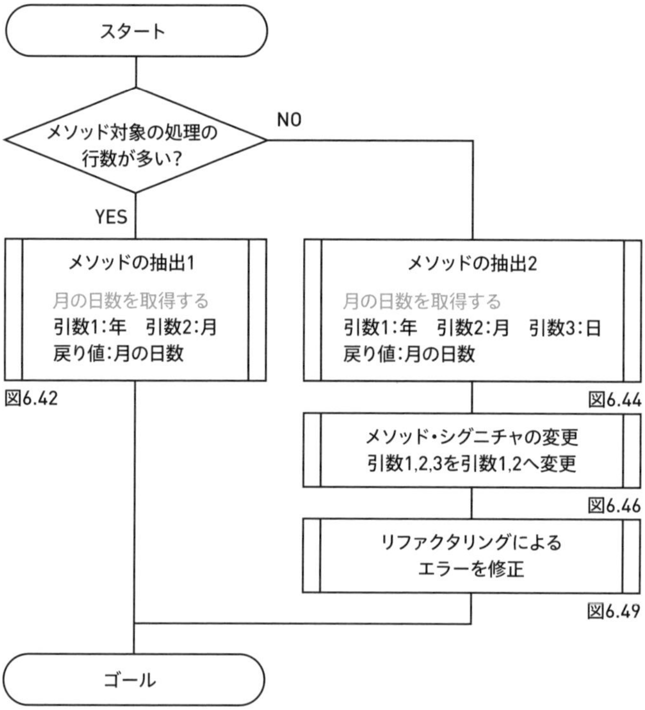

1　月の日数を計算している部分を**図6.40**のように範囲選択する。

● 図6.40　日数用の変数行から日数の出力行の一行前までを範囲選択する

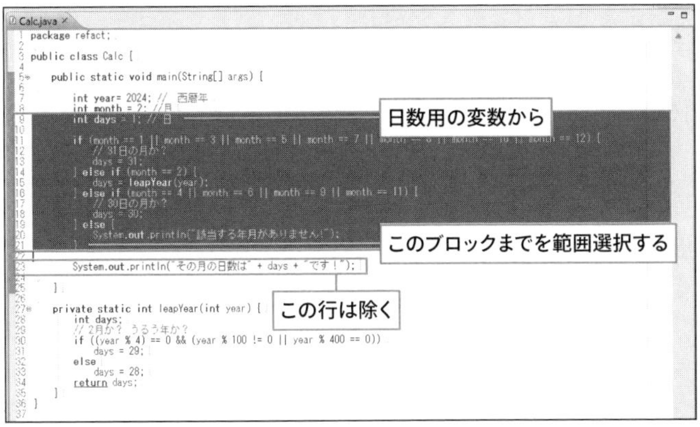

Calc.java
package refact;
public class Calc {
public static void main(String[] args) {
int year= 2024; // 西暦年
int days = 1; // 日
// 31日の月か？
days = 31;
} else if (month == 2) {
days = leapYear(year);
// 30日の月か？
days = 30;
} else {
System.out.println("該当する年月がありません!");
System.out.println("その月の日数は" + days + "です！");
}
private static int leapYear(int year) {
int days;
// 2月か？ うるう年か？
if ((year % 4) == 0 && (year % 100 != 0 || year % 400 == 0))
days = 29;
else
days = 28;
return days;
}
}
日数用の変数から
このブロックまでを範囲選択する
この行は除く

2　ショートカットメニューから「リファクタリング(T)」→「メソッドの抽出(X)」を選択する。

3　「メソッドの抽出」ダイアログボックスでは、「メソッド名(N)」に任意のメソッド名(ここでは「chkDays」)を入力し、「アクセス修飾子(A)」はデフォルトの「private」のままで、「プレビュー(W)」か「OK」ボタンをクリックする(**図6.41**)。

● 図6.41　「メソッドの抽出」ダイアログボックス

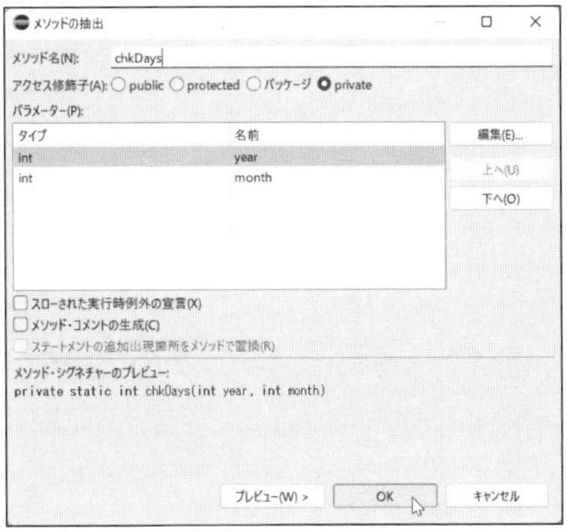

メソッドの抽出
メソッド名(N): chkDays
アクセス修飾子(A): public protected パッケージ private
パラメーター(P):
タイプ 名前
int year
int month
編集(E)...
上へ(U)
下へ(O)
スローされた実行時例外の宣言(X)
メソッド・コメントの生成(C)
ステートメントの追加出現箇所をメソッドで置換(R)
メソッド・シグネチャーのプレビュー:
private static int chkDays(int year, int month)
プレビュー(W) >
OK
キャンセル

図6.42が月の日数を計算している部分をメソッドとして抽出した結果になります。

● 図6.42　月の日数を計算している部分をメソッドとして抽出した例

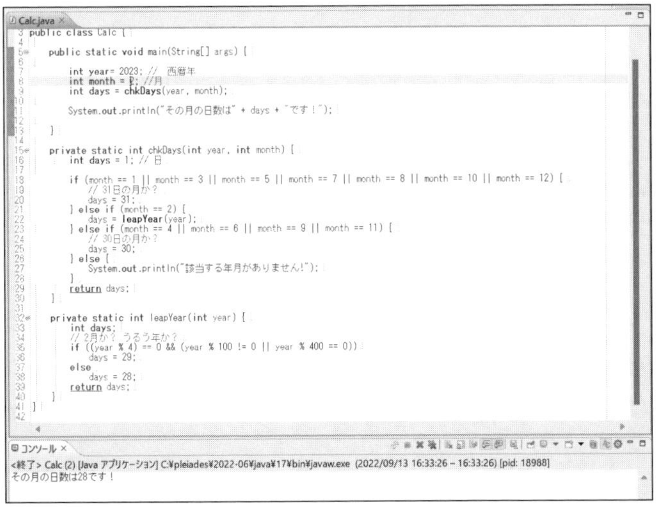

Calc.java
public class Calc {
public static void main(String[] args) {
int year= 2023; // 西暦年
int month = 2; //月
int days = chkDays(year, month);
System.out.println("その月の日数は" + days + "です！");
}
private static int chkDays(int year, int month) {
int days = 1; // 日
if (month == 1 || month == 3 || month == 5 || month == 7 || month == 8 || month == 10 || month == 12) {
// 31日の月か？
days = 31;
} else if (month == 2) {
days = leapYear(year);
} else if (month == 4 || month == 6 || month == 9 || month == 11) {
// 30日の月か？
days = 30;
} else {
System.out.println("該当する年月がありません!");
}
return days;
}
private static int leapYear(int year) {
int days;
// 2月か？ うるう年か？
if ((year % 4) == 0 && (year % 100 != 0 || year % 400 == 0))
days = 29;
else
days = 28;
return days;
}
}
コンソール
<終了> Calc (2) [Java アプリケーション] C:¥pleiades¥2022-06¥java¥17¥bin¥javaw.exe (2022/09/13 16:33:26 – 16:33:26) [pid: 18988]
その月の日数は28です！

範囲選択の違いによるメソッドの抽出2

次に、先の例よりも1行少ない範囲指定を行ったケースを紹介します。

1 月の日数を計算している部分を**図6.43**のように範囲選択する（**図6.40**よりも1行下から範囲選択している）。

● **図6.43　日数用の変数行の1行下から日数出力行の1行前までを範囲選択する**

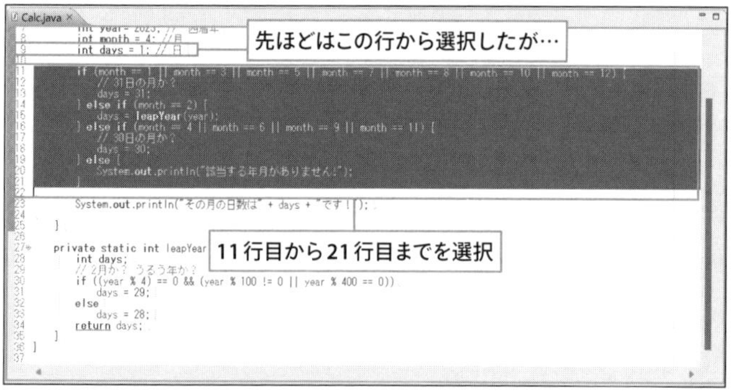
Calc.java
int month = 4; //月
int days = 1; // 日
先ほどはこの行から選択したが…
if (month == 1 || month == 3 || month == 5 || month == 7 || month == 8 || month == 10 || month == 12) {
// 31日の月か？
days = 31;
} else if (month == 2) {
days = leapYear(year);
} else if (month == 4 || month == 6 || month == 9 || month == 11) {
// 30日の月か？
days = 30;
} else {
System.out.println("該当する年月がありません!");
}
System.out.println("その月の日数は" + days + "です！");
}
private static int leapYear
11行目から21行目までを選択
int days;
// 2月か？ うるう年か？
if ((year % 4) == 0 && (year % 100 != 0 || year % 400 == 0))
days = 29;
else
days = 28;
return days;
}
}

2 P.198の手順と同様に、メソッドの抽出メニューからリファクタリングを進める（**図6.44**）。

● **図6.44　今回のリファクタリングによるメソッド抽出の結果**

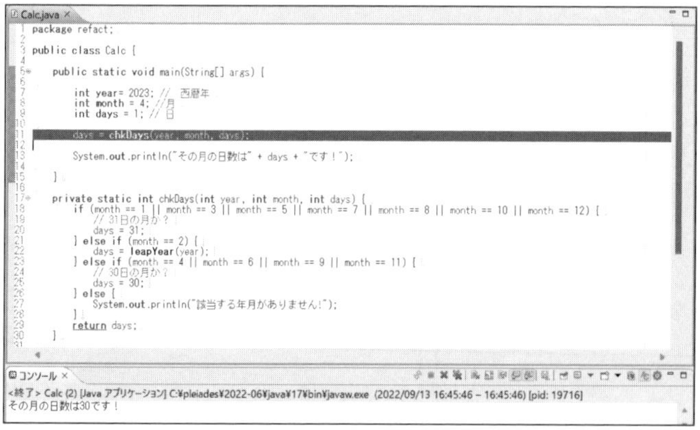
Calc.java
package refact;
public class Calc {
public static void main(String[] args) {
int year= 2023; // 西暦年
int month = 4; //月
int days = 1; // 日
days = chkDays(year, month, days);
System.out.println("その月の日数は" + days + "です！");
}
private static int chkDays(int year, int month, int days) {
if (month == 1 || month == 3 || month == 5 || month == 7 || month == 8 || month == 10 || month == 12) {
// 31日の月か？
days = 31;
} else if (month == 2) {
days = leapYear(year);
} else if (month == 4 || month == 6 || month == 9 || month == 11) {
// 30日の月か？
days = 30;
} else {
System.out.println("該当する年月がありません!");
}
return days;
}
コンソール
<終了> Calc (2) [Java アプリケーション] C:¥pleiades¥2022-06¥java¥17¥bin¥javaw.exe (2022/09/13 16:45:46 – 16:45:46) [pid: 19716]
その月の日数は30です！

メソッド・シグネチャの変更

図6.42の結果と異なるのは、メソッドの引数の数です。そこで、「メソッドの抽出」と同じになるようリファクタリングを続けてみます。

以下の手順で、リファクタリングによって、メソッドの引数や戻り値を変更することが可能です。

1 2 3 4 5 6 7 8 9 10

1 リファクタリングしたいメソッドの先頭行にカーソルを置くか、メソッド名部分を範囲選択する。

2 Eclipseのメニューから、「リファクタリング(T)」→「メソッド・シグネチャの変更(C)」を選択し、ダイアログボックスを表示させる(**図6.45**)。

● 図6.45 メソッドを選択して、ダイアログボックスを表示させる

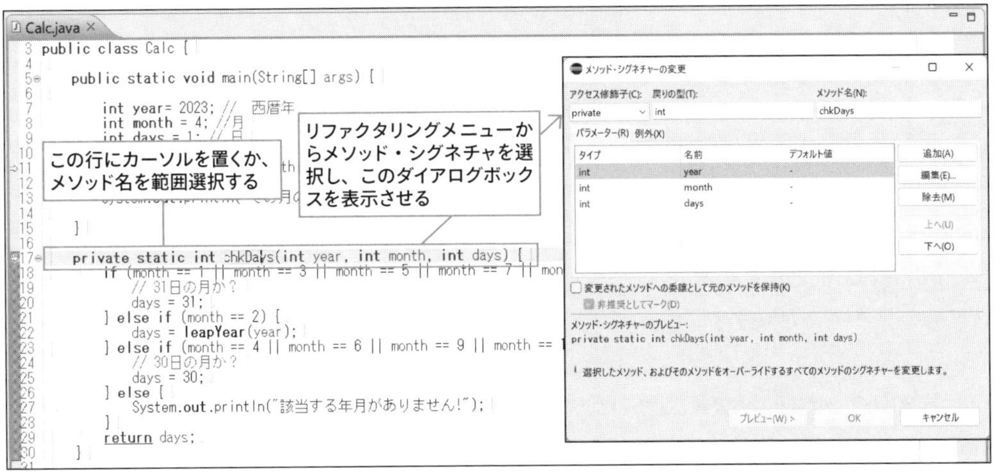

3 「メソッド・シグネチャの変更」ダイアログボックスでは、「パラメータ(R)」タブにある3つ目の引数「days」の行を選択して、「除去(M)」ボタンをクリックする(**図6.46**)。

● 図6.46 「除去(M)」ボタンで引数「days」の行を削除する

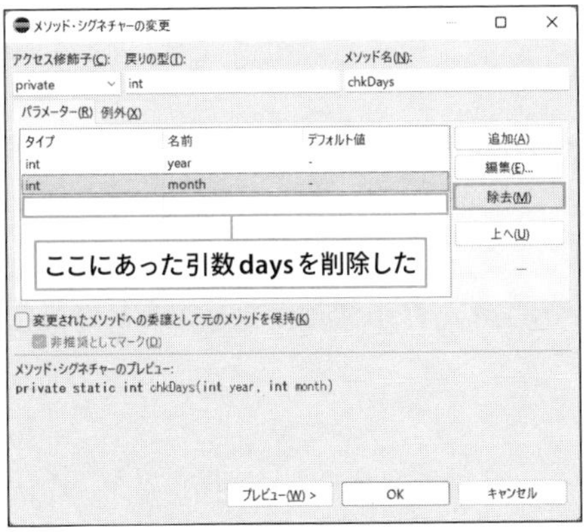

4 先のダイアログボックスで「OK」ボタンをクリックすると、次の画面では「検出された問題」が表示されるが、後で対応するため、ひとまず「続行(T)」ボタンをクリックする(**図6.47**)。

● 図6.47　「検出された問題」が表示されるが、「続行(T)」ボタンで進む

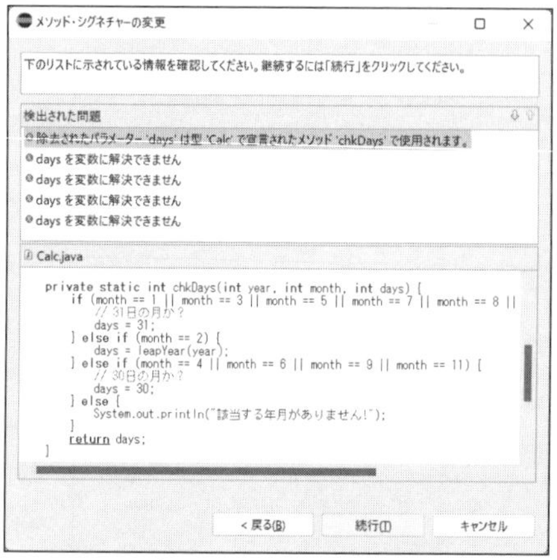
メソッド・シグネチャーの変更
下のリストに示されている情報を確認してください。継続するには「続行」をクリックしてください。
検出された問題
除去されたパラメーター 'days' は型 'Calc' で宣言されたメソッド 'chkDays' で使用されます。
days を変数に解決できません
days を変数に解決できません
days を変数に解決できません
days を変数に解決できません
Calc.java
private static int chkDays(int year, int month, int days) {
if (month == 1 || month == 3 || month == 5 || month == 7 || month == 8 ||
// 31日の月か？
days = 31;
} else if (month == 2) {
days = leapYear(year);
} else if (month == 4 || month == 6 || month == 9 || month == 11) {
// 30日の月か？
days = 30;
} else {
System.out.println("該当する年月がありません!");
}
return days;
}
< 戻る(B)
続行(T)
キャンセル

先の「検出された問題」でも表示されていたように、**図6.48**を見ると、削除した引数に関係する変数部分がエラーになります。

● 図6.48　削除した引数に関係する変数がエラーになる

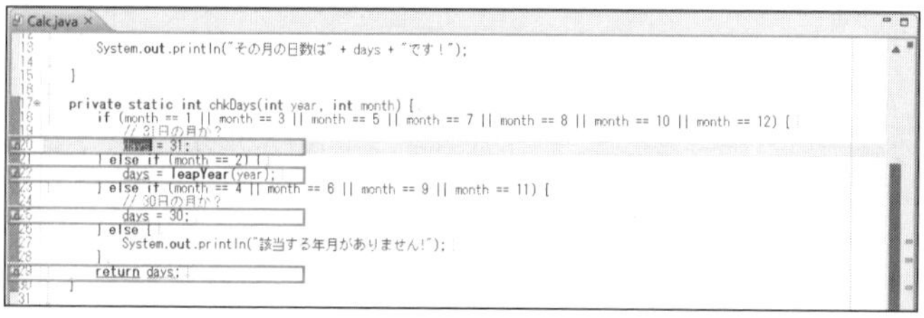
Calc.java
System.out.println("その月の日数は" + days + "です！");
}
private static int chkDays(int year, int month) {
if (month == 1 || month == 3 || month == 5 || month == 7 || month == 8 || month == 10 || month == 12) {
// 31日の月か？
= 31;
} else if (month == 2) {
days = leapYear(year);
} else if (month == 4 || month == 6 || month == 9 || month == 11) {
// 30日の月か？
days = 30;
} else {
System.out.println("該当する年月がありません!");
}
return days;
}

リファクタリングによるエラーの修正

ここでは、4章で取り上げた電球マークからの修正をします。メソッド内の変数days行に表示されている電球マークをクリックして、表示された修正候補から「ローカル変数'days'を作成します」を選択してください（**図6.49**）。

次に、まだ残っている電球マークをクリックして、表示された修正候補から「変数を初期化します」を選択しましょう（**図6.50**）。

● 図6.49　電球マークからエラーになった変数を修正する

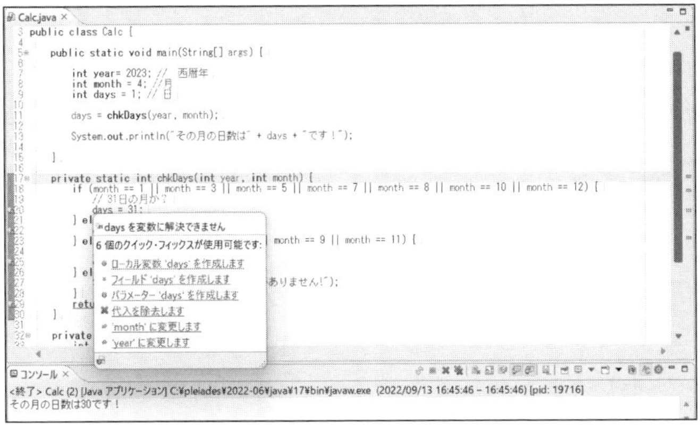

Calc.java
public class Calc {
public static void main(String[] args) {
int year= 2023; //　西暦年
int month = 4; //月
int days = 1; // 日
days = chkDays(year, month);
System.out.println("その月の日数は" + days + "です！");
private static int chkDays(int year, int month) {
if (month == 1 || month == 3 || month == 5 || month == 7 || month == 8 || month == 10 || month == 12) {
// 31日の月か？
days = 31;
days を変数に解決できません
6 個のクイック・フィックスが使用可能です:
ローカル変数 'days' を作成します
フィールド 'days' を作成します
パラメーター 'days' を作成します
代入を除去します
'month' に変更します
'year' に変更します
コンソール
<終了> Calc (2) [Java アプリケーション] C:¥pleiades¥2022-06¥java¥17¥bin¥javaw.exe (2022/09/13 16:45:46 – 16:45:46) [pid: 19716]
その月の日数は30です！

● 図6.50　まだ残っている電球マークから「変数を初期化します」を選択する

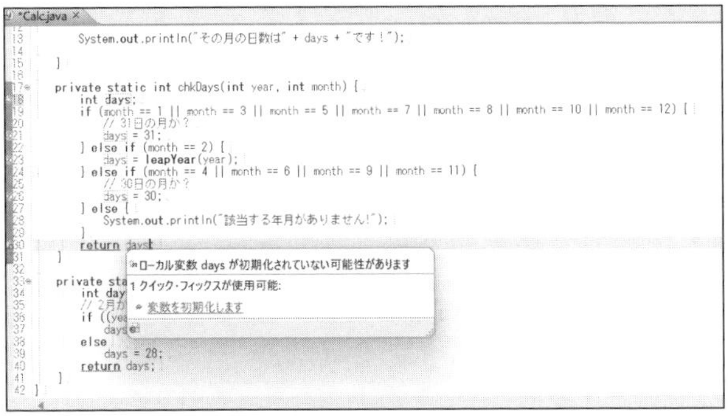

*Calc.java
System.out.println("その月の日数は" + days + "です！");
private static int chkDays(int year, int month) {
int days;
if (month == 1 || month == 3 || month == 5 || month == 7 || month == 8 || month == 10 || month == 12) {
// 31日の月か？
days = 31;
} else if (month == 2) {
days = leapYear(year);
} else if (month == 4 || month == 6 || month == 9 || month == 11) {
// 30日の月か？
days = 30;
} else {
System.out.println("該当する年月がありません!");
}
return days;
ローカル変数 days が初期化されていない可能性があります
1 クイック・フィックスが使用可能:
変数を初期化します
else
days = 28;
return days;

これで先に取り上げたリファクタリング結果とほぼ同じ構成結果になります（**図6.51**）。

● 図6.51　先の例とほぼ同じ結果になった

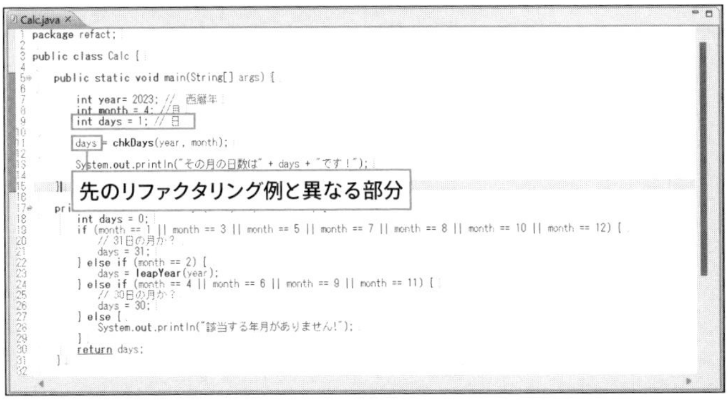

Calc.java
package refact;
public class Calc {
public static void main(String[] args) {
int year= 2023; //　西暦年
int month = 4; //月
int days = 1; // 日
days = chkDays(year, month);
System.out.println("その月の日数は" + days + "です！");
先のリファクタリング例と異なる部分
int days = 0;
if (month == 1 || month == 3 || month == 5 || month == 7 || month == 8 || month == 10 || month == 12) {
// 31日の月か？
days = 31;
} else if (month == 2) {
days = leapYear(year);
} else if (month == 4 || month == 6 || month == 9 || month == 11) {
// 30日の月か？
days = 30;
} else {
System.out.println("該当する年月がありません!");
}
return days;

メソッドを外部クラスへ移動する

次に、リファクタリングによって抽出された、うるう年の計算メソッドと、日数計算のメソッドを外部クラスに移動する手順を紹介します。なお、日数計算のメソッドは作業手順の少ない「メソッドの抽出1」のほうを利用します。

1 「パッケージ・エクスプローラー」内のパッケージ(この例では「refact」)を右クリックして、ショートカットメニューから「新規(N)」→「クラス」をクリックする(**図6.52**)。

● 図6.52 「新規Javaクラス」ダイアログボックスを表示させる

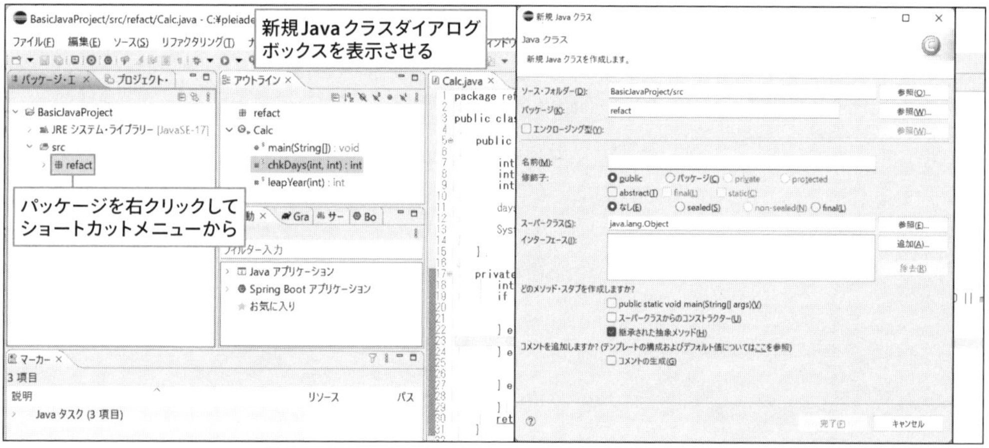

2 「新規Javaクラス」ダイアログボックスが表示されたら、「名前(M)」欄に移動先となるクラスの名前(ここではMonthCheck)を入力して、「完了(F)」ボタンをクリックする(**図6.53**)。

● 図6.53 移動先となるクラスの名前を入力

3　**図6.54**で示すように、「パッケージ・エクスプローラー」内で、外部クラスに移動させたいメソッドのあるクラス（ソースファイル）を選択し、さらにクラスを開いて移動させたいメソッドを選択する。

● 図6.54　「パッケージ・エクスプローラ」内でメソッドを選択する

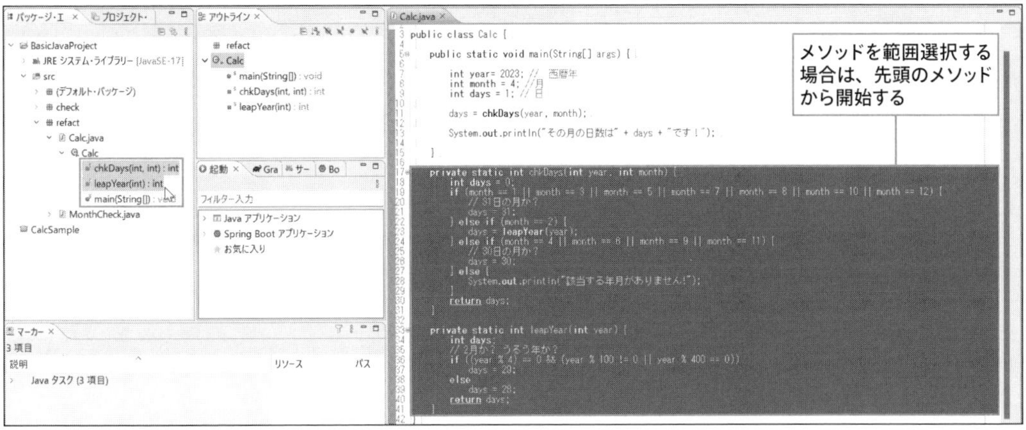
パッケージ・エ
プロジェクト・
BasicJavaProject
JRE システム・ライブラリー [JavaSE-17]
src
(デフォルト・パッケージ)
check
refact
Calc.java
Calc
chkDays(int, int) : int
leapYear(int) : int
main(String[]) : void
MonthCheck.java
CalcSample
アウトライン
refact
Calc
main(String[]) : void
chkDays(int, int) : int
leapYear(int) : int
起動
Gra
サー
Bo
フィルター入力
Java アプリケーション
Spring Boot アプリケーション
お気に入り
マーカー
3 項目
説明
リソース
パス
Java タスク (3 項目)
Calc.java
public class Calc {
public static void main(String[] args) {
int year= 2023; //　西暦年
int month = 4; //月
int days = 1; // 日
days = chkDays(year, month);
System.out.println("その月の日数は" + days + "です！");
}
private static int chkDays(int year, int month) {
int days = 0;
if (month == 1 || month == 3 || month == 5 || month == 7 || month == 8 || month == 10 || month == 12) {
// 31日の月か？
days = 31;
} else if (month == 2) {
days = leapYear(year);
} else if (month == 4 || month == 6 || month == 9 || month == 11) {
// 30日の月か？
days = 30;
} else {
System.out.println("該当する年月がありません!");
}
return days;
}
private static int leapYear(int year) {
int days;
// 2月か？ うるう年か？
if ((year % 4) == 0 && (year % 100 != 0 || year % 400 == 0))
days = 29;
else
days = 28;
return days;
}
メソッドを範囲選択する
場合は、先頭のメソッド
から開始する

> **ONEPOINT**
>
> **図6.54**で示したように、ソースファイル内で外部クラスにしたいメソッドを範囲選択しても構いません。

4　Eclipseのメニューから、「リファクタリング(T)」→「移動(M)」を選択して、「staticメンバーの移動」ダイアログボックスを表示させる。

5　「staticメンバーの移動」ダイアログボックスの「参照(B)」ボタンをクリックして、「型の選択」ダイアログボックスを表示させる。

6　「型の選択」ダイアログボックスでは、「型の選択」欄に移動先のクラス名を入力する（**図6.55**）。

> **ONEPOINT**
>
> **図6.55**で示したように、クラス名の途中まで入力すれば、「一致する項目(M)」欄に候補のクラスが表示されます。**図6.55**では、「Mon」と入力して移動先のクラス「MonthCheck」を選択する例をあげています。

● 図6.55 「staticメンバーの移動」と「型の選択」ダイアログボックス

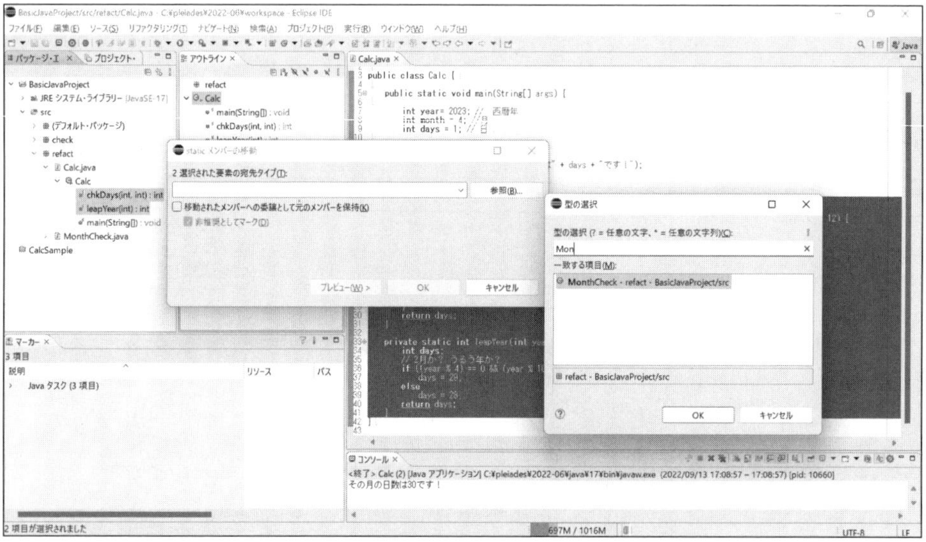

7 「型の選択」ダイアログボックスで、「一致する項目(M)」欄の移動先クラス(ここではMonthCheck)を選択して、「OK」ボタンをクリックする。

8 「staticメンバーの移動」ダイアログボックスに戻ったら、「プレビュー(W)」ボタンをクリックする。

9 次のダイアログボックスでは、デフォルトのままで「続行(T)」ボタンをクリックする。

10 次のダイアログボックスでは、「実行される変更」欄の内容を確認して、「OK」ボタンをクリックする(**図6.56**)。

● 図6.56 「staticメンバーの移動」ダイアログボックスの実行される変更部分

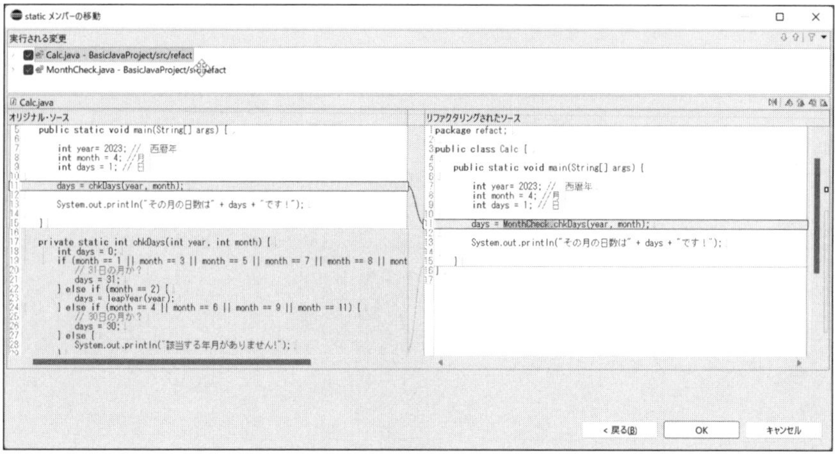

これで、先のメソッド「chkDays」と「leapYear」が外部クラス「MonthCheck」へ移動します（**図6.57**）。

図6.57　メソッドが外部クラスに移動した

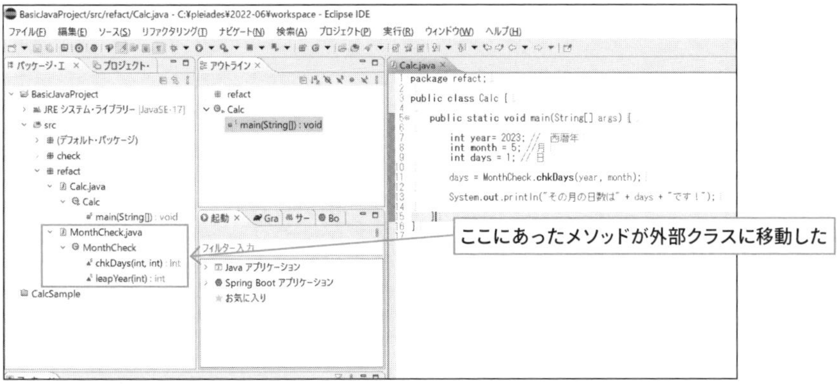

リファクタリングによるクラスの継承

先のMonthCheckクラスをスーパークラス（親クラス）として、MonthCheckクラスを継承し、継承したスーパークラスが持つメソッド（ここではchkDaysとleapYearメソッド）を利用するといったリファクタリングも可能です。以下に、リファクタリングによる継承の例としてあげておきましょう。

1. 「パッケージ・エクスプローラー」内で、外部クラスに移動させたいメソッドを選択する。または、エディター上のメソッドを範囲選択する（**図6.58**）。
2. Eclipseのメニューから、「リファクタリング(T)」→「スーパークラスの抽出(T)」を選択する。
3. 「リファクタリング」ダイアログボックスが表示されたら、「スーパークラスの抽出元の型(T)」欄が移動させたいメソッドを含むクラスであること（ここではCalc）と、「メンバーのアクションを指定(P)」欄では、移動させたいメソッドにチェックが付いている（ここではchkDaysとleapYear）ことを確認し、「スーパークラス名(S)」欄に任意の名前（ここではMonthCheck）を入力して、「次へ(N)」ボタンをクリックする（**図6.59**）。

●図6.58　外部クラスに移動させたいメソッドを選択する

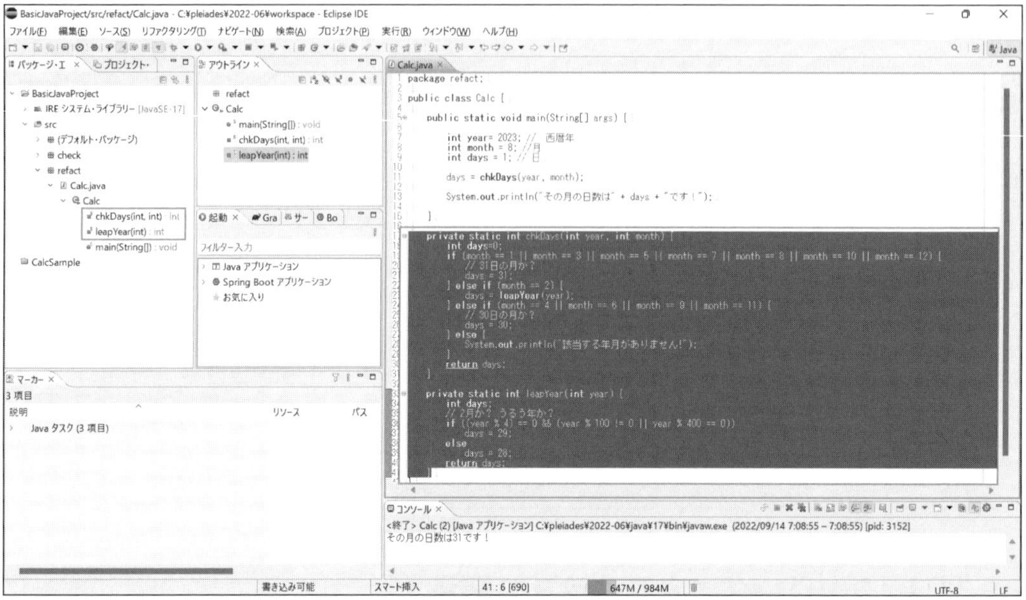

●図6.59　「リファクタリング」ダイアログボックス

4 次のウィンドウ（サブクラス内の除去するメソッドを選択してください）では、スーパークラスに移動させたくないメソッドがあれば、該当メソッドのチェックを外して「次へ(N)」ボタンをクリックする。

5 次のウィンドウでは、「実行される変更」で元々メソッドがあったクラス（ここではCalc.java）が選択され、プレビュー画面では、「リファクタリングされたソース」欄で、スーパークラスを継承していることを確認する（**図6.60**）。

● 図6.60 「リファクタリング」ダイアログボックス

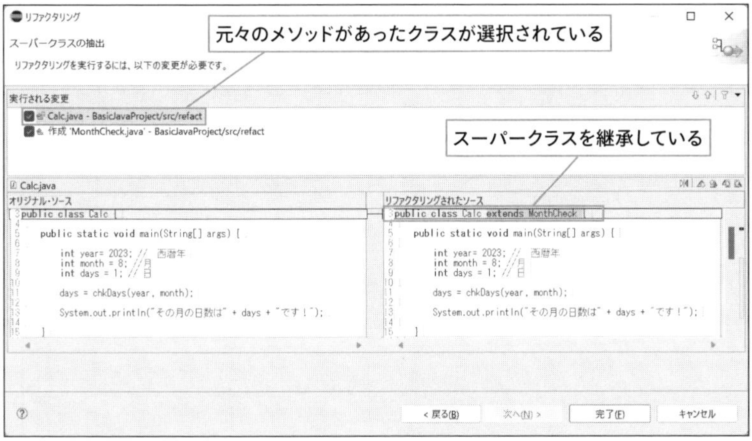

6 5のウィンドウにある「実行される変更」欄で、スーパークラスとして作成されるクラス（ここではMonthCheck.java）を選択して、下欄の作成内容を確認したら「完了(F)」ボタンをクリックする（**図6.61**）。

● 図6.61 スーパークラスとして作成されるクラスを選択する

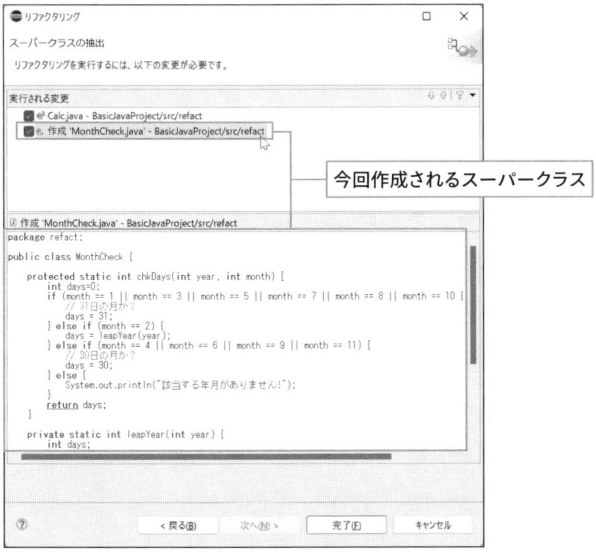

これで、MonthCheckクラスをスーパークラスとして、Calcクラスを継承クラスとする構成のプロジェクトが完成しました（**図6.62**）。

● 図6.62　スーパークラスを継承してメソッドを利用する構成とした例

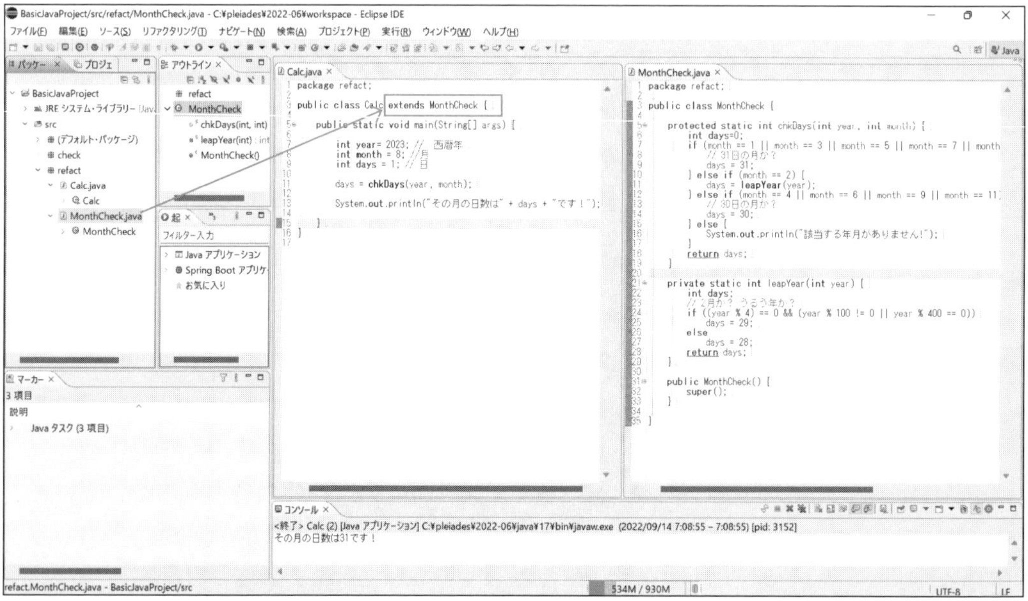
BasicJavaProject/src/refact/MonthCheck.java - C:¥pleiades¥2022-06¥workspace - Eclipse IDE
ファイル(F)　編集(E)　ソース(S)　リファクタリング(T)　ナビゲート(N)　検索(A)　プロジェクト(P)　実行(R)　ウィンドウ(W)　ヘルプ(H)
パッケージ　プロジェ
BasicJavaProject
JRE システム・ライブラリー
src
(デフォルト・パッケージ)
check
refact
Calc.java
Calc
MonthCheck.java
MonthCheck
アウトライン
refact
MonthCheck
chkDays(int, int)
leapYear(int) : int
MonthCheck()
起
フィルター入力
Java アプリケーション
Spring Boot アプリケ
お気に入り
マーカー
3 項目
説明
Java タスク (3 項目)
Calc.java
package refact;
public class Calc extends MonthCheck {
public static void main(String[] args) {
int year= 2023; // 西暦年
int month = 8; //月
int days = 1; // 日
days = chkDays(year, month);
System.out.println("その月の日数は" + days + "です！");
}
}
MonthCheck.java
package refact;
public class MonthCheck {
protected static int chkDays(int year, int month) {
int days=0;
if (month == 1 || month == 3 || month == 5 || month == 7 || month
// 31日の月か？
days = 31;
} else if (month == 2) {
days = leapYear(year);
} else if (month == 4 || month == 6 || month == 9 || month == 11
// 30日の月か？
days = 30;
} else {
System.out.println("該当する年月がありません!");
}
return days;
}
private static int leapYear(int year) {
int days;
// 2月か？ うるう年か？
if ((year % 4) == 0 && (year % 100 != 0 || year % 400 == 0))
days = 29;
else
days = 28;
return days;
}
public MonthCheck() {
super();
}
}
コンソール
<終了> Calc (2) [Java アプリケーション] C:¥pleiades¥2022-06¥java¥17¥bin¥javaw.exe (2022/09/14 7:08:55 – 7:08:55) [pid: 3152]
その月の日数は31です！
refact.MonthCheck.java - BasicJavaProject/src
534M / 930M
UTF-8
LF

第7章

JUnitによるテスティング

ソフトウェアは、テスト工程で決められた一定の基準を満たす必要があります。また、品質の高いソフトウェアとは、いくつかのテスト基準をクリアしたものであるとも言えます。7章では、テストについての基本知識と、Eclipseに標準搭載されている、「JUnit」と呼ばれるテストツールの具体的な利用方法などについて紹介していきます。

本章の内容

7-1 テスティングの目的

まずは、ソフトウェア開発におけるテストの役割と、その重要性について紹介していきましょう。

ソフトウェア開発におけるテスト

ソフトウェア開発におけるテストは、1回限りではなく、開発の局面において、異なる種類のテストが存在します。また、ソフトウェア開発の工程では、「プログラミング（コーディング）」工程を折り返しとして、左側に設計工程、右側にテスト工程をV字に配置するV字モデルが知られています（**図7.1**）。

● 図7.1　V字モデル

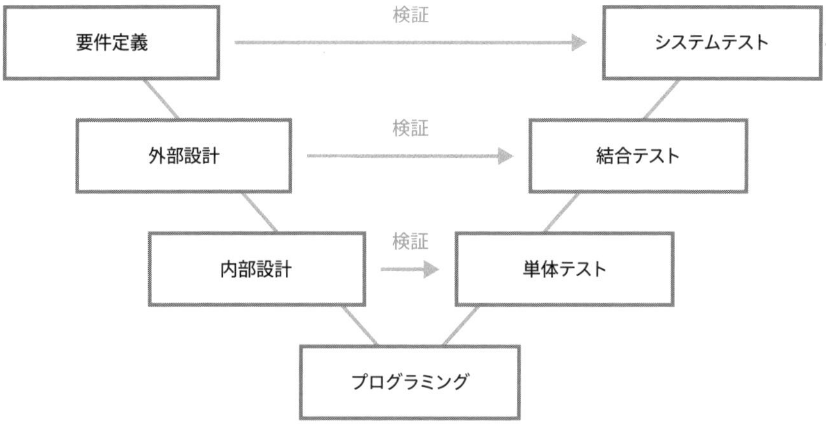

V字モデルにあげられている3つのテストの概要は**表7.1**の通りです。

● 表7.1　3つのテスト

テスト	概要
単体テスト	ソースプログラムのメソッドに代表される、個々の機能が正常に動作しているかどうかをテストする
結合テスト	単体テストを経たモジュールやプログラムを、結合した際に正常に動作するかどうかをテストする
システムテスト	構築したシステムが、仕様通りの機能を満たし、正常に動作するかどうかをテストする

JUnitによるテストのメリット

先のテストの種類のうち、Eclipseで利用できるテストは、単体テストに相当します。単体テストは、コーディング終了後、文法エラーなどの物理エラーを解決させた後に、メソッドなどが仕様通りに機能するかどうかを確認するためなどに行います。

Eclipseには、JUnitと呼ばれるJavaアプリケーション用の単体テストツールが標準で搭載されており、JUnitによるテストには以下のメリットがあります。

テストに要する工数が削減できる

後述するテストケースは体系化されており、一度作成したテストケースは何度も利用可能であるため、テストにかける工数を削減することができます。

仕様やソースプログラムの機能が明確になる

前任者などから十分な引継ぎを受けられなかったなどの理由で、仕様やソースプログラムが不明確でも、テストケースを作り、実行していくことで、仕様やプログラムの機能が明確になります。

コード変更による退行を防ぎ、リファクタリングを促進させる

開発者の間には、「動いているプログラムは触るな」という標語のようなものがあります。しかし、JUnitによるテストでは、もしソースコードを変更した結果、退行があったとしても、すぐに発見して修正することができます。また、退行のリスクが軽減できることがわかれば、**第6章**で紹介したリファクタリングも臆することなく実施することができます。

> **ONEPOINT**
>
> 退行とは、デグレード（degrade）とも呼ばれ、修正した後の品質が、修正前より悪くなることを指します。

JUnitはホワイトボックステスト

単体テストは、**表7.2**に示すホワイトボックステストとブラックボックステストに大別できます。

JUnitによるテストは、テスト対象となるソースコード内部の分岐や繰り返しなどの処理を考慮して、テストケースを作成するため、ホワイトボックステストに分類されます（**図7.2**）。

● 表7.2 単体テストの種類

単体テスト	概要
ブラックボックステスト	テスト対象となるソースコードの処理を意識せずに、メソッドの仕様などからテストケースを作成してテストする
ホワイトボックステスト	テスト対象となるソースコードの処理を意識し、テストケースを作成してテストする

● 図7.2 ホワイトボックステストとブラックボックステスト

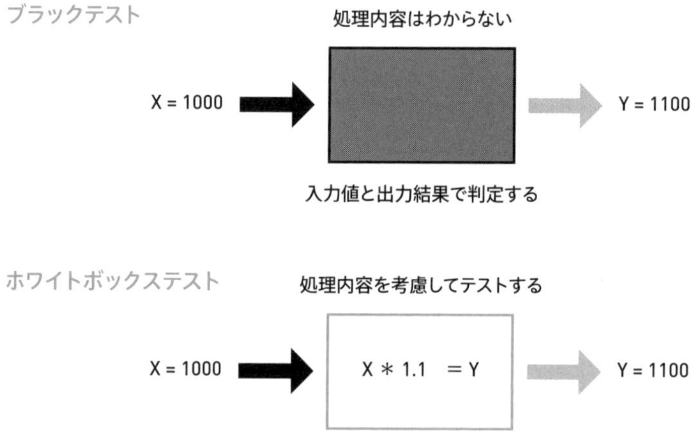

ホワイトボックステストと網羅条件

ホワイトボックステストの対象となるソースプログラムには、命令や分岐などがあり、これらの処理に対するテストの代表例には、以下の3種類があります。

- 命令網羅（statement coverage）（C0）
  すべての命令を少なくとも1回は実行するテストを行う
- 分岐網羅（branch coverage）（C1）
  判定条件の真偽を少なくとも1回は実行するテストを行う
- 条件網羅（condition coverage）（C2）
  判定条件が複数ある場合に、それぞれの条件が真あるいは偽になる場合を少なくとも1回は含む

なお、上記3つの網羅に記載したC0、C1、C2は、網羅率（カバレッジ）と呼ばれ、どれだけテストしたかという指標を表します。**図7.3**に示す処理をテスト対象としたC0、C1、C2の判定結果をあげておきましょう。

● 図7.3　テスト対象とする処理

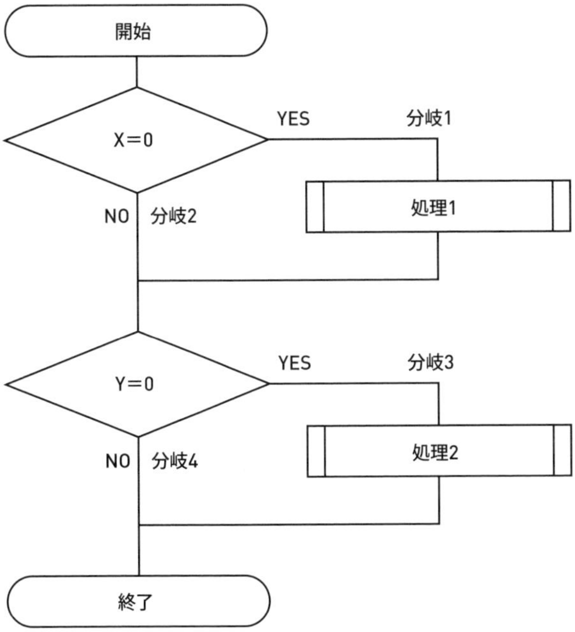

C0: 命令網羅

処理1、2の命令を少なくとも1度は通ればC0は100%となるため、以下の1通りとなる。

- 処理1と処理2を通るケース

C1:分岐網羅

分岐の全ての組み合わせをテストすればC1は100%となるため、以下の2パターンのいずれかとなる。

●パターン1:

- 分岐1と分岐3を通るケース
- 分岐2と分岐4を通るケース

●パターン2:

- 分岐1と分岐4を通るケース
- 分岐2と分岐3を通るケース

C2:条件網羅

全ての条件式の真偽をテストすればC2は100%となるため、以下の2パターンのいずれかとなる。

●パターン1:

- X=0が真とY=0が真のケース
- X=0が偽とY=0が偽のケース

●パターン2:

- X=0が真とY=0が偽のケース
- X=0が偽とY=0が真のケース

> ONEPOINT
>
> 網羅条件のうち、分岐網羅（branch coverage）の具体例は、P.242で取り上げています。

7-2 JUnitの設定と基本操作

テストの概要を理解したところで、次は、JUnitの基本的な使い方やテストケースの生成手順について紹介していきましょう

元のソースプログラム

まずは今回のテスト対象となるクラスをあげておきましょう。今回は、Taxクラスにある taxIn メソッドをテストすることにします。なお、taxIn メソッドは、Calcクラスから呼び出されているという構成になっています（**図7.4**）。

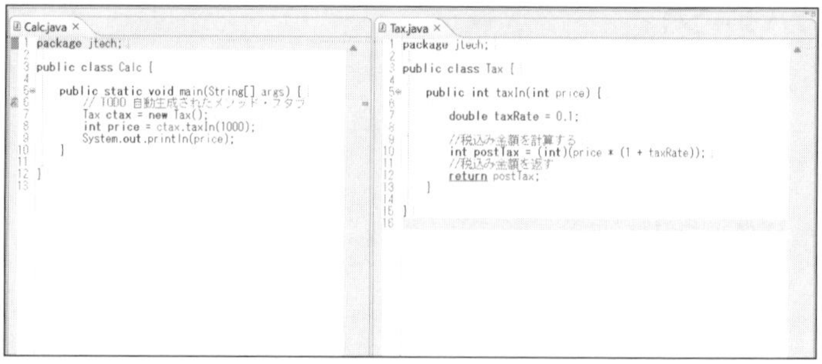
Calc.java
package jtech;
public class Calc {
public static void main(String[] args) {
// TODO 自動生成されたメソッド・スタ
Tax ctax = new Tax();
int price = ctax.taxIn(1000);
System.out.println(price);
}
}
Tax.java
package jtech;
public class Tax {
public int taxIn(int price) {
double taxRate = 0.1;
//税込み金額を計算する
int postTax = (int)(price * (1 + taxRate));
//税込み金額を返す
return postTax;
}
}

● 図7.4　今回のテスト対象となるクラスと呼び出し元となるクラス

テストケースを作成する

それではテストケースを作成しましょう。

1 「パッケージ・エクスプローラー」内のTax.javaを右クリックして、ショートカットメニューから「新規(W)」→「その他(O)」からダイアログボックスを表示させ、「Java」の先にある「Junit」→「Junitテスト・ケース」を選択して「次へ(N)」をクリックする(**図7.5**)。

図7.5　ショートカットメニューから「Junitテスト・ケース」を選択する

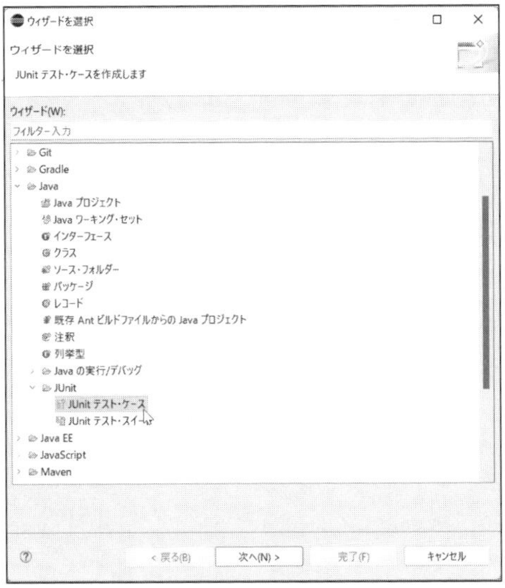

ONEPOINT

ショートカットメニューの「その他(O)」をクリックして、ウィザードのダイアログボックスから「Java」→「JUnit」→「Junitテスト・ケース」を選択してください。

2 「新規JUnitテスト・ケース」ダイアログボックスでは、「新規JUnit Jupiterテスト(J)」を選択し、「名前(M)」欄には、テスト対象となるクラスファイルの名前を入力(デフォルトのままでOK)して、「次へ(N)」ボタンをクリックする(**図7.6**)。

図7.6　「新規JUnitテスト・ケース」ダイアログボックス

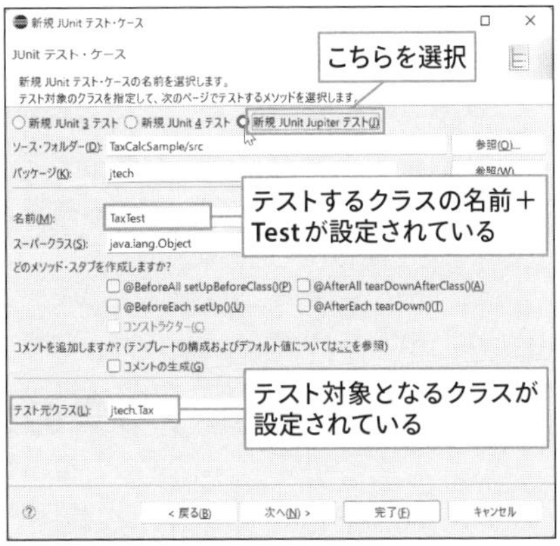

ONEPOINT

「JUnit Jupiter」がJUnit5に相当します。名前はデフォルトでテストしたいクラスファイルに「Test」という文字列を付けた名前(今回ならTax.java)の「Tax」に「Test」を付けた「TaxTest」になるため、問題なければ入力する必要はありません。

3 「テスト・メソッド」の画面では、テストするメソッドを選択してチェックを付け、「完了(F)」ボタンをクリックする(**図7.7**)。

> **ONEPOINT**
>
> この後、「JUnit5がビルド・パスにありません。追加しますか?」というメッセージが表示されたら、「次のアクションを実行(P)」が選択されていることを確認して、「OK」ボタンをクリックしてください。

● 図7.7　「テスト・メソッド」でテストするメソッドを選択する

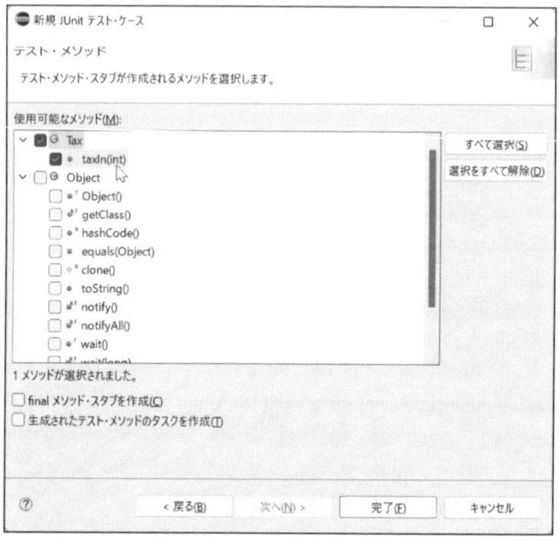

図7.8で示すように、「パッケージ・エクスプローラー」内にテストケースであるTaxTestクラスを持つ「TaxTest.java」が生成されます。また、JUnit5のAssertionsクラスがインポートされていることも確認できます。

● 図7.8　「テスト・ケース」が作成された

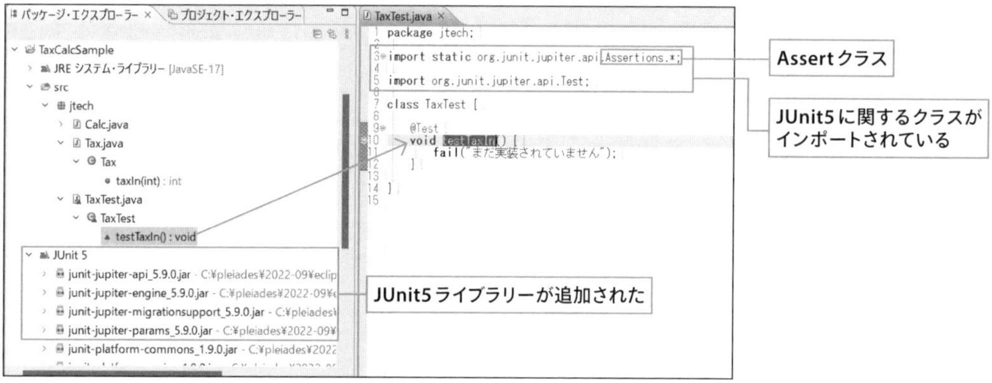

> **ONEPOINT**
>
> AssertionやAssertとは「表明」「断言」などを意味する英単語です。Assertは、ある式や値が想定したものになっているか、否かを確認する機能として、Java以外のプログラム言語でも共通のキーワードとして使われています。

Assertionsクラスのメソッド

次は、Assertionsクラスに搭載されているメソッドを使って、対象となるTaxクラスのtaxInメソッドをテストしてみましょう。JUnit5 (JUnit Jupiter) は、前バージョンのJUnit4にあった多くのアサーションメソッドを搭載していますが、**表7.3**にAssertionsクラスの主なメソッドをあげておきます。

表7.3　Assertionsクラスの主なメソッド

メソッド	概要
assertArrayEquals (arrays expected, arrays actual)	配列同士を比較する(等しければtrueを返す)
assertEquals (Object expected, Object actual)	オブジェクト同士を比較する(等しければtrueを返す)
assertSame (Object expected, Object actual)	expectedとactualが同じ場合はtrueを返す
assertNotSame (Object expected, Object actual)	expectedとactualが異なる場合はtrueを返す
assertNull (Object obj)	オブジェクトがNullであることを確認する (Nullの場合はtrueを返す)
assertNotNull (Object obj)	オブジェクトがNullでないことを確認する (Nullでなかった場合はtrueを返す)
assertTrue (boolean condition)	条件がtrueであることを確認する (trueの場合はtrueを返す)
assertFalse (boolean condition)	条件がfalseであることを確認する (falseの場合はtrueを返す)

※expected：期待値　actual：実際の値
参照：https://junit.org/junit5/docs/5.8.2/api/org.junit.jupiter.api/org/junit/jupiter/api/Assertions.html

assertEqualsメソッドを使う

それではまず、「assertEquals」メソッドを使ってみましょう。以下のように、TaxTestクラス内の「testTaxIn」メソッド内に、「assertEquals」メソッドを記述します。デフォルトで生成されているfailメソッドは削除するか、コメントアウトしましょう。

```
@Test
    public void testTaxIn() {
        Tax tax = new Tax();    // テスト対象のクラスのインスタンス化
        assertEquals(1100, tax.taxIn(1000));
    }
```

テストは、「パッケージ・エクスプローラー」内のTaxTest.javaを右クリックして、ショートカットメニューから「実行(R)」→「JUnitテスト」をクリックすると実行されます。**図7.9**で示したように、第2引数で指定したtaxInメソッドの戻り値が、第1引数で指定した期待値と同じであれば、**図7.10**のようにテスト成功となります。

実行結果は、「JUnit」ビューで確認できます。**図7.11**のように「JUnit」ビューに「エラー:0」「失敗：0」と表示され、その下の帯が緑色になればテスト結果は成功を表している状態です。

● 図7.9　assertEqualsメソッド行を細かく見てみる

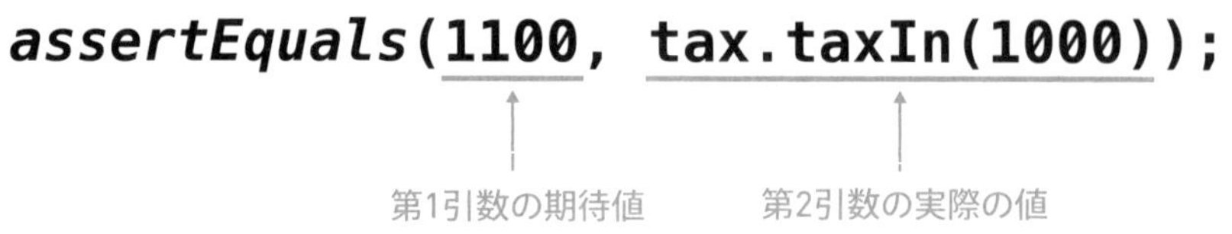

● 図7.10　ショートカットメニューからテストを実行する

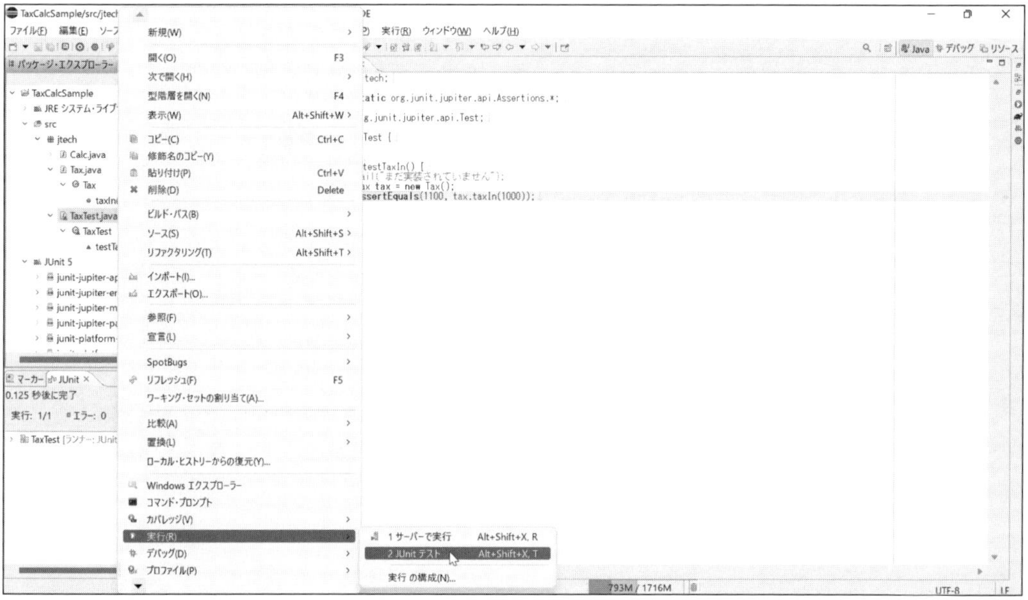

● 図7.11　テスト結果が成功を表している例

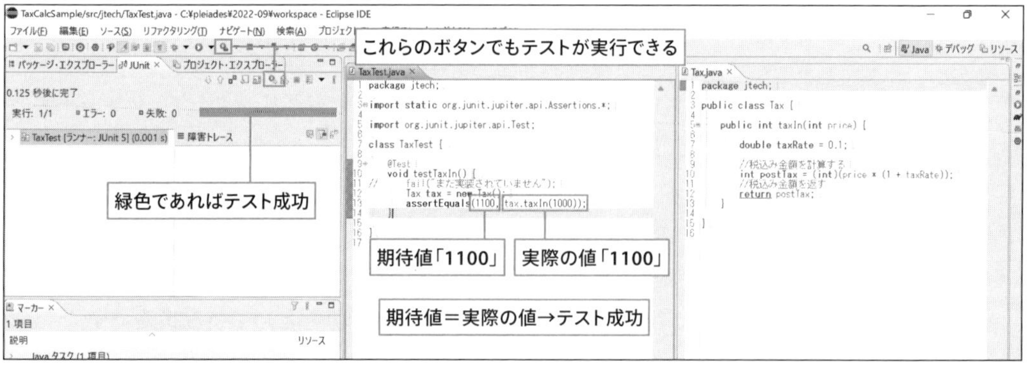

> **ONEPOINT**
>
> Eclipseのツールバーにあるをクリックしてもテストが実行できます。また、先に「JUnit」ビューを表示させておけば、**図7.11**で示したからテストが実行できます。

テストが失敗するケース

それでは、次にテスト結果が失敗（エラー）となるケースを紹介しましょう。

次の例では、テスト対象となるTaxクラスのtaxInメソッド内の税込み金額を計算する処理が、

```
int postTax = (int) (price * taxRate);
```

と、税込みではなく、消費税のみを計算する式になっているため、期待値とは異なる値が出力されます（**図7.12**）。

● **図7.12　テスト結果が失敗となる例**

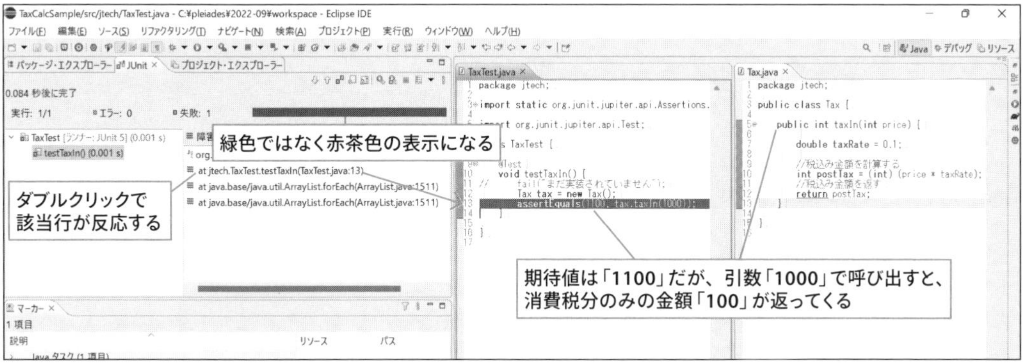
緑色ではなく赤茶色の表示になる
ダブルクリックで該当行が反応する
期待値は「1100」だが、引数「1000」で呼び出すと、消費税分のみの金額「100」が返ってくる

このように、実際の値が期待値と異なる場合は、「JUnit」ビューの「失敗」部分が1になり、下の帯は赤茶色になります。また、「障害トレース」には、失敗のクラスやメソッドの該当行などが表示され、この箇所をダブルクリックすれば、エディター上の該当行へジャンプします。

その他のassertEqualsメソッド

assertEqualsには、前述の他にも、次のような引数の異なるいくつかのバリエーションがあります。

❶ assertEquals（String message, expected, actual）

expectedとactualの値を比較し、引数messageに設定した文字列を表示させる

❷ assertEquals（expected, actual, delta）

expectedとactualの値を比較する。3番目の引数に許容誤差を記述することができるため、比較結

果がdouble、floatの場合は、このメソッドを使用する

❸ assertEquals (expected, actual, delta, String message)

先の2つを組み合わせたパターン

ONEPOINT

❶の引数messageはJUnit4と同様に1番目の引数でも動作しますが、JUnit5では❸のように最後に置くのがデフォルトのようです。

最初に、❶の使用例をあげておきましょう。

● **テスト対象となるメソッド(❶)**

```
public String str(String s) {
      String str1 = "abc";

      if (str1.equals(s)) {
          return "OK";
      } else {
          return "NG";
      }
}
```

● **テストケース(❶)**

```
assertEquals("文字列が一致しません", "OK", strope.str("xyz"));
```

今回の例では、引数2「expected」の"OK"と、引数3「actual」で呼び出すメソッド「strope.str("xyz")」の戻り値"NG"が、引数1の文字列として**図7.13**のように表示されます。

続いて、❷、❸のテスト対象となるメソッドとテストケースのメソッドを下記に示します。

● **テスト対象となるメソッド(❷、❸)**

```
public double tax(int t) {
    return t * 1.08;
}
```

● **テストケース(❷)**

```
assertEquals(1058, strope.tax(980), 0.5);
```

● 図7.13　❶での使用例

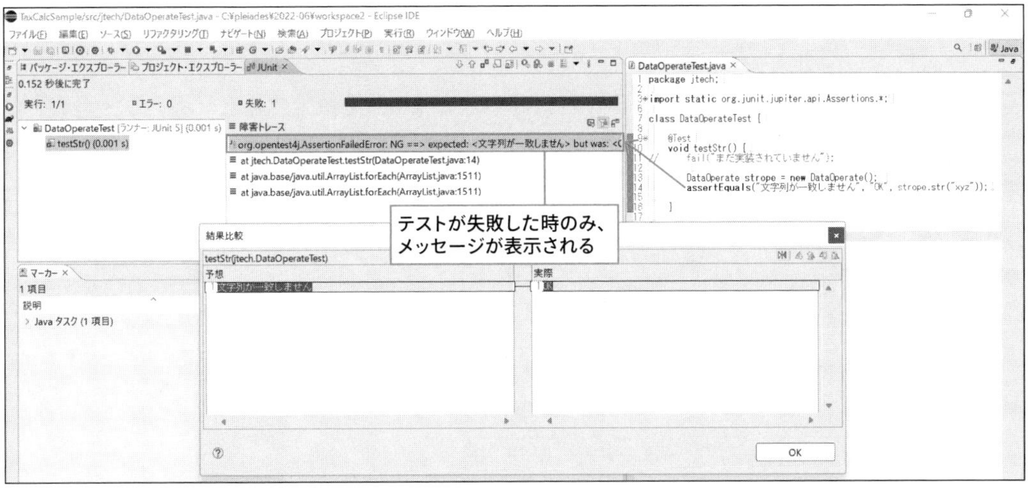
テストが失敗した時のみ、
メッセージが表示される

今回の例では、引数1「expected」に指定した「1058」と、引数2「actual」で呼び出すメソッド「strope.tax(980)」の結果となる「1058.4」の許容誤差を0.5として、引数3「delta」に指定すると、「1058 － 1058.4 ± 0.4」は、許容誤差の0.5を下回るため、許容範囲となります(**図7.14**)。

● 図7.14　❷での使用例

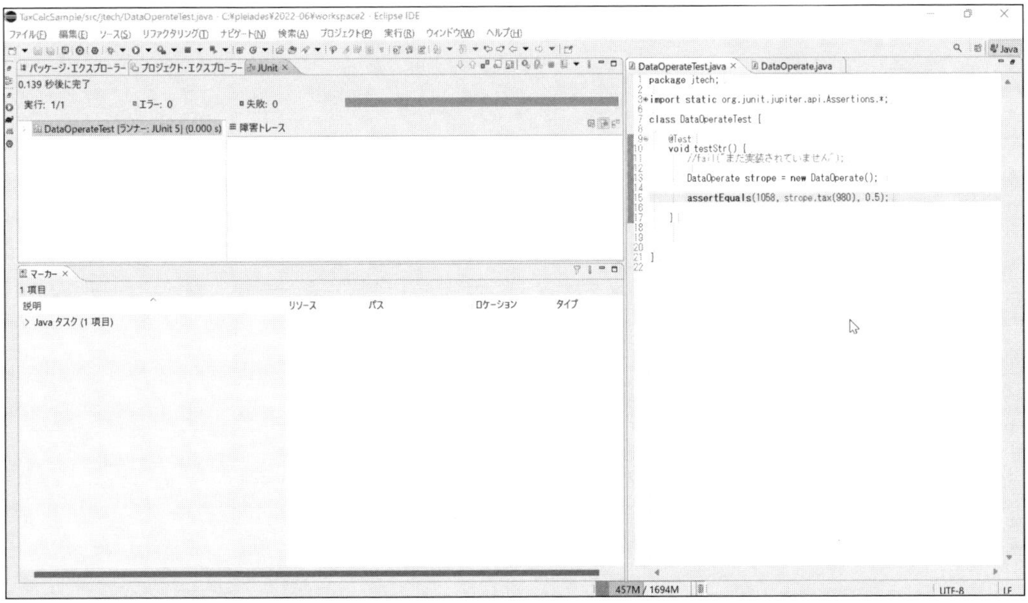

● テストケース（❸）

```
assertEquals(1058, strope.tax(980), 0.3,"誤差が許容範囲ではありません");
```

❷と同じ条件で、❸では、引数3「delta」に許容誤差を0.3を指定すると、引数1と引数2の結果が許容範囲を超えてしまいます。その結果、**図7.15**で示すようにテストが失敗し、引数4に指定したメッセージが表示されます。

● **図7.15　❸での使用例**

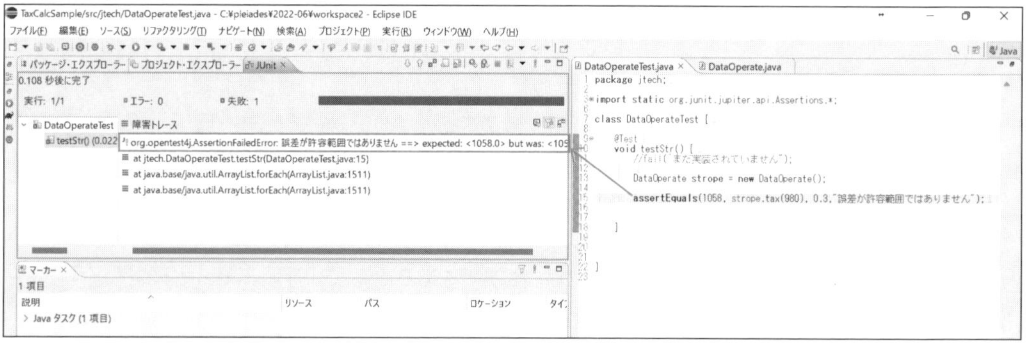

assertSame／assertNotSameメソッド

次に、**表7.3**で紹介した、「assertSame」「assertNotSame」メソッドの使用例をみていきましょう。まずは、今回のテスト対象となるメソッドをあげておきます。

```
public int num() {
    return 10;
}

public String str() {
    String str1 = "01";
    return str1;
}

public String str(String s) {
    return s;
}
```

今回もJUnit5でテストケースを作成します。先のメソッドを含むクラスファイルを右クリックして、ショートカットメニューから「新規(W)」→「Junitテスト・ケース」を選択し、「Junit

テスト・ケース」ダイアログボックスでは、「新規JUnit Jupiterテスト(J)」を選択してください(**図7.16**)。

● **図7.16　JUnit Jupiterでテストケースを作成する**

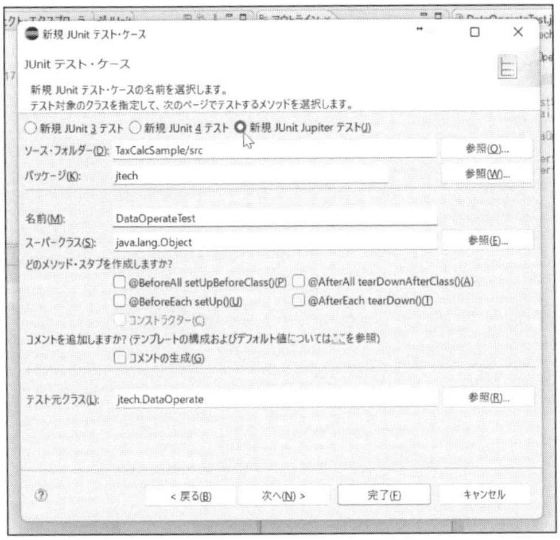

生成されたテストケース(ここでは、DataOperateTestクラス)の内部に、assertSameとassertNotSameメソッドを以下のように記述します(**図7.17**)。

```
DataOperate strope = new DataOperate();
// 数値の比較
assertSame(10, strope.num());
assertNotSame(20, strope.num());

// 文字列が一致するか?
assertSame("01", strope.str());
assertSame("01", strope.str("01"));
// 文字列が一致しないか?
assertNotSame("02", strope.str());
assertNotSame("02", strope.str("01"));
```

このように、assertSame／assertNotSameメソッドは、引数1と引数2が、同じオブジェクトであるか否かを判定します。

assertEquals／assertSameメソッドの違い

「assertEquals」と「assertSame」メソッドは、比較という意味では同じですが、決定的に違う点がありますので、ここではっきりさせておきましょう。

● 図7.17　テストケースの実行結果

「assertEquals」と「assertSame」メソッドが同じ結果となる場合のテスト対象となるメソッドとテストケースのメソッドを下記に示します。

● テスト対象となるメソッド

```
public String str() {
    String str1 = "01";
    return str1;
}
```

● テストケースの「assertEquals」と「assertSame」メソッド

```
assertEquals("01", strope.str());
assertSame("01", strope.str());
```

「assertEquals」と「assertSame」メソッドの結果は**図7.18**の通りです。

● 図7.18　「assertEquals」と「assertSame」メソッドの結果

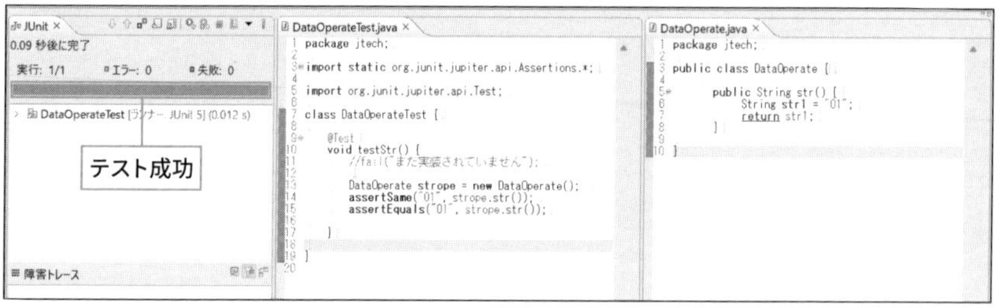

次に、「assertEquals」と「assertSame」メソッドが異なる結果となる場合をあげておきます。テスト対象となるメソッドとテストケースは以下のとおりです。

● テスト対象となるメソッド

```
public String str() {
    String str1 = "0";
    str1 += "1";
    return str1;
}

public String str(String s) {
    s = "0" + s;
    return s;
}
```

● テストケースの「assertEquals」と「assertSame」メソッド

```
assertEquals("01", strope.str());
assertSame("01", strope.str());
```

「assertEquals」と「assertSame」メソッドの結果は**図7.19**、**図7.20**の通りです。

● 図7.19　「assertEquals」メソッドの結果

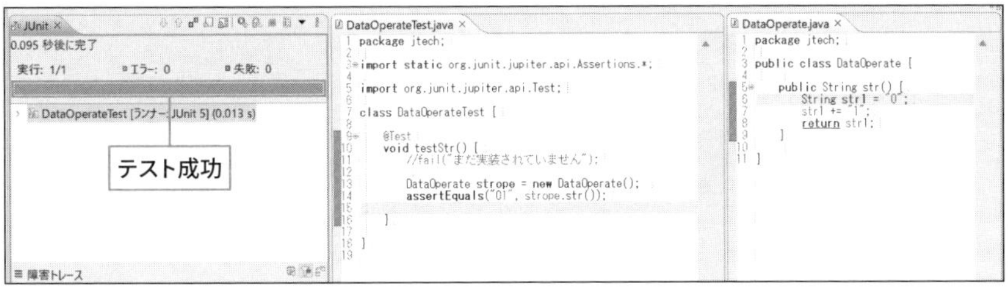

● 図7.20　「assertSame」メソッドの結果

このように、「assertEquals」では、単に値を比較するのに対し、「assertSame」では、元々のオブジェクトとして等しいか否か、メモリ空間まで言及します。これらの違いは、Javaのif文などで使用する「equals」メソッドと、「==」演算子の比較と同じです(**図7.21**)。

図7.21 「assertEquals」と「assertSame」の判定の違い

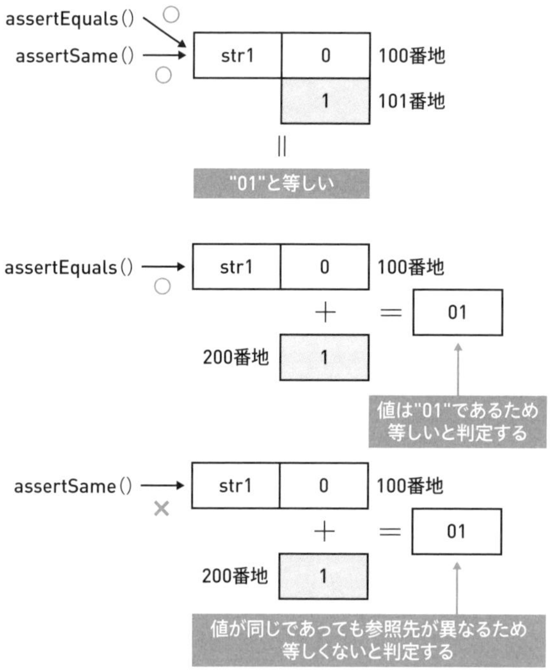

ONEPOINT

オブジェクト型を基準とした比較が、「assertEquals」で、boolean, int, float, charに代表されるプリミティブ(基本)型を基準とした比較が「assertSame」と言い換えることもできます。

assertArrayEqualsメソッド

assertArrayEqualsメソッドは、配列同士を比較します。下記にテスト対象となるメソッドとテストケースのメソッドを示します。

テスト対象となるメソッド

```
int[] ary = { 0, 1, 2, 3, 4, 5 };
```

1 2 3 4 5 6 7 8 9 10

```
public int[] array() {
    return ary;
}
```

● テストケースのassertArrayEqualsメソッド

```
int[] arraytest = { 0, 1, 2, 3, 4, 5 };
assertArrayEquals(arraytest, aryope.array());
```

「assertArrayEquals」メソッドの使用例は**図7.22**の通りです。

● 図7.22　「assertArrayEquals」メソッドの使用例

JUnit
0.091 秒後に完了
実行: 1/1
エラー: 0
失敗: 0
DataOperateTest [ランナー: JUnit 5] (0.013 s)
障害トレース
DataOperateTest.java
package jtech;
import static org.junit.jupiter.api.Assertions.*;
import org.junit.jupiter.api.Test;
class DataOperateTest {
@Test
void testStr() {
//fail("まだ実装されていません");
DataOperate aryope = new DataOperate();
int[] arraytest = { 0, 1, 2, 3, 4, 5 };
assertArrayEquals(arraytest, aryope.array());
}
}
DataOperate.java
package jtech;
public class DataOperate {
int[] ary = { 0, 1, 2, 3, 4, 5 };
public int[] array() {
return ary;
}
}

assertNull／assertNotNullメソッド

assertNullとassertNotNullメソッドは、Null値の有無を判定します。下記に「assertNull」と「assertNotNull」メソッドのテスト対象とテストケースを示します（**図7.23**）。

● テスト対象となるメソッド

```
public String nullvalue() {
    String s = null;  または  String s = "abc";などnull以外の値
    return s;
}
```

● テストケースの「assertNull」と「assertNotNull」メソッド

```
assertNull(nullope.nullvalue());
assertNotNull(nullope.nullvalue());
```

「assertNull」メソッドの使用例は**図7.23**の通りです。

● 図7.23 「assertNull」メソッドの使用例

JUnit
0.094 秒後に完了
実行: 1/1
エラー: 0
失敗: 0
DataOperateTest [ランナー: JUnit 5] (0.016 s)
障害トレース
DataOperateTest.java
package jtech;
import static org.junit.jupiter.api.Assertions.*;
import org.junit.jupiter.api.Test;
class DataOperateTest {
@Test
void testStr() {
//fail("まだ実装されていません");
DataOperate nullope = new DataOperate();
// assertNotNull(nullope.nullvalue());
assertNull(nullope.nullvalue());
}
}
DataOperate.java
package jtech;
public class DataOperate {
public String nullvalue() {
//String s = "abc";
String s = null;
return s;
}
}

> **ONEPOINT**
> コメントアウトしている行がassertNotNullメソッドのテストケースです。

assertTrue ／ assertFalseメソッド

assertTrueとassertFalseメソッドは、条件の真(True)、偽(False)を判定します。「assertTrue」と「assertFalse」メソッドのテスト対象とテストケースを示します(**図7.24**)。

● テスト対象となるメソッド

```
public boolean trueValue() {

    int x = 10;

    if (x == 10) {
        return true;
    } else {
        return false;
    }
}

public boolean falseValue() {

    int x = 0;

    if (x == 10) {
        return true;
    } else {
        return false;
    }
}
```

● テストケースの「assertTrue」と「assertFalse」メソッド

```
assertTrue(tf.trueValue());
assertFalse(tf.falseValue());
```

● 図7.24　「assertTrue」と「assertFalse」メソッドの使用例

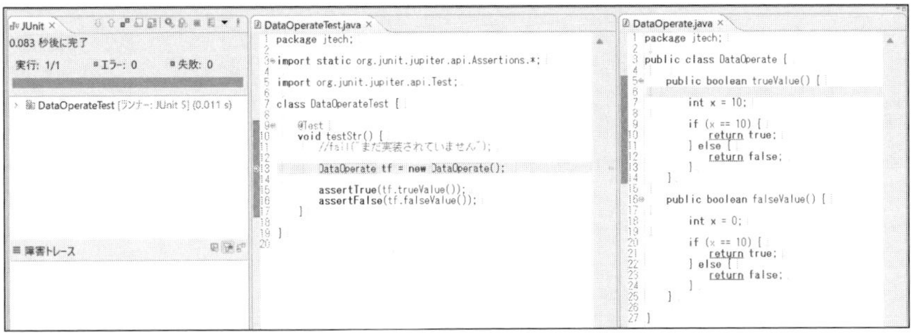
JUnit
0.083 秒後に完了
実行: 1/1
エラー: 0
失敗: 0
DataOperateTest [ランナー: JUnit 5] (0.011 s)
障害トレース
DataOperateTest.java
package jtech;
import static org.junit.jupiter.api.Assertions.*;
import org.junit.jupiter.api.Test;
class DataOperateTest {
@Test
void testStr() {
//fail("まだ実装されていません");
DataOperate tf = new DataOperate();
assertTrue(tf.trueValue());
assertFalse(tf.falseValue());
}
}
DataOperate.java
package jtech;
public class DataOperate {
public boolean trueValue() {
int x = 10;
if (x == 10) {
return true;
} else {
return false;
}
}
public boolean falseValue() {
int x = 0;
if (x == 10) {
return true;
} else {
return false;
}
}
}

7-3 JUnitによるテスティングの実際

JUnitに関連するスタンダードなメソッドを紹介したところで、次は、具体的なテストケースを用いて、実際のテスティング手順を見ていくことにしましょう。

JUnit5とアノテーション

これまでのテストケースに「@Test」という表記が何度も出ていたことにお気づきだったでしょうか？「@Test」はアノテーションと呼ばれるものであり、アノテーションとは「注釈」を意味します。Javaのアノテーションは、@で始まるキーワードで、JUnitで利用するもの以外にも様々なものがあります。**表7.4**に、JUnit5の代表的なアノテーションをあげておきましょう。

● 表7.4　JUnit5の代表的なアノテーション

アノテーション	概要
@Test	テストメソッド
@BeforeEach	それぞれのテストメソッド実行前に行われる処理
@AfterEach	それぞれのテストメソッド実行後に行われる処理
@BeforeAll	テストクラスのテスト実行前に１度だけ行われる処理
@AfterAll	テストクラスのテスト実行後に１度だけ行われる処理

ONEPOINT

BeforeEach、AfterEachは、JUnit4の@Before、@Afterに、BeforeAll、AfterAllは、@BeforeClass、@AfterClassに相当します。

JUnit5のアノテーションを検証する

それでは、はじめに、前述のJUnit5で使用できる、代表的なアノテーションを使ったテスティングの構成について見てみましょう。ここでは、**リスト7.1**に示す「TryJunit.java」をテスト対象にします。

リスト7.1 テスト対象となる「TryJunit.java」

```
package junit;

public class TryJunit {

    static {
        System.out.println("staticイニシャライザが呼ばれました!");
    }

    TryJunit() {
        System.out.println("コンストラクタが呼ばれました!");
    }

    public static void main(String[] args) {
        // TODO 自動生成されたメソッド・スタブ
    }

}
```

それでは、「TryJunit.java」のテストケースを作成します。P.218で紹介したように、「TryJunit.java」を右クリックして、「新規(W)」→「その他(O)」から「Java」→「JUnit」→「Junitテスト・ケース」を選択しますが、今回は、「Junitテストケース」ダイアログボックスの「どのメソッド・スタブを作成しますか？」にある4項目にチェックを付けて「次へ(N)」ボタンをクリックします（**図7.25**）。

ONEPOINT

スタブ（stub）とは、プログラムをテストする際に、呼び出されるモジュールの代用となる部品です。

次に表示される「テスト・メソッド」ダイアログボックスでは、対象となるクラス「TryJunit.java」にあるすべてのメソッドをチェックして、「完了(F)」ボタンをクリックしてください(**図7.26**)。

● **図7.25　「どのメソッド・スタブを作成しますか?」の項目にチェックを付ける**

● **図7.26　「テスト・メソッド」ダイアログボックス**

この後、「JUnit5がビルド・パス上にありません。追加しますか？」というメッセージが表示されたら、「OK」ボタンをクリックしてください。

これで、テストケース「TryJunitTest.java」が生成されます。**リスト7.2**に「TryJunitTest.java」の内容をあげておきましょう。

● **リスト7.2　生成されたテストケース「TryJunitTest.java」**

```
:
import static org.junit.jupiter.api.Assertions.*;

import org.junit.jupiter.api.AfterAll;
import org.junit.jupiter.api.AfterEach;
import org.junit.jupiter.api.BeforeAll;
import org.junit.jupiter.api.BeforeEach;
import org.junit.jupiter.api.Test;

class TryJunitTest {

    @BeforeAll
    static void setUpBeforeClass() throws Exception {
```

```
    }

    @AfterAll
    static void tearDownAfterClass() throws Exception {
    }

    @BeforeEach
    void setUp() throws Exception {
    }

    @AfterEach
    void tearDown() throws Exception {
    }

    @Test
    void testTryJunit() {
        fail("まだ実装されていません");
    }

    @Test
    void testMain() {
        fail("まだ実装されていません");
    }

}
```

次に、これらのメソッドスタブがどの順番で実行されているかを検証するために、**図7.27**のように、各メソッドが実行されていることを明確にするための文字列を表示させるprintlnメソッドを追加しましょう（**リスト7.3**）。

リスト7.3　各々のメソッドスタブにprintlnメソッドを追加した例

```
class TryJunitTest {

    @BeforeAll
    static void setUpBeforeClass() throws Exception {
        System.out.println("BeforeAllです!");
    }

    @AfterAll
    static void tearDownAfterClass() throws Exception {
        System.out.println("AfterAllです!");
    }

    @BeforeEach
```

```
    void setUp() throws Exception {
        System.out.println("BeforeEachです!");
    }

    @AfterEach
    void tearDown() throws Exception {
        System.out.println("AfterEachです!");
    }

    @Test
    void testTryJunit() {
        System.out.println("Test1です!");
    }

    @Test
    void testMain() {
        System.out.println("Test2です!");
    }

}
```

● 図7.27　各々のメソッドスタブにprintlnメソッドを追加した実行結果

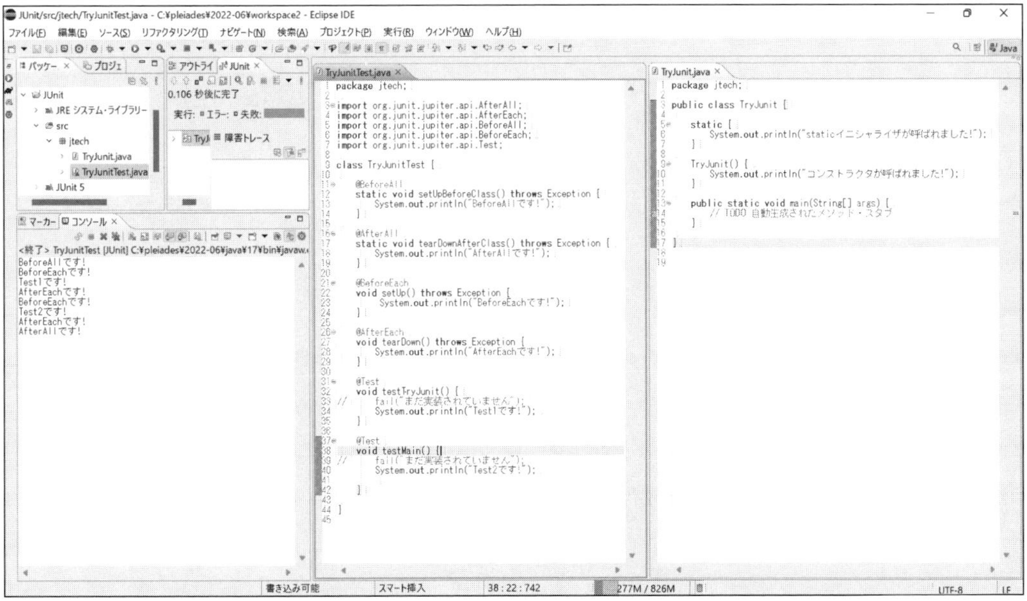
JUnit/src/jtech/TryJunitTest.java - C:¥pleiades¥2022-06¥workspace2 - Eclipse IDE
ファイル(F)　編集(E)　ソース(S)　リファクタリング(T)　ナビゲート(N)　検索(A)　プロジェクト(P)　実行(R)　ウィンドウ(W)　ヘルプ(H)
Java
パッケー　プロジェ
JUnit
JRE システム・ライブラリー
src
jtech
TryJunit.java
TryJunitTest.java
JUnit 5
アウトライ　JUnit
0.106 秒後に完了
実行:　エラー:　失敗:
障害トレース
マーカー　コンソール
<終了> TryJunitTest [JUnit] C:¥pleiades¥2022-06¥java¥17¥bin¥javaw.
BeforeAllです!
BeforeEachです!
Test1です!
AfterEachです!
BeforeEachです!
Test2です!
AfterEachです!
AfterAllです!
TryJunitTest.java
package jtech;
import org.junit.jupiter.api.AfterAll;
import org.junit.jupiter.api.AfterEach;
import org.junit.jupiter.api.BeforeAll;
import org.junit.jupiter.api.BeforeEach;
import org.junit.jupiter.api.Test;
class TryJunitTest {
@BeforeAll
static void setUpBeforeClass() throws Exception {
System.out.println("BeforeAllです!");
}
@AfterAll
static void tearDownAfterClass() throws Exception {
System.out.println("AfterAllです!");
}
@BeforeEach
void setUp() throws Exception {
System.out.println("BeforeEachです!");
}
@AfterEach
void tearDown() throws Exception {
System.out.println("AfterEachです!");
}
@Test
void testTryJunit() {
// fail("まだ実装されていません");
System.out.println("Test1です!");
}
@Test
void testMain() {
// fail("まだ実装されていません");
System.out.println("Test2です!");
}
}
TryJunit.java
package jtech;
public class TryJunit {
static {
System.out.println("staticイニシャライザが呼ばれました!");
}
TryJunit() {
System.out.println("コンストラクタが呼ばれました!");
}
public static void main(String[] args) {
// TODO 自動生成されたメソッド・スタブ
}
}
書き込み可能　スマート挿入　38 : 22 : 742　277M / 826M　UTF-8　LF

図7.27で示したように、「TryJunitTest.java」のテスト結果は「コンソール」ビューに表示されています。ここで、アノテーションが意味する順にprintlnメソッドの文字列が出力されていることを詳しく見てみましょう（**図7.28**）。

図7.28　メソッドが実行される順番を明記した例

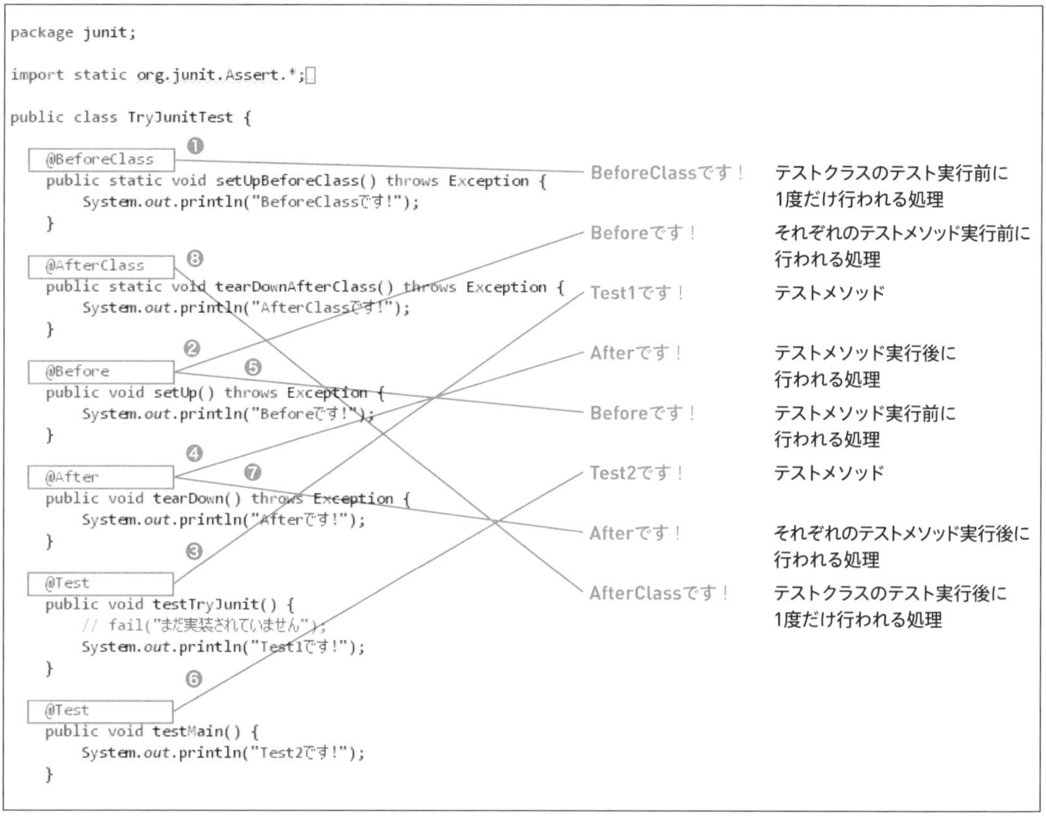
package junit;
import static org.junit.Assert.*;
public class TryJunitTest {
❶
@BeforeClass
public static void setUpBeforeClass() throws Exception {
System.out.println("BeforeClassです!");
}
❽
@AfterClass
public static void tearDownAfterClass() throws Exception {
System.out.println("AfterClassです!");
}
❷
❺
@Before
public void setUp() throws Exception {
System.out.println("Beforeです!");
}
❹
❼
@After
public void tearDown() throws Exception {
System.out.println("Afterです!");
}
❸
@Test
public void testTryJunit() {
// fail("まだ実装されていません");
System.out.println("Test1です!");
}
❻
@Test
public void testMain() {
System.out.println("Test2です!");
}
BeforeClassです！
テストクラスのテスト実行前に1度だけ行われる処理
Beforeです！
それぞれのテストメソッド実行前に行われる処理
Test1です！
テストメソッド
Afterです！
テストメソッド実行後に行われる処理
Beforeです！
テストメソッド実行前に行われる処理
Test2です！
テストメソッド
Afterです！
それぞれのテストメソッド実行後に行われる処理
AfterClassです！
テストクラスのテスト実行後に1度だけ行われる処理

このように、「TryJunitTest.java」に記述されたメソッドスタブの順番ではなく、各アノテーションが意味する順番に、メソッドスタブが実行されていることがわかります。

JUnit5を使った具体的なテスティング

次は、先のアノテーションの構成から、少し具体的なテスティングへと進んでいきます。**リスト7.4**は、今回のテスト対象となる「TryJunit.java」です。

● リスト7.4 テスト対象となる「TryJunit.java」

```
:
public class TryJunit {

    public static final String STATIC_INIT = "staticイニシャライザ";
    public static int cnt = 0;

    static {
        System.out.println(STATIC_INIT + "が呼ばれました!");
        cnt++;          · · · · · · · · · · · a)
        System.out.println("カウント=" + cnt);
    }

    TryJunit() {
        System.out.println("コンストラクタが呼ばれました!");
        cnt++;
        System.out.println("カウント=" + cnt);
    }

    public static void main(String[] args) {
        // TODO 自動生成されたメソッド・スタブ
        System.out.println(args[0] + args[1] + "が呼ばれました!");
        cnt++;
        System.out.println("カウント=" + cnt);
    }

    public int sub() {
        System.out.println("subメソッドが呼ばれました!");
        cnt++;
        System.out.println("カウント=" + cnt);
        return cnt;
    }
}
```

次に、テストケース「TryJunitTest.java」の変更箇所となる@Testアノテーション部分のみをあげておきます（**リスト7.5**、**図7.29**）。

● リスト7.5 テストケース「TryJunitTest.java」の変更部分

```
    :
import static org.junit.jupiter.api.Assertions.*;
    :

    @Test
```

```
    public void testTryJunit() {
        System.out.println("Test1です!");

        assertEquals(1, TryJunit.cnt);    ・・・・①
    }

    @Test
    public void testMain() {
        System.out.println("Test2です!");

        String[] str = { "main", "メソッド" };     ・・・・②
        TryJunit.main(str);

        TryJunit tj = new TryJunit();              ・・・・③
        assertEquals(4, tj.sub());

    }
     :
```

● 図7.29　テスト結果

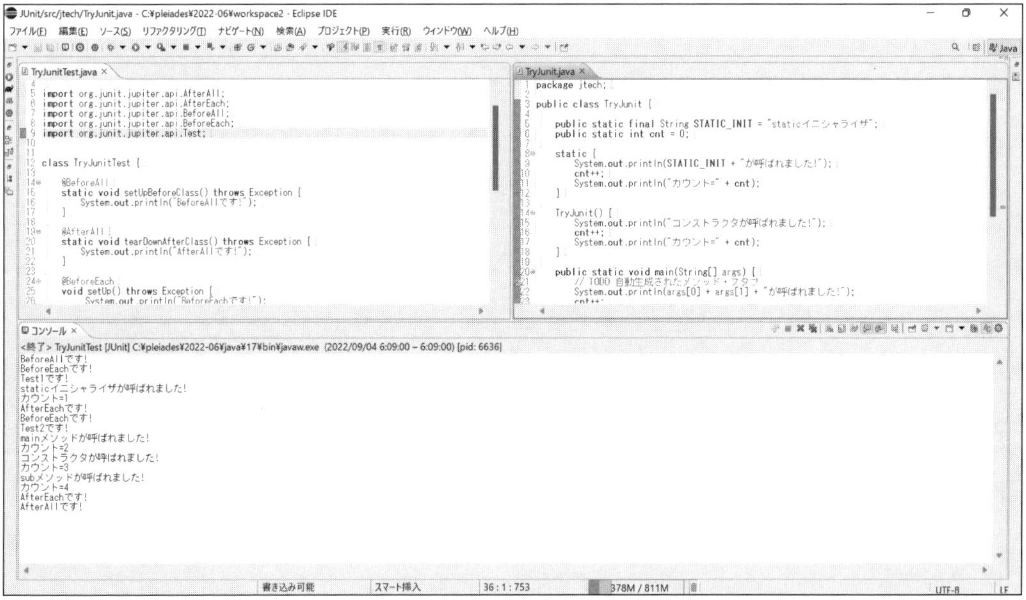
JUnit/src/jtech/TryJunit.java - C:¥pleiades¥2022-06¥workspace2 - Eclipse IDE
ファイル(F) 編集(E) ソース(S) リファクタリング(T) ナビゲート(N) 検索(A) プロジェクト(P) 実行(R) ウィンドウ(W) ヘルプ(H)
Java
TryJunitTest.java
import org.junit.jupiter.api.AfterAll;
import org.junit.jupiter.api.AfterEach;
import org.junit.jupiter.api.BeforeAll;
import org.junit.jupiter.api.BeforeEach;
import org.junit.jupiter.api.Test;
class TryJunitTest {
@BeforeAll
static void setUpBeforeClass() throws Exception {
System.out.println("BeforeAllです!");
}
@AfterAll
static void tearDownAfterClass() throws Exception {
System.out.println("AfterAllです!");
}
@BeforeEach
void setUp() throws Exception {
TryJunit.java
package jtech;
public class TryJunit {
public static final String STATIC_INIT = "staticイニシャライザ";
public static int cnt = 0;
static {
System.out.println(STATIC_INIT + "が呼ばれました!");
cnt++;
System.out.println("カウント=" + cnt);
}
TryJunit() {
System.out.println("コンストラクタが呼ばれました!");
cnt++;
System.out.println("カウント=" + cnt);
}
public static void main(String[] args) {
// TODO 自動生成されたメソッド・スタブ
System.out.println(args[0] + args[1] + "が呼ばれました!");
コンソール
<終了> TryJunitTest [JUnit] C:¥pleiades¥2022-06¥java¥17¥bin¥javaw.exe (2022/09/04 6:09:00 – 6:09:00) [pid: 6636]
BeforeAllです!
BeforeEachです!
Test1です!
staticイニシャライザが呼ばれました!
カウント=1
AfterEachです!
BeforeEachです!
Test2です!
mainメソッドが呼ばれました!
カウント=2
コンストラクタが呼ばれました!
カウント=3
subメソッドが呼ばれました!
カウント=4
AfterEachです!
AfterAllです!
書き込み可能
スマート挿入
36 : 1 : 753
378M / 811M
UTF-8
LF

それでは、ソースプログラムと「コンソール」ビューへの出力結果を照らし合わせながら、テスト結果を詳しく見ていきましょう(**図7.30**)。

● 図7.30　ソースプログラムとテスト結果の関係

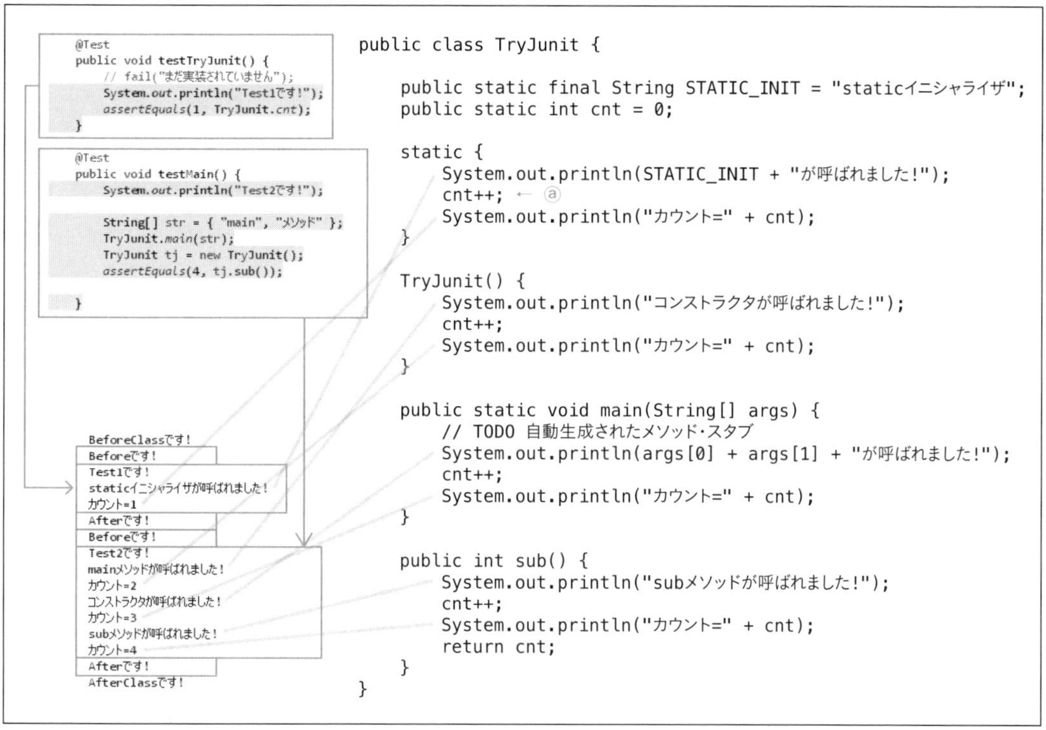

@Test
public void testTryJunit() {
// fail("まだ実装されていません");
System.out.println("Test1です!");
assertEquals(1, TryJunit.cnt);
}
@Test
public void testMain() {
System.out.println("Test2です!");
String[] str = { "main", "メソッド" };
TryJunit.main(str);
TryJunit tj = new TryJunit();
assertEquals(4, tj.sub());
}
BeforeClassです!
Beforeです!
Test1です!
staticイニシャライザが呼ばれました!
カウント=1
Afterです!
Beforeです!
Test2です!
mainメソッドが呼ばれました!
カウント=2
コンストラクタが呼ばれました!
カウント=3
subメソッドが呼ばれました!
カウント=4
Afterです!
AfterClassです!
public class TryJunit {
public static final String STATIC_INIT = "staticイニシャライザ";
public static int cnt = 0;
static {
System.out.println(STATIC_INIT + "が呼ばれました!");
cnt++; ← ⓐ
System.out.println("カウント=" + cnt);
}
TryJunit() {
System.out.println("コンストラクタが呼ばれました!");
cnt++;
System.out.println("カウント=" + cnt);
}
public static void main(String[] args) {
// TODO 自動生成されたメソッド・スタブ
System.out.println(args[0] + args[1] + "が呼ばれました!");
cnt++;
System.out.println("カウント=" + cnt);
}
public int sub() {
System.out.println("subメソッドが呼ばれました!");
cnt++;
System.out.println("カウント=" + cnt);
return cnt;
}
}

P.240で示したアノテーションの順番でテストケースは実行されていき、**図7.29**の実行結果を見ると、左上に示したテストケース「TryJunitTest.java」の1つめの@Testで、static変数のイニシャライズ(初期化)がテストされていることが分かります。

また、テスト対象となる「TryJunit.java」では、staticのint型変数「cnt」をカウントアップしているのですが、**図7.30**ⓐにある変数「cnt」が一番最初に1つ増えることもわかります。

次に、テストケース「TryJunitTest.java」の❶assertEquals (1, TryJunit.cnt) で、変数「cnt」をテストしていますが、引数1は「1」になっているため、テストは成功します。ちなみに、引数2に指定する変数「cnt」は、staticであるため、❶のassertEqualsメソッドで指定する引数2は、TryJunit.cntと記述する必要があります。もし、下記のようにインスタンス化を行って指定すると、「staticにアクセスする必要がある」旨のメッセージが表示され、変更をうながされますので注意しましょう(**図7.31**)。

```
TryJunit tj = new TryJunit();
assertEquals(1, tj.cnt);
```

● 図7.31　「staticにアクセスする必要がある」旨のメッセージが表示される

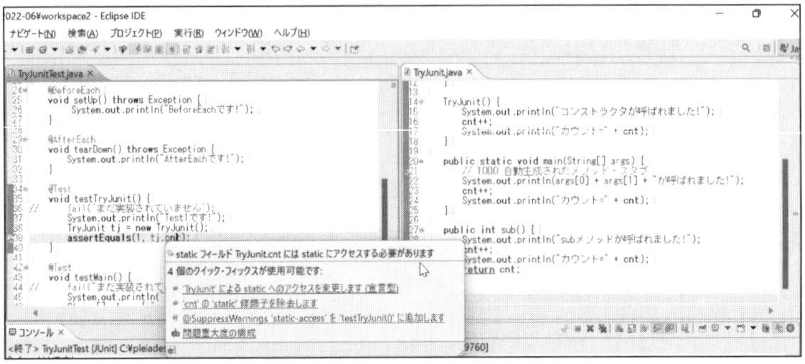

2つめの@Testでは、「TryJunit.java」のmainメソッドへアクセスします。mainメソッドもstaticで宣言されているため、先と同様に、「TryJunit.main ()」と記述してください。さらに、mainメソッドを呼ぶには、Stringの配列を引数として指定する必要があるため、❷のように事前に配列を用意して、その配列を引数として渡します。

❸では、staticではないsubメソッドをテストするため、TryJunitをインスタンス化して、次の行に記述したassertEquals (4, tj.sub ()) という書式でテストを行います。

ちなみに、「TryJunit.java」のsubメソッドに記述した変数「cnt」は4番目に処理されるため、assertEqualsメソッドの引数1を「4」にすることで、テストは成功します。

条件分岐のJUnitテスト

条件分岐のJUnitテストを行う前に、今回の条件分岐をフローチャートで示しておきましょう (**図7.32**)。

それでは、以下のソースコードを見てください (**リスト7.6**)。

● リスト7.6　条件分岐のあるソースコード「Discount.java」

```
public class Discount {
    public double sexCheck(String sex) {
        if (sex == "f") {
            // 女性なら2割引
            return 0.2;
        } else {
            // 男性なら1割引
            return 0.1;
        }
    }
}
```

● 図7.32　今回の条件分岐のフローチャート

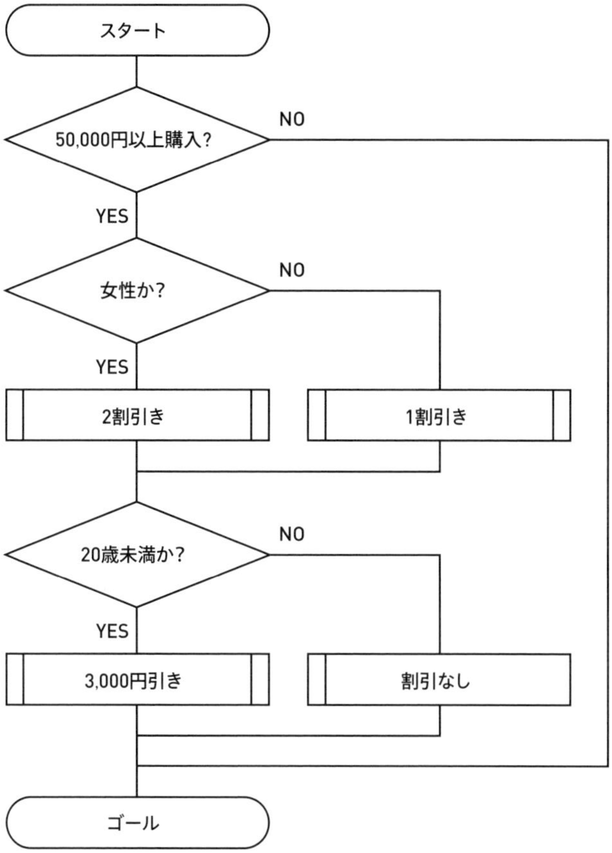

このような、条件分岐のあるソースコードは、条件が成立する場合とそうでない場合の両方をテストしなければいけません。例えば、JUnit5のテストで、**リスト7.7**のようなテストケースを実行してみましょう。なお、実行時は、テストケース「DiscountTest.java」を右クリックして、ショートカットメニューから「カバレッジ(V)」→「JUnitテスト」を選択して下さい。

ONEPOINT

カバレッジの具体的な使用例についてはP.248で説明しています。

● リスト7.7　先の条件をテストするテストケースの例「DiscountTest.java」

```
	@Test
	 public void testSexCheck() {
```

```
        Discount sc = new Discount();
        assertEquals(0.2, sc.sexCheck("f"), 0.0);
    }
```

ONEPOINT

「Discount.java」では、戻り値がdouble型のため、P.223で紹介した「assertEquals (expected, actual, delta)」を使用します。また、今回は許容誤差が認められないため、3番目の引数には「0.0」を設定しています。

図7.33で示すように、先のテストケースでは、テスト対象となるソースコードの条件分岐の一部しかテストしていません。ちなみにテストした処理は緑色に、テストしていない箇所は赤色になります。また、テストした箇所の条件部分は黄色になり、行番号の左側の黄色の◇マークにマウスを合わせると、「1of2 branches missed.」と表示されます。

● **図7.33　先のテストケースを実行した結果**

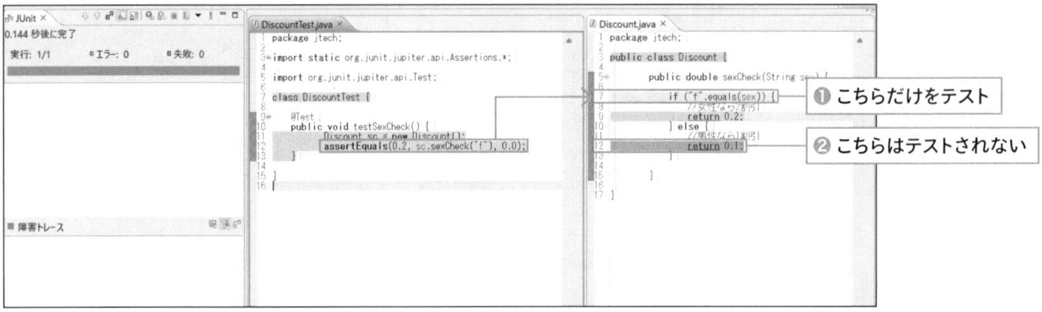

「1of2 branches missed」は、ifの処理はテストされたけれど、elseの処理はテストされていないことを意味します。elseの処理をテストするには、「DiscountTest.java」に次のメソッドを追加しましょう。

● **elseの処理をテストするメソッド**

```
    assertEquals(0.1, sc.sexCheck("m"), 0.0);
```

実行結果は**図7.34**のようになります。見てわかるように、すべての処理が緑になります。

● **図7.34 elseの処理をテストに追加した結果**

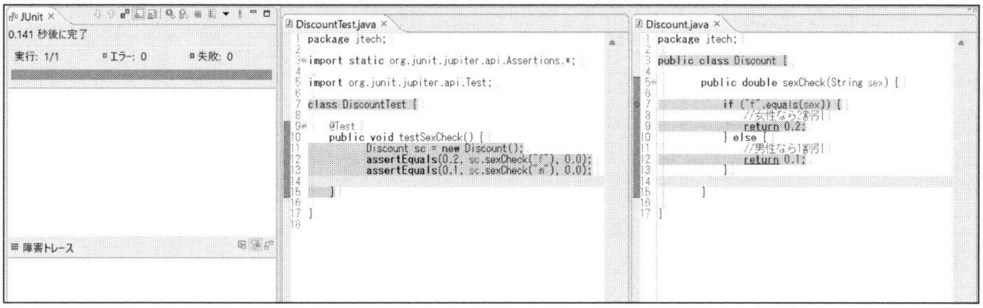
JUnit
0.141 秒後に完了
実行: 1/1
エラー: 0
失敗: 0
障害トレース
DiscountTest.java
package jtech;
import static org.junit.jupiter.api.Assertions.*;
import org.junit.jupiter.api.Test;
class DiscountTest {
@Test
public void testSexCheck() {
Discount sc = new Discount();
assertEquals(0.2, sc.sexCheck("f"), 0.0);
assertEquals(0.1, sc.sexCheck("m"), 0.0);
}
}
Discount.java
package jtech;
public class Discount {
public double sexCheck(String sex) {
if ("f".equals(sex)) {
//女性なら2割引
return 0.2;
} else {
//男性なら1割引
return 0.1;
}
}
}

ONEPOINT

今回のテストは、P.217で紹介したC1（分岐網羅：branch coverage）に相当します。

複数の分岐条件を網羅する

次に、「Discount.java」へ**図7.32**のフローチャートで示したその他の条件を追加します（**リスト7.8**）。

● **リスト7.8 「Discount.java」にその他の条件を追加した例**

```
        :
public boolean priceCheck(int price) {   ・・・・・①
    if (price >= 50000) {
        // 購入額が50,000円以上なら割引対象となる
        return true;
    } else {
        // 割引対象とならない
        return false;
    }
}

public double sexCheck(String sex) {
    if (sex == "f") {
        // 女性なら2割引
        return 0.2;
    } else {
        // 男性なら1割引
        return 0.1;
    }
}

public int ageCheck(int age) {         ・・・②
```

```
        if (age < 20) {
            // 5,000円引き
            return 5000;
        } else {
            // 1,000円引き
            return 1000;
        }
    }
        :
```

それでは、「Discount.java」に追加した❶❷の条件をテストするテストケースを作成しましょう。まずは、❶のテストケースです。

```
@Test
public void testPriceCheck() {
    Discount pc = new Discount();
    assertTrue(pc.priceCheck(50000));
    assertFalse(pc.priceCheck(10000));
}
```

購入金額が50,000以上なら「True」か未満なら「False」のテストをするため、assertTrueとassertFalseメソッドが利用できます。

次は、❷のテストケースです。

```
@Test
public void testAgeCheck() {
    // fail("まだ実装されていません");
    Discount ac = new Discount();
    assertEquals(3000, ac.ageCheck(18));
    assertEquals(0, ac.ageCheck(20));
}
```

20歳未満なら値引き額が3,000円、そうでないなら割引なしのテストなら、assertEqualsメソッドが利用できます。

図7.35にこれらのテストケースを追加した場合の実行結果を示しておきましょう。

このように、3つのifとelseそれぞれの条件がテストされていることがわかります。

● 図7.35　3つの条件をテストした例

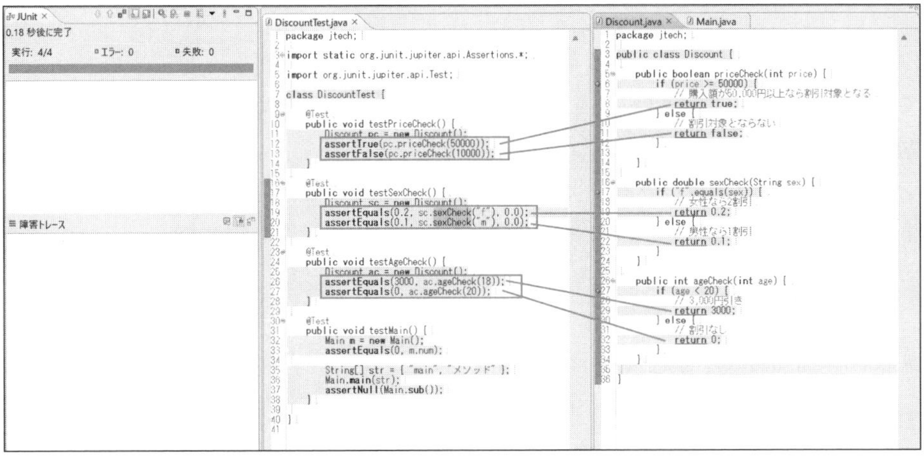
JUnit
0.18 秒後に完了
実行: 4/4
エラー: 0
失敗: 0
障害トレース
DiscountTest.java
package jtech;
import static org.junit.jupiter.api.Assertions.*;
import org.junit.jupiter.api.Test;
class DiscountTest {
@Test
public void testPriceCheck() {
Discount pc = new Discount();
assertTrue(pc.priceCheck(50000));
assertFalse(pc.priceCheck(10000));
}
@Test
public void testSexCheck() {
Discount sc = new Discount();
assertEquals(0.2, sc.sexCheck("f"), 0.0);
assertEquals(0.1, sc.sexCheck("m"), 0.0);
}
@Test
public void testAgeCheck() {
Discount ac = new Discount();
assertEquals(3000, ac.ageCheck(18));
assertEquals(0, ac.ageCheck(20));
}
@Test
public void testMain() {
Main m = new Main();
assertEquals(0, m.num);
String[] str = { "main", "メソッド" };
Main.main(str);
assertNull(Main.sub());
}
}
Discount.java
Main.java
package jtech;
public class Discount {
public boolean priceCheck(int price) {
if (price >= 50000) {
// 購入額が50,000円以上なら割引対象となる
return true;
} else {
// 割引対象とならない
return false;
}
}
public double sexCheck(String sex) {
if ("f".equals(sex)) {
// 女性なら2割引
return 0.2;
} else {
// 男性なら1割引
return 0.1;
}
}
public int ageCheck(int age) {
if (age < 20) {
// 3,000円引き
return 3000;
} else {
// 割引なし
return 0;
}
}
}

COLUMN　@Disabledでテストを無視する

特定のテストを一時的に除外したいときなどには、「@Disabled」を使用すると便利です。「Disabled」は、英語で「無効」という意味です。@Disabledを使用すると、その意味通りに、特定のテストケースを無効にすることが可能です。以下に、前述の「DiscountTest.java」で@Disabledを使用した例をあげておきます。なお、@Disabledを使用する際には、次のインポート宣言が必要になります。

```
import org.junit.jupiter.api.Disabled;
```

図7.Aで示したように、@Disabledを指定した処理は無視されるため、テストケースとして除外されます。

● 図7.A　「DiscountTest.java」で@Disabledを使用した例

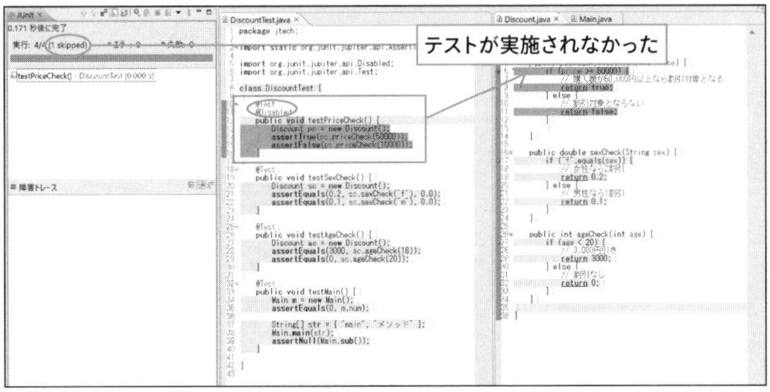
テストが実施されなかった
実行: 4/4 (1 skipped)

カバレッジとは

P.216で説明したカバレッジの具体例を紹介しましょう。なお、今回の説明に使用するソースファイルやテストケースは、前述の「Discount.java」「DiscountTest.java」とします。また、ここでは命令網羅（C0）でのケースを取り上げています。

P.243の「DiscountTest.java」の一部の処理をコメントアウトしてテストすると、**図7.36**のようになります。なお、実行時は、テストケース「DiscountTest.java」を右クリックして、ショートカットメニューから「カバレッジ（V）」→「JUnitテスト」を選択してください。

●**図7.36　「DiscountTest.java」の一部を無効にしてテストした**

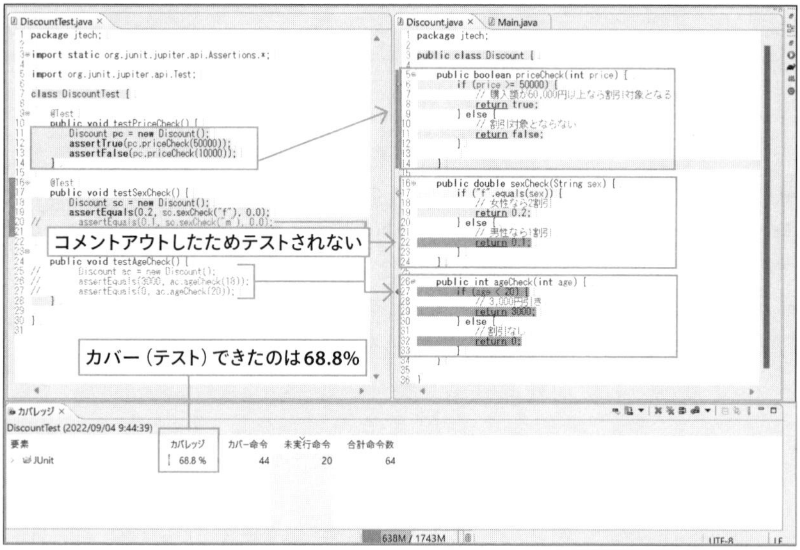

このように、「Discount.java」にある3つのメソッド「priceCheck」「sexCheck」「ageCheck」をテストする「DiscountTest.java」側の該当テストケースの一部をコメントアウトしているため、テストが不十分な箇所が出現します。そして注目すべきは、画面下部にある「カバレッジ」ビューのパーセンテージです。次は、「カバレッジ」ビューに注目してみます（**図7.37**）。

「カバレッジ」ビューを見ると、どのメソッドをどの程度テストできているのかが明確に判別できます。それでは、テストケースのコメントを外してみましょう（**図7.38**）。

● 図7.37　「カバレッジ」ビュー

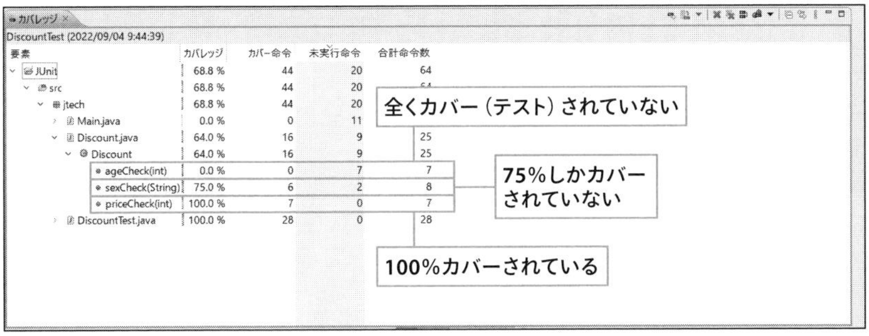

● 図7.38　テストケースのコメントを外してテストした後の「カバレッジ」ビュー

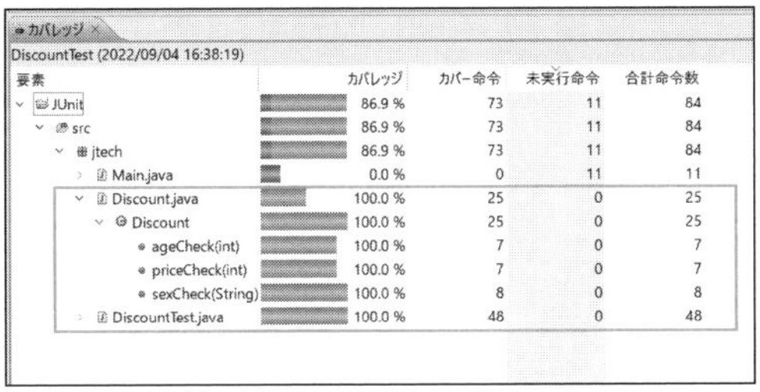

　このように、「カバレッジ」ビューでどの程度テストが完了しているのかを確認しながらテストを進めていくことができます。

　ところで**図7.38**では、「Discount.java」のカバレッジが100%ですが、「JUnit」プロジェクト全体のカバレッジは86.9%となっています。原因は、プロジェクトに含まれる「Main.java」のテストが全くされていないためです。そこで、「Main.java」のテストケースも作成して、コードカバレッジを100%にしてみましょう（**リスト7.9**、**リスト7.10**）。

● リスト7.9　「Main.java」のソースコード

```
        :
public class Main {

    int num = 0;

    public static void main(String[] args) {
        sub();
    }

    public static String sub() {
        return null;
```

```
    }
}
```

● リスト7.10　「DiscountTest.java」に「Main.java」のテストケースを追加した例

```
    @Test
    public void testMain() {
        Main m = new Main();
        assertEquals(0, m.num);

        String[] str = { "main", "メソッド" };
        Main.main(str);
        assertNull(Main.sub());
    }
```

これでコードカバレッジが100%になりました(**図7.39**)。しかし、必ずしも100%に到達したから高品質なプロジェクトであるという保証はありません。また、100%に到達していないから、欠陥のあるプロジェクトであるとも言えません。今回の例でも、テスト対象となるメソッドは86.9%の時点でカバー済みでした。したがって、常にコードカバレッジ全体で100%という数字を目標にするのではなく、目標とされる品質を優先することが求められるのです。

● 図7.39　コードカバレッジが100%になった

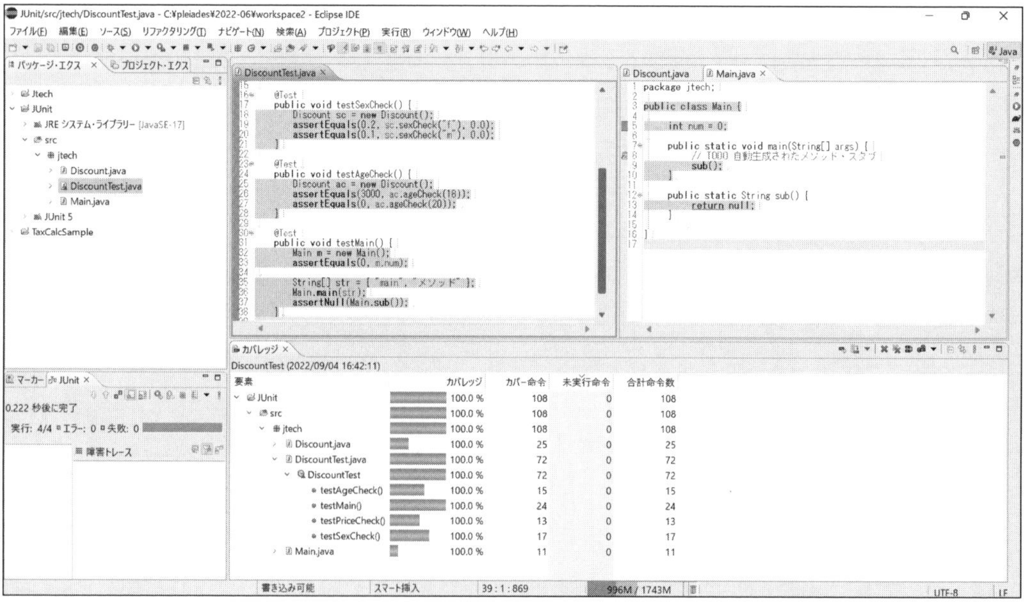

第8章

Gradleによるビルド方法

現在Eclipseのビルドツールは「Gradle」が主流になりつつありますが、これまで、「Ant」や「Maven」が広く利用されてきており、現在も利用可能です。本章では、まずGradleが登場するまでのビルドツールについて取り上げ、後半にGradleの基礎とGradleを使った具体的なビルド方法について紹介していきましょう。

本章の内容

8-1 Eclipseで使えるビルドツール

Eclipseでは、いくつかのビルドツールが利用可能であり、現在はGradleが注目されています。そこで、Gradleを紹介する前に、ビルドそのものの意味や、Gradleが登場するまでのビルドツールなどについて見ていくことにしましょう。

ビルドとビルドツール

4章でも紹介しましたが、ビルド（build）は、英語で「築く」という意味です。システム開発でのビルドは、複数のプログラムをまとめて、一つのシステムに築き上げる作業ですが、一度築き上げたら出来上がりというわけではなく、構成されるプログラム個々の機能を追加したり、修正することで、何度もビルドを繰り返す必要があります（**図8.1**）。

● 図8.1　ビルドのイメージ（Javaの場合）

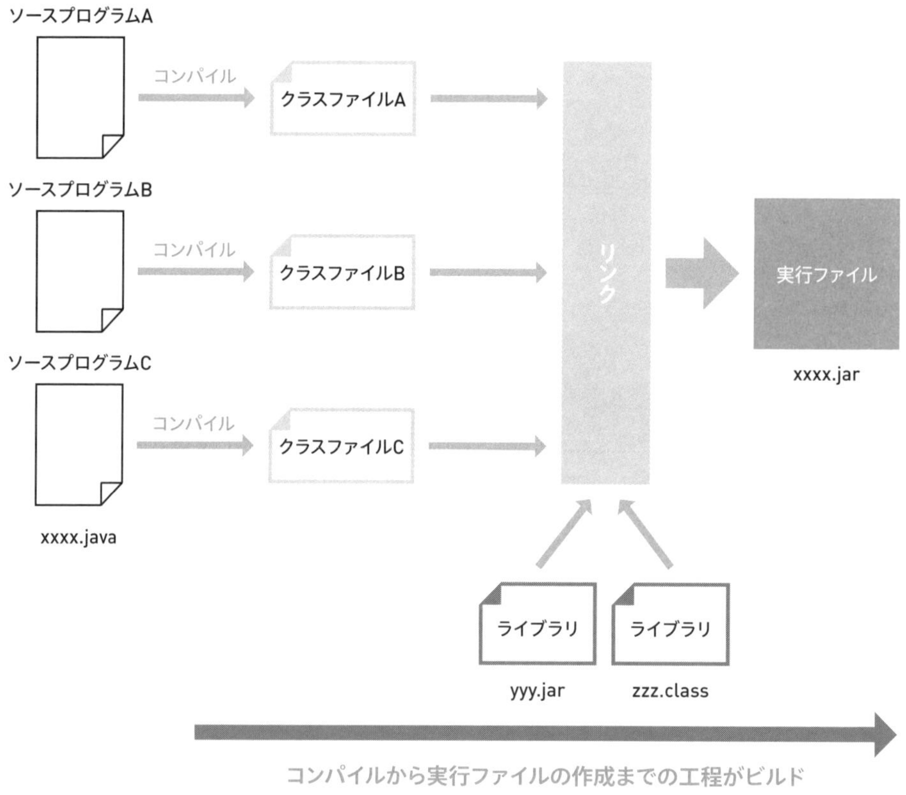

図8.1で示したように、コンパイルからリンクまでの一連の流れがビルドであり、コンパイル対象となるソースプログラムに変更や追加があれば、その分ビルドを繰り返すことになります。そのため、ビルド作業を自動的に効率よく進めるためのビルドツールが、歴史上いくつも登場しています。**表8.1**に、主なビルドツールをあげておきましょう。

表8.1 主なビルドツール

ビルドツール	概要
Make	ビルドツールの草分け的な存在。主にC言語などの開発で使われている
Ant	Javaベースのビルドツール。ビルドファイルをXMLで記述する
Maven	Antの後継。Mavenからビルドに必要なライブラリが自動的に入手できるようになった
Gradle	ビルドファイルをGroovyと呼ばれるスクリプト言語で記述。主にJavaやAndroid開発で普及している
Bazel	Google社が社内で利用していたビルドツールをオープンソースとして提供したもの。多言語に対応しており、ビルドの並列処理を実装しているため高速である

上記のうち、MavenとGradleは、Eclipseのメインメニューから容易に利用できるようになっています。本章では、この2つのビルドツールについて紹介していきます。

Mavenを利用する

前述したように、MavenはAntの後継ツールであり、特にJavaの代表的なビルドツールとして知られています。MavenはXMLでビルドファイルを記述するなど、Antを踏襲した面も持ちながら、Antよりも容易にビルドの設定を行うことができるようになっています。

さらに、プラグインの拡張により、単なるビルドツールではない側面があります。具体的には、JARファイルの作成、ソースプログラムのコンパイルやテストの他に、Javadocやテストレポート、プロジェクトサイトの生成などが可能などと、様々な機能が搭載されているのです。

それでは以下に、EclipseでMavenを利用する手順をあげておきましょう。

EclipseでMavenプロジェクトを作成する

EclipseでMavenを利用するために、Mavenプロジェクトを作成する必要があります。以下にMavenプロジェクトを作成する手順を説明します。

1. Eclipseのメニューから、「ファイル(F)」→「新規(N)」→「Mavenプロジェクト(R)」を選択する(**図8.2**)。

● 図8.2　「Mavenプロジェクト」を選択する

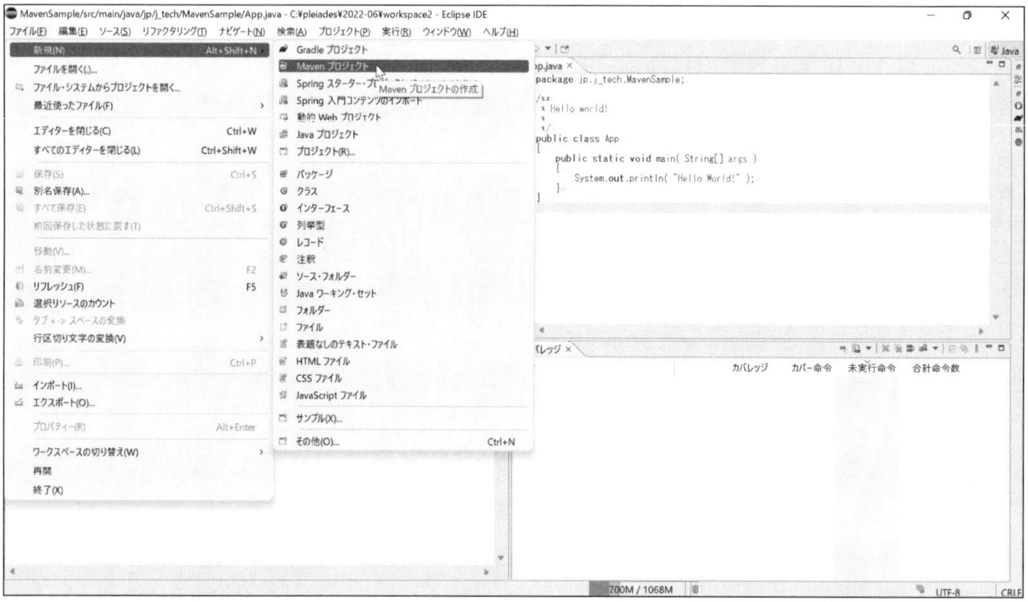

> **ONEPOINT**
>
> JAR（JavaARchive）ファイルとは、Javaの複数のクラスから構成されるアプリケーションを配布しやすいように、圧縮（アーカイブ）して1つのファイルにまとめたものです。

2　「新規Mavenプロジェクト」ダイアログボックスが表示されたら、「デフォルト・ワークスペース・ロケーションの使用(W)」だけにチェックが付いた状態のままで、「次へ(N)」ボタンをクリックする。

3　「アーキタイプの選択」ウィンドウでは、「フィルター(F)」に「maven-archetype-quickstart」と入力して、「アーティファクトId」から「maven-archetype-quickstart1.4」を選択し、他の項目はデフォルトのままで「次へ(N)」ボタンをクリックする（**図8.3**）。

> **ONEPOINT**
>
> 「maven-archetype-quickstart」はいくつかのバージョンが表示されますが、ここでは、1.4を選択します。

● 図8.3 「maven-archetype-quickstart」が選択されていることを確認する

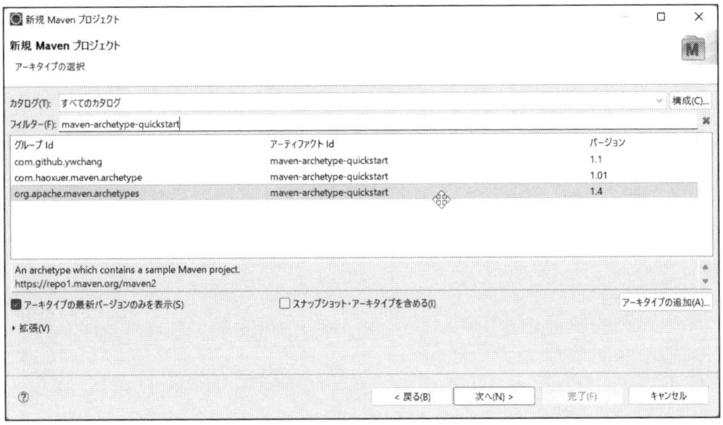

4 「アーキタイプ・パラメーターの指定」ウィンドウでは、「グループId」欄と「アーティファクトId」欄に任意の文字列を入力して、「完了(F)」ボタンをクリックする(**図8.4**)。なお、「アーティファクトId」欄に入力した文字列は、プロジェクト名としても扱われ、パッケージ欄には、「グループId」と「アーティファクトId」を連結したパッケージ名が設定される。

● 図8.4 「グループId」欄と「アーティファクトId」欄に任意の文字列を入力

ONEPOINT

図8.4の例のように、「グループId」に「-(ハイフン)」が含まれている場合は、「パッケージ」欄上で「_(アンダースコア)」に変換されます。

これで、Mavenプロジェクトが完成します。

図8.5のように、Mavenプロジェクトには、ビルド手順を記述するためのビルドファイル「pom.xml」が生成されています。

● **図8.5 完成したMavenプロジェクト**

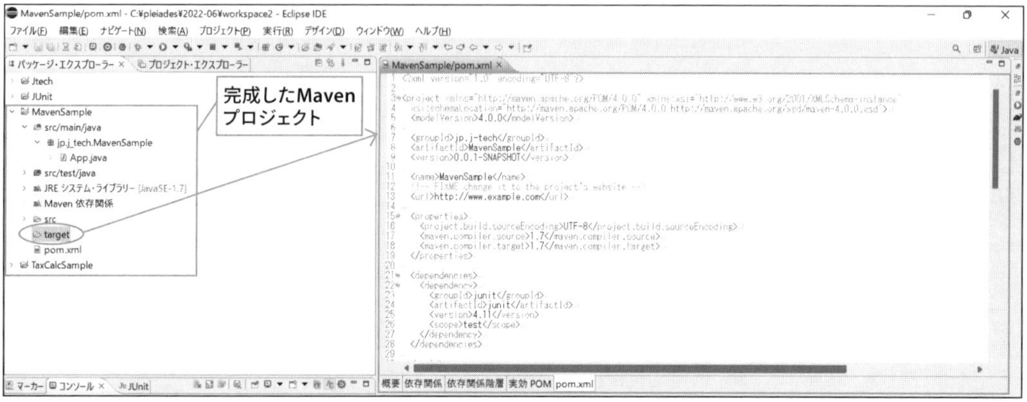

Mavenプロジェクトに注意のマークが表示される場合

Mavenプロジェクト「MavenSample」を示す部分に、の注意のマークが付いている場合の多くは、pom.xmlファイルのJavaのコンパイルに関する情報が異なることに起因しています。「マーカー」ビューにJREコンパイラーに関する注意が表示されているかどうか確認してみましょう（**図8.6**）。

● **図8.6 「マーカー」ビューにJREコンパイラーに関する注意が表示されている例**

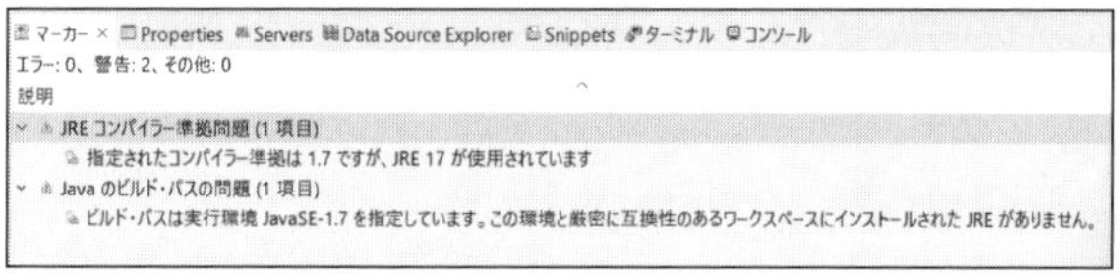

このような注意が表示されている場合で、Eclipseにデフォルトで搭載されているJREを使用している場合は、pom.xmlファイル内のJavaのコンパイルに関する記述を以下のように変更してください（JRE17を使用している場合）。

● **変更前**

```
<properties>
    <project.build.sourcJEEncoding>UTF-8</project.build.sourcJEEncoding>
    <maven.compiler.source>1.7</maven.compiler.source>
    <maven.compiler.target>1.7</maven.compiler.target>
```

```
</properties>
```

● 変更後

```
<properties>
    <project.build.sourcJEEncoding>UTF-8</project.build.sourcJEEncoding>
    <maven.compiler.source>17</maven.compiler.source>
    <maven.compiler.target>17</maven.compiler.target>
</properties>
```

JREのバージョン部分を現在使用しているバージョンに編集して、pom.xmlを上書き保存し、Eclipseのメニューから「プロジェクト(P)」→「Mavenプロジェクトの更新」をクリックすれば、「マーカー」ビューのメッセージは消え、プロジェクトのアイコンは正常に戻ります。

また、もしJDKをインストールしている場合は、pom.xmlの変更前の内容に合わせてコンパイラーを変更することもできます。

1 プロジェクト内にある「JREシステム・ライブラリー」を右クリックして、ショートカットメニューから「プロパティー(R)」をクリックする(**図8.7**)。

● **図8.7 「JREシステム・ライブラリー」を右クリック**

2 「JREシステム・ライブラリーのプロパティー」ダイアログボックスが表示されたら、「システム・

ライブラリー」欄の「実行環境(X)」から該当するバージョン（ここでは「JavaSE-17(jre)」）を選択して「適用して閉じる」ボタンをクリックする（**図8.8**）。

● **図8.8　「JREシステム・ライブラリーのプロパティー」ダイアログボックス**

3　Eclipseのメニューから「プロジェクト(P)」→「Mavenプロジェクトの更新」をクリックする。

Mavenで JARファイルを作成する

次にEclipse JEEでJARファイルを作成する手順を紹介します。JARファイルを作成するには、「プロジェクト・エクスプローラー」内のプロジェクト（ここではMavenSample）を右クリックして、ショートカットメニューから「実行(R)」→「Maven install」をクリックします（**図8.9**）。

● **図8.9　JARファイルを作成する**

図8.10で示すように、JARファイルが生成されると、「コンソール」ビューに「BUILD SUCCESS」と表示され、「プロジェクト・エクスプローラー」内の「target」フォルダーには、生成されたJARファイルが表示されます。

● **図8.10 JARファイルが作成された**

eclipse-workspace - MavenSample/pom.xml - Eclipse IDE
ファイル(F) 編集(E) ナビゲート(N) 検索(A) プロジェクト(P) 実行(R) デザイン(D) ウィンドウ(W) ヘルプ(H)
プロジェクト・エクスプローラー
GradleSample
MavenSample
src/main/java
src/test/java
JRE システム・ライブラリー [JavaSE-1.7]
Maven 依存関係
src
target
generated-sources
generated-test-sources
maven-archiver
maven-status
surefire-reports
MavenSample-0.0.1-SNAPSHOT.jar
pom.xml
MavenSample/pom.xml
<?xml version="1.0" encoding="UTF-8"?>
<project xmlns="http://maven.apache.org/POM/4.0.0" xmlns:xsi="http://www.w3.org/2001/XMLSchema-instance"
xsi:schemaLocation="http://maven.apache.org/POM/4.0.0 http://maven.apache.org/xsd/maven-4.0.0.xsd">
<modelVersion>4.0.0</modelVersion>
<groupId>jp.j-tech</groupId>
<artifactId>MavenSample</artifactId>
<version>0.0.1-SNAPSHOT</version>
<name>MavenSample</name>
<!-- FIXME change it to the project's website -->
<url>http://www.example.com</url>
<properties>
<project.build.sourceEncoding>UTF-8</project.build.sourceEncoding>
<maven.compiler.source>1.7</maven.compiler.source>
<maven.compiler.target>1.7</maven.compiler.target>
</properties>
<dependencies>
概要 依存関係 依存関係階層 実効 POM pom.xml
マーカー Properties Servers Data Source Explorer Snippets ターミナル コンソール
<終了> C:¥eclipse-jee-2022-06-R-win32-x86_64¥eclipse¥plugins¥org.eclipse.justj.openjdk.hotspot.jre.full.win32.x86_64_17.0.3.v20220515-1416¥jre¥bin¥javaw.exe (2022/09/08 18:13:58) [pid: 11
[INFO] --- maven-jar-plugin:2.4:jar (default-jar) @ MavenSample ---
[INFO] Building jar: C:\Users\user\eclipse-workspace\MavenSample\target\MavenSample-0.0.1-SNAPSHOT.jar
[INFO]
[INFO] --- maven-install-plugin:2.5.2:install (default-install) @ MavenSample ---
[INFO] Installing C:\Users\user\eclipse-workspace\MavenSample\target\MavenSample-0.0.1-SNAPSHOT.jar to C:\Users\user\.m2\repo.
[INFO] Installing C:\Users\user\eclipse-workspace\MavenSample\pom.xml to C:\Users\user\.m2\repository\jp\j-tech\MavenSample\0
[INFO] --
[INFO] BUILD SUCCESS
[INFO] --
[INFO] Total time: 2.271 s
[INFO] Finished at: 2022-09-08T18:14:01+09:00
[INFO] --
MavenSample-0.0.1-SNAPSHOT.jar - MavenSample/target

次は、JARファイルを実行してみましょう。Windowsの場合は、コマンドプロンプトから、JARファイルの保存先まで移動し、コマンドを実行します。なお、現在のJARファイルは、実行可能ファイルとしてのビルドではないため、以下のコマンド形式での実行となります。

```
java -classpath [JARファイル] [mainメソッドを持つクラスファイル]

java -classpath MavenSample-0.0.1-SNAPSHOT.jar jp.j_tech.MavenSample.App
Hello World!
```

JARファイルを実行可能にする

JARファイルは、「-jar」オプションを付けて以下のように実行できます。

```
java -jar MavenSample-0.0.1-SNAPSHOT.jar jp.j_tech.MavenSample.App
```

しかし、先のJARファイルをこのコマンドで実行すると以下のエラーメッセージが表示されます。

```
MavenSample-0.0.1-SNAPSHOT.jarにメイン・マニフェスト属性がありません
```

そこで、pom.xmlをさらに編集して通常の実行ができるようにしましょう。pom.xml内の「maven-jar-plugin」の部分にマニフェストを追記してください（**図8.11**）。

● 元の記述

```
<plugin>
    <artifactId>maven-jar-plugin</artifactId>
        <version>3.0.2</version>
</plugin>
```

● マニフェストを追加した変更後

```
<plugin>
    <groupId>org.apache.maven.plugins</groupId>
    <artifactId>maven-jar-plugin</artifactId>
    <configuration>
        <archive>
            <manifest>
                <mainClass>jp.j_tech.MavenSample.App</mainClass>
            </manifest>
        </archive>
    </configuration>
</plugin>
```

● 図8.11　編集後のpom.xml

```
MavenSample/pom.xml ×
        <plugin>
          <artifactId>maven-surefire-plugin</artifactId>
          <version>2.22.1</version>
        </plugin>
        <plugin>
          <!-- 元の記述
          <artifactId>maven-jar-plugin</artifactId>
          <version>3.0.2</version>
          -->
          <!--マニフェストを追加した記述-->
          <groupId>org.apache.maven.plugins</groupId>
          <artifactId>maven-jar-plugin</artifactId>
          <configuration>
             <archive>
                 <manifest>
                      <mainClass>jp.j_tech.MavenSample.App</mainClass>
                 </manifest>
             </archive>
          </configuration>
        </plugin>
        <plugin>
          <artifactId>maven-install-plugin</artifactId>
          <version>2.5.2</version>
        </plugin>
```

pom.xmlを編集したら、これまでと同様に上書き保存して、Mavenプロジェクトを更新し、プロジェクトのショートカットメニューから「実行(R)」→「Maven install」をクリックします。その後、コマンドプロンプトから -jarオプションでjarファイルを実行すれば、正常に動作するでしょう。

Pleiades All in OneでMavenプロジェクトを作成する

次にPleiades All in OneでJARファイルを作成する手順を紹介します。Mavenプロジェクトの作成手順はEclipse JEEと同じですが、JARファイルを作成するには、「プロジェクト・エクスプローラー」内のプロジェクト(ここではMavenSample)を右クリックして、ショートカットメニューから「実行(R)」→「Maven ビルド」をクリックします(**図8.12**)。

●図8.12 Pleiades All in OneでJARファイルを作成する

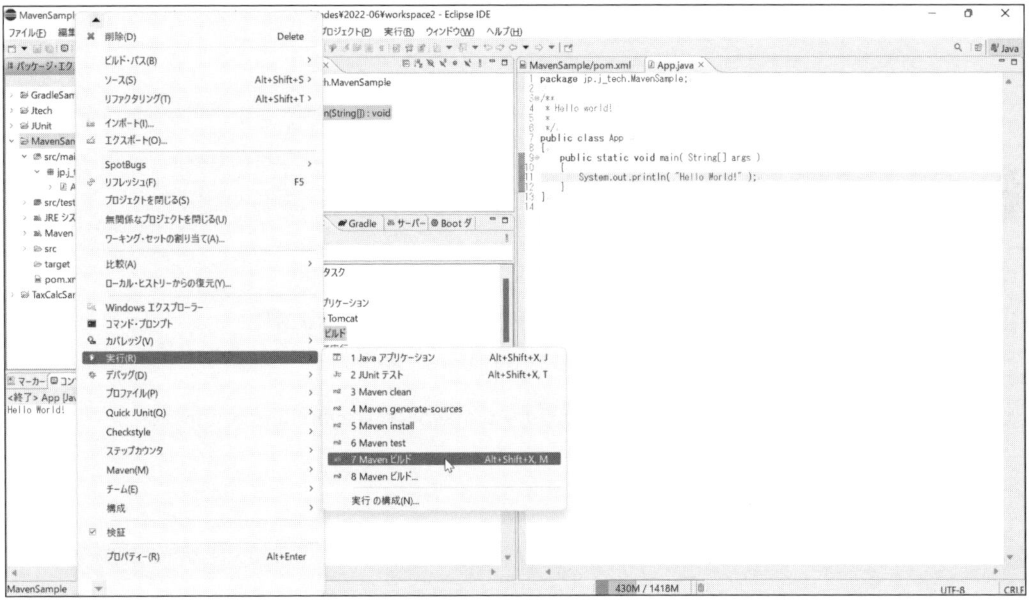

Eclipse JEEと同様に、JARファイルが生成されると、「コンソール」ビューに「BUILD SUCCESS」と表示され、プロジェクトが保存されているフォルダのサブフォルダ「target」内にJARファイルが生成されます。

それでは、jarファイルを実行してみましょう。前述の手順で作成したjarファイルは、Eclipse JEEのときと同様に、「-classpath」オプション指定が必要です。今回は、Windowsの環境設定でjavaコマンドのパスが指定されていない場合の手順をあげておきます。ちなみに、Pleiades All in Oneでは、プロジェクト・エクスプローラー内の「target」を右クリックして、ショートカットメニューから「Windowsエクスプローラー」をクリックすると、JARファイルの保存先「target」フォルダーを簡単に開くことができます(**図8.13**)。

● 図8.13 「target」を右クリックして「Windowsエクスプローラー」を選択

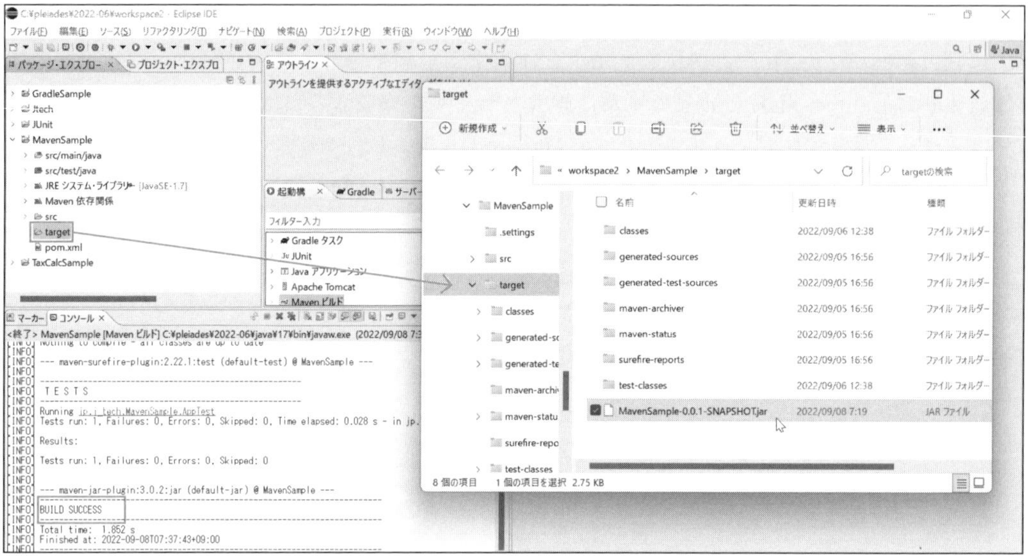

●jarファイルを実行する（javaコマンドのパスが通っていない場合の例）

- javaコマンドの保存先・・・c:\pleiades\2022-09\java\7\bin
- jarファイルの保存先・・・C:\pleiades\2022-09\workspace\MavenSample\target

1 javaコマンドのある場所へ移動する。

```
cd c:\pleiades\2022-09\java\7\bin
```

2 絶対パス指定でjarファイルを指定して実行する。

```
java -classpath C:\pleiades\2022-09\workspace\MavenSample\target\MavenSample-0.0.1-SNAPSHOT.
jar jp.j_tech.MavenSample.App
```

これでjarファイルを実行することができます。なお、Eclipse JEEと同様に、「-jar」オプションで実行するためには、pom.xmlにマニュフェストの記述を追加する必要があります。P.260で示したように、pom.xml内の「maven-jar-plugin」の記述を変更すれば、実行可能なjarファイルとして利用可能となります。

8-2 Gradleの設定と基本操作

Eclipseで利用できるビルドツールの最新版がGradleです。ここでは、まずGradleをEclipseで使うための基本手順について見ていくことにしましょう。

Gradleの特徴

ビルドツールの草分け的存在のMakeやAntは「手続き型」で、前述のMavenとここで紹介するGradleは「規約型」のビルドツールであると言えます。「手続き型」では、ソースプログラムの場所やビルドしたファイルの出力先を逐次指定する必要がありますが、「規約型」では、「JARファイルを生成する」「Webアプリケーションをビルドする」といったような、プロジェクトの定義が明確で、あらかじめ決められたルールに則ってソースプログラムなどを配置していくため、処理がより簡潔になります。

以下に、Gradleの主な特徴をあげておきましょう。

- Groovyを利用
  AntやMavenのようにXMLでビルド処理を記述するのではなく、Groovyと呼ばれるJavaライクなスクリプト言語を使用する
- タスクによる処理
  タスクと呼ばれる「作業単位」で、ビルド処理を記述する
- Mavenのセントラルリポジトリに対応
  デフォルトでMavenのセントラルリポジトリに対応している（これまでデフォルトリポジトリだったJCenterは2022年2月で終了）

ONEPOINT

リポジトリ（repository）とは、貯蔵庫や倉庫を意味する単語で、ライブラリなどが一元管理されている場所を指します。

Gradleプロジェクトを作成する

Gradleによるビルドを行う場合、通常なら、先にGradleの公式サイトより、Gradleをインストールする必要があります（**図8.14**）。

● 図8.14　Gradleの公式サイト(https://gradle.org/)

本書では、Pleiades All in Oneをベースにしていますが、Pleiades All in OneでGradleプロジェクトを作成すると、Servletベースのwebアプリケーションが生成されるため、ここでは、Mavenの時と同様に、Eclipse JEEをメインにしてJavaプロジェクトでの利用手順を説明します。

ONEPOINT

Eclipse公式ページのEclipse JEEの利用については、**第2章**を参照してください。ちなみに、Pleiades All in Oneでは、warファイルが簡単に構築できるため、これについては後述します。

Eclipseでは、P.26で紹介したEclipseのメニュー、「ヘルプ(H)」→「Eclipseマーケットプレイス(M)」の「検索」タブから、「buildship」と入力すると表示される「Buildship Gradle Integration」でGradleプラグインをインストールできますが、Eclipse JEEやPleiades All in Oneでは、デフォルトでGradleプラグインがインストールされているため、Gradleがすぐに利用可能です(**図8.15**)。

EclipseでGradleプロジェクトを作成する手順を以下にあげておきます。

● 図8.15　「Buildship Gradle Integration」

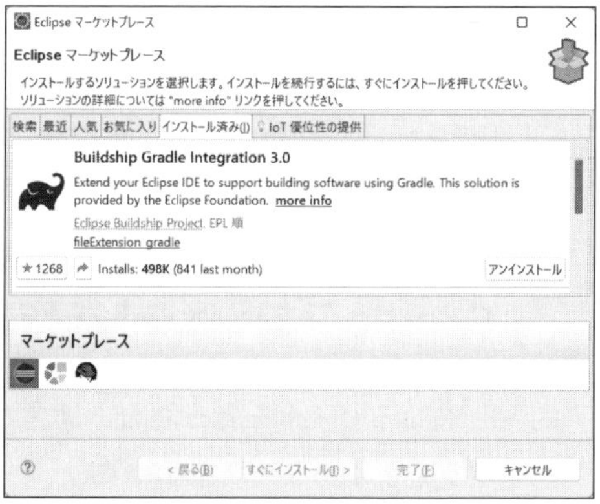

1 Eclipseのメニューから、「ファイル(F)」→「新規(N)」→「プロジェクト(R)」を選択する。

2 「新規プロジェクト」ダイアログボックスでは、「ウィザードを選択」の一覧にある「Gradle」→「Gradleプロジェクト」を選択して、「次へ(N)」ボタンをクリックする(**図8.16**)。

● 図8.16 「Gradleプロジェクト」を選択する

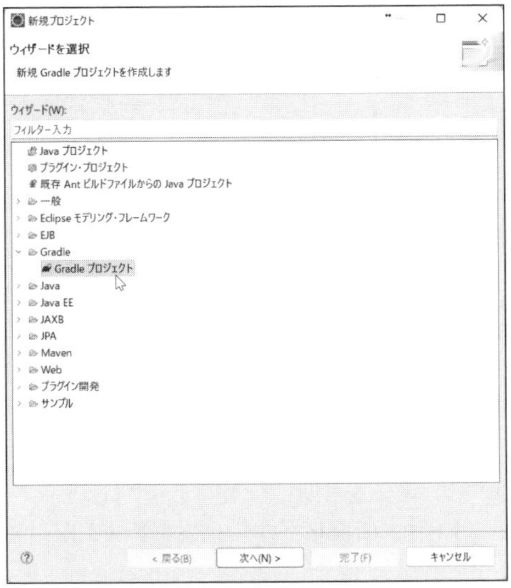

3 「新規Gradleプロジェクト」ダイアログボックスでは、プロジェクト名(ここでは「GradleSample」)を入力して、「次へ(N)」ボタンをクリックする(**図8.17**)。

● 図8.17 プロジェクト名を入力する

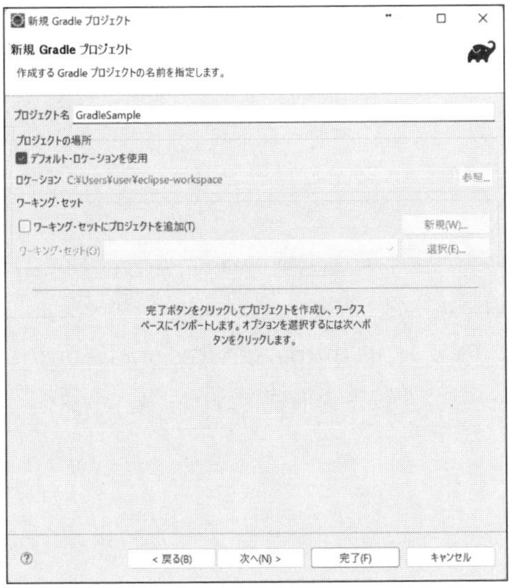

4 「オプション」ウィンドウでは、デフォルトのままで「次へ(N)」ボタンをクリックし、「プレビュー」ウィンドウでエラーなどがなければ、「完了(F)」ボタンをクリックする。

● 図8.18　完成したGradleプロジェクト

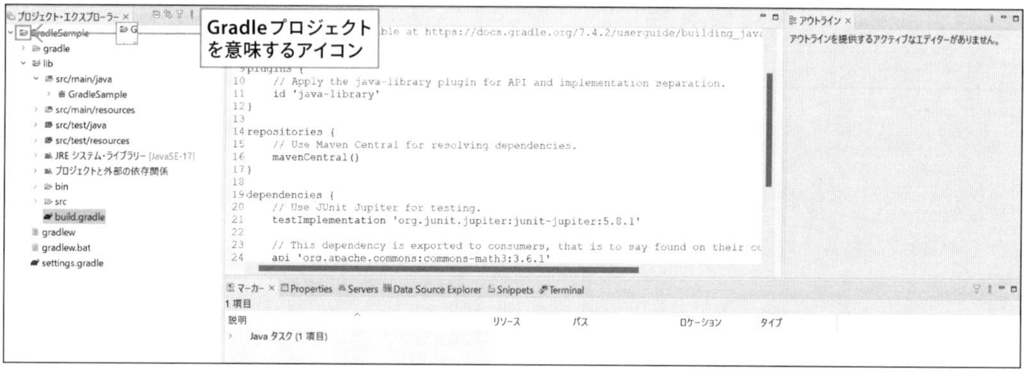

ONEPOINT

「プレビュー」ウィンドウでエラーが表示された場合は、以下のコラムを参照してください。プロジェクト・エクスプローラー内に表示されているGradleプロジェクトは、Gradleプロジェクトを意味するアイコンになっています。

COLUMN　Gradleディストリビューションについて

先のGradleプロジェクトを作成する手順では、4の「オプション」でデフォルト設定のまま「プレビュー」に進むとエラーになる場合があります。もし、エラーになった場合は、「戻る(B)」ボタンで、「オプション」ウィンドウへ戻り、「Gradleディストリビューション」欄の設定を見直しましょう。

以下に、「Gradleディストリビューション」欄で「リモート・ディストリビューション・ロケーション」を設定する手順をあげておきます。

1 「オプション」ウィンドウの上部にある、「ワークスペース設定を上書き」にチェックする。
2 「Gradleディストリビューション」欄で、「リモート・ディストリビューション・ロケーション」を選択し、ディストリビューションのサイト(http://services.gradle.org/distributions/)にあるものから、設定したいバージョンを以下の形式でコピー＆ペーストする(図8.A、図8.B)。

```
http://services.gradle.org/distributions/[設定したいディストリビューションバージョンのzipファイル名]
```

図8.A　ディストリビューションのサイト

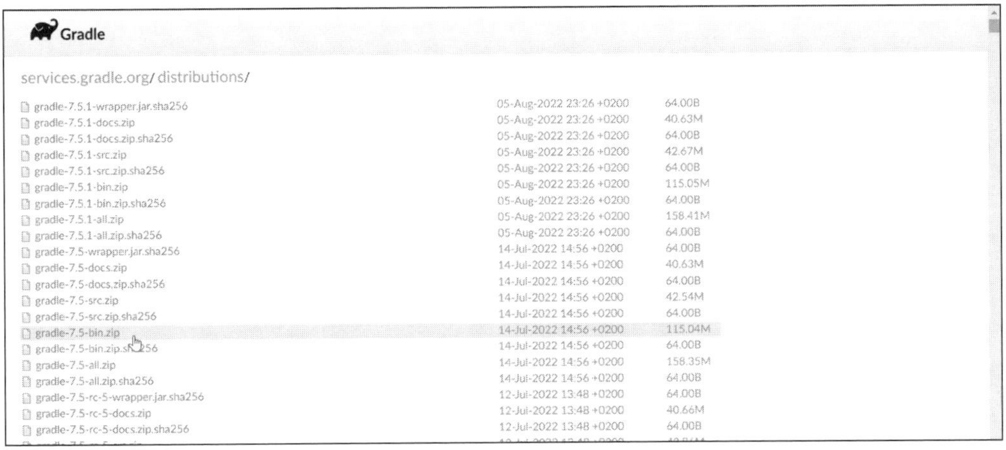

図8.B　「リモート・ディストリビューション・ロケーション」を設定した例（バージョンが「Gradle7.5」の場合）

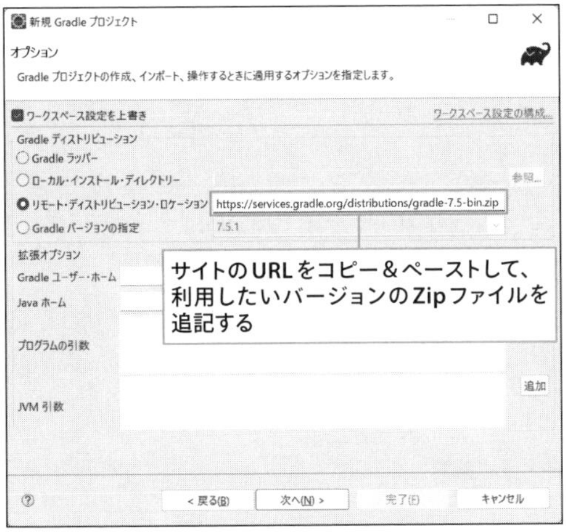

Gradleの基本操作

作成したGradleプロジェクトには、サンプルのソースコード「Library.java」と、そのテストクラスである「LibraryTest.java」が用意されています。また、Gradleでは、プロジェクト内にある「build.gradle」ファイルを編集して、ビルド内容を記述していくことになります（**図8.19**）。

● 図8.19　Gradleプロジェクトの構成

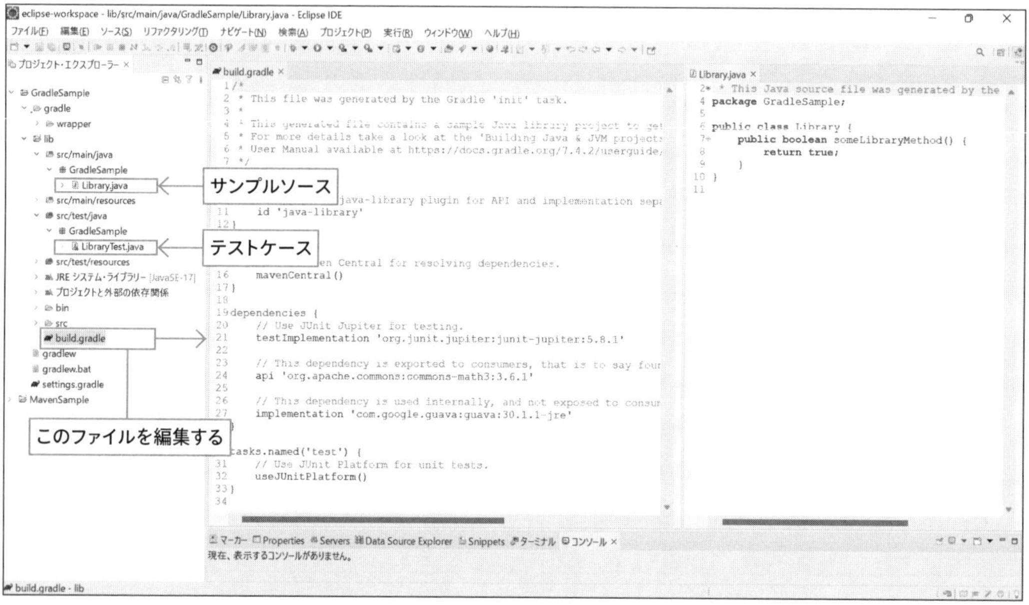

サンプルプログラムからJARファイルを作成する

Gradleでは、簡単にビルドができます。以下に、サンプルのソースコード「Library.java」をビルドして、JARファイルを作成する手順をあげておきましょう。

1. Eclipseのメニューから「ウィンドウ(W)」→「ビューの表示(V)」→「その他(O)」をクリックして、「ビューの表示」ダイアログボックスを表示させる。
2. 「ビューの表示」ダイアログボックスで、「Gradle」→「Gradleタスク」を選択して、「開く(O)」ボタンをクリックする（**図8.20**）。

● 図8.20　「ビューの表示」ダイアログボックスから「Gradleタスク」を選択

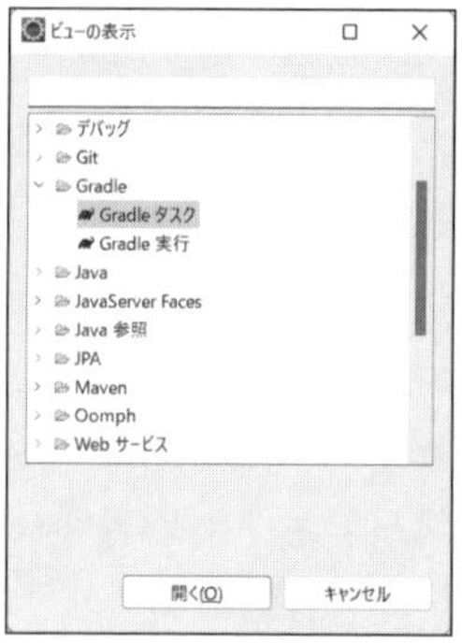

3 Eclipseの画面下部に「Gradleタスク」ビューが現れるので、名前欄にあるプロジェクト（ここでは「GradleSample」）から、「build」を開く。

4 「build」の先にある「jar」を右クリックして、ショートカットメニューから「Gradleタスクの実行」をクリックする（**図8.21**）。

● **図8.21　「Gradleタスク」ビューの「jar」タスク**

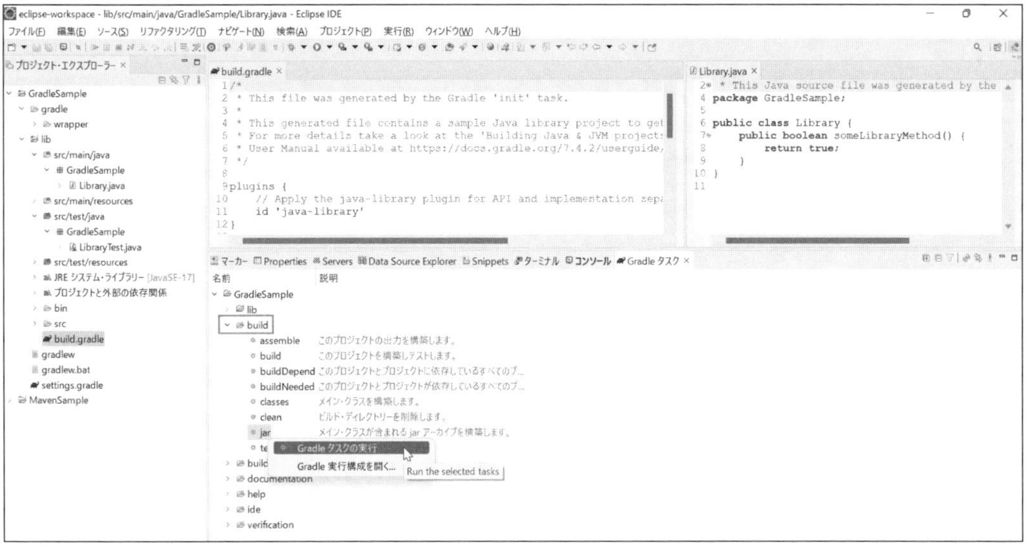

> **ONEPOINT**
>
> 「jar」をダブルクリックしても、実行できます。

「Gradle実行」ビューが現れ、実行結果が表示されます（**図8.22**）。なお、「build.gradle」ファイルの編集内容に不備などがあると、Gradle実行ビューには、赤い「！」マークの項目が表示されます。

● **図8.22　「Gradle実行」ビューに実行結果が表示される**

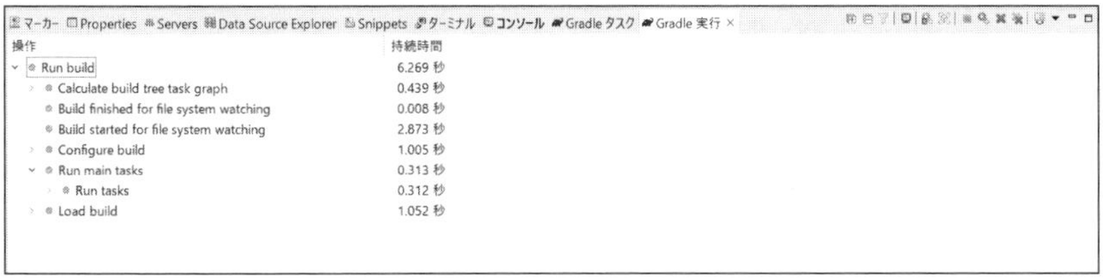

JARファイルは、ビルド元のプロジェクト（ここでは「GradleSample」）が保存されているワークスペース内の「lib」→「build」→「libs」フォルダーに生成されます（**図8.23**）。

● **図8.23　生成されたJARファイル**

> **ONEPOINT**
>
> コマンドプロンプトからjavaコマンドでこのJARファイルを実行しても、ファイルが不足しているため、エラーになります。正常に動作する例は、P.276を参照してください。

サンプルプログラムをテストする

Gradleプロジェクトでは、**第7章**で紹介したJUnitによるテストも可能です。ここでは、サンプルプログラムのテストを実施してみましょう。なお、テストは、「Gradleタスク」ビューから実行します。「Gradleタスク」ビューを表示させるまでの手順は、P.268を参照してください。

1 「Gradleタスク」ビューから名前欄にあるテスト対象のプロジェクト（ここでは「GradleSample」）から、「verification」を開く。

2 「verification」にある「test」を右クリックして、ショートカットメニューから「Gradleタスクの実行」をクリックする（**図8.24**）。

● **図8.24　「Gradleタスク」ビューの「test」タスク**

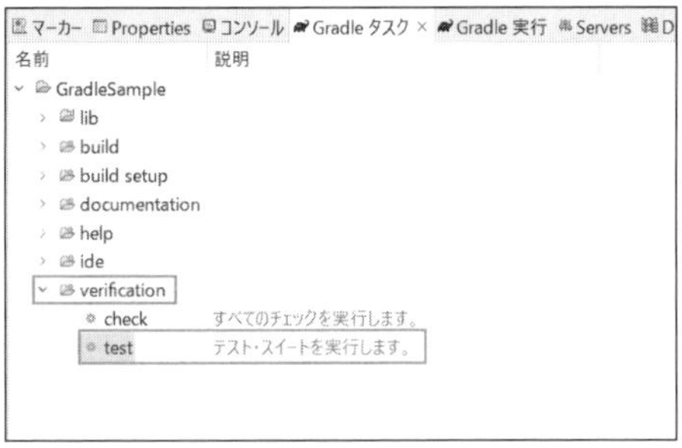

ONEPOINT

「test」をダブルクリックしても、実行できます。

「Gradle実行」ビューが現れ、実行結果が表示されます（**図8.25**）。

● 図8.25 「Gradle実行」ビューに実行結果が表示される

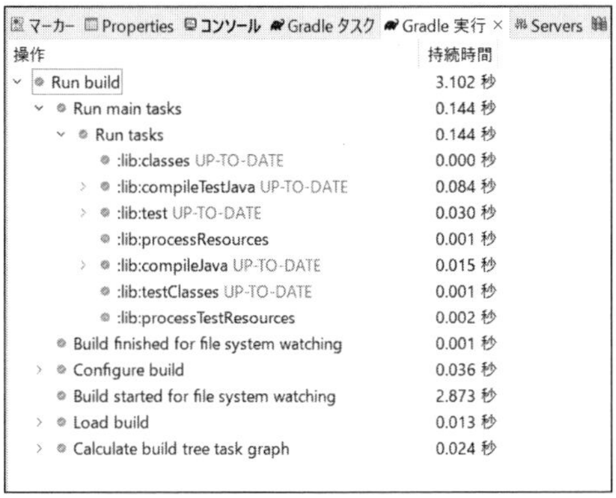

testタスクが実行されると、ビルド元のプロジェクト（ここでは「GradleSample」）が保存されているワークスペース内の「lib」→「build」→「reports」→「tests」→「test」フォルダーにレポートが生成されます（**図8.26**）。

● 図8.26 「test」フォルダー

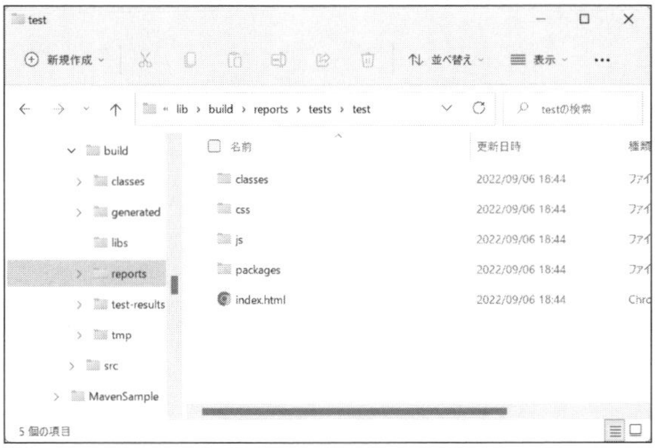

なお、レポートはHTMLで作成されているため、「test」フォルダー内のindex.htmlファイルをダブルクリックすれば、テストのレポートが表示されます（**図8.27**）。

● 図8.27　index.htmlをダブルクリックしてテストの実行結果を表示させた例

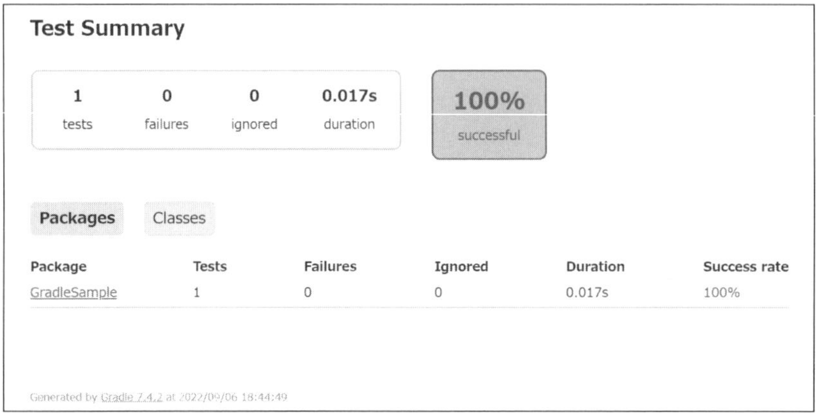

既存のEclipseプロジェクトをGradleプロジェクトで使用する

既に作成済みのプロジェクトで、Gradleの機能を使用することも可能です。以下にJavaのプロジェクトをGradleプロジェクトとして使用する例をあげておきましょう。

1 Eclipseのメニューから、「ファイル(F)」→「インポート(I)」を選択する。

2 「インポート」ダイアログボックスが表示されるので、「インポート・ウィザードの選択」の一覧にある「Gradle」→「既存のGradleプロジェクト」を選択して、「次へ(N)」ボタンをクリックする（**図8.28**）。

● 図8.28　「Gradle」→「既存のGradleプロジェクト」を選択する

3 Gradleプロジェクトのインポート画面では、「参照...」ボタンをクリックして、インポートするJavaプロジェクトのフォルダーを指定し、「次へ(N)」ボタンで次へ進む（**図8.29**）。

図8.29　インポートするJavaプロジェクトのフォルダーを指定する

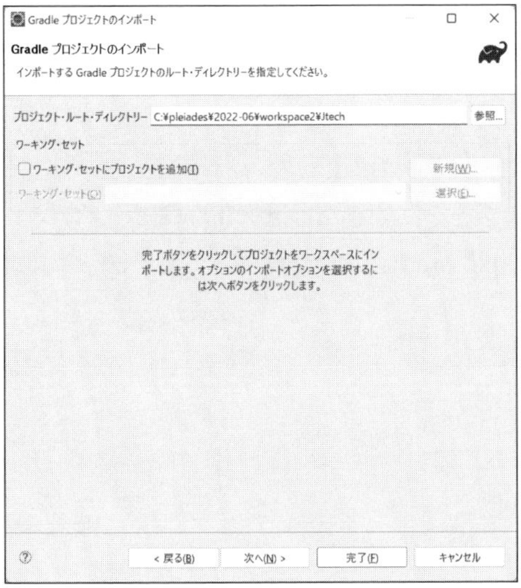

4　「インポート・オプション」の画面では、デフォルトのままで「次へ(N)」ボタンをクリックする。

5　「インポート・プレビュー」の画面で「完了(F)」ボタンをクリックする(**図8.30**)。

図8.30　既存のJavaプロジェクトがインポートされた

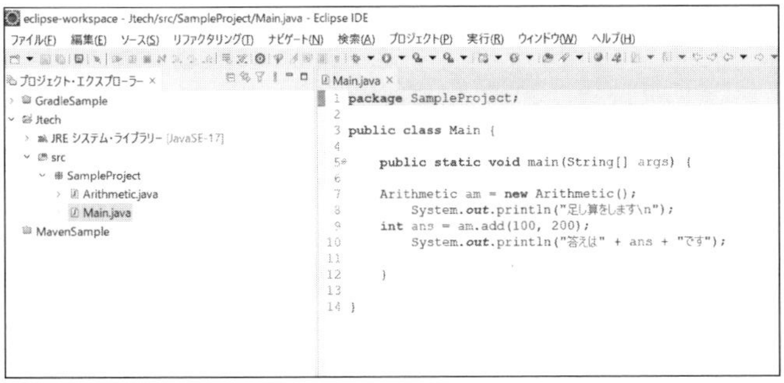

ONEPOINT

インポート元のプロジェクトがGradleプロジェクトに代わります。ワークスペースが異なる場合は、注意が必要です。

図8.30を見るとわかるように、インポートされたプロジェクトは、Gradleプロジェクトを意味するアイコンになっており、デフォルトで、「Gradle実行」や「Gradleタスク」ビューがレイアウトされます。

しかし、プロジェクト内には、「build.gradle」ファイルが存在せず、「Gradleタスク」ビューを見ると、「jar」などのJavaプロジェクトに必要なタスクもありません。

次は、「build.gradle」を作成して、Javaプロジェクトに必要なタスクを追加してみましょう。

1 Eclipseのメニューから、「ファイル(F)」→「新規(N)」→「ファイル」をクリックする。

2 「新規ファイル」ダイアログボックスでは、「親フォルダーを入力または選択(E)」欄で、プロジェクトのフォルダーを選択し、「ファイル名(M)」に「build.gradle」と入力して、「完了(F)」ボタンをクリックする（**図8.31**）。

図8.31　「ファイル名(M)」に「build.gradle」と入力する

3 「プロジェクト・エクスプローラー」の該当プロジェクト内に「build.gradle」ファイルが生成されるので、ダブルクリックしてエディターで開き、以下のコードを記述する。

```
plugins {
    id 'java-library'
}
```

ONEPOINT

build.gradleの記述は、Javaプラグインとも呼ばれる、Javaプロジェクトに必要なライブラリーの指定を意味します。P.266で作成したGradleプロジェクトにある同じ記述部分をコピー＆ペーストしても構いません。

4 Eclipseのメニューから「ファイル(F)」→「保存(S)」をクリックして、3のコードを保存し、

「Gradleタスク」ビューの「すべてのタスクをリフレッシュ」アイコンをクリックする（**図8.32**）。

● **図8.32　「build.gradle」を編集後の「Gradleタスク」ビュー**

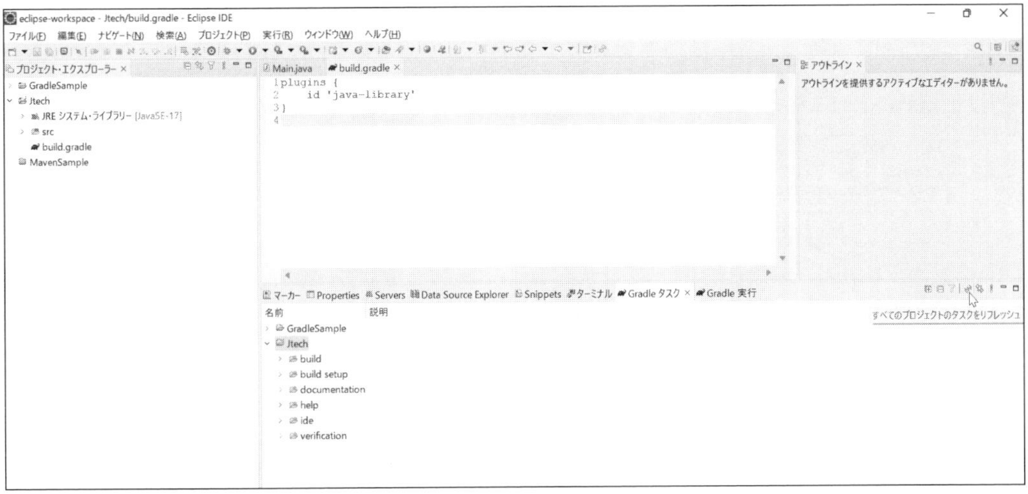

これで、「Gradleタスク」ビューにJavaプロジェクトで必要なタスクが追加されます。

8-3 Gradleによるビルド体験

GradleではAntやMavenのようにXMLでビルド処理を記述するのではなく、Groovyと呼ばれるスクリプト言語を使用します。ここでは、実際にGroovyを使って、具体的なビルド処理を体験しましょう

Groovyでビルド処理を記述する

Mavenでは、XMLでビルド処理を記述しましたが、Gradleは、「Groovy」と呼ばれるスクリプト言語を利用します。Groovyは、JVM（Java Virtual Machine：Java仮想マシン）で動作する、Javaに似た文法で記述できるオープンソースのスクリプト言語です。

すでに「build.gradle」ファイルが何度か登場していますが、このファイルは、Groovyによって記述されています。

ところで、これまでの「build.gradle」ファイルは、mainメソッドを持つクラスなど、JAR

に必要な記述が不足していたため、生成されたJARファイルを実行してもエラーになりました。そこで、ここでは、実行可能なJARファイルを生成する処理を追加することにします。

なお、実行可能なJARファイルには、mainメソッドをもつクラスファイルが必要なため、Library.javaと同じ階層に、mainメソッドを持つクラスファイル（ソースプログラム）「Main.java」を追加します（**図8.33**）。

● **図8.33　mainメソッドを持つクラスファイルを追加する**

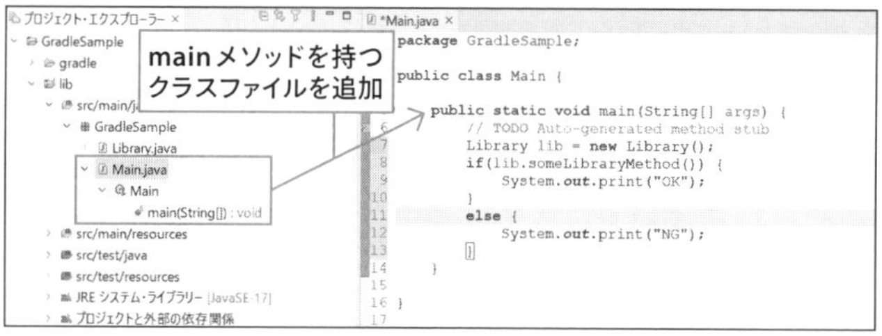
プロジェクト・エクスプローラー
GradleSample
gradle
lib
GradleSample
Library.java
Main.java
Main
main(String[]) : void
src/main/resources
src/test/java
src/test/resources
JRE システム・ライブラリー [JavaSE-17]
プロジェクトと外部の依存関係
mainメソッドを持つ
クラスファイルを追加
*Main.java
package GradleSample;
public class Main {
public static void main(String[] args) {
// TODO Auto-generated method stub
Library lib = new Library();
if(lib.someLibraryMethod()) {
System.out.print("OK");
}
else {
System.out.print("NG");
}
}
}

次に、「build.gradle」ファイルにGroovyによる記述を追加してみましょう。

```
jar {
    manifest {
        attributes 'Main-Class': 'GradleSample.Main'
    }
}
```

記述の先頭にある「jar」は、GradleにJavaプラグインを前述した「タスク」です。ブロック{}内には、タスクjarの具体的な処理内容を記述します。今回は、mainメソッドを持つクラスとプロジェクトの指定を行っています。

それでは、上記の記述でJARファイルを作成して、実行する手順をあげておきます。

1　「Gradleタスク」ビュー内にあるプロジェクト名（ここではGradleSample）を開き、「build」→「jar」をダブルクリックする。

2　コマンドプロンプトから、JARファイルの保存先へ移動（ここでは、C:\Users\user\workspace\GradleSample\lib\build\libs）し、JARファイルを実行する（**図8.34**）。

```
java -jar lib.jar
```

図8.34　JARファイルを実行した

コマンド プロンプト
C:¥Users¥yokota.kazuki.note¥workspace¥GradleSample¥lib¥build¥libs>java -jar lib.jar
OK
C:¥Users¥yokota.kazuki.note¥workspace¥GradleSample¥lib¥build¥libs>

Groovyでその他のタスクを実行する

これまでは、主にJavaプラグインに関するタスクを取り上げてきましたが、Groovyでは、「task」というキーワードの後に、任意のタスク名を記述して処理させることも可能です。以下は、「hello」というタスクを記述した例です。

```
task hello {
    doLast {
        println 'Hello World'
    }
}
```

helloタスクでは、「Hello World」を出力します。以下に、helloタスクを実行する手順をあげておきましょう。

1. 「プロジェクト・エクスプローラー」内のプロジェクト名（ここではGradleSample）を右クリックして、ショートカットメニューから「実行(R)」→「実行の構成(N)」を選択する。
2. 「実行構成」ダイヤログボックスでは、「Gradle タスク」が選択されている状態で、左上にある「新規の起動構成」アイコンをクリックして、「新規構成」という項目を追加し、「名前(N)」欄に、任意の構成名（ここではGradleSample - hello）を入力する（**図8.35**）。
3. 「Gradleタスク」タブの「追加」ボタンをクリックすると、「Gradleタスク」欄に「task」という文字が生成されるので、それをタスク名の「hello」に変更する。
4. 「ワークスペース」ボタンをクリックして、「プロジェクトを選択してください」ダイアログボックスから、該当するプロジェクト（ここではGradleSample）を選択して、「実行」ボタンをクリック後、「適用(Y)」ボタンをクリックして設定項目を確定させる（**図8.36**）。

● 図8.35　「実行構成」ダイヤログボックスで「新規の起動構成」アイコンをクリック

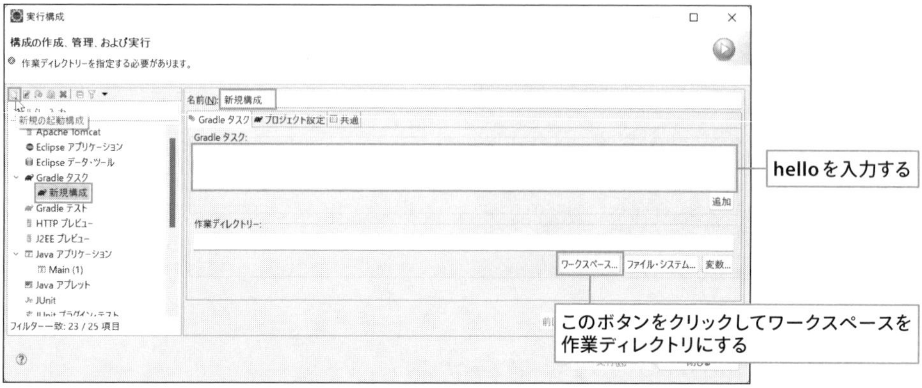

● 図8.36　helloタスクの「実行構成」を確定させた例

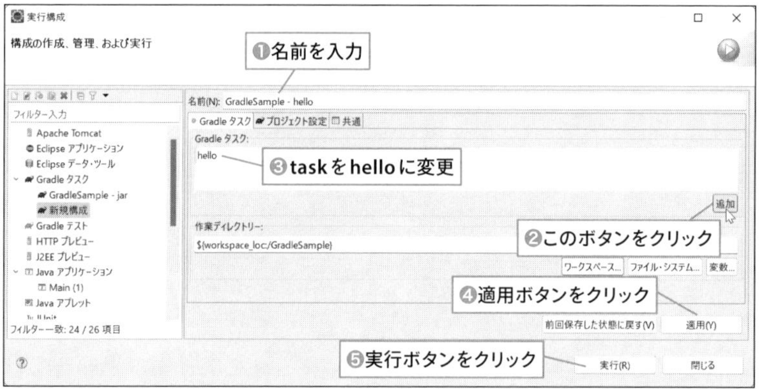

5　「実行(R)」ボタンをクリックして、helloタスクを実行する（**図8.37**）。

● 図8.37　helloタスクを実行させた

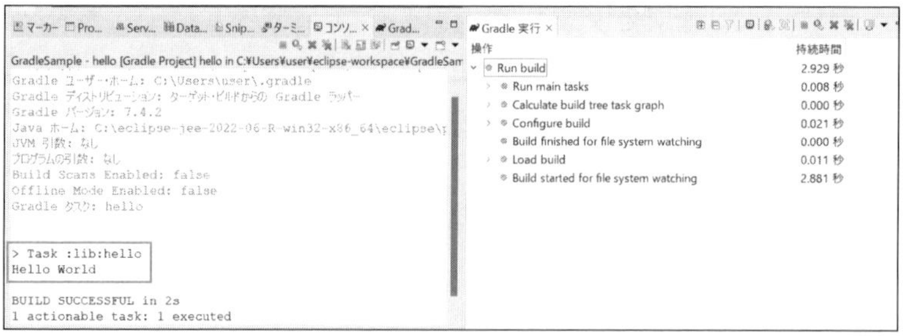

先のhelloタスクには、doLastという記述がありました。doLastは、アクションリストの一

つであり、タスクの最後に実行されるアクションを意味します。doLastとは逆に、タスクの最初に実行されるアクション「doFirst」もあるため、これらのタスクを以下のように記述して、挙動を確認してみましょう（**図8.38**）。なお、タスクの実行は、前述の「実行の構成」ダイヤログボックスから「GradleSample - hello」を選択して「実行(R)」ボタンをクリックします。

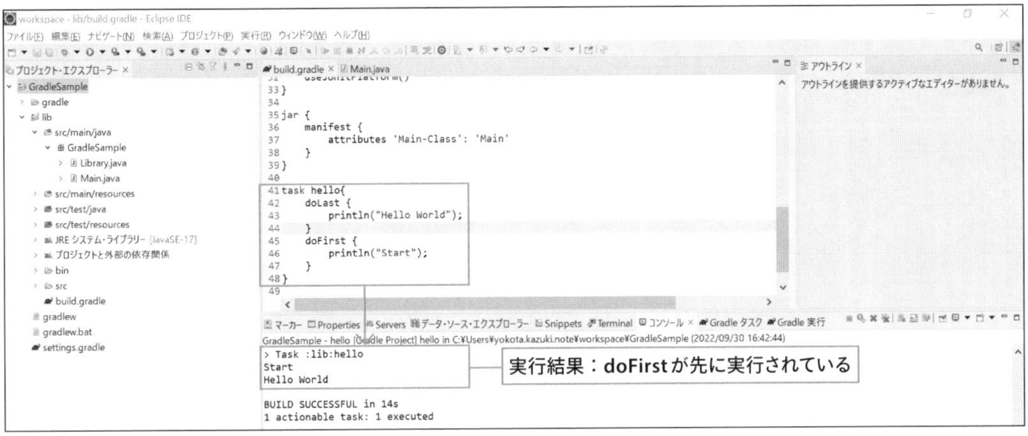
workspace - lib/build.gradle - Eclipse IDE
build.gradle　Main.java
33 }
34
35 jar {
36   manifest {
37   attributes 'Main-Class': 'Main'
38   }
39 }
40
41 task hello{
42   doLast {
43   println("Hello World");
44   }
45   doFirst {
46   println("Start");
47   }
48 }
49
GradleSample - hello [Gradle Project] hello in C:¥Users¥yokota.kazuki.note¥workspace¥GradleSample (2022/09/30 16:42:44)
> Task :lib:hello
Start
Hello World
BUILD SUCCESSFUL in 14s
1 actionable task: 1 executed
実行結果：doFirstが先に実行されている

● **図8.38　doFistを追加したhelloタスクを実行させた**

実行結果を見るとわかるように、記述した順番とは別に、アクションの処理順で実行されていることがわかります。

Javadocの作成

Javadocとは、Javaのソースコード上にあるクラスやメソッドの概要や仕様を、HTMLなどの形式で生成する仕組みです。Gradleでは、Javadocのタスクを実行することで、簡単にJavadocを作成することが可能です。以下にJavadocを作成する手順をあげておきましょう。

1. 「Gradleタスク」ビュー内にあるプロジェクト名（ここではGradleSample）を開き、「documentation」→「javadoc」をダブルクリックする（**図8.39**）。
2. 以下の保存先を開き、javadoc関連のファイルが生成されていることを確認する（**図8.40**）。

```
C:\Users\user\eclipse-workspace\GradleSample\lib\build\docs\javadoc
```

● 図8.39 「Gradleタスク」ビューのjavadoc

● 図8.40 生成されたJavadoc（javadocファルダー内のindex.html）を起動した

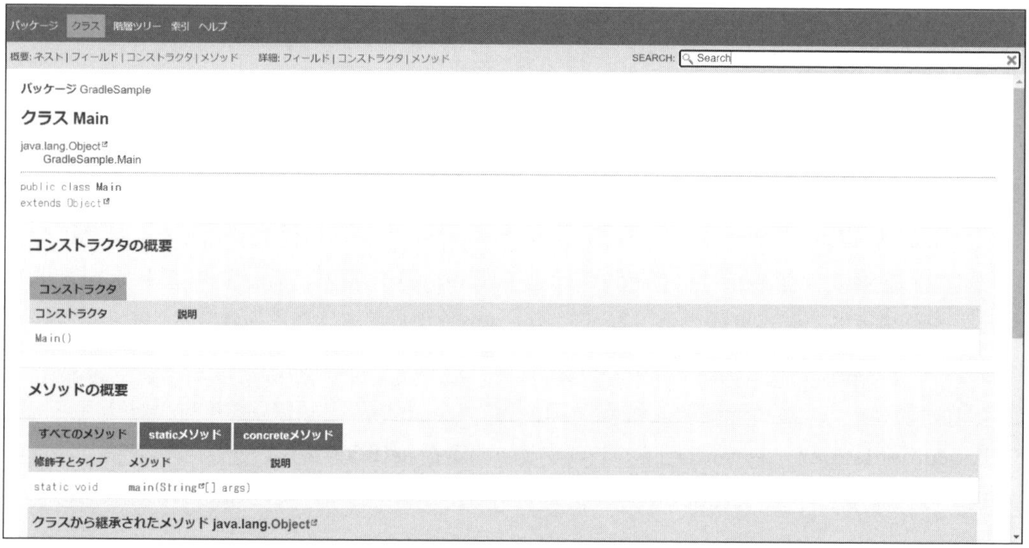

GradleでWebアプリケーションを起動させる

本章の最後に、GradleでWebアプリケーションを起動させてみましょう。なお、Pleiades

All in OneでGradleプロジェクトを作成した場合は、デフォルトでWebアプリケーションが作成されるため、ここでは、Pleiades All in Oneでの起動手順を紹介します。

まずは、Webアプリケーション起動の流れを確認しておきましょう（**図8.41**）。

図8.41　Webアプリケーション起動の流れ

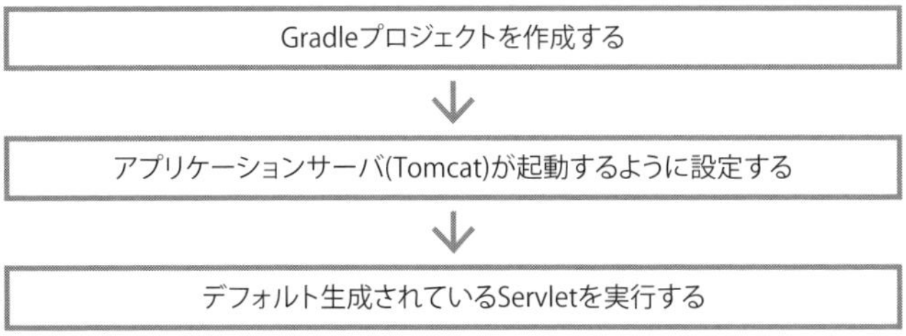

それでは、実際の作成手順を紹介しましょう。まずは、Pleiades All in OneでGradleプロジェクトを作成します。作成手順は、P.264で紹介したEclipse JEEとほぼ同じです。

1. Eclipseのメニューから、「新規(N)」→「Gradleプロジェクト」を選択する。
2. 「新規Gradleプロジェクト」ウィンドウでは、「プロジェクト名」欄に任意のプロジェクト名（ここではGradleSample）を入力して、次へ進む。
3. 「オプション」ウィンドウはデフォルトのままで次へ進み、「プレビュー」ウィンドウで「完了(F)」ボタンをクリックする（**図8.42**）。

図8.42　Pleiades All in Oneで作成したGradleプロジェクト

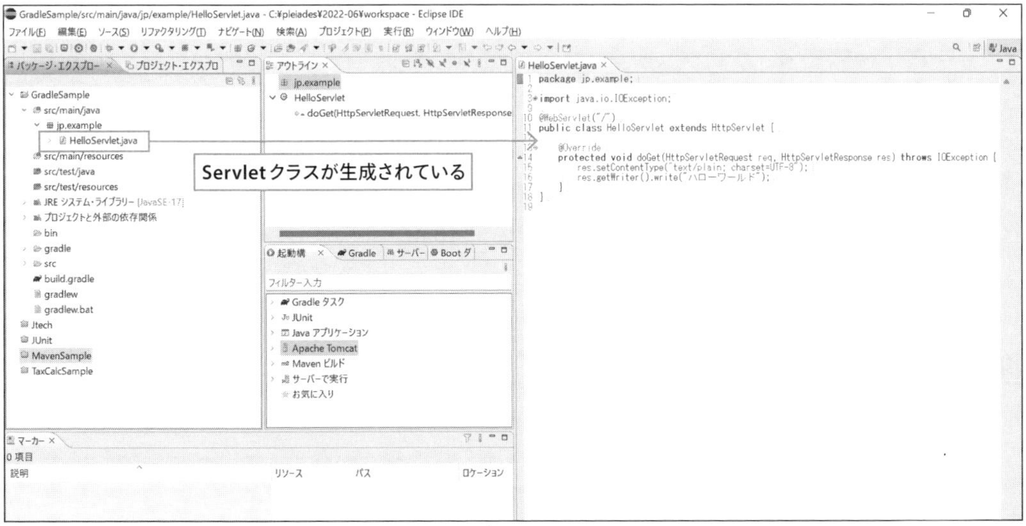

　このようにPleiades All in OneでGradleプロジェクトを作成した場合は、デフォルトでServletが生成されます。それでは、このプロジェクトを実行してみましょう。今回のプロジェクトはWebアプリケーションとして生成されているため、アプリケーションサーバー「Apache Tomcat」を起動させておく必要があります。以下に「Apache Tomcat」の起動手順をあげておきます。

1. Eclipseのメインメニュから「ウィンドウ(W)」→「設定(P)」をクリックする。
2. 「設定」ダイアログボックスが表示されたら、「サーバー」→「ランタイム環境」を選択して、「サーバー・ランタイム環境(N)」からTomcatのバージョン（ここではTomcat9(Java17)）を選択して「適用して閉じる」ボタンをクリックする（**図8.43**）。

●図8.43　「設定」ダイアログボックス

3. 「パッケージ・エクスプローラー」でプロジェクト「GradleSample」を右クリックして、ショートカットメニューから「実行(R)」→「サーバーで実行」をクリックする。
4. 「サーバーで実行」ダイアログボックスでは、「既存のサーバーを選択(X)」が選択されている状態で、2で選択したTomacatのバージョンを選択して「次へ(N)」ボタンをクリックする（**図8.44**）。
5. 次の「追加および除去」ウィンドウでは、Gradleプロジェクト（GradleSample）を「構成済み(C)」欄に移動させて「完了(F)」ボタンをクリックする（**図8.45**）。

　これでデフォルトで生成されていたサーブレット「HelloServlet.java」が実行されます（**図8.46**）。

ONEPOINT

アプリケーションサーバーの停止方法などについては巻末Q&Aを参照してください。

図8.44 「サーバーで実行」ダイアログボックス

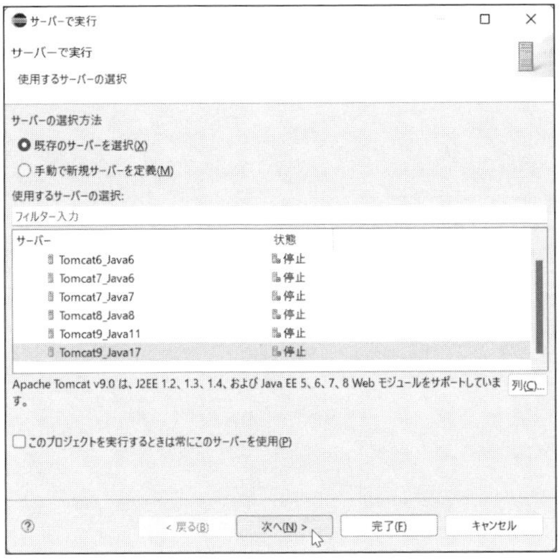

図8.45 「追加および除去」ウィンドウ

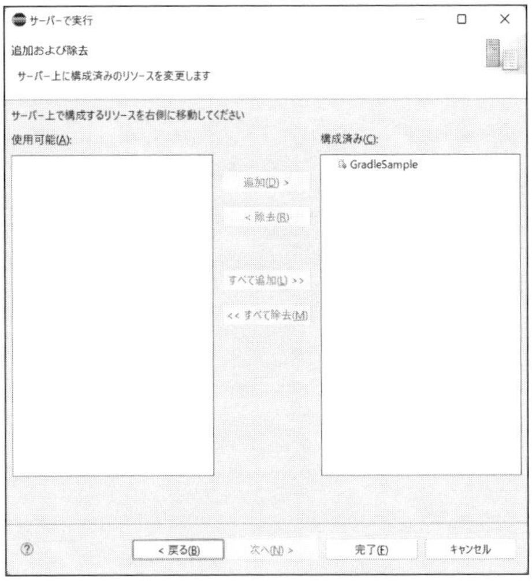

図8.46 「HelloServlet.java」が実行された

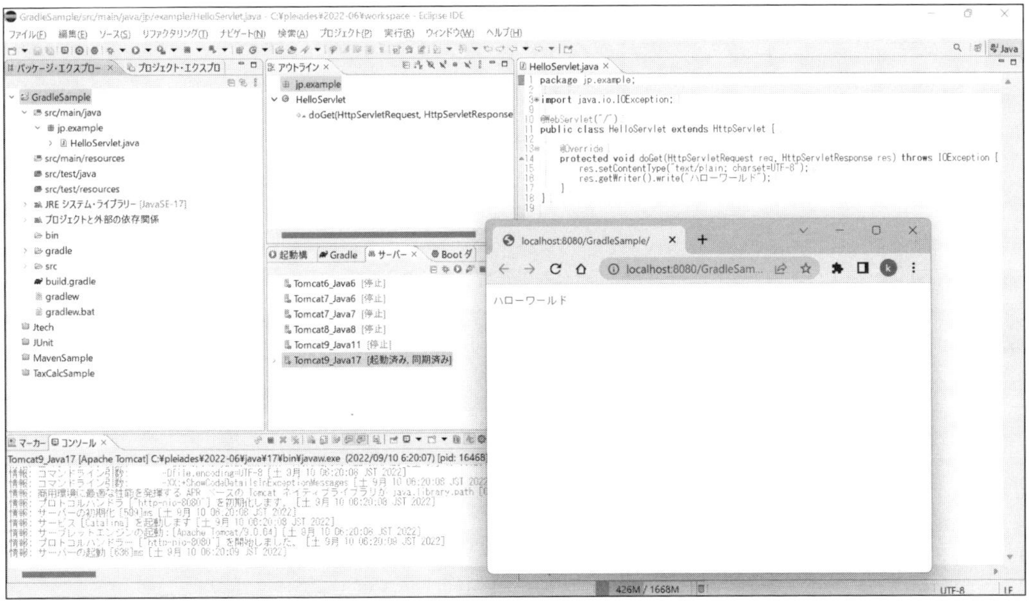

それでは、このプロジェクトをwarファイルにしましょう。warファイルとは、先のServletなどをはじめ、Webアプリケーションで必要なJAR形式のライブラリなどがまとめられているアーカイブファイルを指します。

なお、**図8.47**で示すbuild.gradleファイル内には、warファイルを作成するためのプラグインの記述がされているため、warファイルは、「Gradleタスク」ビューの該当するプロジェクト(GradleSample)の先にある「build」フォルダーの「war」をダブルクリックするだけで作成できます。

● **図8.47　warファイルを作成した**

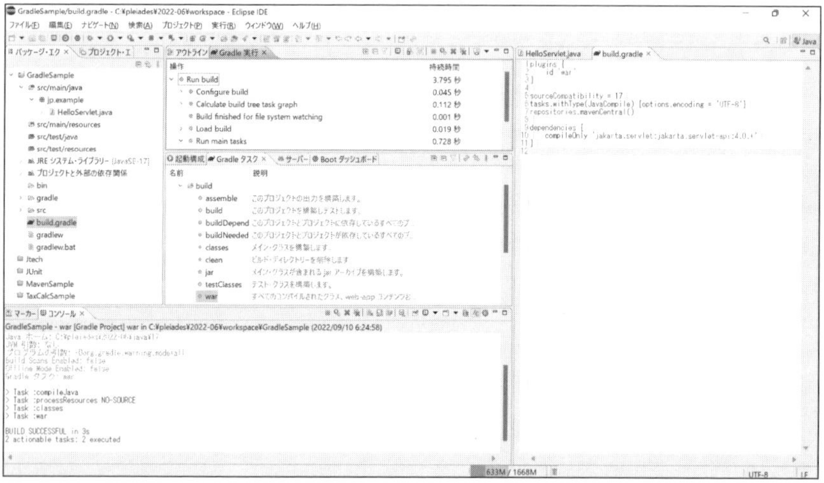

Pleiades All in Oneのプロジェクトなら、P.261で紹介したように、パッケージ・エクスプローラーのGradleプロジェクト(GradleSample)を右クリックして、Windowsエクスプローラーを選択すれば、生成されたwarファイルを表示させることが可能です(**図8.48**)。

● **図8.48　Windowsエクスプローラーからwarファイルを表示させた**

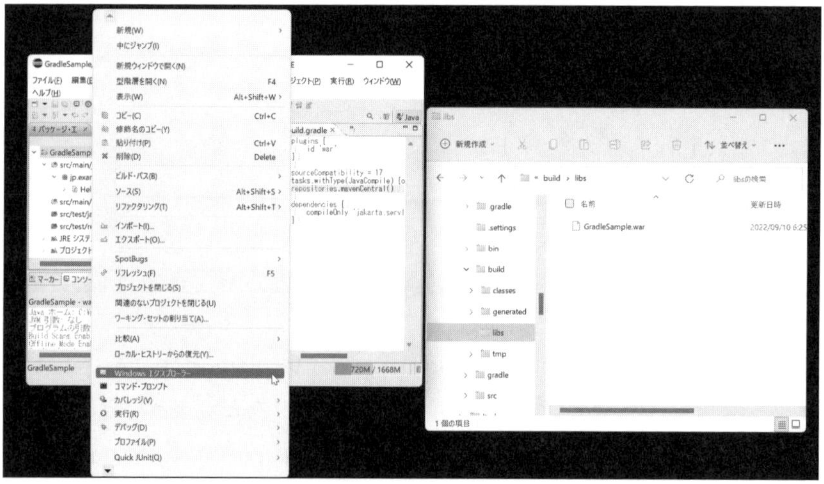

第9章

Eclipseのさらなる活用方法

IT企業でのプログラム開発は、複数人のチームで行うことがほとんどであり、チーム開発を効率よく行うためには、バージョン管理が必要不可欠です。9章では、Eclipseのさらなる活用方法の1つとして、チーム開発に必須となるバージョン管理の具体例等について紹介していきます。

本章の内容

9-1 ： チーム開発に必要な前提知識

9-2 ： Gitでチーム開発

9-1 チーム開発に必要な前提知識

IT企業におけるシステム開発のほとんどは、チームで行います。まずは、チームについて改めて考えてみることにしましょう。チームの定義が明確になれば、チーム開発で必要なものが見えてきます。

グループとチームの違い

複数人で作業をする場合の単位は、チーム以外にグループがあります。では、チームとグループはどう違うのでしょうか？ 辞書などではそれぞれ次のように説明されています。

- グループ（group）
  仲間、集団。共通する性質などで分類された人や物（「例）Aグループ、上位グループ、グループ企業」）
- チーム（team）
  ある目標や目的を達成するために作られたグループ。スポーツや共同作業を遂行するために作られたグループ（「例）プロジェクトチーム、サッカーチーム」）

もうお分かりですね。チームは単なる複数人の集まりではなく、

「目標や目的を達成するために作られたグループ」

というわけです。

そしてシステム開発をチームで行うことは、まさしく、

「システムの完成を目標としたグループによる作業」

であり、チームに属するメンバーは、チームとして行動する必要があります。

チーム開発とチームワーク

システム開発に限らず、チームとして行動するには、「チームワーク（team work）」が大切です。普段からよく耳にするこの言葉を改めて調べてみると、

「目標や目的を達成するために、チームメンバーで役割を分担して協働すること」

ということです。

また、チームワークを良くするためには、最低でも次のような条件をクリアする必要があります。

❶目標や目的が明確である
❷メンバーの役割がきちんと決まっている
❸メンバーが同じ情報を共有している必要がある

この中でも、チーム開発においては、❸の仕組み作りが大切です。❶、❷であげた目標や目的、そしてメンバーの役割分担が明確で、メンバーがいかにやる気になって開発に臨んでいても、同じ情報を共有できなければ、各々が制作したプログラムが結合できなかったり、無駄な作業やバグが発生する可能性が高くなり、その結果、メンバーのモチベーションが下がり、チームワークが低下します。

図9.1は、チームメンバー各々が作成したプログラムについての情報が共有できていないケースです。

● **図9.1　チーム開発で情報共有ができないと...**

チーム開発で情報共有ができないと…
古いプログラムに
機能拡張
してしまった
不要だと思って
削除してしまった
互いに新しい機能があって結合できない

ONEPOINT

実際のチーム開発では、開発スケジュール全体を把握するための、進捗管理も重要なテーマです。

チーム開発では情報の共有が重要なテーマとなります。これらを怠れば、ソースプログラムの差異や競合が発生する可能性が高くなり、その結果バグや手戻りが発生し、チームワークの低下はもちろんのこと、進捗やシステムの品質に大きな影響を及ぼすことになりかねません。

チーム開発で重要なバージョン管理

チーム開発の中でも、重要な管理の1つが「バージョン管理」です。バージョン管理では、「いつ」「誰が」「何を」変更したかを記録していきます。適切なバージョン管理を行えば、どのソースプログラムを更新すればよいかといったことが明確になり、**図9.1**で示したようなトラブルを未然に防ぐことができます。

以下に、バージョン管理を行う具体的なメリットについてあげておきましょう。

- 誰がいつ変更したかが分かる（変更内容の履歴が残せる）
- どこが変更されているのかが把握しやすい（変更内容の差分確認が容易）
- 古いバージョンに戻すこともできる
- 他メンバーの更新内容を誤って上書きすることを防止できる

ONEPOINT

バージョン管理には、ソースプログラムの管理だけでなく、仕様書などのドキュメント類の管理も含まれます。

バージョン管理システム

バージョン管理システムは、「集中管理型」と「分散管理型」の2つに大別されます（**図9.2**）。

集中管理型は、いわゆる一元管理のバージョン管理システムで、サーバーに置かれた「リポジトリー（貯蔵庫）」と呼ばれる場所にソースプログラムなどを保存します。チームメンバーは、サーバーのリポジトリーを共有しており、ソースプログラムをリポジトリーから取り出して更新作業を行います。また、更新作業が終了したら、リポジトリーに戻すため、リポジトリーとは常に接続されている必要があります。

「分散管理型」では、リポジトリーを複数用意できるため、機能追加やバグ修正などの作業それぞれにリポジトリーを用意して、本筋とは離れた作業を並行して行うことが可能です。

それでは、「集中管理型」「分散管理型」それぞれの代表的なバージョン管理システムを紹介しましょう（**表9.1**）。

図9.2　集中管理型のバージョン管理システム

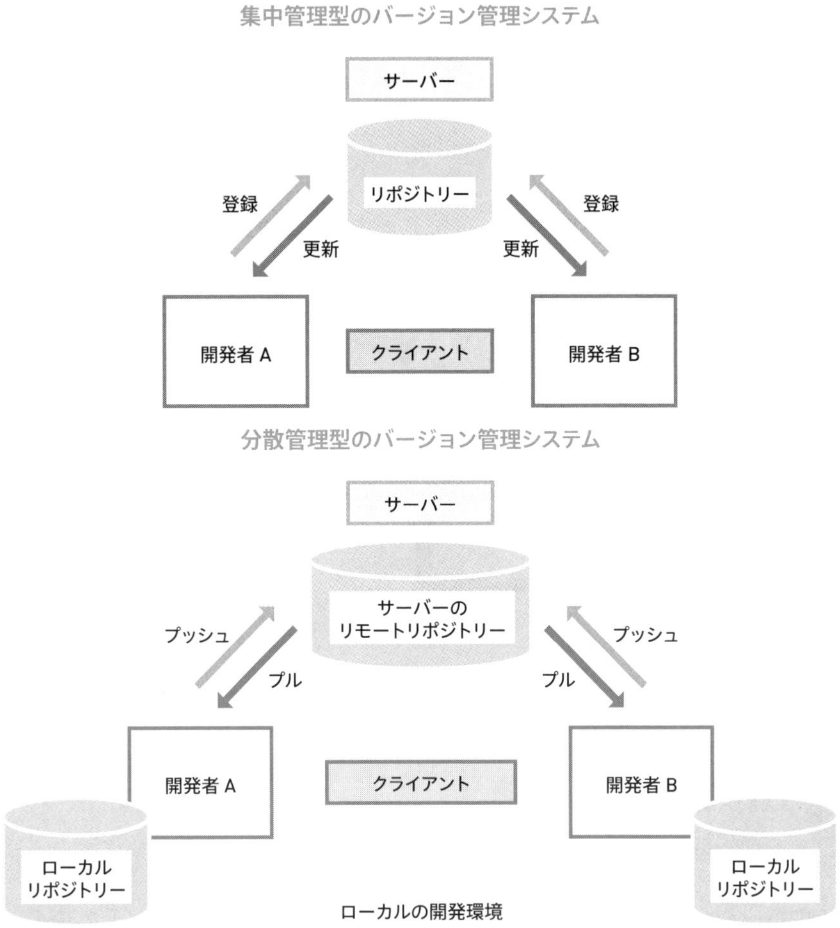

表9.1　代表的なバージョン管理システム

バージョン管理システム名	管理型	特徴
CVS （Concurrent Versions System）	集中管理型	集中管理型の草分け的なシステム。リポジトリーは基本的にUnix（Linux）系OSのサーバーで動作
SVN（Subversion）	集中管理型	CVSの後継。CVSはファイル単位での管理だったが、SVNでは、リポジトリー単位となった。「VisualSVN Server」というWindows用のサーバーソフトウェアが利用できる
Git	分散管理型	ネットワークに接続されていなくても、ローカルのリポジトリーを使ってバージョン管理ができる。また、チームで利用する場合は、サーバーの役割としてGitHubなどのサービスが利用できる

COLUMN **分散管理型バージョン管理システムのブランチ機能**

チーム開発では、複数のメンバーが並行して別々の機能追加を行ったり、バグ修正を行うことがあります。分散管理型のバージョン管理システムでは、このような作業を「ブランチ」と呼ばれる機能でサポートします。「ブランチ(branch)」は「枝」を意味しますが、分散管理型のバージョン管理システムでは、機能追加やバグ修正などで、本筋とは枝分かれさせたい部分をブランチで管理します(**図9.A**)。

● **図9.A　ブランチのイメージ**

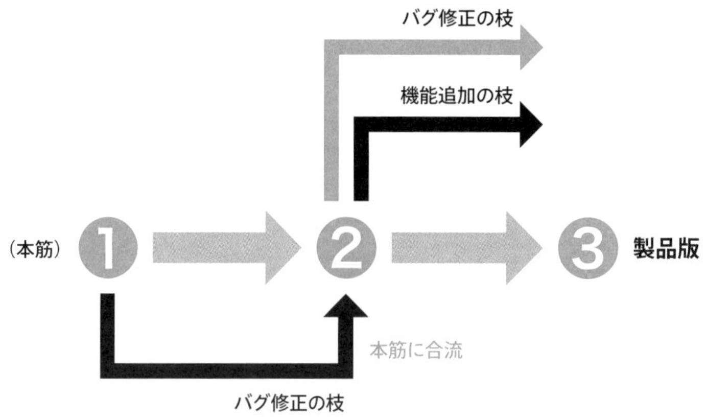

9-2 Gitでチーム開発

現在主流のバージョン管理システムは「分散管理型」と呼ばれるもので、その中でも代表的なものが「Git」です。本章の最後に、チーム開発をテーマにして、Gitの利用シーンを紹介しましょう。

GitとGitHub

P.289でも取り上げましたが、Gitは現在主流となっている「分散管理型」のバージョン管理システムでも主流の1つです。P.289で紹介した「集中管理型」のSubversionがリポジトリー(リモートリポジトリー)をサーバーで一元管理していたのに対して、Gitでは、リポジトリーを開発者それぞれのコンピュータ上に複製して、「ローカルリポジトリー」として管理します。ローカルリポジトリーを持つことで、サーバーにアクセスする回数が軽減し、運用しやすくなるなどといった利点があります。

GitHubとは

Gitがトレンドとなった一因に「GitHub」の存在があります(**図9.3**)。GitHubは、米GitHub社が2008年4月より開始したサービスで、Gitのホスティングサービスとして、Gitのローカルリポジトリーをリモートリポジトリーとして管理できるサーバーとしての役割だけでなく、SNSのように、他の開発者とのコミュニケーションツールを搭載しているため、特にチーム開発に適しています。

● 図9.3　GitHubのサイト

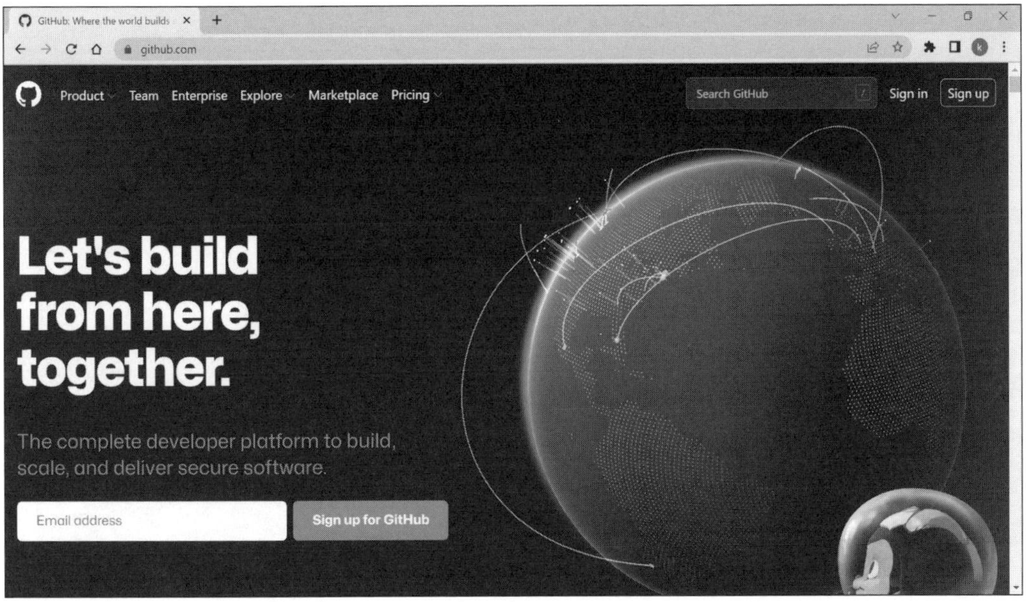

ONEPOINT
ホスティングサービスとは、ユーザーが運営や管理をしなくても利用できるサービスを指します。

Git／GitHubを利用する

GitHubアカウントを作成する

ここでは、代表的なGitのホスティングサービスとしてGitHubを紹介します。GitHubの利用には、アカウントが必要となるため、まずはアカウントの登録手順をあげておきます。
なお、アカウント作成には以下の情報が必要になります。

- Email
  GitHubのサインイン認証に必要となる実在するメールアドレス
- Password
  GitHubのサインインに必要となるパスワード
- Username
  GitHubのサインインで利用できるユーザー名

1 GitHubのサイト（https://github.com）にアクセスし、「Sign up for GitHub」ボタンをクリックする（**図9.4**）。

● 図9.4 「Sign up for GitHub」ボタンをクリックする

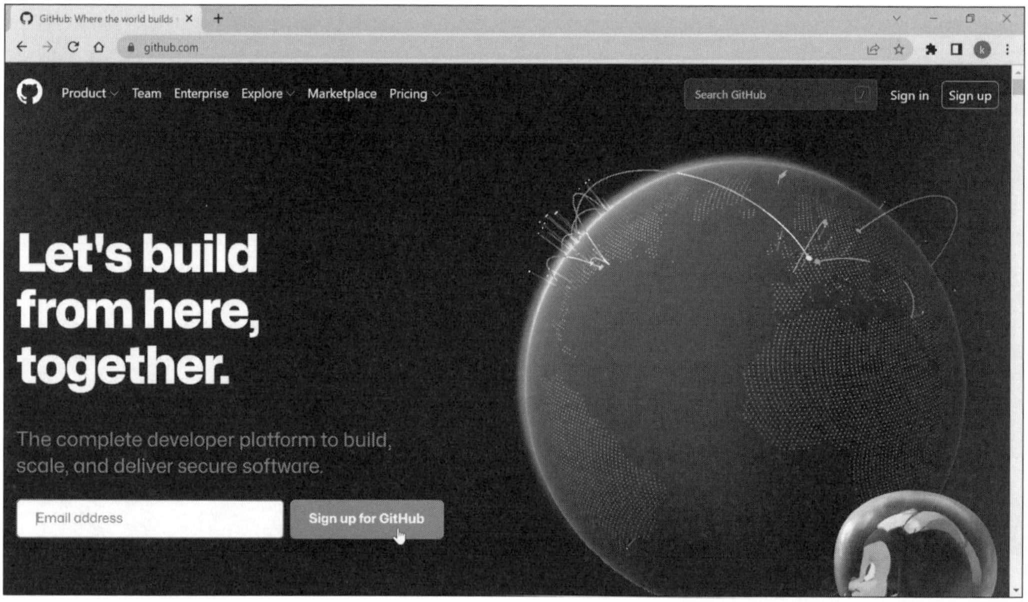

ONEPOINT
「Sign up for GitHub」ボタンの左側にある「Email address」欄に登録するメールアドレスを入力しておけば、2の作業を省略できます。

2 「Enter your email」欄に登録するメールアドレスを入力して、「Continue」ボタンをクリックする（**図9.5**）。

● 図9.5　登録するメールアドレスを入力する

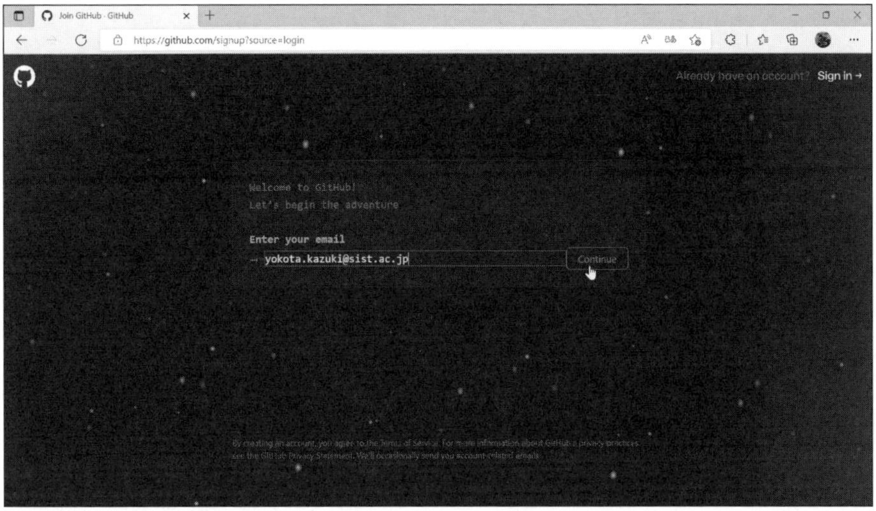

ONEPOINT

すでに登録済みのメールアドレスを入力した場合は、「Email is invalid or already taken」と表示され、「Continue」ボタンはクリックできません。

3　数字や小文字を含めて8文字以上のパスワードとなる文字を入力して、「Continue」ボタンをクリックする（**図9.6**）。

● 図9.6　パスワードを登録する

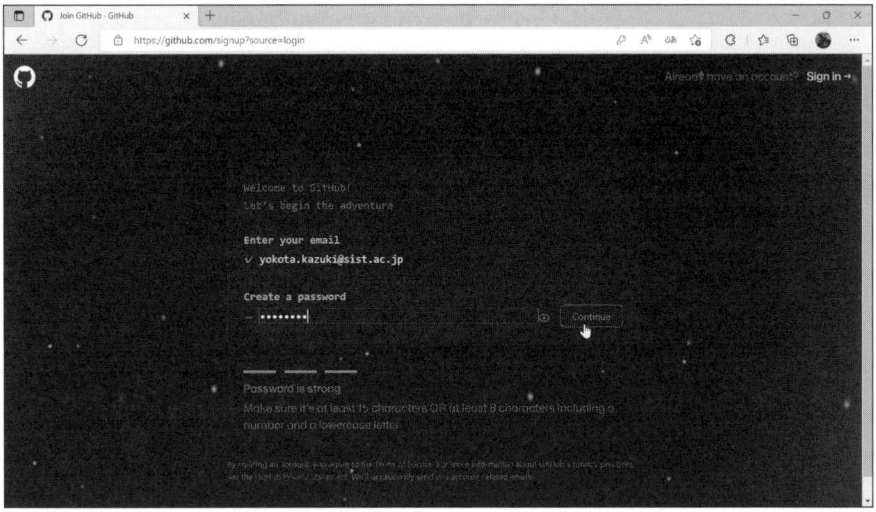

4 任意のユーザー名を入力する。利用可能な場合は、「xxx（入力したユーザー名）is available」と表示されるので、「Continue」ボタンをクリックする（**図9.7**）。

● 図9.7　ユーザー名を入力する

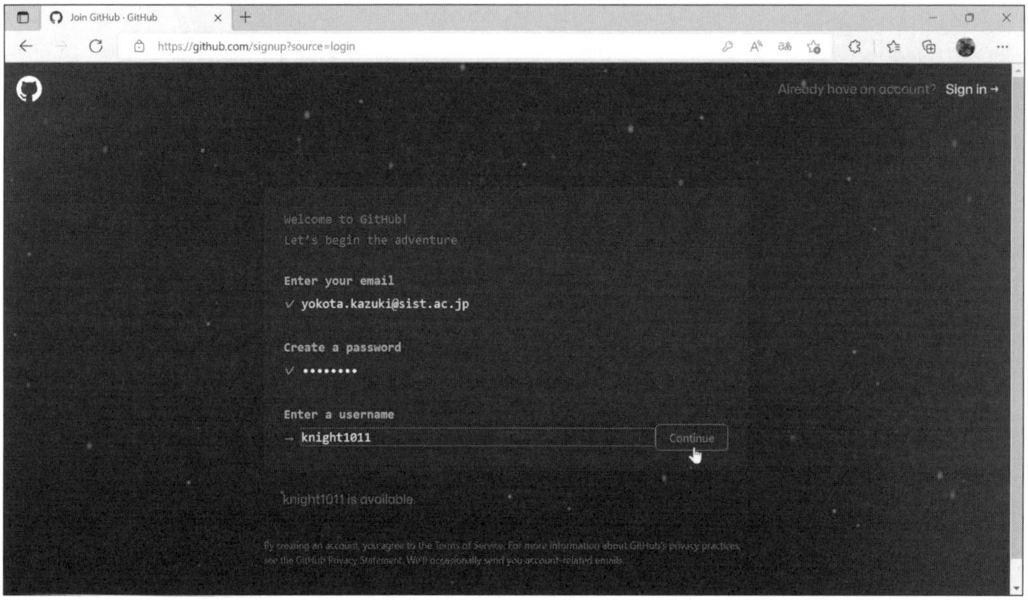

5 ロボットでないことを検証するための画像が表示されるので、正解となるものを選択し、検証が完了したら、「Create account」ボタンをクリックする。

6 2 で登録したメールアドレス宛に6桁の数字が送信されるので、その数字を入力する。

7 「Welcome to GitHub」画面の右側に、「How many team members will be working with you?」という質問が表示されるので、個人開発であれば「Just me」を、チーム開発ならプロジェクトメンバーの人数に該当するものを選択する。その下にある「Are you a student or teacher?」は学生や教員用の割引プランに関する選択のため、該当しなければどちらも選択せずに「Continue」ボタンをクリックする（**図9.8**）。

8 「What specific features are you interested in using?」と表示されたら、何も選択せずに「Continue」ボタンをクリックする。

9 最後の画面で料金プランを選択する。今回はFreeプランを選択するため、左下にある「Continue for free」ボタンをクリックする。

図9.8 「Welcome to GitHub」画面右側の質問に答える

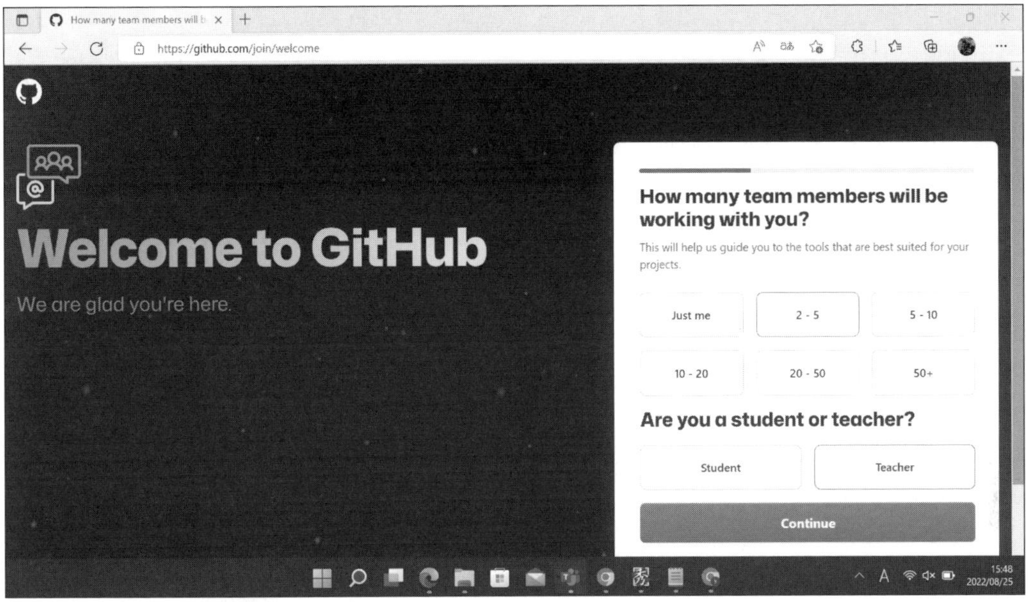

これでGitHubが利用できるようになりました（**図9.9**）。

図9.9 GitHubが利用できるようになった

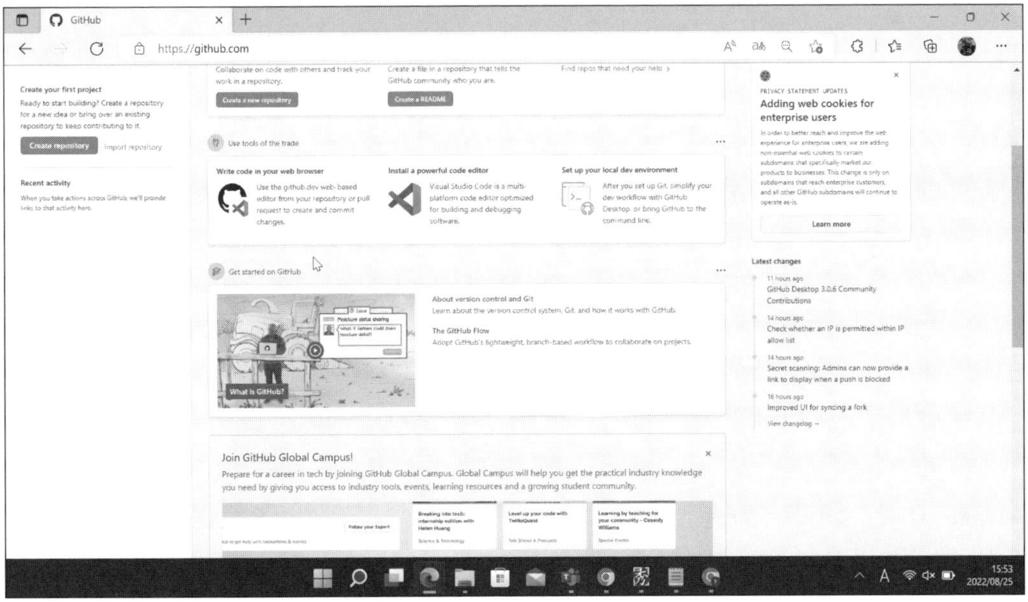

GitHubのアクセストークンを取得する

GitHubでは2021年8月13日以降、パスワード認証によるGit操作に代わって、アクセストークンの利用が必要になりました。したがって、EclipseのプロジェクトをGitHubで管理するためには、あらかじめアクセストークンを取得しておかなければいけません。

以下に、アクセストークンの取得手順を挙げておきましょう。

1 GitHubの画面に右上にあるボタンからメニューを表示させ、「Settings」をクリックする（**図9.10**）。

● **図9.10 メニューから「Settings」をクリックする**

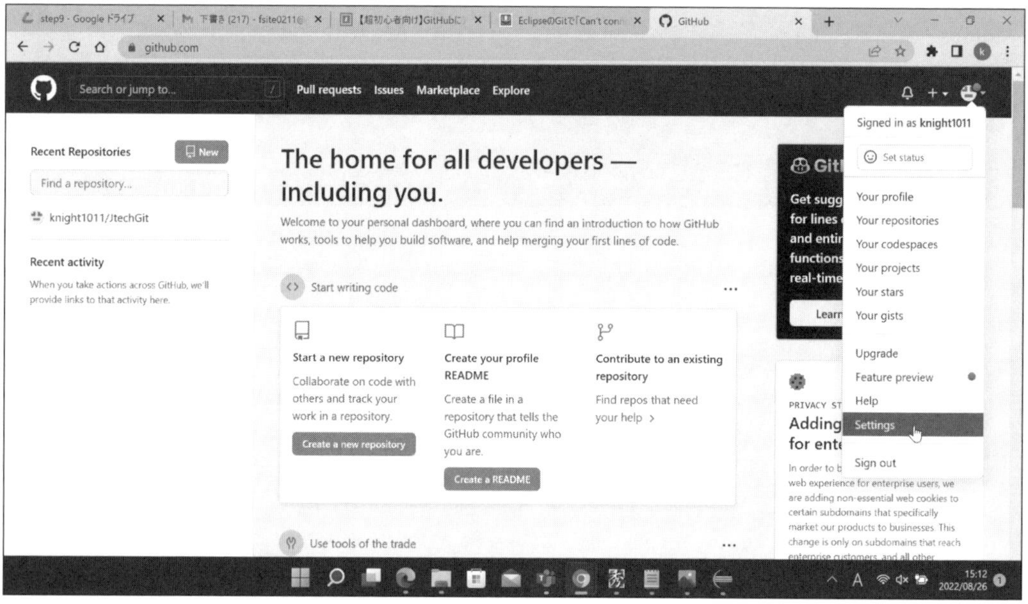

2 次に表示された画面の一番左下にある「Developer Settings」をクリックする。

3 次の画面では、左側のメニューから「Personal access tokens」の下にある「Tokens (classic)」をクリックして、右上に表示された「Generate new token」ボタンをクリックする（**図9.11**）。

4 「New personal access token」の画面が表示されたら、次の設定を行い、画面最下部にある「Generate token」ボタンをクリックする（**図9.12**）。

- Note　トークンの用途などを入力
- Expiration　トークンの有効期限を選択する
- Select scopes 「repo」にチェックする

● 図9.11　「Personal access tokens」の「Generate new token」ボタン

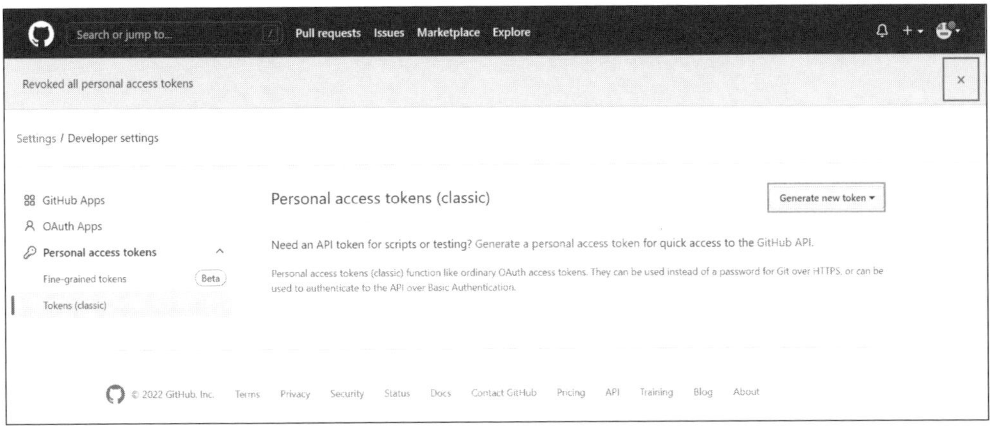

● 図9.12　「New personal access token」で必要項目を設定する

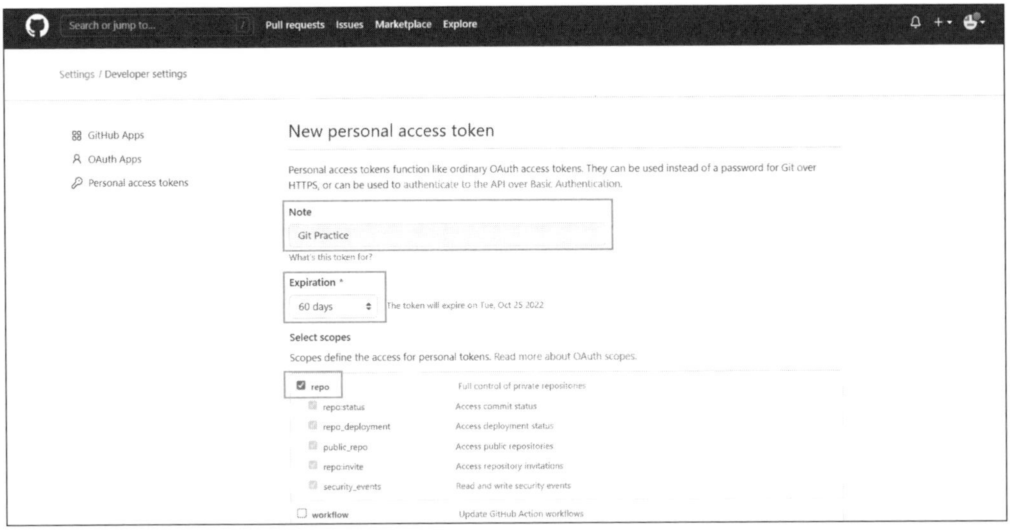

ONEPOINT

「Select scopes」のrepoにチェックしなければ、トークンを取得してもリポジトリーの操作権限がないため、GitHubが利用できません。

5　トークンが生成されるので、トークンをコピーする。なお、この画面から遷移するとトークンは再表示されないため、コピーしたトークンはテキストファイルなどにバックアップしておく（**図9.13**）。

図9.13　トークンをコピーする

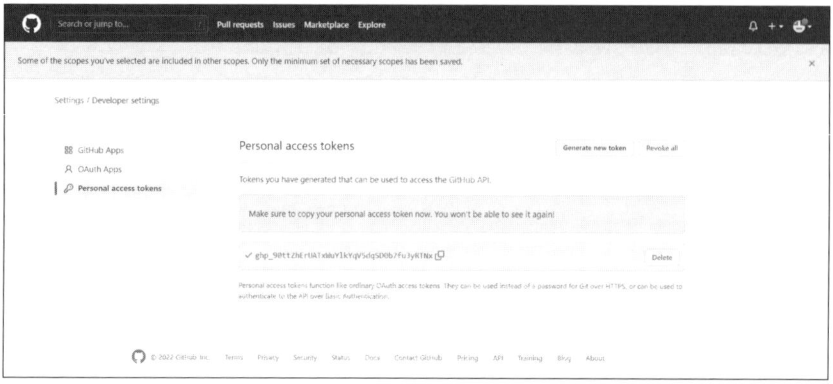

ONEPOINT

トークンの期限が過ぎると再発行の作業が必要になります。再発行手順については、P.315を参照願います。

リポジトリーを作成する

Gitでは、開発者のコンピュータ側のリポジトリーをローカルリポジトリー、GitHub側をリモートリポジトリーと呼びます。ここでは、GitHub側のリモートリポジトリーを作成します。

1. GitHubの画面にある「Start a new project」にある「Create a new repository」ボタンをクリックする（**図9.14**）。

図9.14　「Create a new repository」ボタンをクリックする

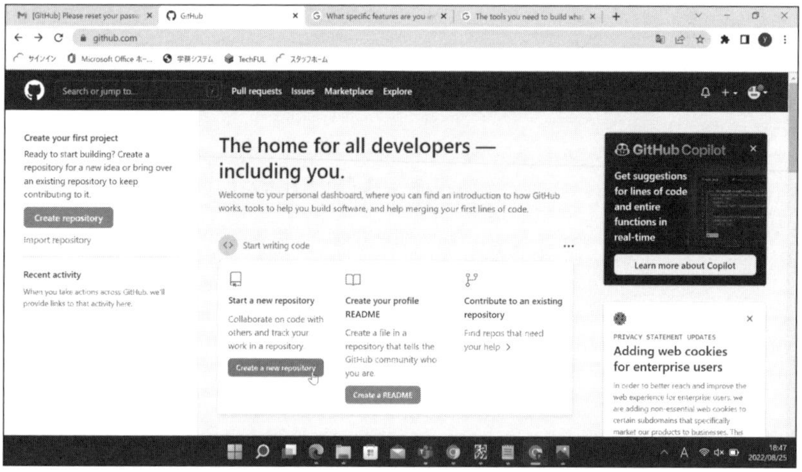

2　「Create a new repository」の画面では、「Repository name」にリポジトリー名を入力して、「Public」が選択されている状態で「Create repository」ボタンをクリックする（**図9.15**）。

図9.15　リポジトリーを作成する画面

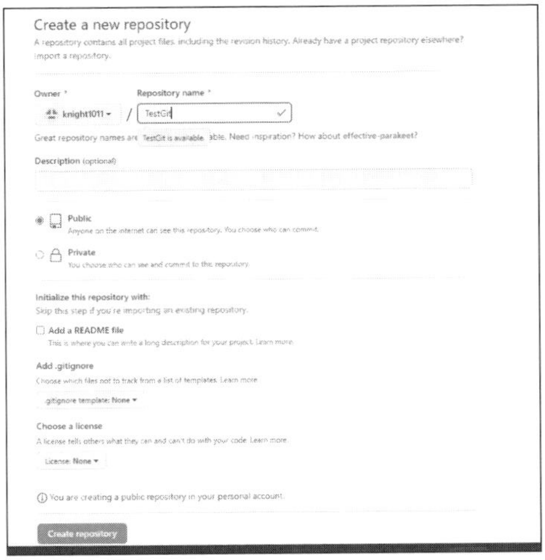
Create a new repository
A repository contains all project files, including the revision history. Already have a project repository elsewhere?
Import a repository.
Owner *
Repository name *
knight1011
/
TestGit
Great repository names are
TestGit is available.
able. Need inspiration? How about effective-parakeet?
Description (optional)
Public
Anyone on the internet can see this repository. You choose who can commit.
Private
You choose who can see and commit to this repository.
Initialize this repository with:
Skip this step if you're importing an existing repository.
Add a README file
This is where you can write a long description for your project. Learn more.
Add .gitignore
Choose which files not to track from a list of templates. Learn more.
.gitignore template: None
Choose a license
A license tells others what they can and can't do with your code. Learn more.
License: None
You are creating a public repository in your personal account.
Create repository

ローカルリポジトリーを作成する

次に、Javaプロジェクトをコミットする手順を紹介しましょう。まずは、Gitのローカルリポジトリーを作成する手順をあげておきます。

> **ONEPOINT**
>
> コミット（Commit）は、Commitment（コミットメント）を略した言葉で、一般的には、責任を伴う約束をするといった意味があります。また、IT業界では、データベースのトランザクション処理において、結果を確定させるという意味でも使用しています。

1　「パッケージ・エクスプローラー」内のプロジェクトを右クリックして、ショートカットメニューから「チーム（E）」→「プロジェクトの共用（S）」をクリックする（**図9.16**）。

2　「プロジェクトの共用」ダイアログボックスでは、「リポジトリー・タイプを選択してください」欄で、「Git」を選択して、「次へ（N）」ボタンをクリックする（**図9.17**）。

3　「Gitリポジトリーの構成」では、「プロジェクトの親フォルダー内のリポジトリーを使用または作成（U）」のチェックを外し、「作成...」ボタンをクリックする（**図9.18**）。

4　「新規Gitリポジトリーの作成」では、「リポジトリー・ディレクトリー（D）」欄にローカルリポジトリーの作成場所を指定して「完了（F）」ボタンをクリックする（**図9.19**）。

図9.16 プロジェクトの共用を選択する

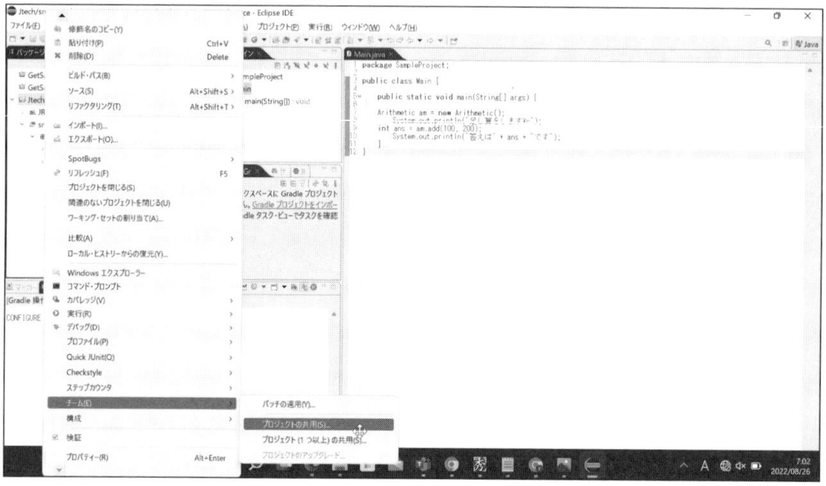

図9.17 「Git」を選択する

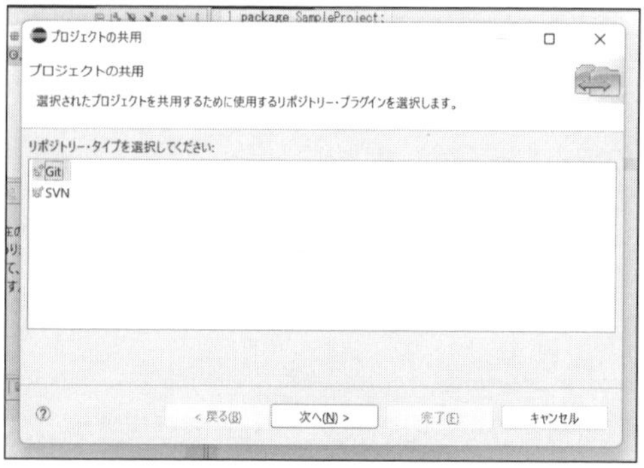

図9.18 「Gitリポジトリーの構成」ダイアログボックス

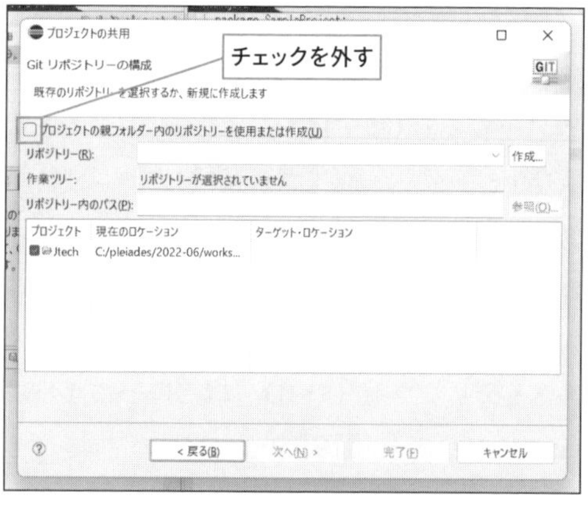

● 図9.19　ローカルリポジトリーの作成場所を指定する

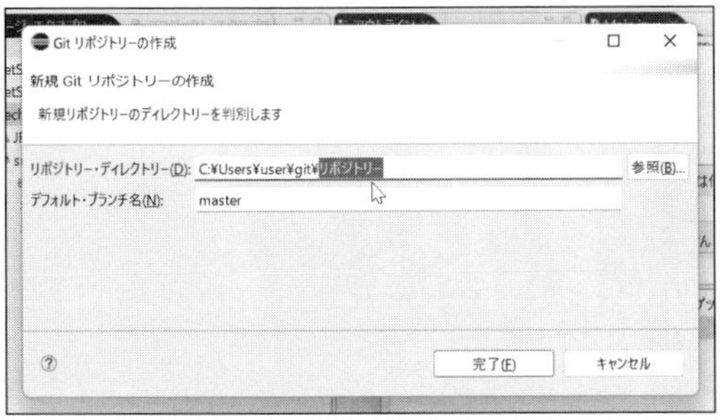

ONEPOINT

ローカルリポジトリーは、開発者のコンピューターなどに用意されるローカルの保存場所です。デフォルトでは、ユーザーディレクトリ（ここではC:\Users\user）の「git」フォルダ内に「リポジトリー—」というフォルダが作成されます。

5　「Gitリポジトリーの構成」ダイアログボックスに戻ったら、「完了（F）」ボタンをクリックする。

これで、ローカルリポジトリーが作成できました（**図9.20**）。「パッケージ・エクスプローラー」では、該当のプロジェクトに「リポジトリー」の表記が追加されます。なお、「?」や「>」マークが付いていますが、これらは、プロジェクトがコミットされていないことを意味します。

● 図9.20　「パッケージ・エクスプローラー」の状態

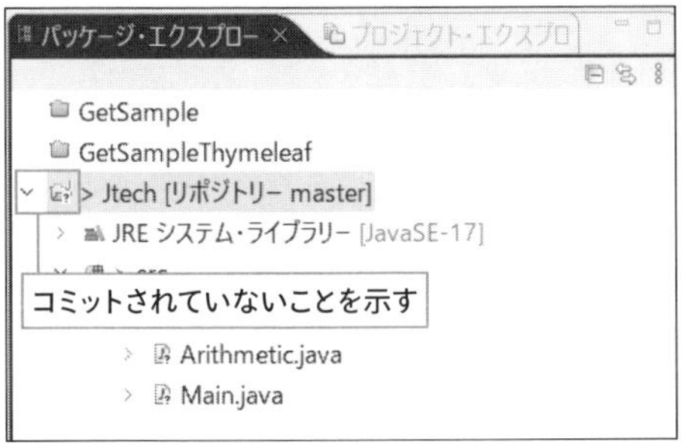

プロジェクトをコミットする

それでは、次にプロジェクトをコミットしてみましょう。

1　「パッケージ・エクスプローラー」の該当プロジェクトを右クリックして、ショートカットメニューから「チーム（E）」→「コミット（C）」を選択する。

2 「Gitステージング」ビューが表示されたら、**図9.21**に示すボタンをクリックして、「ステージされていない変更」欄にあるファイルを「ステージされた変更」欄へ移動させる。

● **図9.21 「Gitステージング」ビュー**

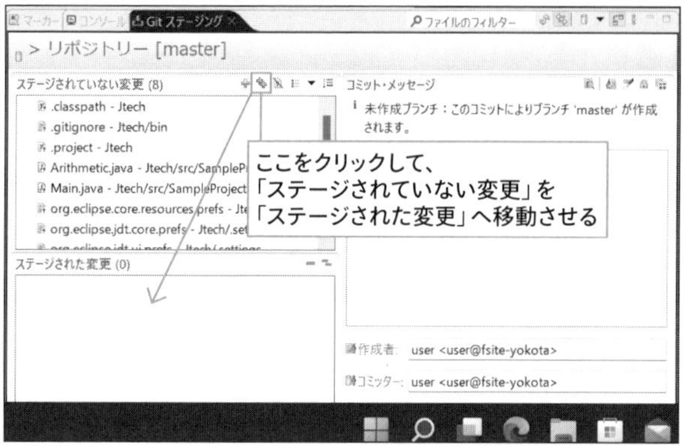

3 「Gitステージング」ビューの右側にある「コミット・メッセージ」欄にコメントを入力して、「コミット(C)」ボタンをクリックする(**図9.22**)。

● **図9.22 コメントを入力して、「コミット(C)」ボタンをクリックする**

これで、ローカルリポジトリーのコミットが完了します。「パッケージ・エクスプローラー」内のプロジェクトを見ると、先の「？」マークが消えていることが確認できます(**図9.23**)。

プロジェクトをプッシュする

それではコミットしたプログラムをGitHubへプッシュ(登録)する手順をあげておきましょう。まずはP.298で作成したGitHubのアカウントから、プッシュ先の情報を入手します。

● 図9.23　コミット後の「パッケージ・エクスプローラー」

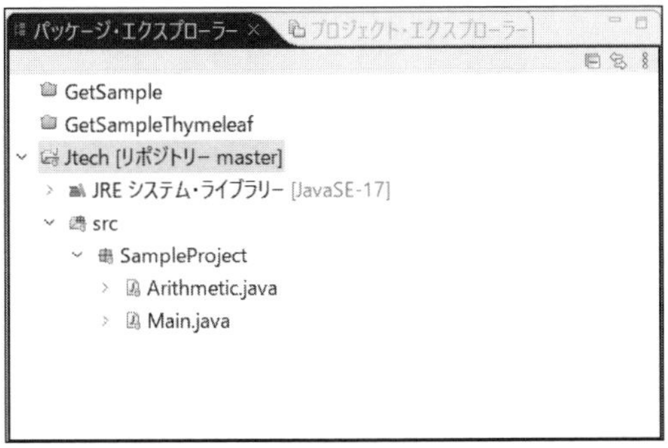

1　GitHubへは、先に登録したアカウントでログインして、トップページのリポジトリーをクリックする（**図9.24**）。

● 図9.24　GitHubでリポジトリーをクリックする

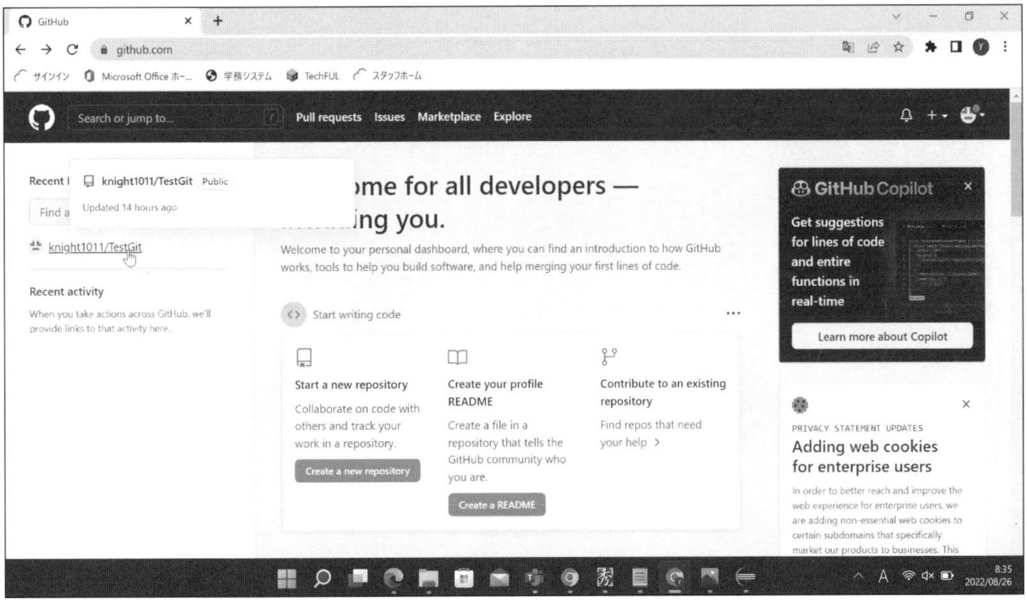

2　「Quick setup...」の画面で「HTTPS」が選択されている状態から、□をクリックして、プロジェクトのアップロードで使うURLをコピーする（**図9.25**）。

● 図9.25　「Quick setup...」の画面でURLをコピーする

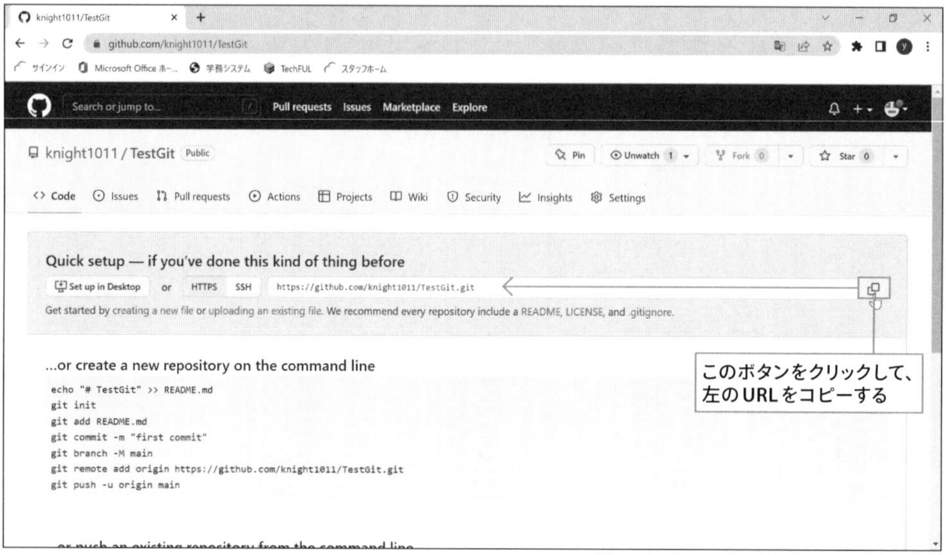

次に、Eclipseにあるプロジェクトを GitHubへプッシュします。

1　プロジェクトを右クリックして、ショートカットメニューから「チーム (E)」→「リモート (E)」→「プッシュ (P)」をクリックする (**図9.26**)。

● 図9.26　プロジェクトをプッシュするメニュー

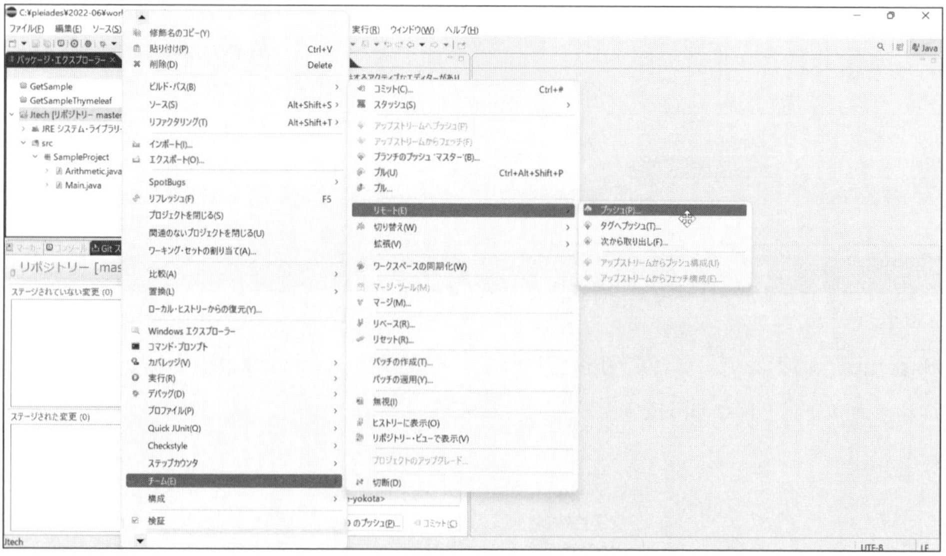

2 「宛先Gitリポジトリー」ダイアログボックスでは、ロケーション欄の「URI (I)」にGitHubのURLを貼り付け（表示されている場合は確認）し、「認証」欄のユーザーとパスワードには、GitHubで登録したユーザー名とパスワードを設定する。なお、パスワード欄には、P.296で取得したトークンを貼り付けて「次へ (N)」ボタンをクリックする（**図9.27**）。

図9.27 ロケーション欄の「URI (I)」にGitHubのURLを確認する

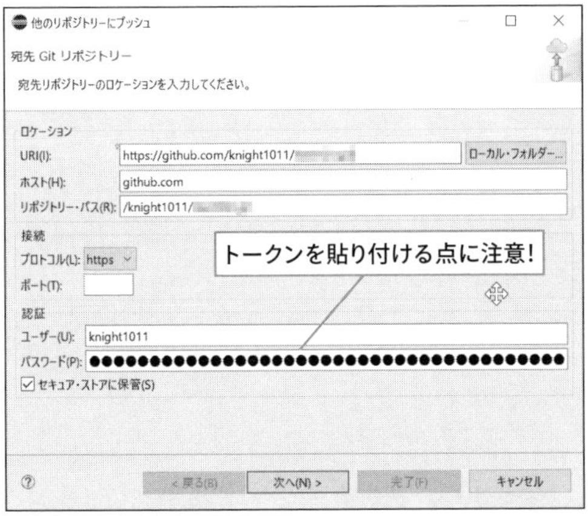

> **ONEPOINT**
> URI（Uniform Resource Identifier）とは、Web上のリソース（資源）を示す識別子を意味し、URL（Uniform Resource Locator）は、URIに属します。

3 「プッシュ仕様指定」では、「ソース参照」のプルダウンメニューで、「master[ブランチ]」を選択して、右上にある「仕様の追加」ボタンをクリックする（**図9.28**）。

図9.28 「プッシュ仕様指定」で「master[ブランチ]」を選択する

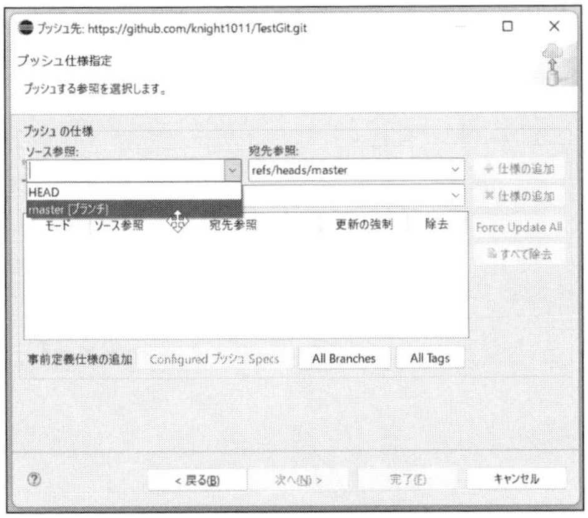

4 「プッシュの仕様」欄に仕様が追加されたことを確認して、「完了(F)」ボタンをクリックする(**図9.29**)。

● **図9.29 「プッシュの仕様」欄に仕様が追加された**

5 「プッシュ確認」で「完了(F)」ボタンをクリックし(**図9.30**)、次の「プッシュ結果」で「OK」ボタンをクリックすれば、プッシュ作業が完了する。

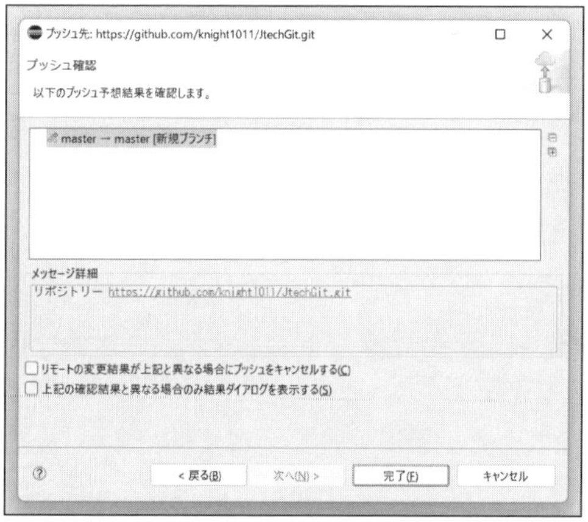

● **図9.30 「プッシュ確認」の画面**

GitHubの該当リポジトリー(ここではJtechGit)にアクセスすると、P.302の3で入力した「コミットメッセージ」とともに、プロジェクトがプッシュされていることが確認できます(**図9.31**)。

● 図9.31　GitHubのリポジトリーにプッシュされた

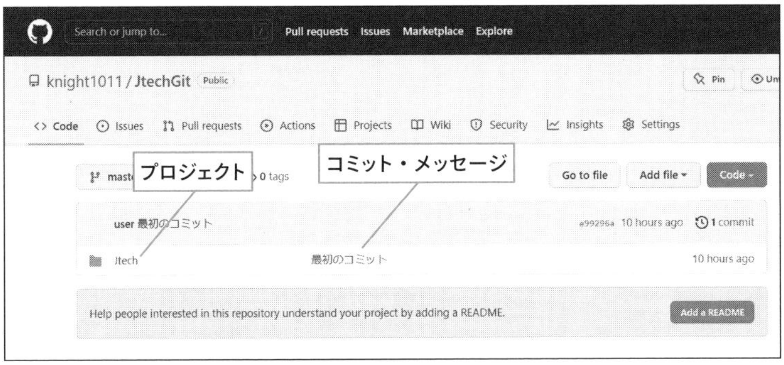

プロジェクトを共有する

チーム開発では、同じプロジェクトを複数人で共有する必要があります。そのため、先のプロジェクトを他の開発者が利用する場合は、EclipseからGitHubにある該当プロジェクトをインポートして利用します。以下にその手順をあげておきましょう。

1. プロジェクトが保管されているGitHubのURLにアクセスして、**図9.31**のリポジトリーを開き、右上にある「Code」ボタンをクリックして「Clone」メニューを表示させる。
2. EclipseからプロジェクトにアクセスするためのURLをコピーする（**図9.32**）。

● 図9.32　「Clone」ボタンからURLをコピーする

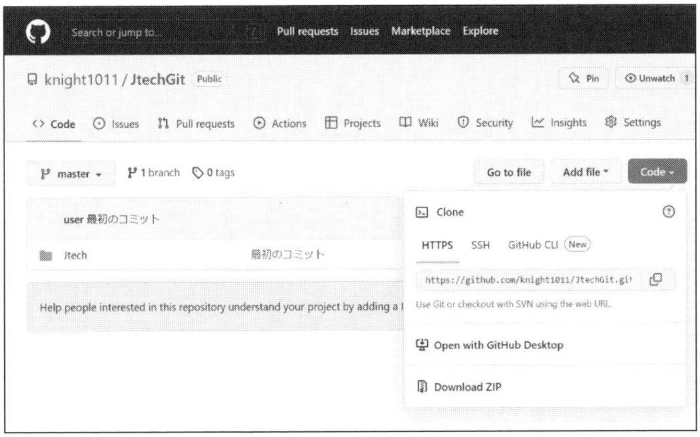

3. Eclipseのメニューから「ファイル（F）」→「インポート（I）」をクリックする。
4. 「インポート」ダイアログボックスが表示されたら、「インポート・ウィザードの選択（S）」欄から、「Git」→「Gitからプロジェクト」を選択して「次へ（N）」ボタンをクリックする（**図9.33**）。

● 図9.33　「Gitからプロジェクト」を選択する

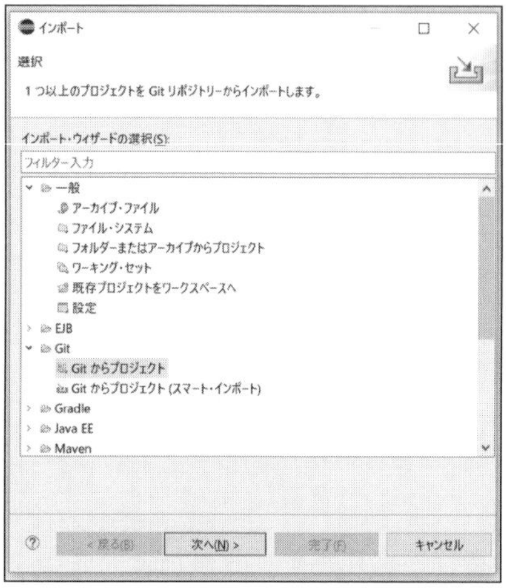

5　「リポジトリー・ソースの選択」では、「クローンURI」を選択して「次へ (N)」ボタンをクリックする（**図9.34**）。

● 図9.34　「リポジトリー・ソースの選択」では、「クローンURI」を選択する

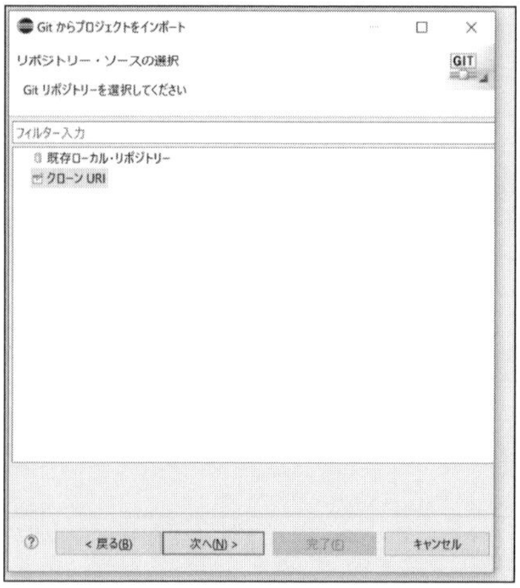

6　「ソースGitリポジトリー」では、「URI (I)」欄に、2 でコピーしたURLを貼り付け、「接続」欄の「プロトコル (L)」が「https」になっていることを確認して、「認証」欄に❶のGitHubにログインする際に必要な、ユーザー名を入力し、パスワード欄には、P.296で取得したアクセストークンを貼り付けて「次へ (N)」ボタンをクリックする（**図9.35**）。

● 図9.35 ソースGitリポジトリー

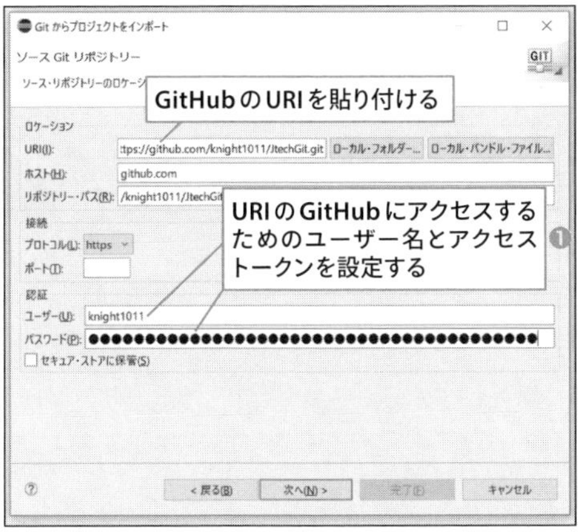

ONEPOINT

パスワード欄には、P.296で取得したアクセストークンを貼り付けます。GitHubアカウントのパスワードを入力しても認証されないため注意が必要です。

7 「ブランチ選択」では、クローン（複製）元のブランチ（ここではmaster）が選択されている状態で「次へ（N）」ボタンをクリックする（**図9.36**）。

● 図9.36 「ブランチ選択」

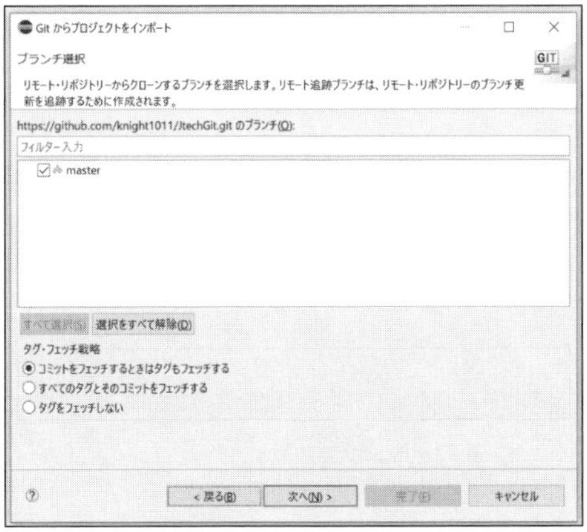

8 「ローカル宛先」では、「宛先」欄の「ディレクトリー（D）」で、プロジェクトをインポートしている開発者のコンピュータにプロジェクトを保存する場所を設定して、「次へ（N）」ボタンをクリックする（**図9.37**）。

● 図9.37　ローカル宛先

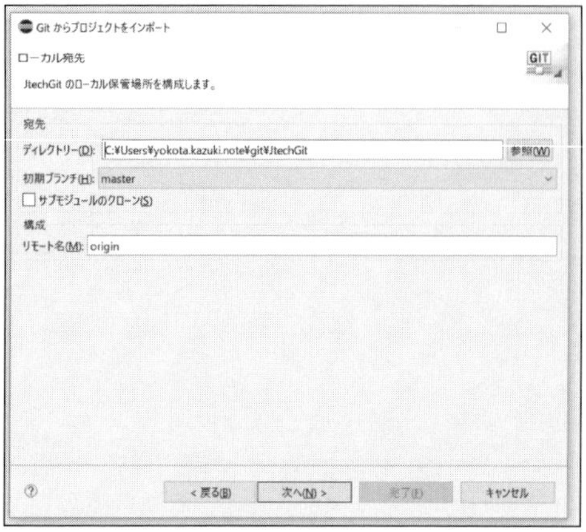

9 「プロジェクトをインポートに使用するウィザードを選択」では、「既存プロジェクトのインポート（E）」が選択されていることを確認して、「次へ（N）」ボタンをクリックする（**図9.38**）。

● 図9.38　「プロジェクトをインポートに使用するウィザードを選択」

10 次の「プロジェクトのインポート」では、「プロジェクト（P）」欄でローカル宛先のプロジェクトにチェックされていることを確認して「完了（F）」ボタンをクリックする。

プロジェクトの整合性を保つには

インポートが完了したら、まず初めに「プル」をして、GitHubのリモートリポジトリーからプロジェクトを取り込み、ローカルリポジトリーを最新の状態にしておきます。

「プル」を行う

1　「パッケージ・エクスプローラー」内のインポートしたプロジェクトを右クリックして、ショートカットメニューから「チーム（E）」→「プル（U）」をクリックする（**図9.39**）。

● **図9.39　プロジェクトを右クリックして、「プル（U）」を選択する**

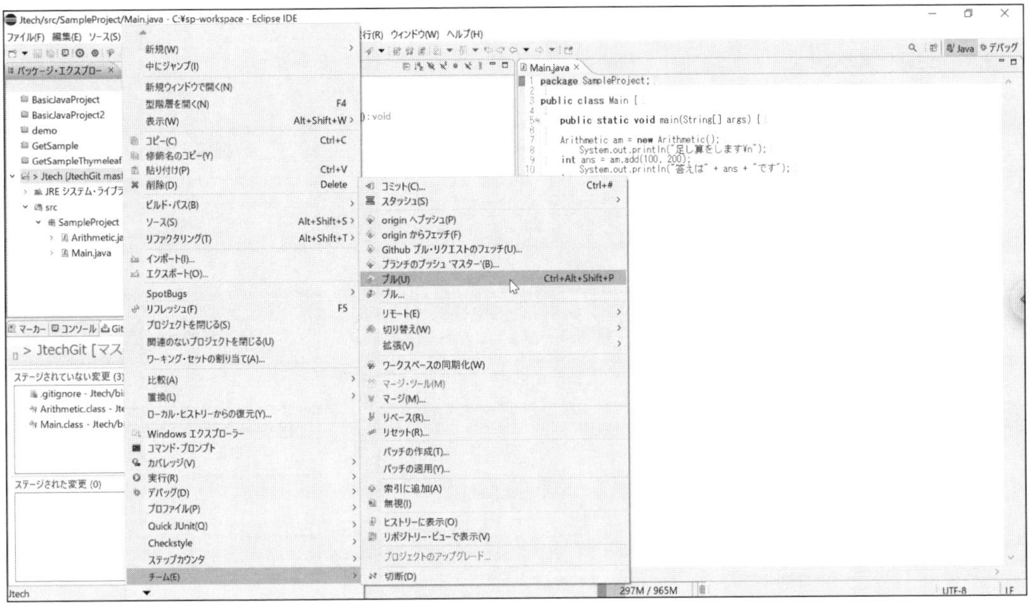

2　プル先となるGitHubリポジトリー名の「プル・リクエスト」のメッセージでフェッチ結果が表示される（**図9.40**）。

● **図9.40　「プル・リクエスト」メッセージ**

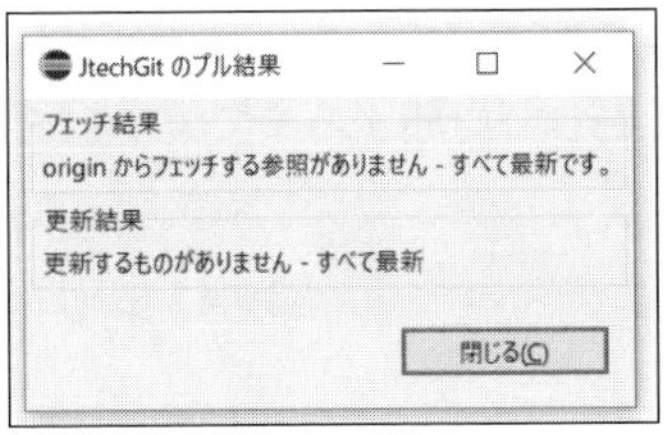

ONEPOINT

ローカルとリモートリポジトリーに差異がなければ、**図9.40**のように「すべて最新」である旨のメッセージが表示されます。

Gitでは、プロジェクトを更新した場合、まずローカルリポジトリーにコミットして、その後、GitHub上のリポジトリー（リモートリポジトリー）と同期します。

最後に、GitHubからプロジェクトをインポートした開発者（開発メンバーB）のソースプログラムに変更を加えて、最新バージョンとしてGitHub上のリポジトリーを更新するケースを紹介しましょう（**図9.41**）。

● **図9.41　更新作業の流れ**

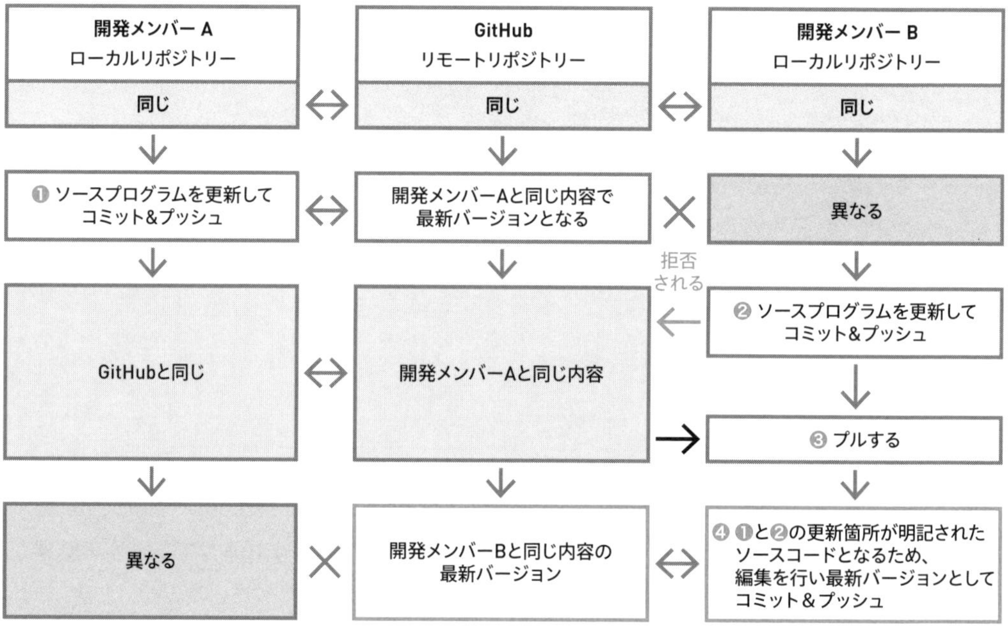

他の開発者が自分のソースプログラムを変更して同期するまでの手順

他の開発者（**図9.41**の開発メンバーB）のソースプログラムを変更して同期するまでの手順を紹介します。なお、ここでは、開発メンバーBがリモートリポジトリーからプルした後に、開発メンバーAがリモートリポジトリーを更新した前提で話を進めます。つまり、**図9.41**で示した❶の状況です。

1. 開発メンバーBがソースプログラムを変更する。
2. プロジェクトを右クリックして、メニューからコミットする。

ONEPOINT

「コミット」についてはP.301を参照してください。

3　プロジェクトを右クリックして、「チーム(E)」→「originへプッシュ(P)」をクリックする(**図9.42**)。

● **図9.42　「originへプッシュ(P)」をクリックする**

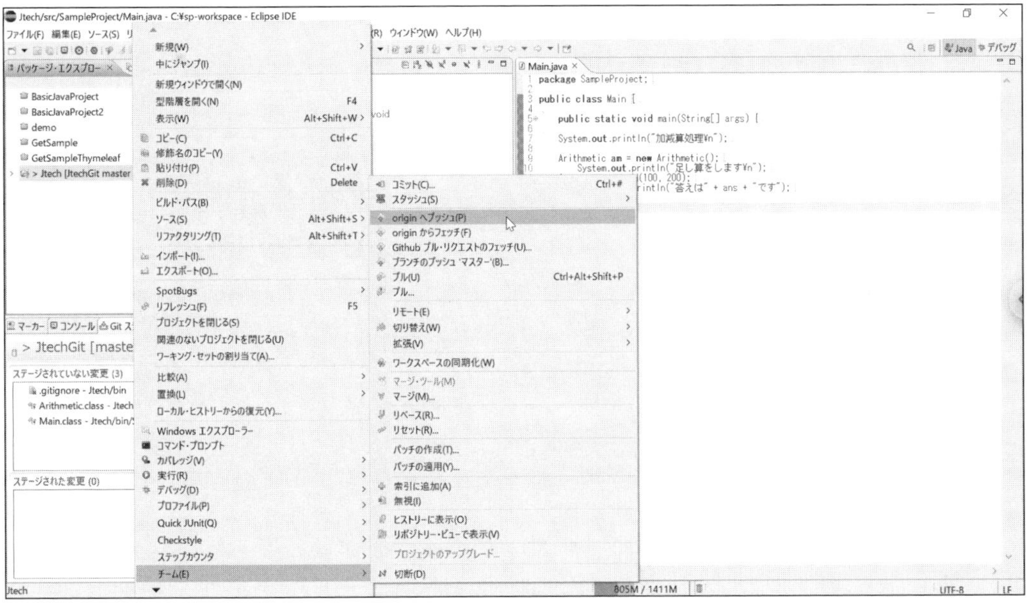

4　プッシュ確認の画面で拒否されるため、「閉じる(C)」ボタンをクリックする(**図9.43**)。

● **図9.43　プッシュが拒否された**

> **ONEPOINT**
>
> 現在のリモートリポジトリーは、開発メンバーBがインポートしてプルしたリモートリポジトリーとは異なるため、プッシュが拒否されます。

5 「パッケージ・エクスプローラー」内のプロジェクトを右クリックして、ショートカットメニューから「チーム(E)」→「プル(U)」をクリックする。

6 GitHubのリポジトリー(リモートリポジトリー)の最新内容と、他の開発者のコンピュータ内のリポジトリー(ローカルリポジトリー)の違いが表示されるので、手動で修正する(**図9.44**)。

● **図9.44 リモートリポジトリーとローカルリポジトリーの違いが表示される**

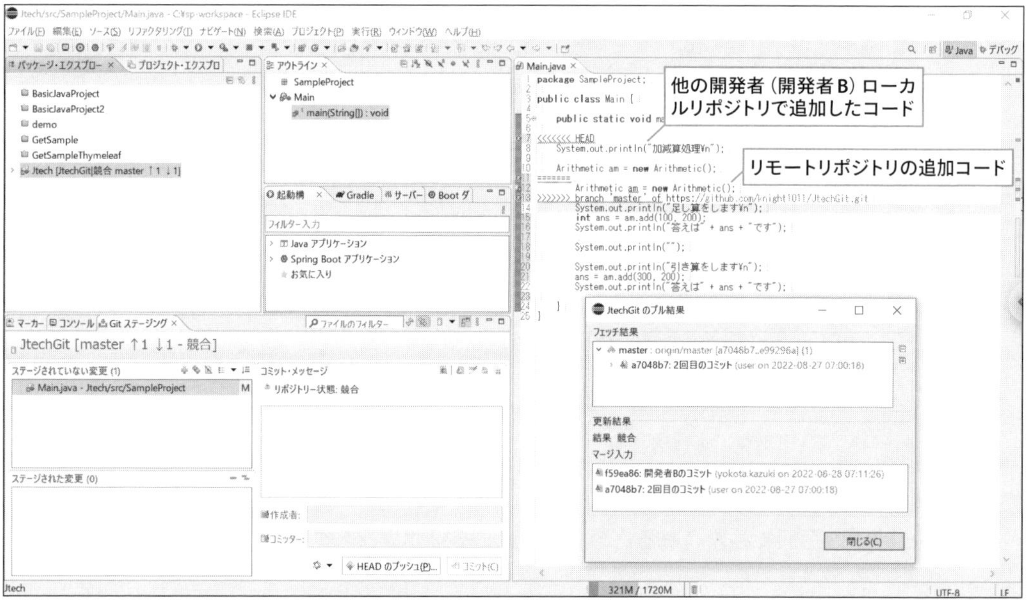

7 修正後に再度プッシュを行うと、6で修正した内容のプロジェクトがリモートリポジトリーの最新バージョンとなる。

これで、更新結果が最新バージョンとなります(**図9.45**)。

このように、Gitではローカルリポジトリーとリモートリポジトリーの内容を比較して、適切な更新が可能なため、チーム開発を安心して進めることができます。

● 図9.45　ソースプログラムを修正して再度プッシュを行った

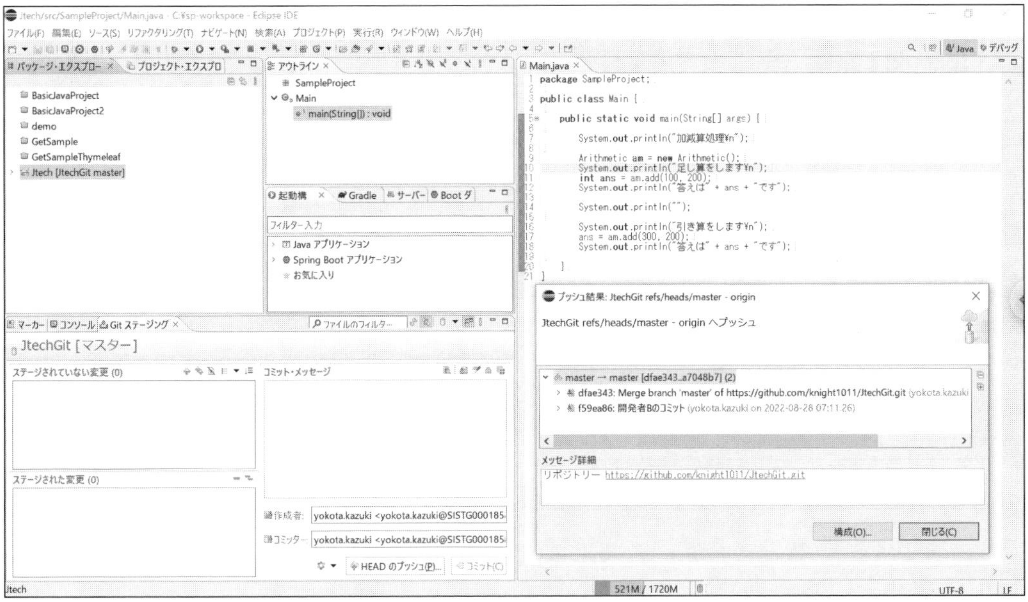

COLUMN　アクセストークンの再発行

P.296でアクセストークンの取得について紹介しましたが、アクセストークンには有効期限があるため、期限を過ぎると無効になります（**図9.B**）。

●図9.B　アクセストークンの期限が過ぎた例

以下に、再発行の手順をあげておきましょう。

1. GitHubにログインして、P296の「Developer Settings」画面を表示させる。
2. 次の画面では、左側のメニューから「Personal access tokens」→「Tokens (classic)」をク

リックする（2022年11月時点では、「Personal access tokens」メニュー下に「Fine-grained tokens（Beta）」と「Tokens（classic）」のサブメニューが追加されています。「Fine-grained tokens」からはリポジトリ単位で制御可能なアクセストークンが作成できますが、「Tokens（classic）」がこれまでと同じアクセストークンの作成を意味します）。

3 右上に表示された「Regenerate token」ボタンをクリックする（**図9.C**）。

●図9.C　「Personal access tokens」から「Regenerate token」をクリックする

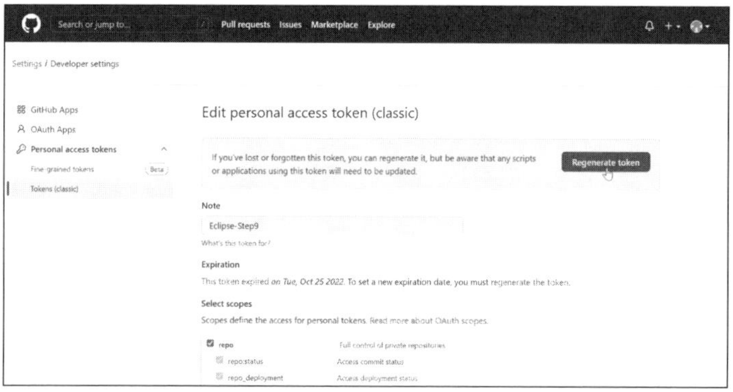

4 次の画面では、新たな有効期限を設定して「Regenerate token」ボタンをクリックする。

5 次の画面では、画面下にある「Update Token」ボタンをクリックする（**図9.D**）。

●図9.D　画面下にある「Update Token」ボタンをクリックする

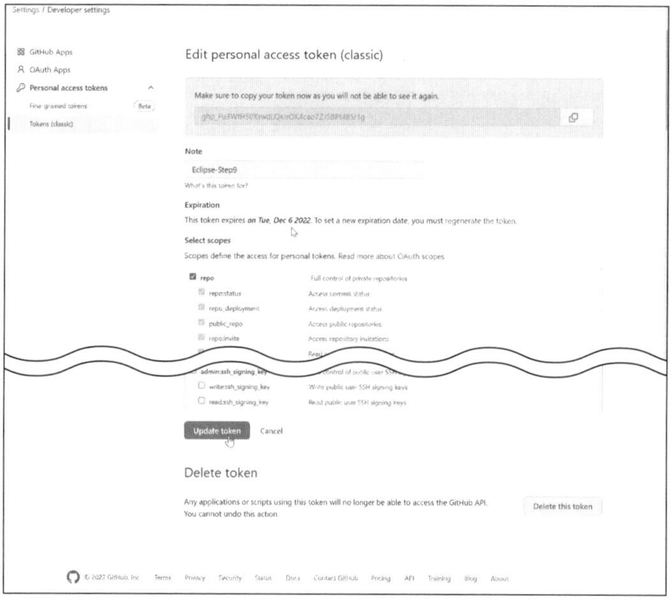

これで新たな有効期限のアクセストークンが発行されます。

第 10 章

Spring Bootでチーム開発

本書の最後にSpring Bootを使ったWebアプリケーションをチームで開発する事例を紹介します。前半では、Spring Bootの概要や予備知識を取り上げます。また、チーム開発ではバージョン管理が必要不可欠なため、後半では、バージョン管理を行いながら、開発をしていく様子を取り上げます。

本章の内容

10-1 Eclipseでフレームワーク

Spring BootはWebアプリケーションを構築するためのフレームワークとして普及していますが、フレームワークとは何でしょうか？ ここでは、まずフレームワークについて理解を深めましょう。

フレームワークとは

フレームワーク(framework)とは、枠組みや骨組み、構造を意味します。ビジネスにおける「フレームワーク」なら、課題を解決するために確立された枠組みを指しますが、IT業界では、システム開発やサービスを提供するための枠組みといった意味になります。**表10.1**に、代表的なフレームワークをあげておきましょう。

● 表10.1　代表的なフレームワーク

フレームワーク	概要
Ruby on Rails	Webアプリケーション作成のためのフレームワークの一つ。「Ruby」というプログラム言語を使用する
Laravel	Webアプリケーション作成のプログラム言語として代表される「PHP」のフレームワーク
Bootstrap	Webサイトのレイアウトを効率よく構築できるフロントエンドのフレームワーク
Spring Framework	JavaによるWebアプリケーション開発のデファクトスタンダードと呼ばれるフレームワーク

Spring Bootとは

表10.1で紹介したSpring Frameworkは、様々な機能が提供されている反面、機能の選定が難しかったり、設定が複雑で環境構築に手間がかかったりなどといった問題がありました。Spring Frameworkのこのような問題を解決するために登場したのが、Spring Bootなのです。

Spring Bootは、Spring Frameworkが提供する機能をパッケージ化しているため、複雑な設定作業は不要です。現在、Spring Bootは、Webアプリケーションを簡単に作成できるJavaフレームワークとして人気を高めています。

Spring Bootでは、開発に必要なライブラリの取得やTomcatなどのアプリケーションサーバーの設定も自動で行います。EclipseでWebアプリケーションを構築する際は、通常GradleやMavenといったビルドツールを用いて、パッケージの導入等を行います。Spring Bootも同様にこれらのビルドツールを用いますが、設定は自動で行われます。

● 図10.1　Spring Bootが人気を高めている

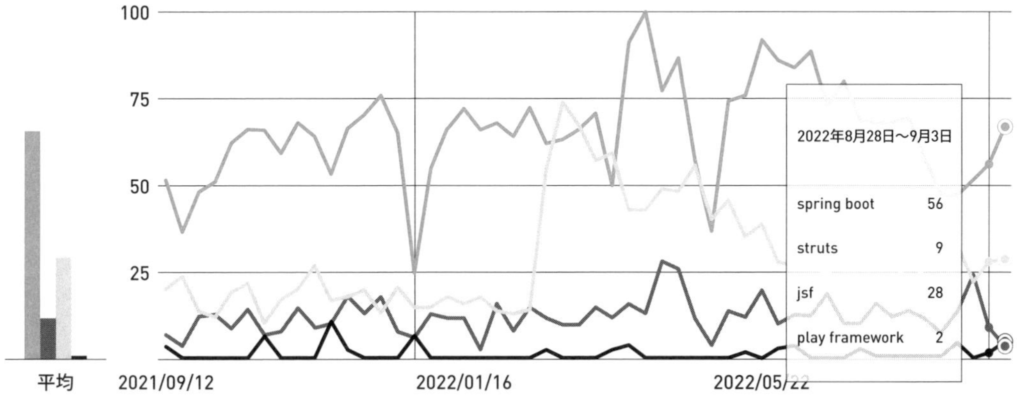

ONEPOINT

GradleやMavenなどのビルドツールについては、**第8章**を参照してください。

フレームワークが登場する前のWebアプリケーション

フレームワークが登場する前は、JSPやServletといったJavaの技術を使って、動的なWebアプリケーションを構築していました（**図10.2**）。

● 図10.2　JSP&Servlet

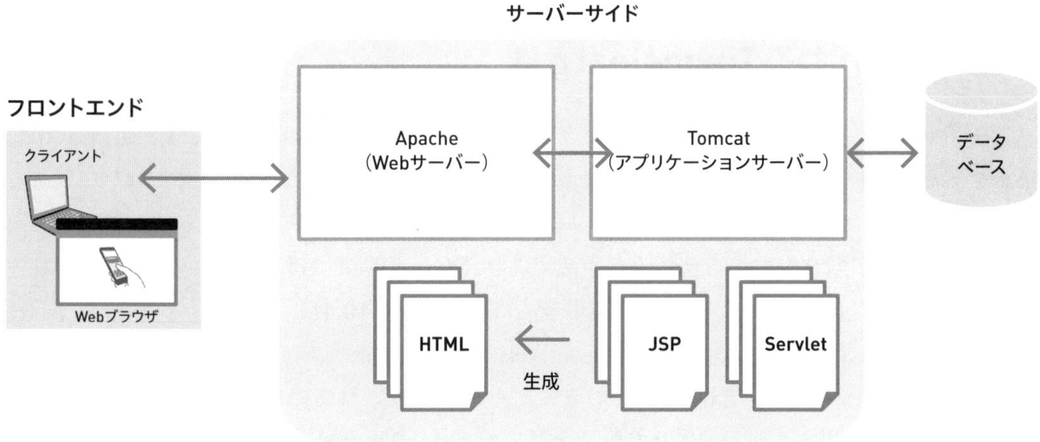

JSPやServletでWebアプリケーションを構築する際には、Eclipseの公式サイトにあるEclipse JEEを入手して、まず「Tomcat」と呼ばれるアプリケーションサーバーの導入や設定等を行う必要がありました。

Spring Bootでは、構築するアプリケーションと、それらを動作させるためのTomcatなどのミドルウェアを一つのパッケージとしてまとめているため、開発環境も容易に構築することが可能です(**図10.3**)。

● 図10.3　Spring Bootを利用する場合

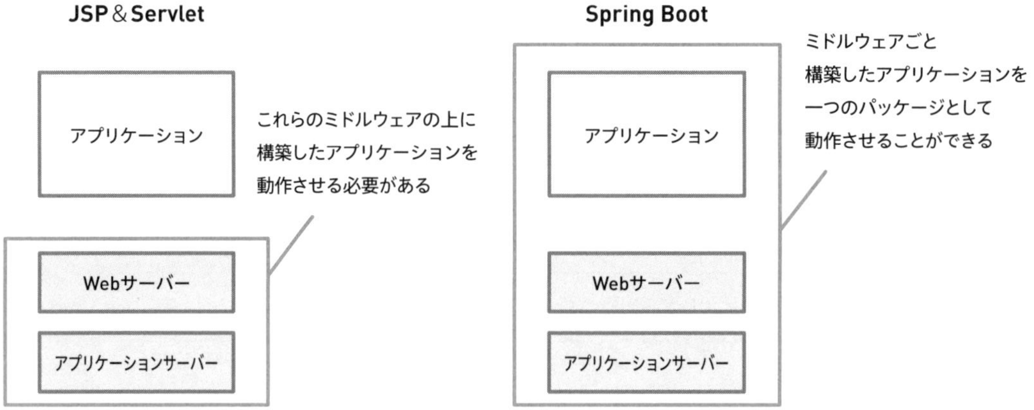

ONEPOINT

JSPやServletでWebアプリケーションを構築する場合も、Pleiades All in OneのJava Full Editionを使えば、Tomcatなどの構築に必要なものはデフォルトで用意されていましたが、設定は必要でした。

JSPに代わるThymeleafとは

JSP(Java Server Page)は、HTMLファイル内にJavaのコードを埋め込み、HTML形式の結果をクライアントへ返す技術として人気を博し、これまでの代表的なJavaテクノロジーとして普及しました。しかし、近年は「テンプレートエンジン」と呼ばれる、テンプレート(ひな形)とデータを合わせて文字列を出力する仕組みが主流であり、Spring Bootでは、「Thymeleaf(タイムリーフ)」というテンプレートエンジンの利用を推奨しています(**図10.4**)。

Thymeleafは、HTMLファイルを解析し、Webコンテンツを生成するテンプレートエンジンであり、Spring Bootには、Thymeleafがデフォルトで搭載されています。なお、Spring BootでThymeleafを使用する例はP.329で取り上げています。Thymeleafの基本文法については巻末付録を参照してください。

● 図10.4　Thymeleafの公式ページ（https://www.thymeleaf.org/）

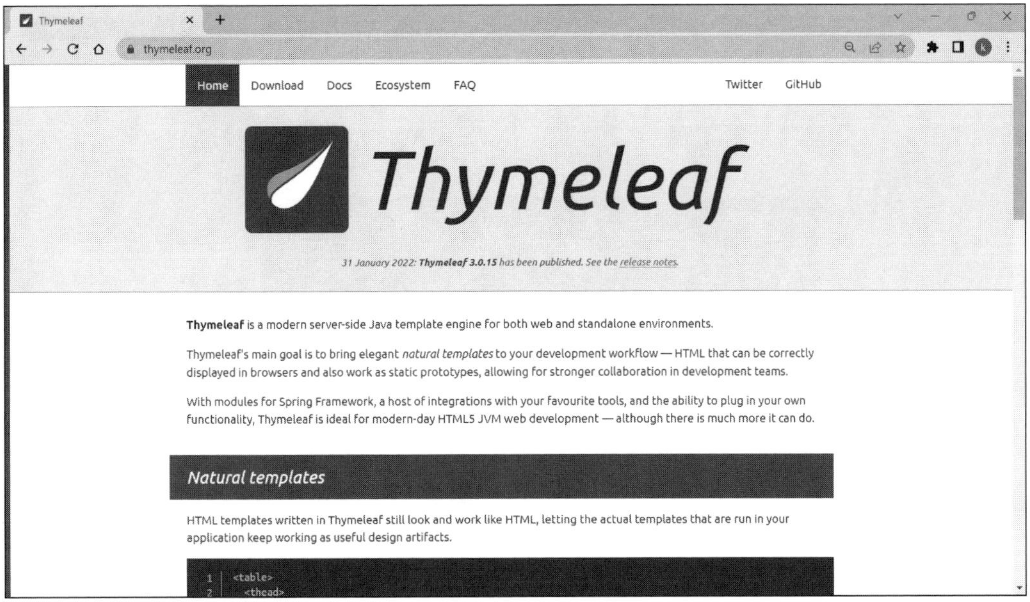
Thymeleaf
thymeleaf.org
Home
Download
Docs
Ecosystem
FAQ
Twitter
GitHub
Thymeleaf
31 January 2022: Thymeleaf 3.0.15 has been published. See the release notes.
Thymeleaf is a modern server-side Java template engine for both web and standalone environments.
Thymeleaf's main goal is to bring elegant natural templates to your development workflow — HTML that can be correctly displayed in browsers and also work as static prototypes, allowing for stronger collaboration in development teams.
With modules for Spring Framework, a host of integrations with your favourite tools, and the ability to plug in your own functionality, Thymeleaf is ideal for modern-day HTML5 JVM web development — although there is much more it can do.
Natural templates
HTML templates written in Thymeleaf still look and work like HTML, letting the actual templates that are run in your application keep working as useful design artifacts.
<table>
<thead>

> **ONEPOINT**
> Spring Bootでは、JSPの使用に制限があり非推奨となっています。

Lombokとは

Lombok（ロンボック）は、エディターとビルドツールに自動的にプラグインして、Javaのソースコードを簡潔にするためのライブラリです（**図10.5**）。

Javaプログラミングでは、メンバー変数にアクセスするためのgetterやsetterメソッド、そしてequalsメソッド等に代表される、「ボイラープレートコード」と呼ばれるコードが存在します。

ボイラープレートコードは、定型的かつ冗長なコードなのですが、仕様上省略できません。しかし、Lombokを導入すればボイラープレートコードの実装を排除して、簡潔なコードを記述することが可能になります。

図10.5　Lombokの公式ページ（https://projectlombok.org/）

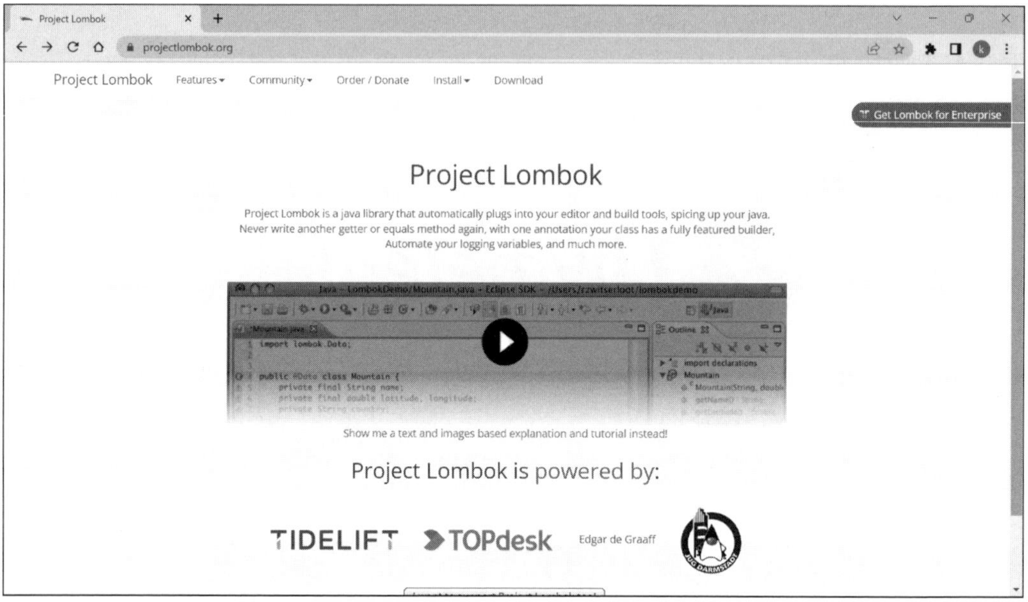
Project Lombok
projectlombok.org
Project Lombok
Features
Community
Order / Donate
Install
Download
Get Lombok for Enterprise
Project Lombok
Project Lombok is a java library that automatically plugs into your editor and build tools, spicing up your java.
Never write another getter or equals method again, with one annotation your class has a fully featured builder,
Automate your logging variables, and much more.
Show me a text and images based explanation and tutorial instead!
Project Lombok is powered by:
TIDELIFT
TOPdesk
Edgar de Graaff

ONEPOINT

Lombokの使用例はP.349で紹介しています。

Spring Bootを利用したWebアプリケーションの構築①

それでは、URLに任意の文字列データを付加して送信するWebアプリケーションの例を紹介しましょう。なお、このようなデータ送信には「Get」と「Post」のどちらかを使用しますが、ここでは「Get」の例をあげておきます。

ONEPOINT

Getでは、URLに送信データがそのまま表示されてしまいます。また、送信データ量にも制限があるため、それらの問題を避けるためには、Postの利用が推奨されます。

Spring Bootのプロジェクトの作成

まずは、アプリケーションのベースとなるSpring Bootのプロジェクトを作成します。

1. Eclipseのメインメニューから「新規（N）」→「Springスターター・プロジェクト（Spring Initializr）」をクリックする（**図10.6**）。

● **図10.6　Springスターター・プロジェクトをクリックする**

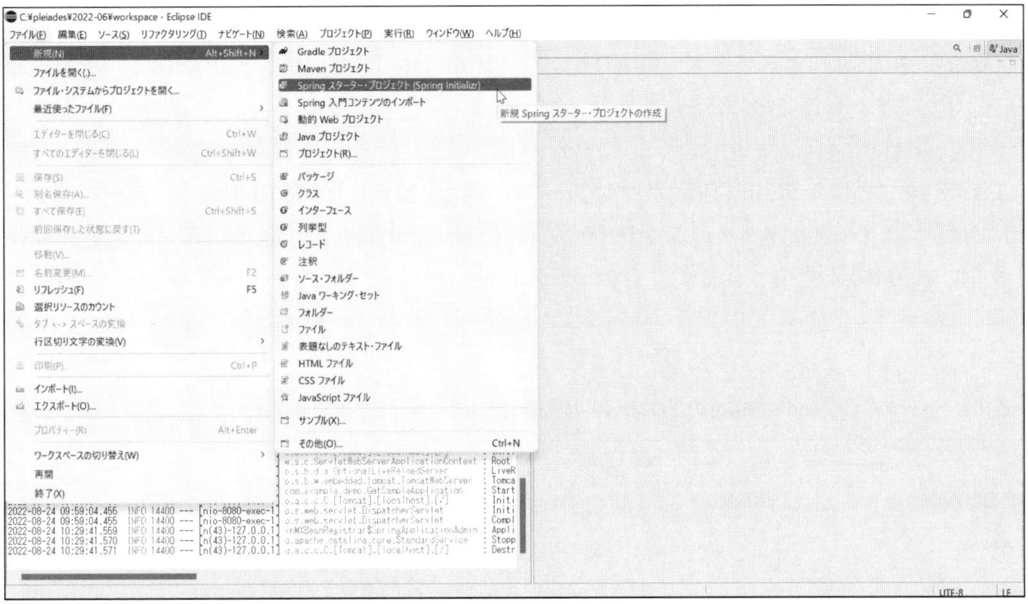

②「新規 Springスターター・プロジェクト」ダイアログボックスが表示されたら、「名前」欄に任意のプロジェクト名を入力（ここでは、GetSample）し、「タイプ：」欄では「Gradle Project」を選択して、「次へ (N)」ボタンをクリックする（**図10.7**）。

● **図10.7　「新規 Springスターター・プロジェクト」ダイアログボックス**

3 「新規 Springスターター・プロジェクト依存関係」ダイアログボックスでは、デフォルトのままで、「次へ(N)」ボタンをクリックする。

4 最後の「新規 Springスターター・プロジェクト(Spring Initializr)」ダイアログボックスでは、「完了(F)」ボタンをクリックする。

これでベースとなるSpring Bootのプロジェクトが完成しました(**図10.8**)。ちなみに、デフォルトでは「プロジェクト名+Application(ここではGetSampleApplication)」という名前のJavaファイル(クラス)が生成されますが、このクラスがプロジェクトのスタートとなるプログラムです。

● **図10.8 ベースとなるSpring Bootのプロジェクトが完成した**

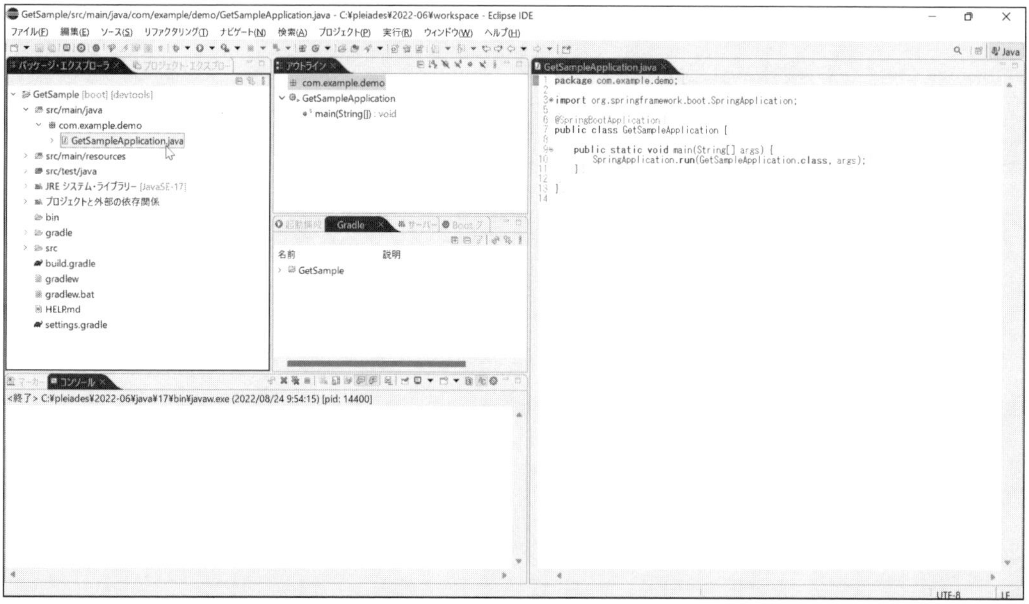

コントローラとなるクラスの作成

次にコントローラとなるJavaクラス(ここではGet.java)を作成しましょう。

ONEPOINT

コントローラについては、P.341のコラム「MVCモデルとは」を参照してください。

1 プロジェクトのパッケージ(ここでは、com.example.demo)を右クリックして、ショートカットメニューから、「新規(W)」→「クラス」を選択する(**図10.9**)。

図10.9 「新規(W)」→「クラス」を選択する

2 「新規Javaクラス」ダイアログボックスが表示されたら、「名前(M)」欄に任意のクラス名(ここではGet)を入力して、あとはデフォルトのままで、「完了(F)」ボタンをクリックする(**図10.10**)。

図10.10 「新規Javaクラス」ダイアログボックスで任意のクラス名を入力

これでコントローラとなるGet.javaのベースが生成されました（**図10.10**）。

● **図10.11　生成されたコントローラとなるクラスファイル**

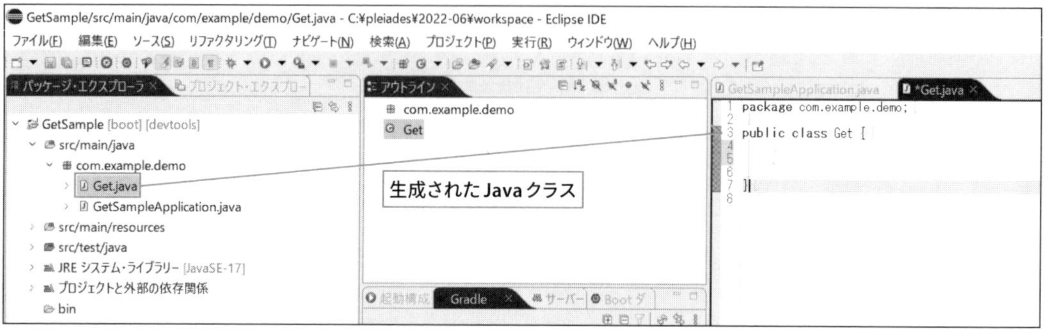

次に、このクラス「Get.java」の内容を**リスト10.1**のように編集してください。

● **リスト10.1　編集後のGet.java**

```
package com.example.demo;


@RestController
@RequestMapping("/controller")
public class Get {

    @GetMapping("/greeting")
    public String getgreeting(@RequestParam("param") String param) {
        return "受け取ったパラメータ=" + param;
    }
}
```

Get.javaを編集すると、@で始まるアノテーション部分に赤い波線が引かれるため、アノテーションに必要なものをインポートしましょう。赤い波線が表示されている行にマウスを合わせて、**図10.12**で示したメニューからインポート操作を行ってください（**図10.13**）。

ONEPOINT

アノテーションはP.233で取り上げています。

● 図10.12　赤い波線が表示された行にマウスを合わせて必要なものをインポート

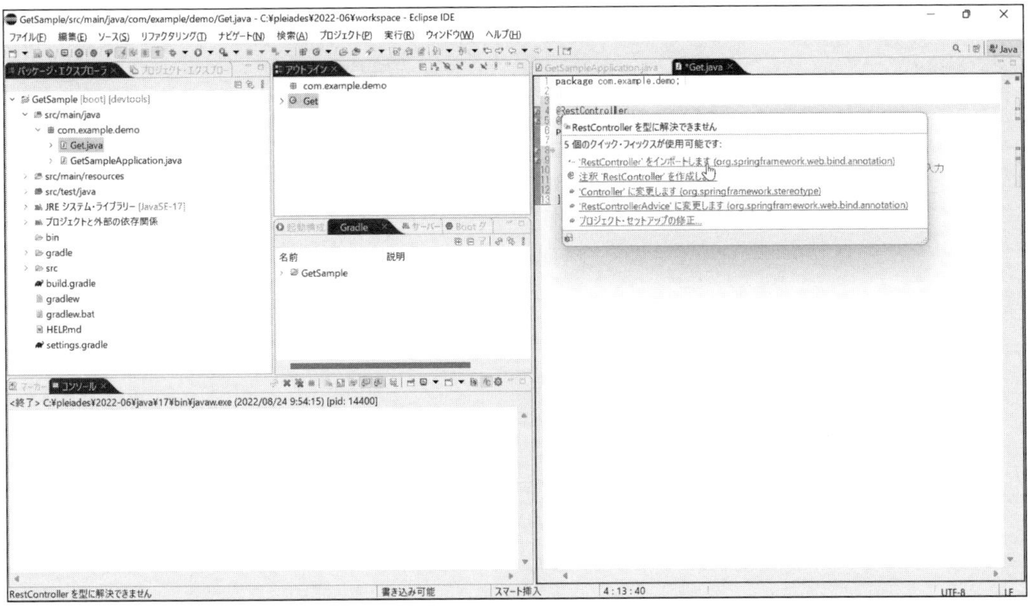
GetSample/src/main/java/com/example/demo/Get.java - C:¥pleiades¥2022-06¥workspace - Eclipse IDE
package com.example.demo;
@RestController
RestController を型に解決できません
5 個のクイック・フィックスが使用可能です:
'RestController' をインポートします (org.springframework.web.bind.annotation)
注釈 'RestController' を作成します
'Controller' に変更します (org.springframework.stereotype)
'RestControllerAdvice' に変更します (org.springframework.web.bind.annotation)
プロジェクト・セットアップの修正...
<終了> C:¥pleiades¥2022-06¥java¥17¥bin¥javaw.exe (2022/08/24 9:54:15) [pid: 14400]
RestController を型に解決できません
書き込み可能
スマート挿入
4 : 13 : 40

● 図10.13　完成したGet.java

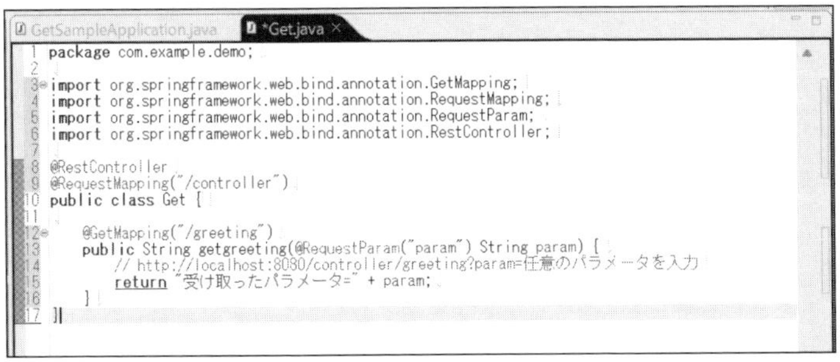
GetSampleApplication.java
*Get.java
package com.example.demo;
import org.springframework.web.bind.annotation.GetMapping;
import org.springframework.web.bind.annotation.RequestMapping;
import org.springframework.web.bind.annotation.RequestParam;
import org.springframework.web.bind.annotation.RestController;
@RestController
@RequestMapping("/controller")
public class Get {
@GetMapping("/greeting")
public String getgreeting(@RequestParam("param") String param) {
// http://localhost:8080/controller/greeting?param=任意のパラメータを入力
return "受け取ったパラメータ=" + param;
}
}

Webアプリケーション（Spring Bootアプリケーション）の実行

コントローラ「Get.java」が完成したら、さっそくWebアプリケーション（Spring Boot アプリケーション）を実行してみましょう。前述の通り、プロジェクトのスタートはデフォルトで生成された「プロジェクト名＋Application.java（ここではGetSampleApplication.java）」です。以下に実行手順を示しておきましょう。

1 「プロジェクト名＋Application.java（ここではGetSampleApplication.java）」を右クリックして、ショートカットメニューから、「実行（R）」→「3 Spring Bootアプリケーション」を選択する（**図10.14**）。

● 図10.14　Spring Boot アプリケーションを実行する

2　Eclipseの画面下にあるコンソールビューにSpringのロゴ文字が表示され、Tomcatが起動したら（**図10.15**）、別途Webブラウザを起動して、以下のURLを入力する（ここでは任意の文字列部分を「Hello」とする）。

http://localhost:8080/controller/greeting?param=任意の文字列

● 図10.15　Springのロゴ文字が表示されTomcatが起動した

Webブラウザで実行すると、**図10.16**のような実行結果が確認できます。

● **図10.16 Webブラウザで実行結果を確認した**

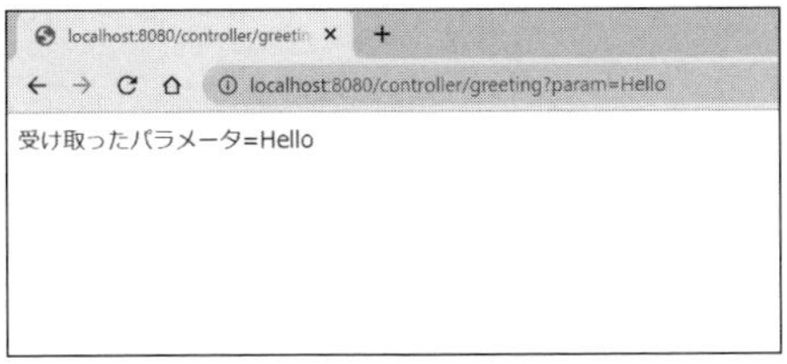

それでは、実行時のURLと、プログラムの関連部分について簡単に説明しておきましょう。

- http://localhost:8080
  Tomcatがローカルホストの8080ポートで起動しているため必要となるURL
- /controller
  図10.13で示したGet.javaの9行目にあるアノテーション@RequestMappingで指定されている
- /greeting
  図10.13で示したGet.javaの12行目にあるアノテーション@GetMappingで定義されている

なお、**図10.13**の13～16行目にあるgetgreetingメソッドでは、任意の文字列を変数paramで受け取り、"受け取ったパラメータ"という文字列と連結させて、Webブラウザに実行結果を表示させています。

Spring Bootを利用したWebアプリケーションの構築②

次は、先の「Get」のWebアプリケーションを、P.320で紹介したThymeleafを使って構築してみましょう。

Spring Bootのプロジェクトの作成

まずは、アプリケーションのベースとなるThymeleafを用いたSpring Bootのプロジェクトを作成します。

1. Eclipseのメインメニューから「新規(N)」→「Springスターター・プロジェクト(Spring Initializr)」をクリックする。
2. 「新規 Springスターター・プロジェクト」ダイアログボックスが表示されたら、「名前」欄に任意のプロジェクト名を入力(ここでは、GetSampleThymeleaf)し、「タイプ：」欄では「Gradle

Project」を選択して、「次へ (N)」ボタンをクリックする。

ONEPOINT

1、2の手順は図10.6、10.7と同じです。

3 「新規Springスターター・プロジェクト依存関係」ダイアログボックスでは、Thymeleafにチェックを付けて「次へ (N)」ボタンをクリックする (**図10.17**)。

図10.17　Thymeleafにチェックを付ける

4 最後の「新規Springスターター・プロジェクト (Spring Initializr)」ダイアログボックスでは、「完了 (F)」ボタンをクリックする。

これでベースとなるThymeleafを利用するSpring Bootのプロジェクトが完成しました。P.327と同様に、デフォルトでは、「プロジェクト名＋Application (ここではGetSampleThymeleafApplication)」という名前のJavaファイル (クラス) が生成されますが、このクラスがプロジェクトのスタートとなるプログラムです。

コントローラとなるクラスの作成

次にコントローラとなるJavaクラス (ここではGetThymeleaf.java) を作成しましょう。

1 プロジェクトのパッケージ (ここでは、com.example.demo) を右クリックして、ショートカットメニューから、「新規 (W)」→「クラス」を選択する。

2 「新規Javaクラス」ダイアログボックスが表示されたら、「名前(M)」欄に任意のクラス名(ここではGetThymeleaf)を入力して、あとはデフォルトのままで、「完了(F)」ボタンをクリックする。

これでコントローラとなるGetThymeleaf.javaのベースが生成されました。ここまでの作業はThymeleafを使わない構築例と同じですが、ここからの作業が異なります。

「GetThymeleaf.java」の内容を**リスト10.2**のように編集してください。

● リスト10.2 編集後のGetThymeleaf.java

```
package com.example.demo;

@Controller
public class GetThymeleaf {

 @GetMapping("/greeting")
 public String greeting(@RequestParam(name="name", required=false, defaultValue="World") String
name, Model model) {
        model.addAttribute("name", name);
        return "greeting";
 }

}
```

Thymeleafを使わない構築例のクラス(Get.java)よりも多少コードが増えていますが、その部分の説明は後述します。まずは、赤い波線が表示されているアノテーション行にマウスを合わせて、アノテーションに必要なものをインポートしましょう。

> **ONEPOINT**
> インポートの作業はP.119を参照してください。

これでコントローラが完成しました(**図10.18**)。

● 図10.18 完成したコントローラ(GetThymeleaf.java)

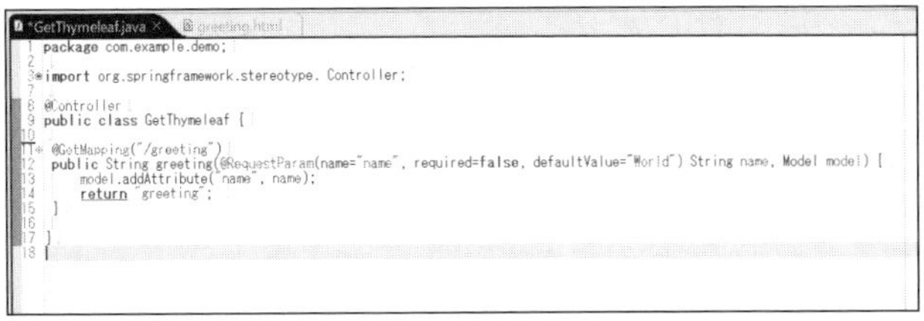
*GetThymeleaf.java
package com.example.demo;
import org.springframework.stereotype. Controller;
@Controller
public class GetThymeleaf {
@GetMapping("/greeting")
public String greeting(@RequestParam(name="name", required=false, defaultValue="World") String name, Model model) {
model.addAttribute("name", name);
return "greeting";
}
}

HTMLファイルの作成

コントローラは完成したのですが、Thymeleafを使用する場合は、さらにHTMLファイルを作成する必要があります。コントローラと、これから作成するHTMLファイルの関連については後述するとして、まずは以下の手順でHTMLファイルを作成しましょう。なお、HTMLファイルを設置する場所が決まっているため注意が必要です。

1. プロジェクト内の「src/main/resources」下にある「templates」を右クリックして、ショートカットメニューから「新規（W）」→「HTMLファイル」を選択する（**図10.19**）。

図10.19　「HTMLファイル」を選択する

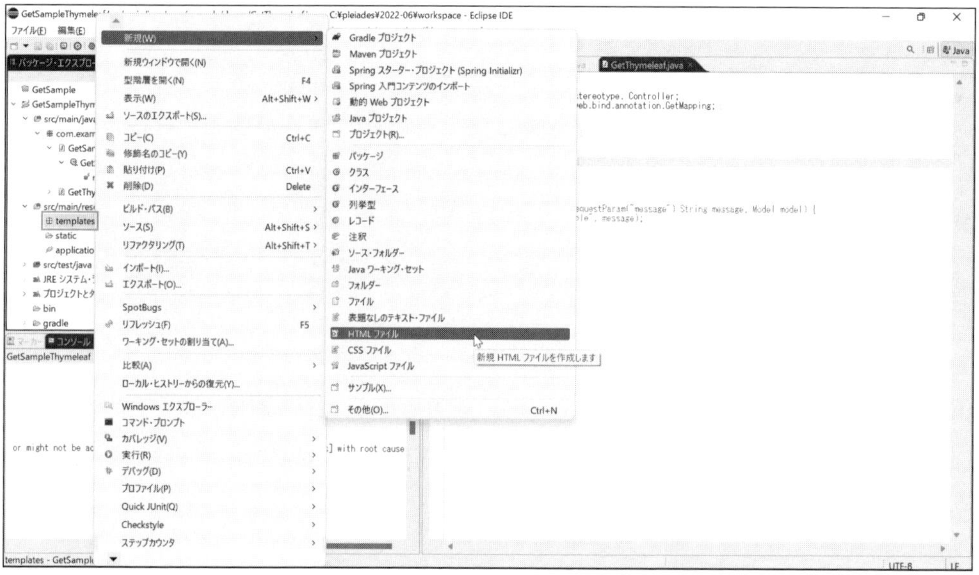

2. 「新規HTMLファイル」ダイアログボックスが表示されたら、「ファイル名（M）:」欄に任意のHTMLファイル名（ここではgreeting.html）を入力して「次へ（N）」ボタンをクリックする（**図10.20**）。
3. 次のダイアログボックスでは、「テンプレート（T）:」で「新規HTMLファイル（5）」が選択されていることを確認して「完了（F）」ボタンをクリックする（**図10.21**）。

図10.20　任意のHTMLファイル名を入力する

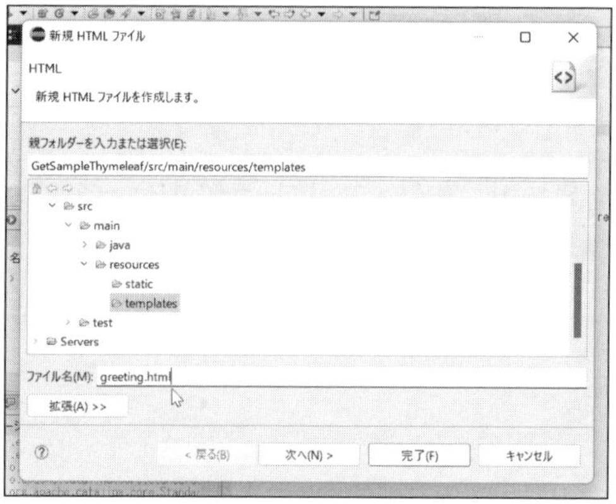

● **図10.21　規HTMLファイル（5）が選択されていることを確認する**

新規 HTML ファイル
HTML テンプレートの選択
HTML ページの最初のコンテンツに使用するテンプレートを選択します。
HTML テンプレートの使用(U)
テンプレート(T):
名前
説明
新規 HTML ファイル (5)
html 5
新規 XHTML ファイル (1.0 frameset)
XHTML 1.0 Frameset
新規 XHTML ファイル (1.0 strict)
XHTML 1.0 Strict
新規 XHTML ファイル (1.0 transitional)
XHTML 1.0 Transitional
プレビュー(P):
<!DOCTYPE html>
<html>
<head>
<meta charset="${encoding}">
<title>Insert title here</title>
</head>
テンプレートは、「HTML テンプレート」設定ページにある「新規 HTML」テンプレートです。
< 戻る(B)
次へ(N) >
完了(F)
キャンセル

ONEPOINT

新規HTMLファイル（5）の説明欄に「html5」とあるように、HTMLの最新仕様であるHTML5を利用してHTMLファイルを作成します。

これで、HTMLファイルが生成されます（**図10.22**）。

● **図10.22　生成されたHTMLファイル**

GetThymeleaf.java
greeting.html
1 <!DOCTYPE html>
2 <html>
3 <head>
4 <meta charset="UTF-8">
5 <title>Insert title here</title>
6 </head>
7 <body>
8
9 </body>
10 </html>

なお、HTMLファイルを生成した直後に**図10.23**に示すメッセージが表示されたら、「OK」ボタンをクリックしてください。このメッセージは、Node.jsのパスが通っていない旨の注意ですが、今後の作業に支障はありません。

● **図10.23　「Missing node.js」のメッセージ**

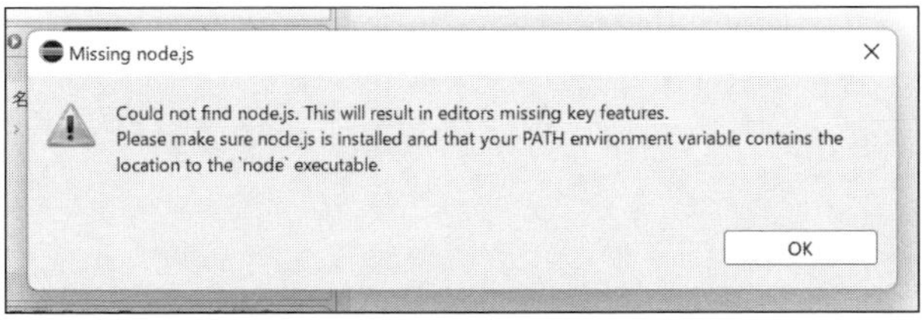
Missing node.js
Could not find node.js. This will result in editors missing key features.
Please make sure node.js is installed and that your PATH environment variable contains the location to the `node` executable.
OK

次に、生成されたHTMLファイルを**リスト10.3**のように編集してください。

● **リスト10.3　編集したHTMLファイル**

```
<!DOCTYPE HTML>
<html xmlns:th="http://www.thymeleaf.org">
<head>
    <title>Getting Started: Serving Web Content</title>
    <meta http-equiv="Content-Type" content="text/html; charset=UTF-8" />
</head>
<body>
    <p th:text="'Hello, ' + ${name} + '!'" />
</body>
</html>
```

Thymeleafを使ったwebアプリケーションのプログラムについて見ていきましょう。

GetThymeleaf.javaの内容について

図10.18の11行目にあるアノテーション「@GetMapping」で、「http://localhost:8080/greeting」にアクセスし、Getリクエストが、12行目のgreetingメソッドにマップされるようにしています。

12行目の@RequestParamでは、クエリ文字列パラメーターであるnameの値を、greeting()メソッドのnameパラメーターにバインド(結び付け)しています。また、required=falseにすることで、パラメーターがない場合は、defaultValueで用意した「World」が使用されます。

> **ONEPOINT**
> クエリ文字列は、サーバーに情報を送るためにURLの末尾に付加する文字列を指します。「http://localhost:8080/greeting?name=keiko」なら、「?name=keiko」部分がクエリ文字列に相当します。

GetThymeleaf.javaとgreeting.htmlの連携について

Spring Bootのデフォルト設定では、プロジェクト内にある「/resources/templates/」に用意された、コントローラの戻り値と同じ名前(ここではgreeting)のHTMLファイルを、テンプレートファイルとして探索します。**図10.24**で示すように、「GetThymeleaf.java」の14行目にあるreturnに記述された戻り値「greeting」で、文字列クエリで受け取ったパラメータをテンプレートファイル(ここではgreeting.html)へ渡しているのです。

図10.24 コントローラの戻り値でGetリクエストを処理している。

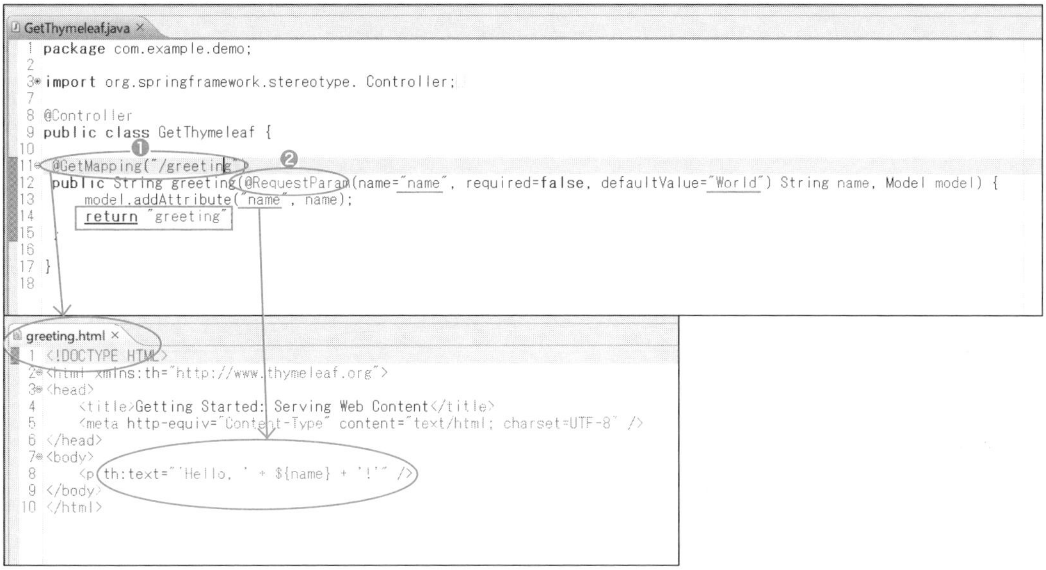
GetThymeleaf.java
1 package com.example.demo;
2
3 import org.springframework.stereotype.Controller;
7
8 @Controller
9 public class GetThymeleaf {
10
11 @GetMapping("/greeting")
12 public String greeting(@RequestParam(name="name", required=false, defaultValue="World") String name, Model model) {
13 model.addAttribute("name", name);
14 return "greeting"
15 }
16
17 }
18
greeting.html
1 <!DOCTYPE HTML>
2 <html xmlns:th="http://www.thymeleaf.org">
3 <head>
4 <title>Getting Started: Serving Web Content</title>
5 <meta http-equiv="Content-Type" content="text/html; charset=UTF-8" />
6 </head>
7 <body>
8 <p th:text="'Hello, ' + ${name} + '!'" />
9 </body>
10 </html>

コントローラ（GetThymeleaf.java）の13行目のある「model.addAttribute（"name", name）」では、greeting.htmlに渡したい任意の文字列を設定しています。

model.addAttribute（"属性名", 渡したい文字列）

一方のテンプレートファイル（greeting.html）では、model.addAttributeメソッドの「属性名を利用して、GetThymeleaf.javaから受け取った任意の文字列を引き出し、8行目であらかじめ用意しておいた文字列（ここでは「Hello,」と「!」）と連結させて表示させています。

それでは実行してみましょう。実行は、Thymeleafを使用しないWebアプリケーションと同様に、「プロジェクト名＋Application.java（ここではGetSampleThymeleafApplication.java）」を右クリックして、ショートカットメニューから、「実行（R）」→「3 Spring Bootアプリケーション」を選択します。

その後、Webブラウザを起動して、以下のURLを入力してください。

http://localhost:8080/greeting/

図10.25 文字列クエリを指定しない実行結果

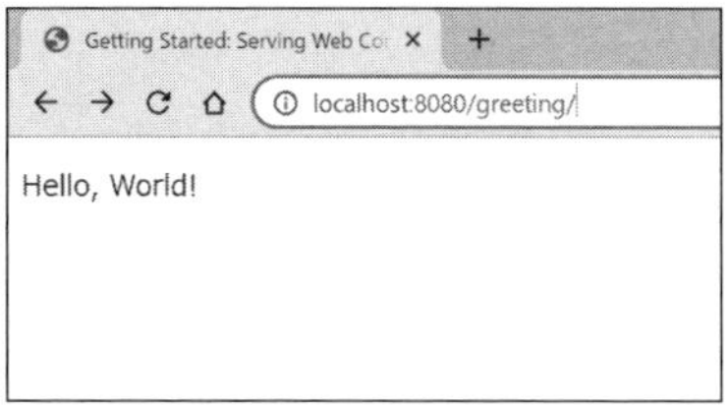
Getting Started: Serving Web Co
localhost:8080/greeting/
Hello, World!

図10.25のように、文字列クエリを指定しない場合は、コントローラ（GetThymeleaf.java）の12行目にある「required=false, defaultValue="World"」が有効になり（**図10.24**）、用意されている「World」がgreeting.htmlの文字列と連結されて表示されます。

任意のパラメータ（文字列）を指定する場合は、以下のようにURLを入力します。

http://localhost:8080/greeting?name=任意のパラメータ（文字列）

文字列クエリを指定した場合は、**図10.26**のように、任意の文字列がgreeting.htmlの文字列と連結されて表示されます。

● **図10.26　文字列クエリを指定した実行結果**

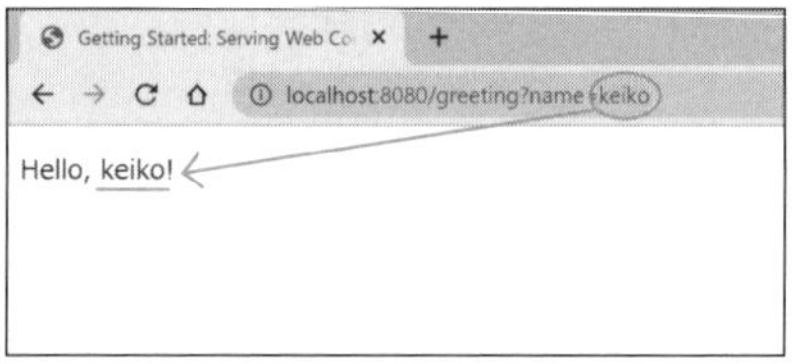

10-2 Spring Bootでチーム開発

本書の最後に、Spring Bootを用いた基本的なWebアプリケーションの構築手順を取り上げますが、単なる構築手順ではなく、バージョン管理を行いながらチームで開発する形式で紹介していきます。

チーム開発を行うWebアプリケーションの概要

まずは、ここで取り上げるWebアプリケーションの概要について紹介しましょう。ここでは、フォームに氏名やメールアドレスなどを入力して送信するWebアプリケーションを構築することにします。先に完成例（**図10.27**）をあげておきましょう（最終的には結果表示に登録日時と番号を追加します）。

また、完成例（**図10.27**）のWebアプリケーションの概要は**図10.28**の通りです。

● **図10.27　Webアプリケーションの完成例**

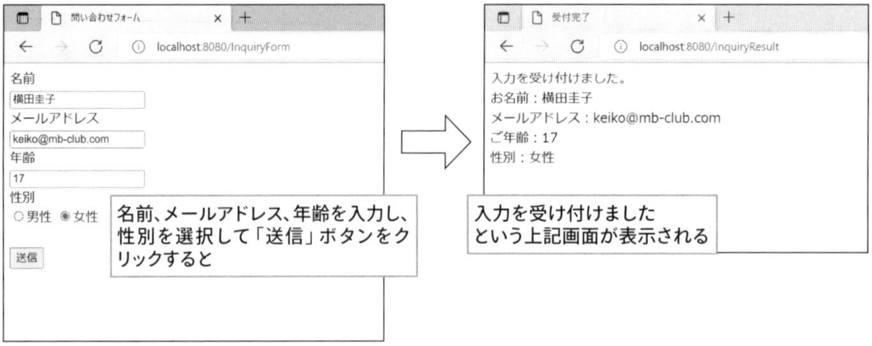

● 図10.28 Webアプリケーションの概要

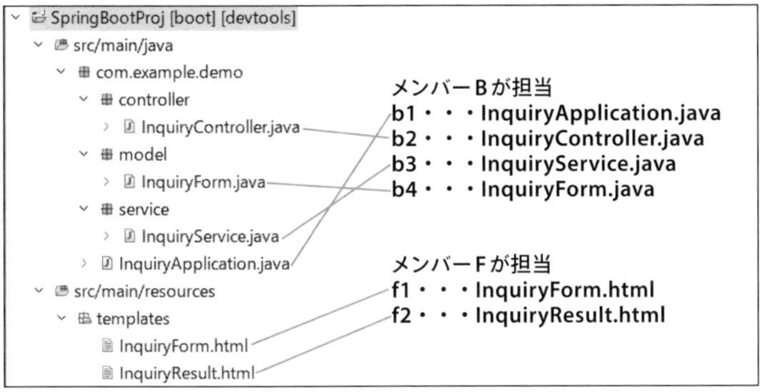

図10.28で示したように、f1、f2のフロントエンド処理をメンバーFが、b1～b4のバックエンド(サーバーサイド)処理をメンバーBが担当することにします。なお、このプロジェクトは、**第9章**で紹介したGitによるバージョン管理を行いながらチームで開発を進めていきます。担当ごとの作業の流れを、バージョン管理を主体にあげておきましょう(**図10.29**)。

● 図10.29 今回の作業の流れ

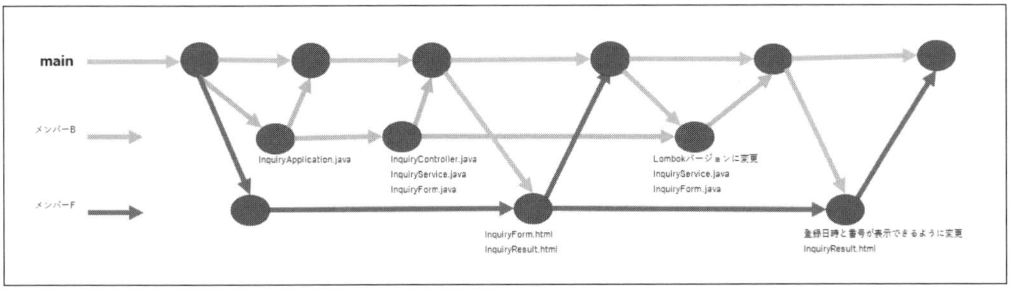

1 メンバーB b1をリファクタリングしてプッシュ

2 メンバーB b2、b3、b4を作成してプッシュ

3 メンバーF f1、f2を作成し、2をプルしてプッシュ

4 メンバーB 3をプルして、b3、b4をLombokバージョンに変更してプッシュ

5 メンバーF 4をプルして、f2に機能を追加してプッシュ

> COLUMN
> ### 本格的なプロジェクトの場合
>
> 実際のシステム開発では、いきなりGitHubのマスターを更新するのはトラブルの基になるため、**図10.A**のような開発用のブランチを設けて、最後にマスター(main)にマージします。
>
> **● 図10.A　開発用のブランチを設けて最後にマージする**
>
> 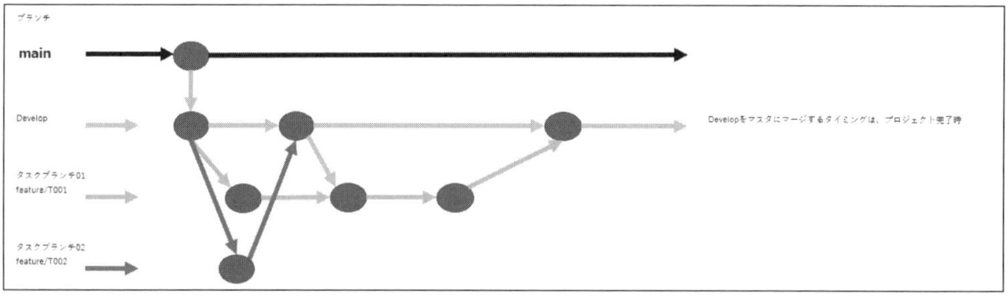
>

バックエンドのコントローラ処理を作成する

それではまずメンバーBの作業から見ていきましょう。

メンバーBの作業

1. Eclipseのメインメニューから「ファイル(F)」→「新規(N)」→「Spring Boot スターター・プロジェクト(Spring Initializr)」を選択して、P.322で紹介した手順でSpringBootのWebアプリケーション(ここでのプロジェクト名は「SpringBootProj」)を作成する。
2. 作成したプロジェクトをP.302の手順でGitHubにプッシュする。

> ONEPOINT
>
> GitHubへうまくプッシュできない、この後メンバーFがクローンがうまくいかないといった場合は、先にワークスペースのプロジェクト内にある「.gitignore」ファイルを編集しておく必要があります。詳細は巻末の「Spring Bootプロジェクトを GitHubで管理する場合」を参照してください。

この後、b2～b4のプログラムを作成するのですが、b1のクラス名がデフォルトで、プロジェクト名+Applicationなどとなっているため、**第6章**で紹介したリファクタリングで「InquiryApplication」という名前に変更しましょう。なお、メンバーBは、クラス名を変更後、プロジェクトをコミットして、GitHubにプッシュし、GitHubのプロジェクトを更新することにします。

InquiryController.javaの作成

次に、b2のプログラム「InquiryController.java」を作成しましょう。なお、今回はMVCモデルに合わせた構成にするため、クラスを異なるパッケージで分けることにします。MVCモデルについては、後述のコラムを参照してください。

1. プロジェクト内のパッケージ（ここではデフォルトのcom.example.demo）を選択してから、Eclipseのメインメニューで「ファイル(F)」→「クラス」をクリックする（**図10.30**）。
2. 「新規Javaクラス」ダイアログボックスでは、「パッケージ(K)」内に表示されているパッケージ名の最後に、「.controller」と追記して、「名前(M)」欄にクラス名（ここでは「InquiryController」）を入力し、「完了(F)」ボタンをクリックする（**図10.31**）。

図10.30　パッケージの選択

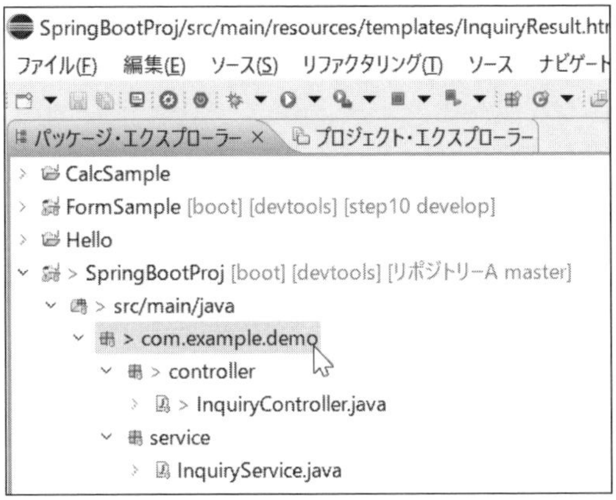

図10.31　クラスの作成

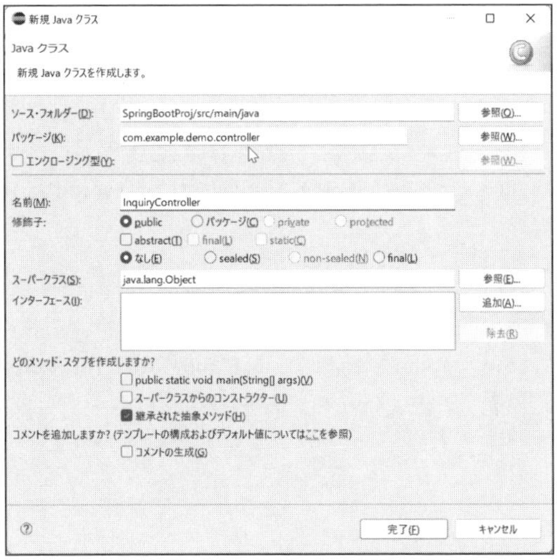

「InquiryController」のソースコードをあげておきましょう（**リスト10.4**）。

リスト10.4　b2のプログラム（InquiryController）

```
package com.example.demo.controller;

import org.springframework.beans.factory.annotation.Autowired;
import org.springframework.stereotype.Controller;
import org.springframework.ui.Model;
import org.springframework.web.bind.annotation.GetMapping;
import org.springframework.web.bind.annotation.ModelAttribute;
```

```
08: import org.springframework.web.bind.annotation.PostMapping;
09:
10: import com.example.demo.model.InquiryForm;
11: import com.example.demo.service.InquiryService;
12:
13: @Controller
14: public class InquiryController {
15:
16: //  問い合わせ処理クラス
17: @Autowired InquiryService inquiryService;
18:
19: @GetMapping("/InquiryForm")
20: public String inputForm(@ModelAttribute InquiryForm formData,Model model) {
21:
22:
23: model.addAttribute("formData",new InquiryForm());
24:
25: return "InquiryForm";
26: }
27:
28: @PostMapping("/InquiryResult")
29: public String Result(@ModelAttribute InquiryForm formData, Model model) {
30:
31:
32: // 問い合わせ処理の実施
33: inquiryService.doInquiryEntry(formData);
34: model.addAttribute("formData",formData);
35: return "InquiryResult";
36: }
37: }
```

ONEPOINT

InquiryServiceクラスやInquiryFormクラスはまだ作成していないため、赤い波線が表示されますが、気にせず次へ進んでください。

コントローラ(Controller)は、ビュー(View)のリクエストを受け取り、後述するモデル(Model)へ処理を依頼する役割を担っています。今回は、ビューから氏名やメールアドレスなどの入力データを受け取り、モデルへ渡すといった基本的な処理だけを記述しています。

ソースプログラム主要部分をあげておきます。

13行目の@Controllerアノテーションによって、このクラス「InquiryController」がControllerクラスとなります。

19行目の@GetMappingアノテーションは、メソッドとGETの処理を行うURLを紐づけます（今回は、フロントエンド担当のメンバーFが作成する「InquiryForm.html」とバックエンド担当のメンバーBが作成する「InquiryFormViewModel.java」を紐付けることで、「http://localhost:8080/InquiryForm」で入力用フォームにアクセスし、入力したデータをInquiryFormクラスに引き渡す）。

23行目のaddAttributeメソッドで、後述するInquiryServiceクラスのformDataにInquiryFormクラスのインスタンスを渡します。

28行目の@PostMappingアノテーションは、メソッドとPOSTの処理を行うURLを紐づけます（今回は、フロントエンド担当のメンバーFが作成する「InquiryResult.html」とバックエンド担当のメンバーBが作成する「InquiryForm.java」を紐付けることで、結果表示を行う）。

34行目のaddAttributeメソッドで、InquiryFormのセッターによる値が処理され、35行目の結果表示を行うInquiryResult.htmlに処理を返します。

COLUMN

MVCモデルとは

Webアプリケーションでは、一般的に**図10.B**で示したようなMVCモデルを使用します。

MVCモデルでは、アプリケーション内の役割ごとに、「Model」「View」「Controller」の3つに分割して開発を行います。

● **図10.B　MVCモデル**

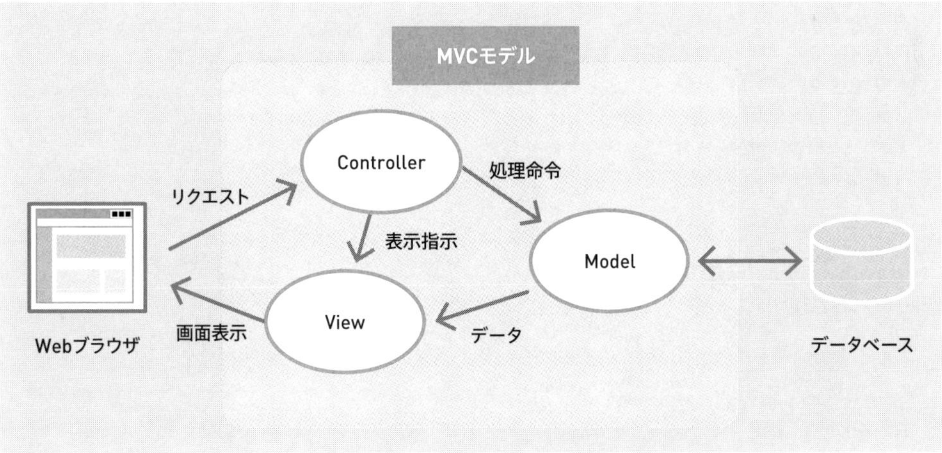

- Model

  入力フォームから受け取ったデータをデータベースに登録するなどといったビジネスロジックを担当する

- View
  処理結果をWebブラウザに表示させるなどといった、エンドユーザーへの画面表示部分を担当する
- Controller
  ModelとViewの橋渡しや制御を担当する

その他のバックエンドの処理を作成する

前述のコラムで示したように、MVCモデルには、コントローラ(Controller)の他にモデル(Model)とビュー(View)があります。今回のプロジェクトでモデルに該当するクラスでは、ビューに表示するプロパティ名を定義しておく必要があるため、データの取得や設定を行う処理として、セッター、ゲッターを記述します。

それでは、modelというパッケージを作成して、パッケージ内に「InquiryForm」クラスを作成しましょう(**リスト10.5**)。パッケージの作成手順はP.112を参照してください。

● リスト10.5　b4のプログラム(InquiryForm.java)

```
package com.example.demo.model;

public class InquiryForm {
private String name;
private String mail;
private int age;
private String gender;

public void setName(String name) {
this.name = name;
}

public void setMail(String mail) {
this.mail = mail;
}

public void setAge(int age) {
this.age = age;
}

public void setGender(String gender) {
this.gender = gender;
}
```

```
24:
25:    public String getName() {
26:    return this.name;
27:    }
28:
29:    public String getMail() {
30:    return this.mail;
31:    }
32:
33:    public int getAge() {
34:    return this.age;
35:    }
36:    public String getGender() {
37:    return this.gender;
38:    }
39:
40:    }
```

ONEPOINT

InquiryServiceクラスはまだ作成していないため、赤い波線が表示されますが、気にせず次へ進んでください。

それではInquiryFormクラスの概要をあげておきましょう。InquiryFormクラスでは、ゲッター(getter)とセッター(setter)を使ってフォームから入力したデータの受け渡し処理を行っています。また、この処理は、いわゆるボイラーパネルコードです。ボイラーコードが不要となる、Lombokを利用したコードについては後述します。

9～23行目でフォームで入力したデータを、setterによってこのクラスで宣言した各変数に代入します。

25～38行目でgetterによって、このクラスで用意した各変数の値を返します。

ONEPOINT

ボイラーパネルコードとは、プログラム言語の仕様上省略できない定型的なコードであり、かつ冗長なコードを指します。

次に、サービスを提供する「InquiryService.java」をserviceパッケージ配下に作成しましょう(**リスト10.6**)。なお、今回作成する「InquiryService.java」では、フォームから入力されたデータの受付登録処理を行うひな形に留めておきますが、InquiryFormクラスをLombokバージョンに変更した際には、受付日時や受付番号を生成して、結果表示フォームに追加できるよう改めます。

● リスト10.6 b3のプログラム（InquiryService.java）

```
package com.example.demo.service;

import org.springframework.stereotype.Service;

import com.example.demo.model.InquiryForm;

@Service
public class InquiryService {


/***
* 問い合わせ内容受付処理
* @param dataForm
* @return
*/
public Boolean doInquiryEntry(InquiryForm dataForm)
{

// 登録チェック
if (!checkInquiry(dataForm))
{
return false;
}

// 登録処理
if (!insertInquiry(dataForm))
{
return false;
}

// その他
if (!otherInquiry(dataForm))
{
return false;
}


return true;
}
```

```
42:  /**
43:  * 登録チェック
44:  * @return
45:  */
46:  private Boolean checkInquiry(InquiryForm dataForm)
47:  {
48:  return true;
49:  }
50:
51:  /**
52:  * 登録処理
53:  * @return
54:  */
55:  private Boolean insertInquiry(InquiryForm dataForm)
56:  {
57:  return true;
58:  }
59:
60:  /**
61:  * その他
62:  * @return
63:  */
64:  private Boolean otherInquiry(InquiryForm dataForm)
65:  {
66:  return true;
67:  }
68:
69:  }
```

InquiryServiceクラスの概要は以下のとおりです。

46～49行目がInquiryFormのインスタンスであるdataFormの内容をチェックする処理が記述できる部分です。

55～58行目がデータベースに登録したりする処理などが記述できる部分です。

これで基本的なバックエンドの処理が完成したため、一度コミットして、GitHubにプッシュしましょう（**図10.32**、**図10.33**）。

● 図10.32 メンバーBがバックエンドの処理を作成してコミットする

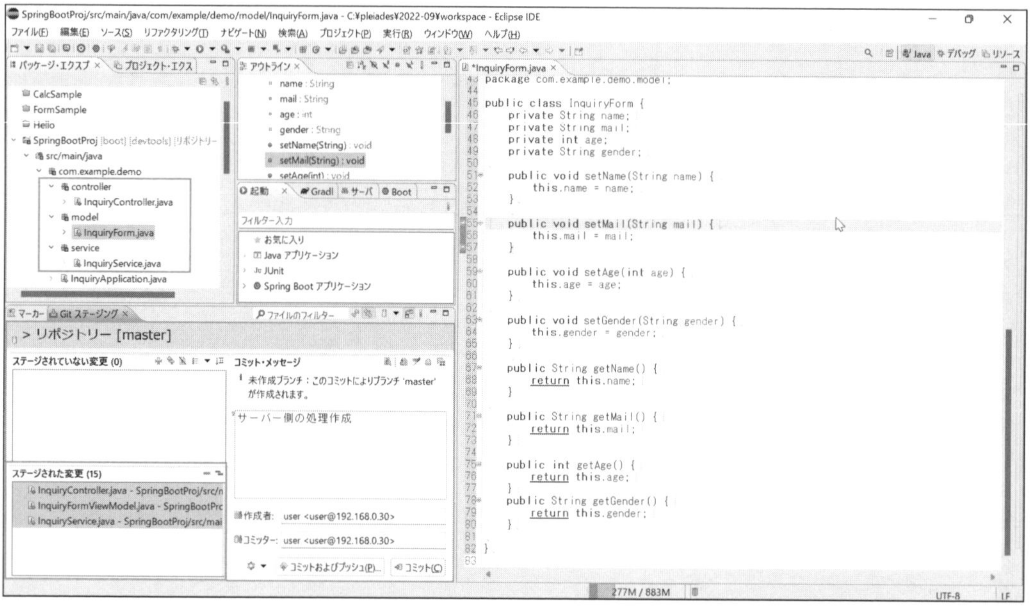

● 図10.33 メンバーBがGitHubのプロジェクトを更新した

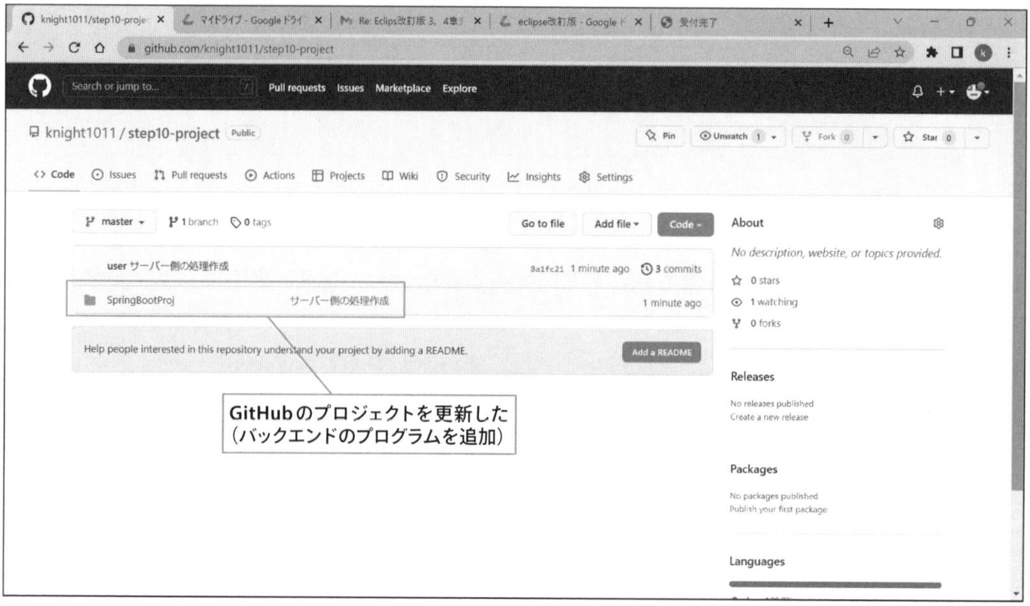

フロントエンドの処理を作成する

次は、フロントエンドを担当するメンバーFの作業です。メンバーFは、先にGitHubからクローンを作成していますが、メンバーBがGitHubのプロジェクトを更新しているため、プルしてから作業を行う必要があります。

プルが完了して、最新のプロジェクトになったことを確認したら、プロジェクト内の「resources」→「templates」に以下のHTMLファイルを作成してください（**リスト10.7、10.8、図10.34**）。なお、HTMLでは、P.329で紹介したThymeleafを使用します。HTMLファイルの作成手順はP.332を参照してください。

● **リスト10.7　入力用フォーム（InquiryForm.html）**

```
<!DOCTYPE html>
<html xmlns:th="http://www.thymeleaf.org/">
  <head>
    <meta charset="UTF-8">
    <title>問い合わせフォーム</title>
  </head>
  <body>
    <form action="InquiryResult” method="post” th:object="${dataForm}">
      <div>
        名前<br>
        <input th:field="*{name}” type="text">
      </div>
      <div>
        メールアドレス<br>
         <input th:field="*{mail}” type="email">
      </div>
      <div>
        年齢<br>
        <input th:field="*{age}” type="text">
      </div>
      <div>
        性別<br>
        <input th:field="*{gender}” type="radio” value="男性">男性
        <input th:field="*{gender}” type="radio” value="女性">女性
      </div>
      <br>
      <div>
        <input value="送信”type="submit">
      </div>
    </form>
```

```
  </body>
</html>
```

● リスト10.8 結果表示用フォーム「InquiryResult.html」

```
<!DOCTYPE html>
<html xmlns:th="http://www.thymeleaf.org">
  <head>
    <meta charset="UTF-8">
    <title>受付完了</title>
  </head>
  <body>
    <div th:object="${dataForm}">
      入力を受け付けました。
      <div th:text = "'お名前：' + *{name}"><br></div>
      <div th:text = "'メールアドレス：' + *{mail}"><br></div>
      <div th:text = "'ご年齢：' + *{age}"><br></div>
      <div th:text = "'性別：' + *{gender}"></div>
    </div>
  </body>
</html>
```

● 図10.34 メンバーFがGitHubのプロジェクトをプルしてHTMLファイルを作成した

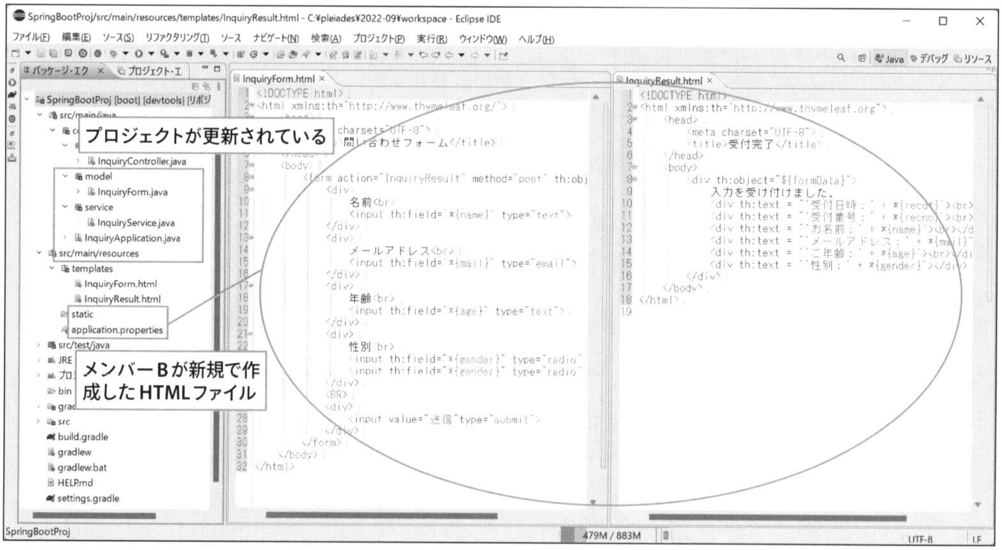
プロジェクトが更新されている
メンバーBが新規で作成したHTMLファイル

HTMLファイルが作成できたら、プロジェクトを実行させてPxxのように入力データが表示できることを確認してください。確認後は、コミットしてGitHubのプロジェクトをプッシュで

更新してください。

バックエンドのプログラムを変更する

最後に、メンバーBがInquiryFormをLombokバージョンに変更し、合わせて、登録時に登録日時と番号を生成して表示できるようプロジェクトを更新します。

メンバーBの作業

1. GitHubのプロジェクトをプルしてローカルリポジトリのプロジェクトを更新する。
2. InquiryForm.javaをリスト10.9のようにLombokバージョンに変更する

● リスト10.9　b4のプログラム（LombokバージョンのInquiryForm.java）

```
package com.example.demo.model;

import lombok.Data;

@Data
public class InquiryForm {

/**
* 受付日時
*/
private String recdt;

/**
* 受付番号
*/
private String recno;

/**
* 名前
*/
private String name;

/**
* メールアドレス
*/
private String mail;

/**
* 年齢
```

```
30:     */
31:     private Integer age;
32:
33:     /**
34:     * 性別
35:     */
36:     private String gender;
37:
38:     }
```

3　InquiryService.javaに登録日時と番号の生成処理を追加する（リスト10.10）。

● **リスト10.10　追加するコード**

```
public Boolean doInquiryEntry(InquiryFormViewModel dataForm)
{
  //↓↓追加コードここから
  //受付日時の生成・設定
  DateTimeFormatter dtf = DateTimeFormatter.ofPattern("yyyy/MM/dd HH:mm:ss");
  dataForm.setRecdt(dtf.format(LocalDateTime.now()));

  //  受付番号の生成・設定
  DateTimeFormatter dtNo = DateTimeFormatter.ofPattern("yyyyMMddHHmmss");
  dataForm.setRecno("NO" + dtNo.format(LocalDateTime.now()));
  //↑↑追加コードここまで

  // 登録チェック
  if (!checkInquiry(dataForm))
  {
              :
            省略
```

4　GitHubのプロジェクトを更新する。

InquiryService.javaに先の処理を追加すれば、Lombokバージョンに変更したInquiryForm.javaの11行目と16行目で、受付日時と番号を受け取り、結果表示にこれらの項目を追加できるようになります。

次はメンバーFの作業です。

メンバーFの作業

1　GitHubのプロジェクトをプルしてローカルリポジトリのプロジェクトを更新する。

2　InquiryResult.htmlのbodyタグにリスト10.11の処理を追加して、受付日時と番号が結果表示できるようにする。

● リスト10.11　追加する処理

```
<body>
    <div th:object="${dataForm}">
        入力を受け付けました。
        <!--追加部分ここから-->
        <div th:text = "'受付日時：' + *{recdt}"><br></div>
        <div th:text = "'受付番号：' + *{recno}"><br></div>
        <!--追加部分ここまで-->
        <div th:text = "'お名前：' + *{name}"><br></div>
        <div th:text = "'メールアドレス：' + *{mail}"><br></div>
        <div th:text = "'ご年齢：' + *{age}"><br></div>
        <div th:text = "'性別：' + *{gender}"></div>
    </div>
</body>
```

3　GitHubのプロジェクトを更新する。

ONEPOINT

この後メンバーBがGitHubのプロジェクトをプルすれば、すべてのプロジェクトが最新になります。

付　録

おすすめ
プラグイン

ここでは、本書で登場しなかったものや、補足事柄があるようなプラグインについて紹介します。
紹介するプラグインは、開発に役立つスタンダードなものばかりです。ここでは、それらプラグインの概要や使用例をあげています。

本章の内容

A-1 Checkstyle

Checkstyleは、Eclipseのプラグインとして古くから存在し、開発現場で役立つ静的解析ツールとして知られています。ここでは基本的なCheckstyleの使い方について紹介します。

概要

静的解析とは、ソースコードを実行させて、不具合等を解析するのではなく、ソースコードそのものの構文や命名規則に誤りがないかを解析する手法です。人間が直接ソースコードに目を通す方法も静的解析の一つですが、Checkstyleを利用すれば、高速かつ正確に解析を行うことができます。

Checkstyleを使えば、ソースコード中の中括弧「{}」の位置をはじめ、クラス名や定数、変数、メソッド名などの命名規則が、あらかじめ定義されているコーディング規約に従い、正しく記述されているかどうかをチェックすることができます。

● 図A-1　Checkstyleの公式サイト（https://checkstyle.sourceforge.net/）

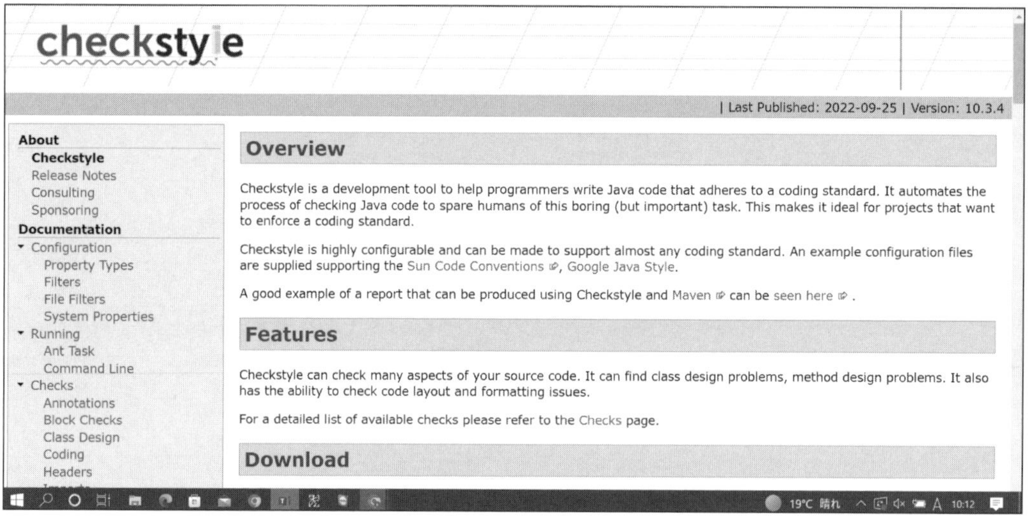
checkstyle
| Last Published: 2022-09-25 | Version: 10.3.4
About
Checkstyle
Release Notes
Consulting
Sponsoring
Documentation
Configuration
Property Types
Filters
File Filters
System Properties
Running
Ant Task
Command Line
Checks
Annotations
Block Checks
Class Design
Coding
Headers
Overview
Checkstyle is a development tool to help programmers write Java code that adheres to a coding standard. It automates the process of checking Java code to spare humans of this boring (but important) task. This makes it ideal for projects that want to enforce a coding standard.
Checkstyle is highly configurable and can be made to support almost any coding standard. An example configuration files are supplied supporting the Sun Code Conventions, Google Java Style.
A good example of a report that can be produced using Checkstyle and Maven can be seen here.
Features
Checkstyle can check many aspects of your source code. It can find class design problems, method design problems. It also has the ability to check code layout and formatting issues.
For a detailed list of available checks please refer to the Checks page.
Download
19°C 晴れ
10:12

インストール方法

Pleiades All in OneにはデフォルトでCheckstyleがインストールされているため、すぐに使うことができますが、公式サイトからEclipseを入手した場合は、別途インストールが必要です。まずは、インストール方法についてあげておきましょう。

1 「ヘルプ(H)」→「Eclipseマーケットプレース(M)」をクリックします。
2 「検索(I)」欄に「checkstyle」と入力して「Go(G)」ボタンをクリックします。
3 「Checkstyleプラグインx.xx.x」が表示されたら、その箇所の右下にある「インストール」ボタンをクリックします(**図A-2**)。
4 「ライセンスのレビュー」ダイアログボックスが表示されたら、「使用条件の条項に同意します(A)」を選択して「完了(F)」ボタンをクリックします。
5 「セキュリティー警告」のメッセージが表示されたら、「インストール(I)」ボタンをクリック、「信頼」ダイアログボックスが表示されたら、「すべてのコンテンツを常に信頼」にチェックして、次へ進みます(**図A-3**)。
6 「ソフトウェア更新」のメッセージが表示されたら、「今すぐ再起動(R)」ボタンをクリックします。

● **図A-2　Checkstyleプラグインと「インストール」ボタン**

● **図A-3　「信頼」ダイアログボックス**

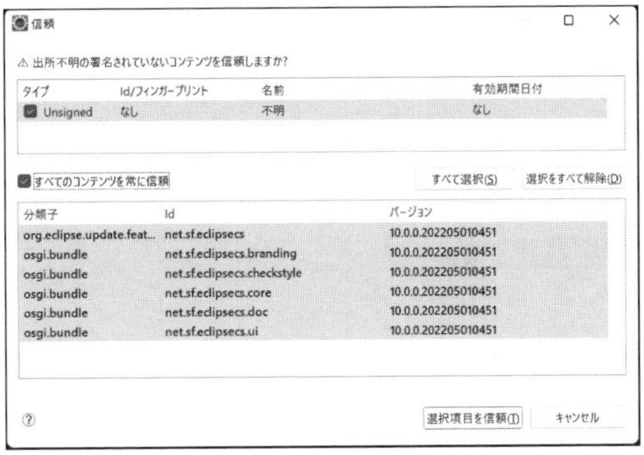

使用例

Checkstyleをアクティブにする

Checkstyleを利用するためには、まず「パッケージ・エクスプローラー」内の該当のプロジェクトを右クリックして、Checkstyleをアクティブにする必要があります。

ここでは、「CheckStyleSample」という名のプロジェクトを例に手順を紹介します。

1 「パッケージ・エクスプローラー」内の「CheckStyleSample」プロジェクトを右クリックします。
2 ショートカットメニューに「Checkstyle」メニューが生成されているので、その先にある「CheckStyleをアクティブにする」をクリックします（**図A-4**）。

● **図A-4　Checkstyleをアクティブにする**

デフォルト設定でコーディングチェックを行う

Eclipseのメニューから「ウィンドウ（W）」→「設定（P）」をクリックして表示される「設定」ダイアログボックスに生成された「Checkstyle」を見ると、Google社が策定したコーディング規約「Google Java Style Guide」に基づいた「Google Checks」がデフォルトになっていることが確認できます（**図A-5**）。

https://google.github.io/styleguide/javaguide.html

デフォルトの「Google Checks」で、ソースコードをチェックするには、「パッケージ・エクスプローラー」内のプロジェクト（ここではCheckStyleSample）を右クリックして、ショートカットメニューから、「Checkstyle」→「CheckStyleでコードチェック」をクリックします（**図A-6**）。

● 図A-5　「Google Checks」がデフォルトになっている

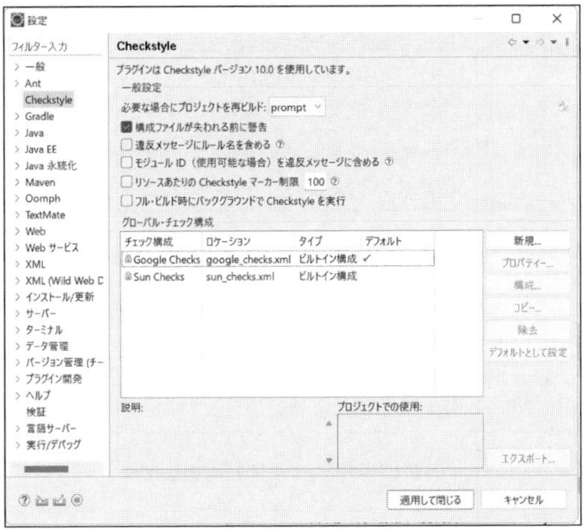

● 図A-6　「Google Checks」に基づいたコーディングチェックが行われた

図A-6では、コーディング規約に違反している行が黄色くなり、「問題」ビューに警告として説明が表示されています。ほとんどの行が問題とされているのですが、**表A-1**に主な警告の理由と解決方法を示しておきましょう。

● 表A-1　警告の理由と解決方法

NO	行番号	警告の内容	解決方法
NO.1	10～23	行にタブ文字が含まれています。	インデントにタブが使用できないため、タブ文字を半角スペースに置き換えます
NO.2	16～23	xxのインデントレベルxxは正しくありません。期待されるレベルはxxです。	インデントを期待されるレベル（半角スペースの数）に変更します
NO.3	16,18,20	xxの後にホワイトスペースがありません。	半角スペースを追加します
NO.4	5,12	Javadocタグxxの前には空行が必要です。	前に1行挿入します
NO.5	10	Javadocの最初の文には末尾のピリオドがありません。	最後に「.（ピリオド）」を追加します
NO.6	12	Javadocタグには空でない説明文が必要です。	引数の名前などを追加します
NO.7	20	WhitespaceAround: '{' is not preceded with whitespace.	{の前に半角スペースを追加します
NO.8	18,20	WhitespaceAround: '}' is not followed by whitespace. Empty blocks may only be represented as {} when not part of a multi-block statement (4.1.3)	}の後に半角スペースを追加します
NO.9	20	WhitespaceAround: 'else' is not followed by whitespace. Empty blocks may only be represented as {} when not part of a multi-block statement (4.1.3)	elseの後に半角スペースを追加します
NO.10	18,20	WhitespaceAround: 'else' is not preceded with whitespace.	elseの前に半角スペースを追加します
NO.11	16,18	WhitespaceAround: 'if' is not followed by whitespace. Empty blocks may only be represented as {} when not part of a multi-block statement (4.1.3)	ifの後に半角スペースを追加します

checkstyle表で示した解決方法を施して、ソースコードを上書き保存すると、再度コードチェックが実行されます（**図A-7**）。

オリジナルのコーディング規約を策定する

デフォルトの「Google Checks」をそのまま使うのではなく、一部ルールを変更して、オリジナルのコーディング規約を使用することも可能です。インデントにタブの使用を認め、Javadocの最後に「.（ピリオド）」を追加しなくても良いルールに変更する例を紹介します。

● 図A-7　コードチェック後の編集で警告がなくなった例

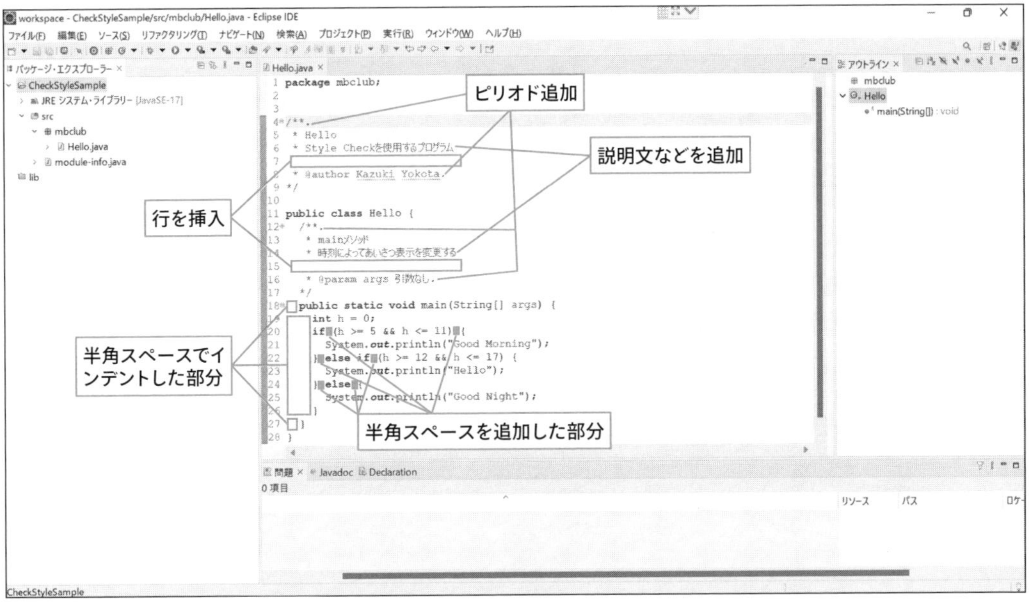

1. Eclipseのメニューから「ウィンドウ（W）」→「設定（P）」をクリックします。
2. 「設定」ダイアログボックスの「Checkstyle」項目を選択します。
3. 「グローバル・チェック構成」欄にある「Google Checks」の行を選択して、「コピー...」ボタンをクリックします。
4. 「チェック構成」プロパティーが表示されたら、「名前」欄に任意の名前を入力して、＜OK＞ボタンをクリックします（**図A-8**の例では、デフォルトの「コピー - Google Checks」のままにしています）。
5. 「設定」ダイアログボックスに戻ると、4で作成した新しいチェック構成ができているので、その行を選択して、「デフォルトとして設定」ボタンをクリックします。
6. 次に、「コピー...」ボタンの上にある「構成...」ボタンをクリックして、「Checkstyle構成」ダイアログボックスを表示させます。
7. ここでコピーした新しいチェック構成のカスタマイズができるため、まずは、左上にある「Javadoc Comments」を選択して、「SummaryJavadoc」のチェックを外せば、Javadocの最後に「.（ピリオド）」を追加しなくても良いルールに変更できます（**図A-9**）。

● 図A-8　「チェック構成」プロパティーでGoogle Checksのコピーを作成する

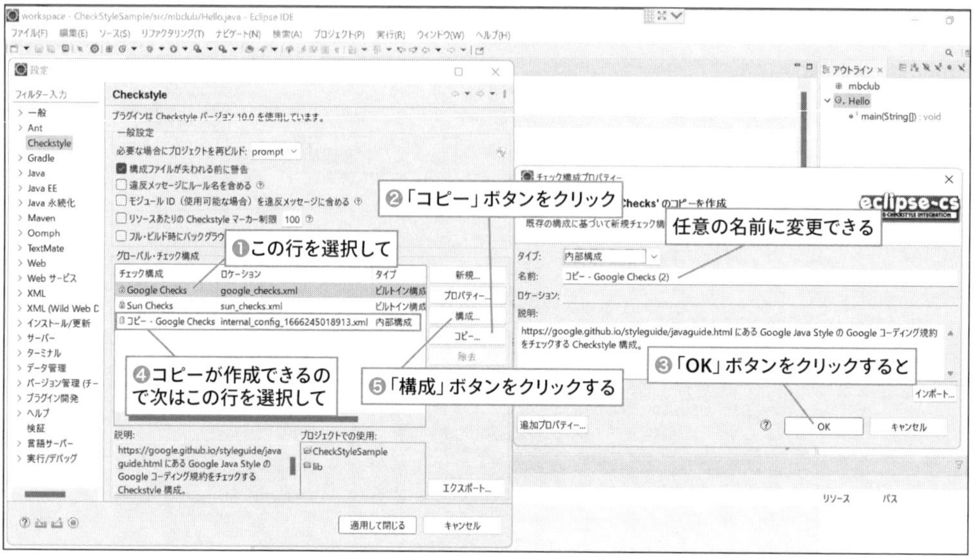

8　インデントにタブの使用を認めたい場合は、「Whitespace」項目の「FileTabCharacter」のチェックを外してください（**図A-10**）。

● 図A-9　「Checkstyle構成」ダイアログボックスの「Javadoc Comments」

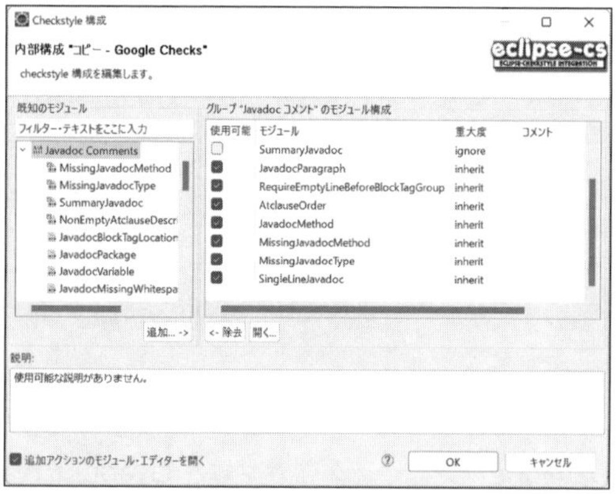

● 図A-10　「Checkstyle構成」ダイアログボックスの「Whitespace」

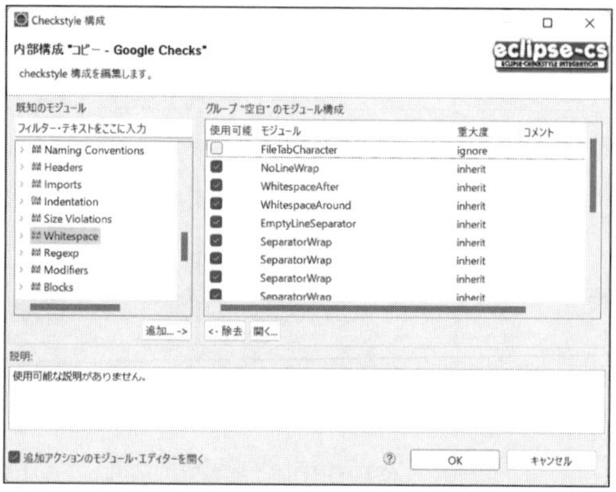

A-2 Thymeleaf

Spring Bootでは、「Thymeleaf（タイムリーフ）」というテンプレートエンジンの利用を推奨しています。ここでは、第10章で紹介したThymeleafについて、基本的な書式の意味や使用方法等をあげておきます。

概要

第10章で紹介したように、近年は「テンプレートエンジン」と呼ばれる、テンプレート（ひな形）とデータを合わせて文字列を出力する仕組みが主流であり、Spring Bootでは、「Thymeleaf（タイムリーフ）」というテンプレートエンジンの利用を推奨しています。

Thymeleafは、HTMLファイルを解析し、Webコンテンツを生成するテンプレートエンジンであり、Spring Bootには、Thymeleafがデフォルトで搭載されています。

使用例

HTMLファイルでThymeleafを使用する場合と、代表的な構文についてあげておきましょう。

Thymeleafを使用する場合

HTMLファイルのhtmlタグに下記の属性を追加すれば、Thymeleafが使用可能になります。

```
<html xmlns:th="http://www.thymeleaf.org">
```

基本構文

HTMLタグにth:で始まる属性を追加します。

```
<p th:text="Hello" />
```

リテラル

●テキストリテラル

テキストリテラルは文字列そのものであり、th:text=の後に「'（シングルクォート）」で囲んで指定します。なお、「'」自体を表示させたい場合は、「\'」としてください。

```
<p>
   Now you are looking at a <span th:text="'working web application'">template file</span>.
</p>
```

●数値リテラル

数値リテラルは、th:text=の後に数値をそのまま指定してください。

```
<p>The year is <span th:text="2023">1965</span>.</p>
<p>In two years, it will be <span th:text="2023 + 2">2015</span>.</p>
```

ローカル変数

th:with=の後に、ローカル変数と初期値の宣言ができます。変数は、${x}といった変数式と呼ばれる書式で利用できるようになっています。

```
<div th:with="x=1,y=2">
  <p th:text="${x}"></p>
  <p th:text="${y}"></p>
</div>
```

算術演算と文字列連結

●加算の例

四則演算子が利用できます。加算の例を以下に示します。

```
<div th:with="x=1,y=2">
  <p th:text="${x} + ${y}">
</div>
```

●文字列の連結

変数の値が文字列の場合は、+記号で連結できます。

```
<div th:with="x='トイプードルの',y='knight'">
  <p th:text="${x} + ${y}">
</div>
```

コメントアウト

プログラムの処理の説明や、プログラムの処理自体を無効にしたい場合に、コメントアウトが必要となります。ThymeLeafでは、プログラムソース上に表示されるコメントと、表示されないコメントの2種類があります。

```
<!-- プログラムソース内に出力されるコメント-->
<!--/* プログラムソース内に出力されないコメント */-->
```

スタンダード式構文と単純式

リテラルや四則演算、文字列結合などは、「スタンダード式構文」に分類されます。また、スタンダード式構文には、変数式を含む「単純式」と呼ばれる式があります。

- 変数式：${...}
- メッセージ式：#{...}
- 選択変数式：*{...}

●変数式の使用例

MVCモデルのコントローラーで用意したオブジェクトの値を出力する例をあげておきます。

```
・コントローラー側
@Controller
public class GetThymeleaf {
  @GetMapping("/greeting")
  public String greeting(@RequestParam("name") String name, Model model) {
    model.addAttribute("sample", name);
    :
```

```
・ThymeLeafを用いた呼び出し側
    :
<body>
    <p th:text="${sample}" />
</body>
    :
```

●メッセージ式の使用手順と使用例

メッセージ式では、あらかじめresourcesフォルダ内に「messages.properties」という名前をテキストファイルを作成して、そのファイル内に表示させたい文字列を用意する必要があります。以下にその手順を挙げておきましょう。

1. プロジェクト内のresourcesフォルダ（src/main/resources）を右クリックして、ショートカットメニューから、「ファイル」を選択します。

2 「新規ファイルの作成」ダイアログボックスでは、「ファイル名(M)」欄に「messages.properties」と入力して、メッセージ式用のファイルを作成します。

3 作成したファイルを開き、content.message=の後に、任意の文字列を入力して保存します(**図A-11**)。

● **図A-11　「messages.properties」ファイルを作成する**

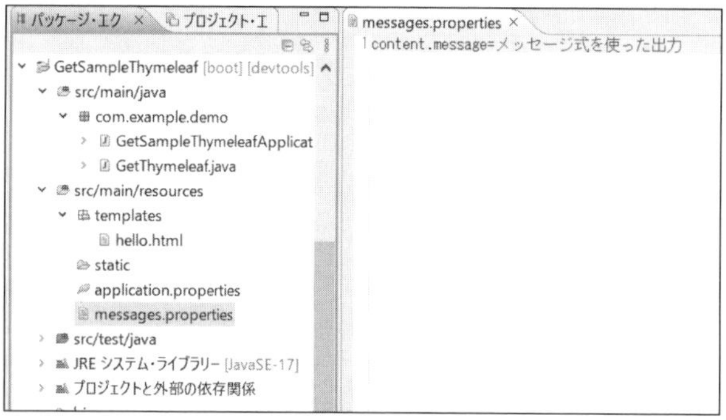


```
・メッセージ式の使用例
    ：
<body>
    <p th:text="#{content.message}"></p>
</body>
    ：
```

●選択変数式の使用例

P.348で取り上げた「InquiryResult.html」のように、変数式のオブジェクトをタグで指定(ここでは${formData})すると、タグの内部では選択変数式「*{フィールド名}」を用いて、オブジェクト内の値を参照することができます。ちなみに、InquiryResult.htmlでは、オブジェクト内のname、mail、age、genderの値を選択変数式を使って出力しています。

```
    ：
<div th:object="${formData}">  ・・・変数式
  入力を受け付けました。
  <div th:text = "'お名前：' + *{name}"><br></div>  ・・以降4か所が選択変数式
  <div th:text = "'メールアドレス：' + *{mail}"><br></div>
  <div th:text = "'ご年齢：' + *{age}"><br></div>
  <div th:text = "'性別：' + *{gender}"></div>
</div>
    ：
```

Thymeleafを導入したプログラムの実行例

th:textの記述はサニタイズの機能を持つため、XSS（クロスサイトスクリプティング）攻撃を阻止できます。また、Thymeleafを導入したテンプレート処理が行われない場合は、Thymeleafの記述は無視され、通常のHTMLファイルとして扱うことができます。

以下に、これまでに紹介したThymeleafの実行例（**リストA-1**）と、通常のHTMLファイルとしてWebブラウザで実行した例（**図A-12**）をあげておきましょう。

リストA-1 ソースプログラム（hello.html）

```
<!DOCTYPE HTML>
<html xmlns:th="http://www.thymeleaf.org">
<head>
    <title>Getting Started: Serving Web Content</title>
    <meta http-equiv="Content-Type" content="text/html; charset=UTF-8" />
</head>
<body>
    <p th:text="'Hello'" />
    <p>
    Now you are looking at a
    <span th:text="'working web application'">template file</span>.
    </p>

    <p>The year is <span th:text="2023">1965</span>.</p>
    <p>In two years, it will be <span th:text="2023 + 2">2015</span>.</p>

    <div th:with="x=1,y=2">
        <p th:text="${x}"></p>
        <p th:text="${y}"></p>
        <p th:text="${x} + ${y}">
    </div>

    <div th:with="x='トイプードルの',y='knight'">
        <p th:text="${x} + ${y}">
    </div>

    <p th:text="${name}" />

    <p th:text="#{content.message}"></p>

    <!-- プログラムソース内に出力されるコメント
    <div th:with="x=0">
        <p th:text="${x}"></p>
```

```
        </div>
        -->

        <!--/* プログラムソース内に出力されないコメント
        <div th:with="x=0">
            <p th:text="${x}"></p>
        </div>
        */-->

    </body>
</html>
```

● 図A-12　実行結果

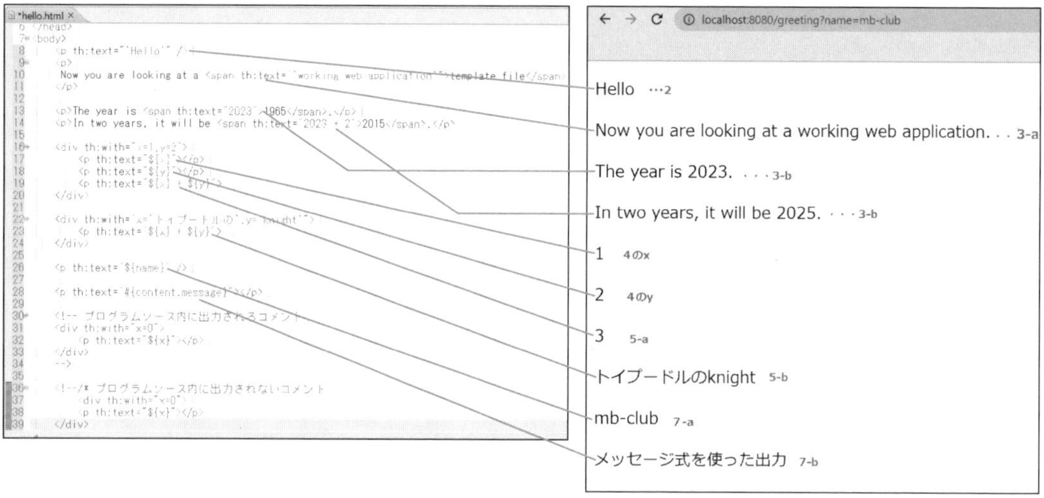
*hello.html
localhost:8080/greeting?name=mb-club
Hello ···2
Now you are looking at a working web application. . . 3-a
The year is 2023. . . . 3-b
In two years, it will be 2025. . . . 3-b
1 4のx
2 4のy
3 5-a
トイプードルのknight 5-b
mb-club 7-a
メッセージ式を使った出力 7-b

前述したコメントアウトの2つの違いは、実行結果のページをソース表示すると以下のように確認できます（**図A-13**）。

● 図A-13　実行結果のページのソースを表示した例

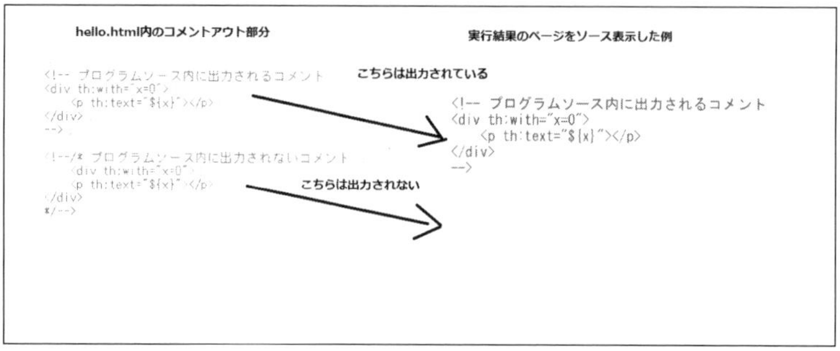
hello.html内のコメントアウト部分
実行結果のページをソース表示した例
こちらは出力されている
こちらは出力されない
<!-- プログラムソース内に出力されるコメント

-->
<!--/* プログラムソース内に出力されないコメント

*/-->

次に、Thymeleafの処理を実装したHTML（ここではhello.html）をWebブラウザで開いてみましょう。プロジェクト内で同ファイルを右クリックして、ショートカットメニューから、「次で開く（H）」→「Webブラウザー」を選択すると簡単に確認できます（**図A-14**）。

図A-14　Thymeleafの処理を実装したHTMLファイルをWebブラウザで実行した

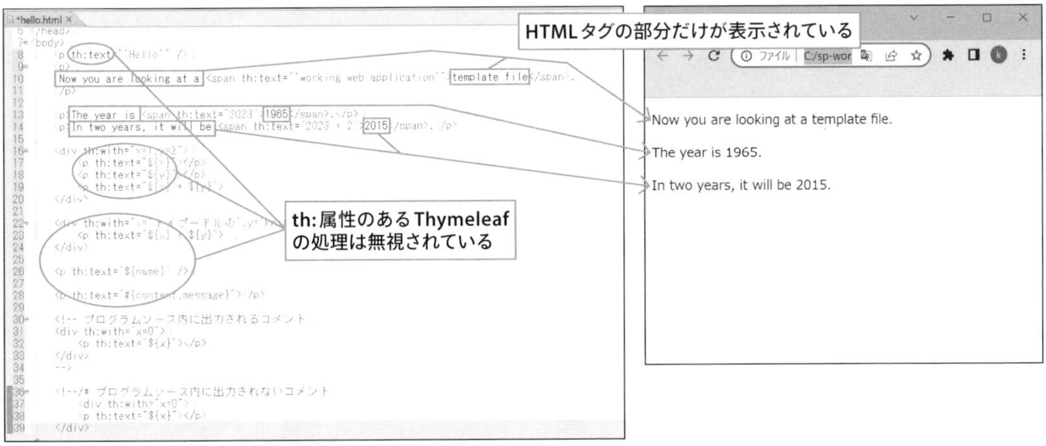
HTMLタグの部分だけが表示されている
th:属性のあるThymeleafの処理は無視されている
Now you are looking at a template file.
The year is 1965.
In two years, it will be 2015.

A-3 Logback

Logbackは、Javaのロギングライブラリであり、Spring Bootでログ出力を行うための便利なツールです。ここでは、Logbackで使用できるログレベルや、簡単な使用例を紹介します。

概要

Logbackは、Javaアプリケーションで使用されるAPIの一つ「Log4j（Apache Log4j）」の後継プロジェクトとなることを目的としており、Log4jの創設者であるCeki Gülcüによって設計されました。

Logbackは、Spring BootのWeb基本パッケージである「spring-boot-starter-web」に含まれているため、Spring BootでLogbackを利用する場合は、新たに依存性などの設定を行う必要もなくすぐに使うことができます。

以下にLogbackを使う手順をあげておきましょう。なお、ここではP.330で紹介した

GetSampleThymeleafプロジェクトの「GetSampleThymeleafApplication.java」をベースにしています。

使用例

Logbackを使う

Logbackを使うには、Loggerインターフェースのインポートが必要です。以下に使用手順をあげておきましょう。

1 Logbackを利用したいソースプログラムで、Loggerインターフェースをインポートします(LoggerインターフェースはLoggerFactoryで生成されるため、以下の2つのインポートが必要です)。

- import org.slf4j.Logger;
- import org.slf4j.LoggerFactory;

2 Loggerインターフェースのインスタンスを作成します(ここでは作成するクラスを「GetSampleThymeleafApplication」クラスとしています)。

```
Logger logger = LoggerFactory.getLogger(GetSampleThymeleafApplication .class);
```

3 利用したいプログラム内にログ出力したいレベルのメソッドを記述します。

```
      :
import org.slf4j.Logger;
import org.slf4j.LoggerFactory;
      :
  public static void main(String[] args) {
    SpringApplication.run(GetSampleThymeleafApplication.class, args);

    Logger logger = LoggerFactory.getLogger(GetSampleThymeleafApplication .class);
    logger.trace("trace");
    logger.debug("debug");
    logger.info("info");
    logger.warn("warn");
    logger.error("error");
      :
```

ログレベルは5種類あり、重要度は、

TRACE < DEBUG < INFO < WARN < ERROR

の順です。

表A-2に、各レベルの概要を示します。

● 表A-2　ログレベルの概要

ログレベル	概要
TRACE	重要度が非常に低い情報を示す
DEBUG	重要度が低い情報を示す
INFO	全体的な進行状況を示す
WARN	潜在的に有害な状況を示す
ERROR	致命的か否かに関係なくエラーを示す

Spring Bootプロジェクトの実行手順で、先のLogbackを導入したプログラムを実行すると、「コンソール」ビューに以下の3行が出力されます(**図A-15**)。

● 図A-15　実行後のコンソールビュー

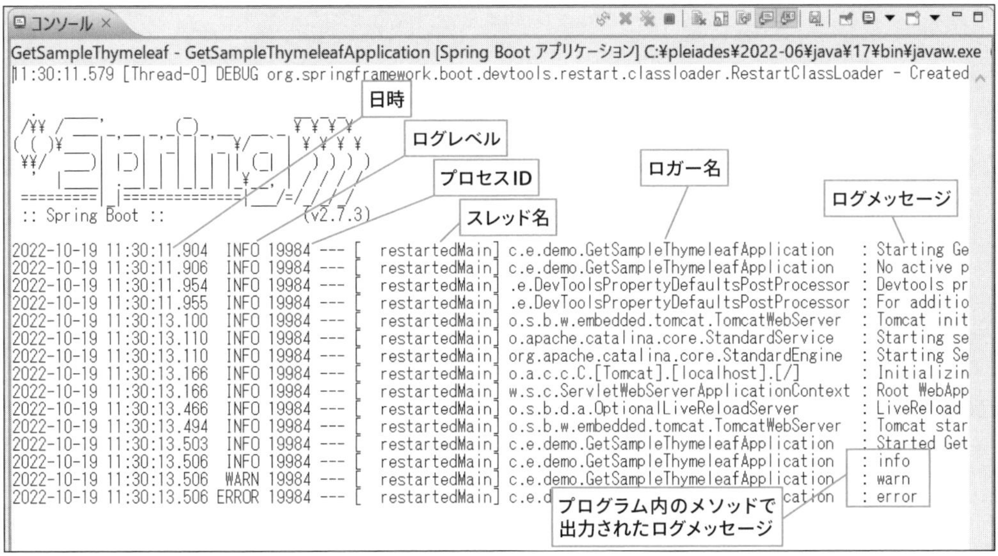
コンソール
GetSampleThymeleaf - GetSampleThymeleafApplication [Spring Boot アプリケーション] C:¥pleiades¥2022-06¥java¥17¥bin¥javaw.exe
11:30:11.579 [Thread-0] DEBUG org.springframework.boot.devtools.restart.classloader.RestartClassLoader - Created
:: Spring Boot ::　(v2.7.3)
2022-10-19 11:30:11.904 INFO 19984 --- [restartedMain] c.e.demo.GetSampleThymeleafApplication : Starting Ge
2022-10-19 11:30:11.906 INFO 19984 --- [restartedMain] c.e.demo.GetSampleThymeleafApplication : No active p
2022-10-19 11:30:11.954 INFO 19984 --- [restartedMain] .e.DevToolsPropertyDefaultsPostProcessor : Devtools pr
2022-10-19 11:30:11.955 INFO 19984 --- [restartedMain] .e.DevToolsPropertyDefaultsPostProcessor : For additio
2022-10-19 11:30:13.100 INFO 19984 --- [restartedMain] o.s.b.w.embedded.tomcat.TomcatWebServer : Tomcat init
2022-10-19 11:30:13.110 INFO 19984 --- [restartedMain] o.apache.catalina.core.StandardService : Starting se
2022-10-19 11:30:13.110 INFO 19984 --- [restartedMain] org.apache.catalina.core.StandardEngine : Starting Se
2022-10-19 11:30:13.166 INFO 19984 --- [restartedMain] o.a.c.c.C.[Tomcat].[localhost].[/] : Initializin
2022-10-19 11:30:13.166 INFO 19984 --- [restartedMain] w.s.c.ServletWebServerApplicationContext : Root WebApp
2022-10-19 11:30:13.466 INFO 19984 --- [restartedMain] o.s.b.d.a.OptionalLiveReloadServer : LiveReload
2022-10-19 11:30:13.494 INFO 19984 --- [restartedMain] o.s.b.w.embedded.tomcat.TomcatWebServer : Tomcat star
2022-10-19 11:30:13.503 INFO 19984 --- [restartedMain] c.e.demo.GetSampleThymeleafApplication : Started Get
2022-10-19 11:30:13.506 INFO 19984 --- [restartedMain] c.e.demo.GetSampleThymeleafApplication : info
2022-10-19 11:30:13.506 WARN 19984 --- [restartedMain] c.e.demo.GetSampleThymeleafApplication : warn
2022-10-19 11:30:13.506 ERROR 19984 --- [restartedMain] c.e.d　cation : error
日時
ログレベル
プロセスID
スレッド名
ロガー名
ログメッセージ
プログラム内のメソッドで
出力されたログメッセージ

すべてのログレベルを出力する

図A-15を見ると、TRACEとDEBUGが出力されていないことがわかります。これは、Spring

Bootのデフォルト設定で、ログレベルにINFOが設定されているためです。ちなみに、ログレベルの設定がINFOの場合は、INFOを含む、WARN、ERRORといったINFO以上のログレベルのみが対象となります。

TRACEやDEBUGを出力させたい場合は、プロジェクト内のresourcesフォルダ（src/main/resources）下にある「application.properties」ファイルに以下の1行を記述してください。

```
logging.level.root=TRACE
```

先の例は、ログレベルをTRACEに設定した場合です。TRACEにすれば、TRACEだけでなく、TRACE以上のDEBUGからERRORまでのログレベルが対象になります（**図A-16**）。

図A-16　ログレベルをTRACEに設定した場合の実行例

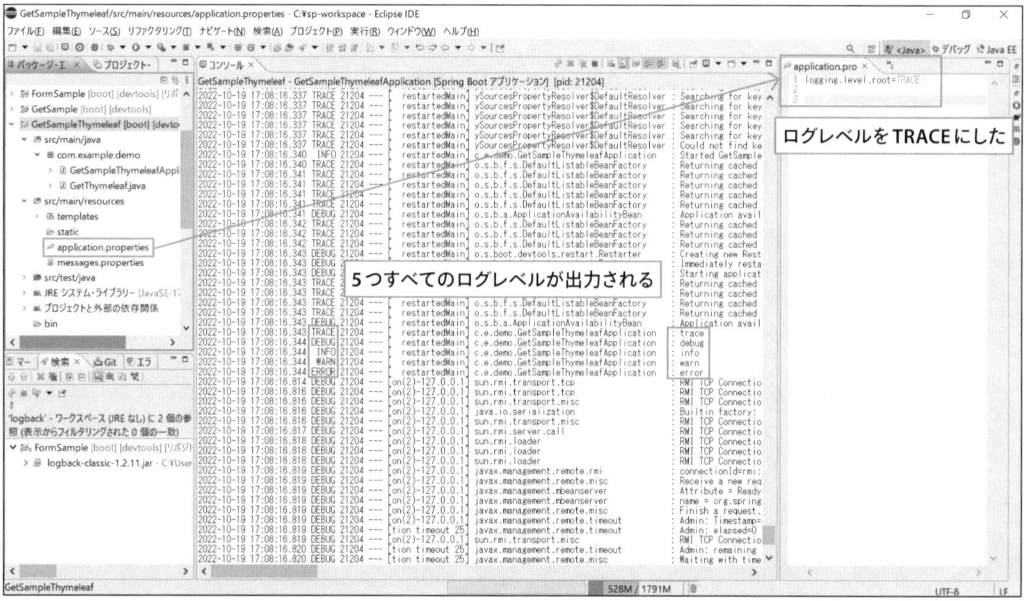
ログレベルをTRACEにした
5つすべてのログレベルが出力される

ログレベルINFOの使用例

ログレベルINFOの使用例を、P.339の「InquiryController」クラスに実装した例をあげておきます（**図A-17**）。

```
logger.info("問い合わせ");
```

図A-17 ログレベルINFOを「InquiryController」クラスに実装した例

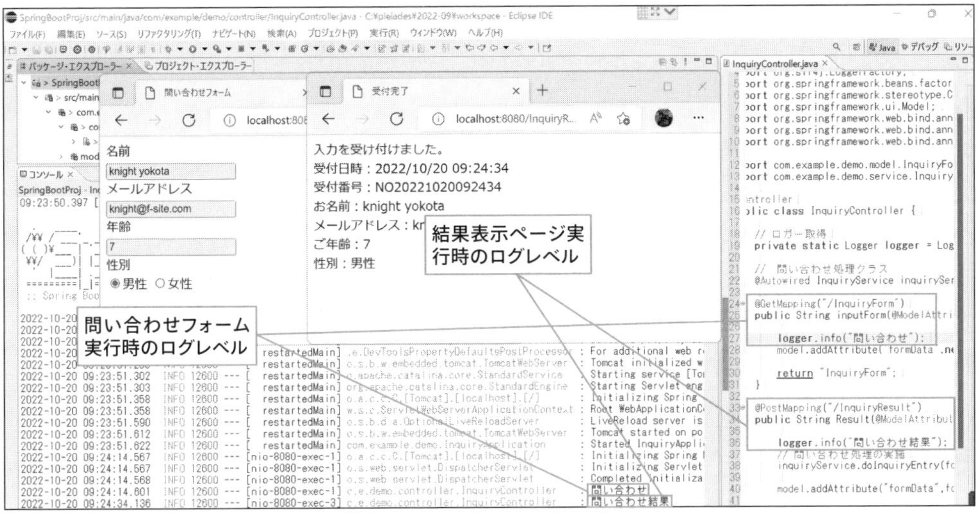

A-4 SpotBugs

SpotBugsプログインを使うと、Javaプログラムの中のバグを見つけることができます。ここでは、SpotBugsの基本的な使い方をみていきましょう。

概要

SpotBugsは、「バグパターン」と呼ばれる、エラーとなる可能性の高いコードのインスタンスを探してくれます。また、報告するバグのレベルやカテゴリーなどを選択することもできるため、軽微なバグまで見逃したくないとか、必要と思われるカテゴリーに絞りたいといったことが可能です。

インストール方法

Pleiades All in OneにはデフォルトでSpotBugsがインストールされているため、すぐに使うことができますが、公式サイトからEclipseを入手した場合は、別途インストールが必要です。まずは、インストール方法についてあげておきましょう。

1. 「ヘルプ(H)」→「Eclipse マーケットプレース(M)」をクリックします。
2. 「検索(I)」欄に「spotbugs」と入力して「Go」ボタンをクリックします。
3. 「SpotBugs Eclipse plugin x.x.x...」が表示されたら、その箇所の右下にある「インストール」ボタンをクリックします。
4. ライセンスのレビューダイアログボックスが表示されたら、「使用条件の条項に同意します(A)」を選択して、「完了(F)」をクリックします。
5. 「信頼」ダイアログボックスが表示されたら、「これらの署名者を信頼しますか？...」のタイプ欄にある項目にチェックして、「選択項目を信頼(T)」ボタンをクリックして下さい。
6. 「ソフトウェア更新」のメッセージが表示されたら、「今すぐ再起動(R)」ボタンをクリックして、Eclipseを再起動してください。

使用例

SpotBugsを使う

それではさっそく**リストA-2**のプログラムのバグを探してみましょう。

● リストA-2　バグを探す対象のソースプログラム(Calc.java)

```
import java.util.Scanner;

public class Calc {

    public static void main(String[] args) {

        Tax ctax = new Tax();

        int price  = getNumber();
        System.out.println(price);

        int tax = ctax.taxIn(price);
        System.out.println(tax);
    }

    static int getNumber() {
        return new Random().nextInt(10) * 1000;
    }

}
```

対象のソースプログラムが属するプロジェクトを、パッケージエクスプローラ上で右クリックして、ショートカットメニューから「SpotBugs」→「バグを検索(F)」を選択してください(**図A-18**)。

● **図A-18　SpotBugsを起動した**

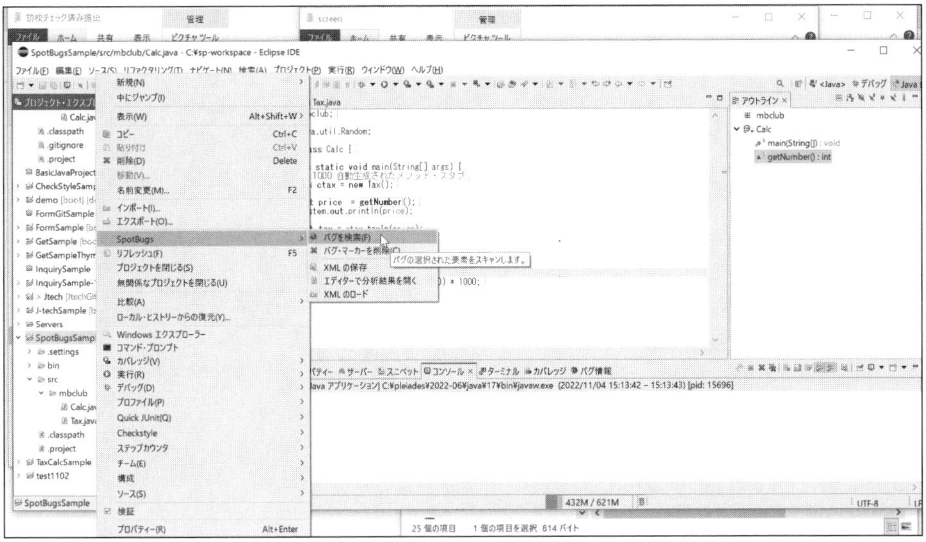
SpotBugsSample/src/mbclub/Calc.java - C:¥sp-workspace - Eclipse IDE
SpotBugs
バグを検索(F)
バグ・マーカーを削除(C)
XML の保存
エディターで分析結果を開く
XML のロード
バグの選択された要素をスキャンします。

すると、バグが検索された行にバグのマークが付き、「マーカー」ビューにバグの説明が表示されます(**図A-19**)。

● **図A-19　バグが検出された**

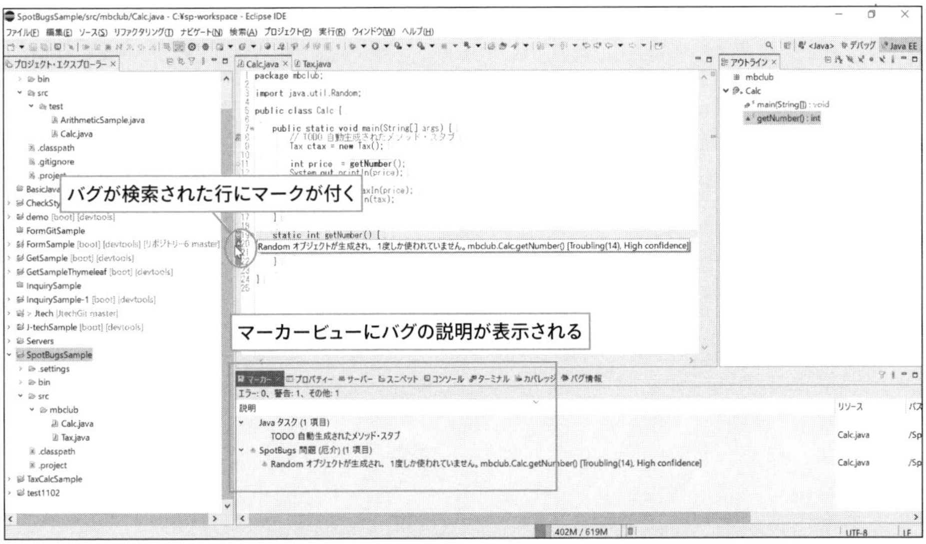
バグが検索された行にマークが付く
マーカービューにバグの説明が表示される
Random オブジェクトが生成され、1度しか使われていません。mbclub.Calc.getNumber() [Troubling(14), High confidence]
エラー: 0、警告: 1、その他: 1

このバグは、ソースプログラム(Calc.java)のgetNumberメソッドが呼ばれるたびに、Randomオブジェクトを生成していることが原因です。そこで、以下のようにプログラムを修正して、再度SpotBugsを起動すると、バグは表示されなくなります(**図A-20**)。

図A-20　バグを修正してSpotBugsを起動後のプログラムの例

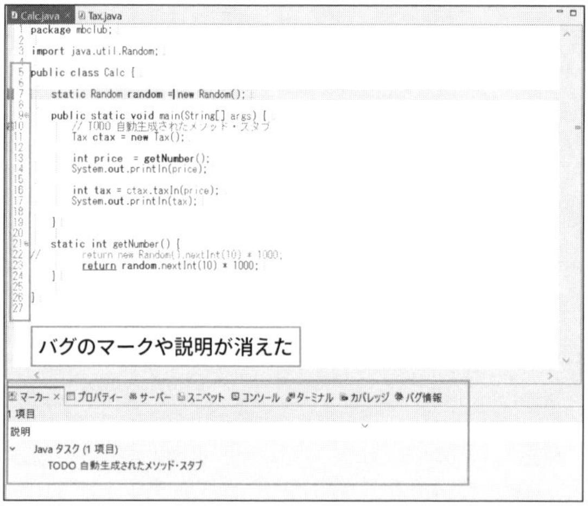

SpotBugsで検索するバグのレベルやカテゴリーを調整するには、Eclipseのメインメニューにある「ウィンドウ(W)」→「設定(P)」をクリックして、「設定」ダイアログボックスの左にあるメニューから「Java」→「SpotBugs」を選択してください(**図A-21**)。

図A-21　「設定」ダイアログボックスのSpotBugs画面

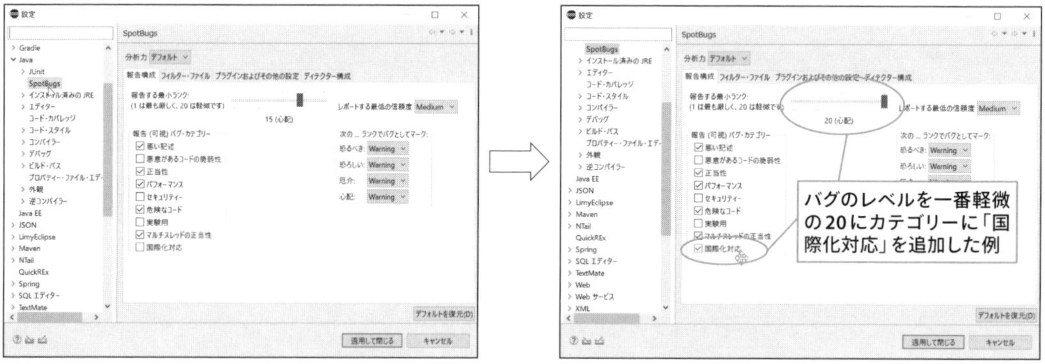

図A-21で示したように、「報告する最小ランク」を一番軽微な20にして、報告のカテゴリー欄の「国際化対応」にチェックを付けると、デフォルトエンコードに関するエラーを検索するよ

うになります(**図A-22**)。これは、プロジェクトがUTF-8やMS932などといった、特定の文字コードに依存しているというメッセージです。

図A-22　軽微なバグを検索した例

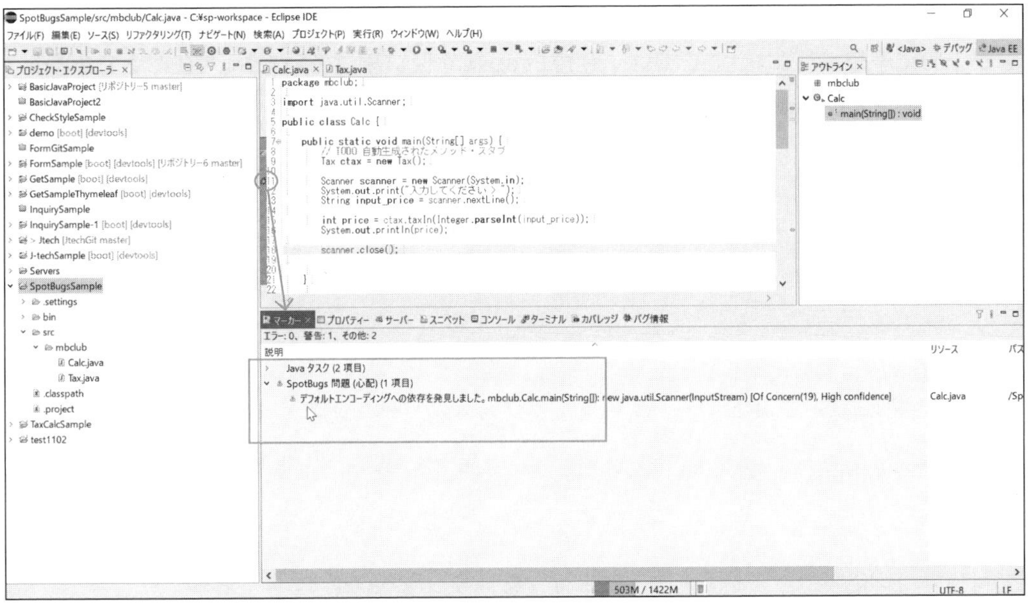

A-5 Q&A

Eclipseを使ううえで、最新のバージョンへの変更など当初導入した環境と異なっていくことが十分に予想されます。ここでは、今後Eclipseを使い続けていくうえで生じるであろう疑問点などをまとめました。

Q1.

Eclipseのバージョンアップなどはどのようなタイミングで行うとよいですか？

A.

PCの買い替え、OSやJDKのバージョンアップ時等にバージョンアップをご検討ください。

Q2.

開発用PCでEclipseのバージョンアップを行う場合等の注意点は？

A.

以下の5点が主な注意点です。

- 既存のプロジェクトは必ずバックアップをとっておくこと。
- 現バージョンのEclipseとは別のフォルダ（ディレクトリ）に作成すること。
- バージョンアップ後の動作テストをすること。
- 動作確認が済んだタイミングで開発者へ展開すること。
- デフォルトで搭載されているプラグインは事前に確認すること。

Q3.

EclipseでJava以外のプログラミング言語は利用できますか？

A.

C,C++,PHP,JavaScriptなどが利用可能です

詳しくは本書P.24を参照願います。

Q4.

Eclipseはどこから入手すればよいですか？

A.

下記URLから入手可能です。詳しくは本書P.32、37を参照願います。

https://www.eclipse.org/downloads/
https://mergedoc.osdn.jp/　（Pleiades All in Oneを入手する場合）

Q5.

Eclipseのバージョンを調べる方法は？

A.

Eclipseのメインメニューから、「ヘルプ（H）」→「Eclipse IDE について（A）」（バージョンによっては「Eclipseについて（A）」）をクリックすると表示されるダイアログボックスで確認できます。

Q6.

Pleiades All in Oneとは何ですか？

A.

Eclipse本体と、日本語化を行うためのプラグインが一つにまとめられた、文字通りAll in Oneの製品です。Windows用とMacOS用があり、すぐに日本語化されたEclipseと著名なプラグインが利用できます。導入等については、本書P.32を参照願います。

Q7.

プラグインの検索方法は？

A.

Eclipseのメニューから「ヘルプ（H）」→「Eclipse マーケットプレース（M）」をクリックして、

「Eclipse マーケットプレース」ダイアログボックスの「Search」タブにある「検索(I)」欄でプラグインを検索してください。

Q8.

パースペクティブを初期状態に戻すにはどうしたらよいですか？

A.

Eclipseのメインメニューから「ウィンドウ(W)」→「パースペクティブ(R)」→「パースペクティブのリセット(R)」を選択すると初期状態に戻ります。詳細は本書P.65を参照願います。

Q9.

外観をダークモードに変更したい

A.

Eclipseのメインメニューから「ウィンドウ(W)」→「設定(P)」を選択して、「設定」ダイアログボックスの「一般」→「外観」にある「ルック・フィール(T)」から、「ダーク」を選択して「適用して閉じる」ボタンをクリックしてください。詳細は本書P.147のコラムを参照願います。

Q10.

アプリケーションサーバーを停止させたい

A.

Spring Bootアプリケーションを停止させる場合は、「コンソール」ビューにある赤い四角いボタンをクリックするか、「コンソール」ビュー内で右クリックして、ショートカットメニューから「すべて終了/切断(N)」を選択してください。Webアプリケーションのアプリケーションサーバー「Tomcat」を停止させる場合は、「サーバー」ビューから起動中のTomcatを右クリックして、ショートカットメニューから「停止(T)」を選択してください。

Q11.

Spring BootのプロジェクトがGitHubにうまくアップロードできない。

A.

ローカルリポジトリにあるプロジェクトを開き、「.gitignore」ファイルの以下の3行をコメントアウトしてからプッシュしてください。

```
  :
### STS ###
.apt_generated
#.classpath         ・・・・先頭に#を付けてコメントアウト
.factorypath
#.project           ・・・・先頭に#を付けてコメントアウト
#.settings          ・・・・先頭に#を付けてコメントアウト
  :
```

Q12.

Spring Bootのプロジェクトを別のPCへ移行した際に下記エラーが発生した

```
Gradle Core Plugins (plugin is not in 'org.gradle' namespace) - Plugin ...
```

A.

build.gradleファイルのdepencies部分に以下の行を追加してGradleを同期してください(2.7.x部分は、動作環境に合ったバージョンのものを指定する必要があります)。

```
dependencies {
          :
       classpath 'org.springframework.boot:2.7.x'
}
```

索 引

ま・や行

ら行

わ行

［著者］
横田 一輝（よこた かずき）
学校法人 静岡理工科大学 沼津情報ビジネス専門学校 教諭。
IT企業で様々なシステムの開発に携わった後、フリーランスとなり、専門学校や大学等でIT系科目の講師を務める傍ら、中小企業のICT化支援に従事。その後現職。

主な著書：
「図解即戦力 サーバーのしくみと技術がこれ1冊でしっかりわかる本」（共著）技術評論社
「Android Studio パーフェクトガイド（Kotlin /Java対応版）」技術評論社
他多数

Special Thanks
● **株式会社ジェイテック**
https://www.j-tech.jp
Web系一次請け案件や大規模な基幹システム案件・組込制御案件を中心に、クオリティの高いシステム開発を実現する技術者集団。社名（英語表記：J_TECH）には、Japan とTechnologyの意味が込められている。1997年設立。

● **カバー・本文デザイン**
轟木 亜紀子（トップスタジオデザイン室）
● **DTP**
朝日メディアインターナショナル株式会社
● **編集**
原田 崇靖
● **技術評論社サポートページ**
https://book.gihyo.jp/116/

Java《ジャバ》エンジニアのためのEclipse《イクリプス》
パーフェクトガイド【増《ぞう》補《ほ》改《かい》訂《てい》版《ばん》】

2018年11月 3日　初　版 第1刷発行
2023年 1 月11日　第2版 第1刷発行

著者　横田《よこた》一輝《かずき》
発行者　片岡　巌
発行所　株式会社技術評論社
東京都新宿区市谷左内町21-13
電話　03-3513-6150　販売促進部
03-3513-6160　書籍編集部
印刷／製本　昭和情報プロセス株式会社

定価はカバーに表示してあります。

ISBN978-4-297-13204-0　C3055
Printed in Japan

■ **お問い合わせについて**
本書の内容に関するご質問は、下記の宛先までFAXまたは書面にてお送りください。なお電話によるご質問、および本書に記載されている内容以外の事柄に関するご質問にはお答えできかねます。あらかじめご了承ください。

〒162-0846
東京都新宿区市谷左内町21-13
株式会社技術評論社　書籍編集部
「Javaエンジニアのための Eclipse
パーフェクトガイド【増補改訂版】」質問係
FAX番号　03-3513-6167

なお、ご質問の際に記載いただいた個人情報は、ご質問の返答以外の目的には使用いたしません。また、ご質問の返答後は速やかに破棄させていただきます。